AVR-Mikrocontroller

Programmierung in Assembler und C mit der ATtiny-Familie

Warwick Smith

1. Auflage 2023

● **ISBN 978-3-89576-576-6** Print
ISBN 978-3-89576-577-3 eBook

● Satz und Aufmachung: D-Vision, Julian van den Berg | Oss (NL)
Übersetzung: Andreas Riedenauer
Druck: Ipskamp Printing, Enschede (NL)

Elektor Verlag GmbH, Aachen
www.elektor.de

Inhaltsverzeichnis

Einführung

Dieses Buch bietet einen detaillierten Einblick in die 8-Bit-AVR-Architektur, wie sie in den ATtiny- und ATmega-Mikrocontrollern zu finden ist, hauptsächlich hinsichtlich Software und Programmierung. Es behandelt die AVR-Architektur anhand von Microchip Studio (früher Atmel Studio) und ATtiny-Mikrocontrollern (im weiteren Verlauf meistens kurz ATtiny-MCU oder ATtiny genannt, wobei MCU für "Micro Controller Unit" steht) unter Verwendung eines Hardware-Programmier-/Debug-Tools bzw. des AVR-Simulators von Microchip Studio. Zunächst werden die einfacheren, kleineren ATtiny-MCUs betrachtet (Abbildung 0.1 links und Mitte), was das Erlernen der AVR-Architektur erleichtert. Der Umstieg auf ATmegas, wie sie etwa auf dem Arduino Uno zu finden sind (Abbildung 0.1 rechts) fällt danach ebenfalls nicht schwer, da diese Bausteine eine Erweiterung der ATtinys darstellen. ATtiny-MCUs sind für viele kleine Elektronikprojekte sehr nützlich und völlig ausreichend.

Abbildung 0.1: DIP-ATtiny-Mikrocontroller (links), Boards mit SMD-ATtiny-Bausteinen (Mitte) und ATmega auf einem Arduino Uno (rechts) basieren alle auf der 8-Bit-AVR-Architektur.

Da es sich um ein Praxisbuch handelt, ist es mit Beispielen gefüllt, die auf echter Hardware und/oder dem AVR-Simulator ausgeführt werden können. Es enthält Schaltungen, die auf einem Breadboard (Steckbrett) aufgebaut und getestet wurden. Der Rest dieses Einführungskapitels enthält weitere Informationen über den Inhalt dieses Buchs, die Zielgruppe sowie die Software- und Hardwareanforderungen.

Allgemeiner Überblick über dieses Buch

Durch das Studium der AVR-Architektur lernen wir, wie Maschinencode-Befehle ausgeführt werden. Um die AVR-Architektur richtig zu verstehen, wird die Assembler-Programmierung gelehrt. Am Ende des Buchs werden Sie in der Lage sein, AVR-Mikrocontroller in Assemblersprache zu programmieren, zu verstehen, wie Assemblercode in für den Mikrocontroller verständlichen Maschinencode umgewandelt wird und wie die Programmiersprache C schließlich in Maschinencode-Anweisungen resultiert. Beispiele werden sowohl in Assembler als auch in der Programmiersprache C angegeben, wo immer dies möglich ist.

Die eingesetzten AVR-Mikrocontroller

In diesem Buch werden hauptsächlich ATtiny-MCUs mit wenigen Pins verwendet, und zwar die 8-Pin-Mikrocontroller ATtiny13, ATtiny13A, ATtiny25, ATtiny45 und ATtiny85. Der Grund dafür ist, dass diese Bausteine billig sind und weniger eingebaute Peripherie haben, was das Lernen erleichtert. Außerdem ist es wahrscheinlicher, dass sie wegen ihres kleinen Programmspeichers von der Assembler-Programmierung profitieren.

Die auf den einfacheren ATtiny AVR-Bausteinen erlernten Prinzipien gelten auch für die höherwertigen AVR-Bausteine, z.B. die ATmega AVR-Mikrocontrollerreihe, bei denen es sich lediglich um Erweiterungen der einfacheren Bausteine mit mehr Funktionen und Ressourcen handelt. Diese Unterschiede betreffen die zugrundeliegende AVR-Architektur inklusive Befehlssatz, größere Speicher und fortschrittlichere Peripherie.

In diesem Buch werden ATtiny-MCUs im DIP-Gehäuse eingesetzt, da sie sich leicht auf ein Breadboard stecken lassen. Dabei handelt es sich um die bereits erwähnten 8-Pin-Bausteine. Anhang B enthält alternative Schaltungen mit ATtiny-MCUs in DIP-Gehäusen mit 14 Pins, 20 Pins und 28 Pins. Diese Bausteine können auf Wunsch anstelle der 8-Pin-Bausteine eingesetzt werden, was jedoch eine Anpassung des Codes voraussetzt.

Microchip hat inzwischen die DIP-Packages diverser alter AVRs abgekündigt. Auch einige - aber nicht alle - ATtinys sind betroffen: ATtiny 13V, 24, 44, 461, 48, 84, 861 und 88.

Für Steckbrett-Aufbauten eignen sich Adapterplatinen mit aufgelöteten SMD (Surface Mounted Device) Typen, die preiswert im Internet angeboten werden. Auch leere Adapterplatinen kann man nach etwas Übung leicht selbst mit SOP-Versionen bestücken.

Primäre Programmiersoftware

Hauptsächlich wird Microchip Studio für Windows (früher Atmel Studio) als Softwarepaket verwendet, aber die hiermit vermittelten Programmierprinzipien und -techniken lassen sich auch an andere Programmierwerkzeuge, Software und Betriebssysteme anpassen. Microchip Studio ist eine kostenlose, voll ausgestattete integrierte Entwicklungsumgebung (IDE) für die Entwicklung von AVR C- und Assembler-Software.

Warum Assembler lernen?

Wie erwähnt, führt uns das Studium der AVR-Architektur automatisch an den Befehlssatz der AVRs heran und macht uns auch mit deren internen Registern und Speicherbereichen vertraut. Der Befehlssatz besteht aus binären Maschinencode-Befehlen, die der AVR unmittelbar ausführen kann. Er wirkt auf die internen Register und die verschiedenen Speicher. Der Hauptgrund für das Erlernen der Assemblersprache in diesem Buch ist es, die interne Funktionsweise des AVRs zu verstehen. Durch das Schreiben von Assemblerprogrammen können wir sehen, wie die Befehle funktionieren und die internen Register und Speicher beeinflussen.

Gute Gründe für das Erlernen der Assemblersprache

Das Erlernen der Assembler-Programmierung hat neben dem erwähnten Hauptgrund weitere Vorteile:

1. Die Architektur eines Mikrocontrollers richtig zu verstehen lernen
2. Kleineren und effizienteren Code schreiben, als ein Compiler erzeugen kann
3. Einsatz von sehr kleinen Mikrocontrollern mit begrenzten Speicherressourcen
4. Zum Debuggen optimierter C-Programme
5. Zur Qualitätsbewertung der Compiler-Code-Generierung
6. Für akademische Zwecke in Schulen und Universitäten
7. Für die Entwicklung von Programmierwerkzeugen wie Compilern und Simulatoren
8. Zum besseren Verstehen der Application Notes und anderer Dokumente, die Assemblersprache enthalten

Die vorhergehende Liste von Punkten erfordert zusätzliche Erklärungen, die im Folgenden für jeden Punkt gegeben werden.

Punkt 1 - Das Verständnis der Controller-Architektur wurde bereits besprochen.

Punkt 2 - Kleineren und effizienteren Code schreiben, als ein Compiler erzeugen kann: Dies ist möglich, wenn man die interne Architektur und den Befehlssatz eines Mikrocontrollers richtig verstanden hat und viel Übung in der Assembler-Programmierung hat. Die Assembler-Programmierung eignet sich besser für kleinere Programme und damit für kleinere Mikrocontroller. Dies ist einer der Gründe, warum ATtiny-Bausteine als primäre Bausteine für diesen Text ausgewählt wurden. Je größer Assemblerprogramme werden, desto schwieriger ist es, sie zu verstehen und zu warten, gegenüber Programmen, die in einer höheren Sprache wie C geschrieben wurden. Assembler und C können auch gemischt werden, wobei kritische Teile eines Programms, die ein präzises Timing erfordern in Assembler, der Rest aber in C geschrieben wird.

Punkt 3 - Für sehr kleine Mikrocontroller mit begrenzten Speicherressourcen: Dies geht Hand in Hand mit Punkt Nummer 2. Sehr kleine Mikrocontroller können von der Assemblersprache profitieren, da eine genaue Kontrolle über alle Ressourcen möglich ist. Dieses Buch behandelt eine Reihe von Mikrocontrollern aus der ATtiny-Reihe, einschließlich einiger der kleineren verfügbaren Bausteine.

Punkt 4 - Für die Fehlersuche in optimierten C-Programmen: Wenn C-Programme mit aktivierter Optimierung kompiliert werden, können einige Codezeilen nicht mit einem Debugger übersprungen werden, da sie wegoptimiert oder mit anderen Codezeilen kombiniert werden. Die Optimierung kann während des Debuggens ausgeschaltet werden, aber dadurch wird der zugrunde liegende, vom Compiler erzeugte Maschinencode verändert und außerdem mehr Programmspeicher verbraucht. Die einzige Möglichkeit, ein optimiertes C-Programm richtig zu debuggen, besteht darin, sich die Disassemblierung anzusehen - was bedeutet, dass man sich die vom C-Compiler erzeugten Assembler-Anweisungen ansehen und verstehen muss.

Punkt 5 - Qualitätsbewertung der Compiler-Code-Erzeugung: Bei der Auswahl eines Compilers für die Verwendung mit einer bestimmten Mikrocontroller-Architektur besteht die einzige Möglichkeit, den Compiler wirklich zu bewerten in der Betrachtung des von ihm erzeugten Assembler-Codes. Bei der Auswahl zwischen verschiedenen Compilern kann die Ausgabe der Compiler als Teil des Bewertungsprozesses verglichen werden.

Punkt 6 - Für akademische Zwecke in Schulen und Universitäten: Ein akademischer Kurs, der Mikrocontroller eingehend behandelt, muss Assemblersprache lehren, um zu zeigen, wie die Anweisungen auf einem Mikrocontroller oder -prozessor intern ausgeführt werden.

Punkt 7 - Für die Entwicklung von Programmierwerkzeugen wie Compilern und Simulatoren: Für die Entwicklung von Werkzeugen für die Codegenerierung, das Debugging oder die Simulation ist ein Verständnis der Architektur und der Assemblersprache eines bestimmten Mikrocontrollers erforderlich.

Punkt 8 - Zum Verständnis von Anwendungshinweisen (AppNotes) und anderen Unterlagen, die Assemblersprache enthalten: Assemblersprache kommt häufig in AppNotes, Datenblättern und anderen Mikrocontroller-Dokumentationen vor.

C-Programmierung

Dieses Buch enthält zwar Code in C, es lehrt aber nicht die Programmiersprache C. Dabei ist es nicht notwendig, die Sprache C zu verstehen, um von diesem Buch zu profitieren. Die Programme erscheinen zuerst in Assembler, und der Assembler-Code wird ausführlich erklärt. Diejenigen Leser, die noch kein C gelernt haben, können die C-Programme trotzdem eingeben, kompilieren und ausführen, um zu sehen, was passiert. Natürlich werden Leser, die die Sprache C gelernt haben, von diesem Buch zusätzlich profitieren.

Zielpublikum

Dieses Buch wurde für jeden geschrieben, der sich für AVR-Mikrocontroller interessiert und Assemblersprache, die interne Funktionsweise von Mikrocontrollern, die interne Architektur von 8-Bit-AVR-Mikrocontrollern sowie ein fortgeschrittenes Verständnis von Programmierwerkzeugen und Software erlernen möchte. Die Zielgruppe umfasst Studenten, Bastler, Maker, Hacker und Ingenieure.

Voraussetzungen

Um dem Buch folgen zu können, wird ein Windows-Computer vorausgesetzt, um die notwendigen Software-Tools herunterzuladen und zu installieren. Obwohl die Verwendung physischer Hardware empfohlen wird, kann der größte Teil des Buchs mit einem AVR-Simulator ohne physische Hardware verfolgt werden. Um das Beste aus denjenigen Programmen herauszuholen, die am Mikrocontroller angeschlossene Hardware wie LEDs und Schalter ansprechen, muss man einen Schaltplan lesen und Schaltungen auf einem elektronischen Steckbrett aufbauen können. Dennoch können einige der Programme, die auf externe Hardware zugreifen, auch im Simulator ausgeführt werden.

Die Assembler-Programmierung wird von Grund auf gelehrt, so dass keine Programmierkenntnisse erforderlich sind. Leser, die Erfahrung mit anderen Programmiersprachen als C haben, werden schneller durch das Buch kommen. C-Programmierer werden von den enthaltenen C-Code-Beispielen ohnehin profitieren.

Software-Anforderungen

Wie bereits erwähnt, wird Microchip Studio (früher Atmel Studio) für Windows als Entwicklungsplattform verwendet. Es enthält einen Assembler und einen AVR-Simulator. Microchip Studio enthält auch C-Programmierwerkzeuge - die GCC-Tools für AVR. AVR-Mikrocontroller auf physischer Hardware, wie z.B. einem Breadboard oder einem Entwicklungsboard, können von Microchip Studio aus über externe USB-Programmiergeräte wie den Atmel-ICE oder billigere Hobby-USB-Programmer programmiert werden.

Hardware-Anforderungen

Dieses Buch kann zwar mit dem AVR Simulator in Microchip Studio durchgearbeitet werden kann, jedoch hat der Simulator seine Grenzen. Der Aufbau der Mikrocontroller-Schaltungen auf einem Breadboard führt zu einer besseren Lernerfahrung. Es folgt eine Liste der Teile, die für den Aufbau der Schaltungen benötigt werden, mit einer Erklärung für jedes Element in den Unterabschnitten nach der Liste.

1. Ein ATtiny13(A) oder ATtiny25/45/85 im DIP-Gehäuse oder einer der in Kapitel 1 ausführlich beschriebenen ATtinys
2. Ein Elektronik-Breadboard
3. Programmer/Debugger, z.B. Atmel-ICE
4. 5V DC-Stromversorgung
5. Steckbrücken und Kabel für den Aufbau von Breadboard-Schaltungen
6. Elektronische Bauteile wie Widerstände, LEDs und Schalter
7. Optionale Prüfgeräte wie Multimeter und Oszilloskop
8. Ein ATtiny im Dual-Inline-Package (DIP)

Es ist sehr empfehlenswert, einige Exemplare der 8-poligen DIP-Versionen der ATtiny-Bausteine zur Verfügung zu haben, wenn Sie dieses Buch durcharbeiten. Dies sind der ATtiny13, ATtiny13A, ATtiny25, ATtiny45 und ATtiny85. Die Baureihen ATtiny25/45/85 sind verbesserte Versionen des ATtiny13(A). Es wäre besser, mehr als einen davon zu haben, für den Fall, dass einer beschädigt wird. Drei oder vier sollten ausreichen, um das Buch durchzuarbeiten. Andere ATtiny-MCUs mit mehr Pins können anstelle der 8-Pin-Bausteine ebenfalls verwendet werden.

Ein Elektronik-Steckbrett (Breadboard)

Ein 400-poliges Breadboard ist für alle in diesem Buch beschriebenen Schaltungen ausreichend. Diese Breadboards werden manchmal auch als Half-Size-Breadboards bezeichnet. Es ist nicht notwendig, ein Half-Size-Breadboard zu kaufen, wenn Sie bereits ein Full-Size-Breadboard haben.

Programmer/Debugger

Um ein Programm auf einen ATtiny oder einen anderen AVR-Mikrocontroller zu laden, wird einUSB-Programmiergerät ("Programmer") benötigt. Dies ermöglicht In-System-Programmierung, bei der das Programmiergerät an einen AVR-Mikrocontroller angeschlossen wird, während dieser sich in der Schaltung befindet. Microchip Studio oder eine andere Programmiersoftware wird dann verwendet, um ein Programm mit dem USB-Programmiergerät in den Mikrocontroller zu laden (zu "flashen").

Ein USB-Programmiergerät mit Debugging-Funktionen ist einem reinen "Programmiergerät" vorzuziehen. Der empfohlene USB Programmer/Debugger für die Verwendung mit diesem Buch ist der Microchip Atmel-ICE (ICE = In Circuit Emulator), der in zwei Versionen erhältlich ist, nämlich dem Basis-Kit, wie in Abbildung 0.2 auf der nächsten Seite gezeigt, und dem vollständigen Kit. Dieser Programmer/Debugger kann sowohl zum Programmieren und Debuggen von 8-Bit-AVR-Mikrocontrollern als auch von ARM-Cortex-M-basierten SAM-Mikrocontrollern verwendet werden. 8-Bit-AVR-Mikrocontroller kann der Atmel-ICE über die ISP/SPI-Schnittstelle und über die debugWIRE-Schnittstelle programmieren, die beide in den Mikrocontrollern der Serien ATtiny25/45/85 und ATtiny13(A) zu finden sind. ISP steht hier für "In System Programming", gleichbedeutend mit ICP (In Circuit Programming).

Ein USB-Programmer/Debugger verfügt über Debugging-Funktionen wie das Einzelschritt-Debugging bei Verwendung mit dem Microchip Studio. Interne Register und Speicher des AVR-Targets können untersucht werden, Breakpoints eingefügt und Register- und Speicherwerte geändert werden, was eine bessere Debugging- und Lernerfahrung bei der Verwendung des USB-Programmiergeräts/Debuggers ermöglicht.

Es ist aber auch möglich, mit diesem Buch zu arbeiten, wenn kein USB-Programmiergerät mit Debugging-Funktionen zur Verfügung steht. In diesem Fall kann der Simulator verwendet werden, um interne Speicher und Register zu untersuchen.

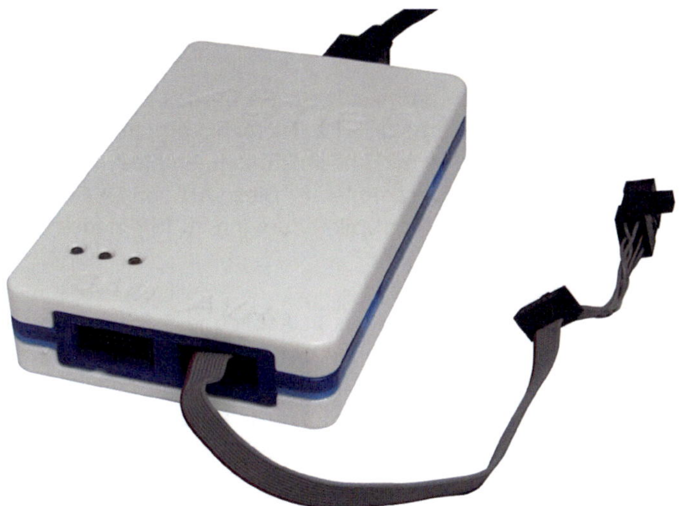

Abbildung 0.2: Atmel-ICE USB Programmer/Debugger Basis Kit

Mit einem Programmer/Debugger können AVRs der Mikrocontrollerreihen ATtiny25/45/85 und ATtiny13(A) in den debugWIRE-Modus versetzt werden. Im DebugWIRE-Modus wird ein einziger Pin des AVRs für die Programmierung und das Debugging verwendet, was für diese Bausteine mit geringer Pin-Anzahl von Vorteil ist, da dadurch die anderen Pins des Mikrocontrollers frei werden.

Es folgt eine Beschreibung verschiedener USB-Programmer/Debugger und reiner Programmiergeräte. Kurz gesagt: besorgen Sie sich einen Atmel-ICE-Programmer/Debugger - aber wenn Sie die Kosten scheuen, verwenden Sie eines der älteren Atmel-Tools (AVR Dragon oder AVRISP mkII), alternativ einen Hobby-Programmer wie z.B. einen USBasp, USBtinyISP oder sogar einen Arduino Uno.

Atmel-ICE-Basiskit

Das Atmel-ICE-Basiskit, das in Abbildung 0.2 gezeigt wird, ist ideal für die Verwendung mit diesem Buch und hat die Teilenummer ATATMEL-ICE-BASIC. Es verfügt über Programmier- und Debugging-Funktionen und wird mit einem einzelnen flachen Adapterkabel sowie einem USB-Kabel geliefert. Dieser Bausatz ist billiger als der vollständige Bausatz.

Atmel-ICE Komplettpaket

Der vollständige Atmel-ICE-Bausatz ist genau derselbe wie der Basisbausatz, enthält jedoch zusätzliche Kabel und Adapter, darunter ein 10-poliges Squid-Kabel. Dieser Bausatz hat die Teilenummer ATATMEL-ICE. Er ist teurer als der Basissatz.

AVR-Dragon

Leser, die einen AVR Dragon besitzen, können diesen zum Programmieren und Debuggen anstelle des Atmel-ICE verwenden. Der AVR Dragon ist laut Microchip-Website nicht mehr verfügbar. Er unterstützt ISP/SPI- und debugWIRE für ATtiny25/45/84 und ATtiny13(A).

AVRISP mkII

Der AVRISP mkII ist ein "Nur-Programmier"-USB-Gerät, das keine Debugging-Funktionen hat und von Microchip nicht mehr erhältlich ist. Microchip empfiehlt den Atmel-ICE als Ersatz. Leser, die bereits einen AVRISP mkII besitzen, können diesen weiter verwenden, um AVR-Mikrocontroller in-circuit zu programmieren. Diese Art von USB-Nur-Programmiergerät nutzt vier Pins des Ziel-AVR-Mikrocontrollers, um ihn im ISP-Modus zu programmieren.

Hobby-USB-Programmiergerät

USB-AVR-Hobby-Programmiergeräte wie das in Abbildung 0.3 gezeigte USBasp oder der USBtinyISP und sogar Arduino-Boards eignen sich zur Programmierung einiger AVR-Bausteine. Anhang A zeigt, wie man einen USBasp, USBtinyISP oder Arduino Uno als AVR ISP-Programmiergerät ins Microchip Studio einbindet. Hobby-Programmer können normalerweise nur AVR-Mikrocontroller programmieren, die die ISP/SPI-Schnittstelle verwenden. Das bedeutet, dass sie mit den 8-Bit-AVR-Controllern der Reihen ATtiny25/45/85 und ATtiny13(A) verwendet werden können – aber:

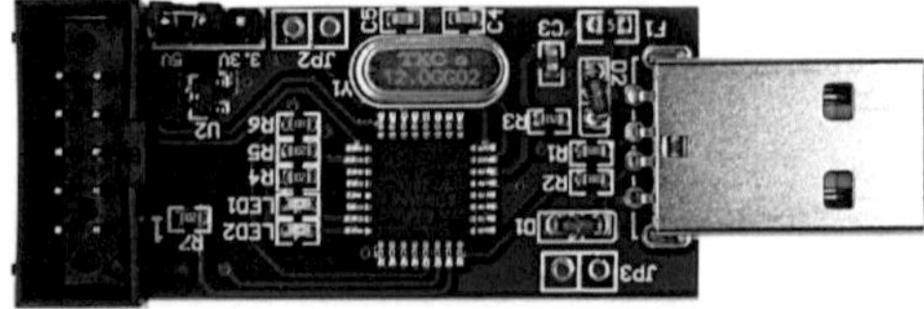

Abbildung 0.3: Der USBasp eignet sich zum Programmieren, aber nicht zum Debugging

Wie bei anderen Programmiergeräten kann der USBasp einen AVR nicht in den DebugWIRE-Modus versetzen und dann zum Programmieren des AVRs mit nur einem Kabel verwendet werden, sondern er benötigt vier Pins im ISP/SPI-Modus. Die Schaltungen in diesem Buch funktionieren sehr gut mit externer Hardware und einem Programmiergerät, das an dieselben Pins angeschlossen ist. Da der USBasp, USBtinyISP und der Arduino Uno keine Debugging-Funktionen haben, kann der AVR Simulator für Single-Stepping durch den Code (Einzelschritt-Ausführung) und zur Untersuchung von Registern und Speichern anstelle von Hardware-Debugging verwendet werden. Natürlich gibt es Einschränkungen, da die externe Hardware nicht mit dem Simulator verbunden ist.

Stromversorgung

Eine 5V DC (Gleichstrom) Versorgung, die 100mA oder mehr liefern kann, wird benötigt, um die AVR Breadboard-Schaltungen zu betreiben. Es sind viele Netzteile erhältlich, wie zum Beispiel das Breadboard-Netzteil, das in Abbildung 0.4 gezeigt wird. Ein externes Netzteil ist möglicherweise nicht erforderlich, wenn man ein Hobby-Programmiergerät verwendet, da diese in der Regel 5V über USB liefern.

Es gibt viele Breadboard-Netzteile. Das in Abbildung 0.4 gezeigte ist nur ein Beispiel und wird von RobotDyn hergestellt. Es kann 1 A Strom bei 5V und 800mA Strom bei 3,3V liefern. Die beiden Spannungen sind durch Jumper auf der Platine einzeln wählbar. Das bedeutet, dass eine Schiene auf 5V und die andere auf 3,3V für Schaltungen eingestellt werden kann, die sowohl 5V als auch 3,3V verwenden, aber für dieses Buch werden nur 5V benötigt. Dieses Breadboard-Netzteil benötigt eine externe Gleichstromversorgung von 6V bis 12V, die über die Netzteil-Buchse zugeführt wird. Abbildung 0.4 zeigt ein Netzteil, das die Breadboard-Stromversorgung über einen 2,1-mm-Hohlstecker mit 12V Gleichspannung versorgt. Wenn Sie ein Breadboard-Netzteil einer anderen Marke oder ein anderes Modell verwenden, informieren Sie sich beim Hersteller über dessen Spezifikationen und Konfiguration.

Abbildung 0.4: 5V/3.3V Breadboard-Stromversorgung durch externes Netzteil

Bei den meisten dieser Breadboard-Netzteile ist der USB-Anschluss als 5-V-Ausgang für USB-betriebene Geräte vorgesehen. Einige von ihnen erlauben die Einspeisung von 5V in diesen Anschluss, um das Breadboard mit 5V zu versorgen. Dies ist jedoch nicht beabsichtigt - sie funktionieren einfach so, ohne zerstört zu werden. Der in der Abbildung gezeigte USB-Steckertyp ist ein USB-Host-Stecker und soll 5V liefern und nicht mit 5V versorgt werden. Es ist besser, immer ein externes an die Netzteilbuchse anzuschließen.

Steckbrücken und Kabel

Für die Verbindung zwischen einem USB-Programmer/Debugger und dem AVR-Mikrocontroller in einer Breadboard-Schaltung werden Jumperkabel benötigt, wie in der folgenden Abbildung 0.5 zu sehen ist. Überbrückungsleitungen mit einpoligen Steckern an jedem Ende sind eine ausgezeichnete Wahl für diesen Zweck. Sie werden in der Regel als Flachbandkabel mit Leitungen verkauft, die einzeln abgezogen werden können und als "Dupont"-Kabel bezeichnet, z.B. "10cm Stecker-auf-Stecker Dupont-Brückenkabel".

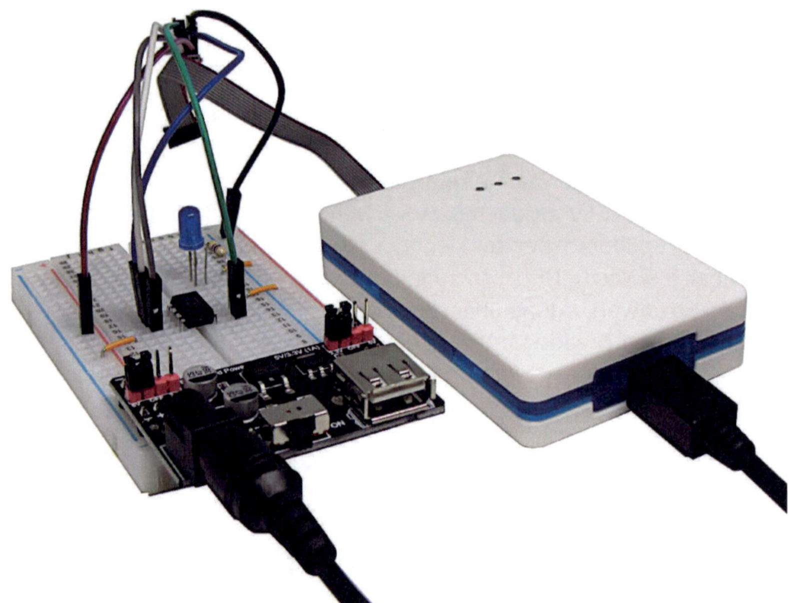

Abbildung 0.5: Atmel-ICE verbunden mit einer ATtiny-Breadboard-Schaltung

Elektronische Bauteile

Standardbauteile, wie z.B. LEDs, Widerstände und Schalter werden für die Verbindung mit ATtiny-MCUs benötigt, wenn Sie dieses Buch durcharbeiten. Zum Beispiel sind LEDs mit Vorwiderständen das einfachste Hilfsmittel, um bei der Verwendung von Pins als Ausgänge anzuzeigen, ob diese high oder low geschaltet sind. Andere Komponenten wie 100nF-Entkopplungskondensatoren können in den Schaltungen erforderlich sein. Da sich dieses Buch hauptsächlich mit der internen Architektur von ATtiny AVR-Mikrocontrollern beschäftigt, wird nur ein Minimum an Komponenten benötigt. 5 bedrahtete LEDs mit Vorwiderständen von jeweils etwa 470Ω, ein Drucktaster und ein optionaler 100nF-Keramikkondensator sind die einzigen benötigten Komponenten.

Optionale Prüfgeräte

Ein Multimeter ist sehr nützlich, um die Spannung der Stromversorgung zu überprüfen, bevor sie an die Schaltung angeschlossen wird, sowie für die allgemeine Fehlersuche in Stromkreisen. Obwohl nicht unbedingt erforderlich, kann ein Oszilloskop zum Testen von Schaltungen und zur Fehlersuche hilfreich sein.

Microchip, Atmel, Microchip Studio und Atmel Studio

Es kann einige Verwirrung beim Umgang mit AVR-Mikrocontrollern entstehen, wenn man die Geschichte von Atmel und Microchip nicht kennt, daher ist eine Erklärung angebracht. Ursprünglich war eine Firma namens Atmel der Entwickler und Hersteller von AVR-Mikrocontrollern, darunter der ATtiny und ATmega-Reihe. Im Jahr 2016 hat Microchip (www.microchip.com) Atmel aufgekauft und ist nun Hersteller der AVR-Mikrocontroller. Zum Zeitpunkt der Erstellung dieses Kapitels tragen einige AVR-Dokumente noch den Namen Atmel. Auch viele AVR-Mikrocontroller tragen noch den Namen Atmel.

Microchip Studio ist die kostenlose Entwicklungssoftware, die mit diesem Buch verwendet wird, um ATtiny AVR-Mikrocontroller mit Assembler und C zu programmieren. Microchip Studio ist das gleiche wie das zuvor erhältliche Atmel Studio, es handelt sich lediglich um eine Änderung des Markennamens. Obwohl Microchip Atmel bereits im Jahr 2016 übernommen hat, wurde Atmel Studio erst 2020 in Microchip Studio umbenannt. Die erste Version von Microchip Studio war im November 2020 verfügbar und führte die Versionsnummerierung von Atmel Studio fort. Somit ist die erste Version von Microchip Studio die Version 7.0.2542 und nicht die Version 1.0. Sie folgt auf die letzte Version von Atmel Studio, die Version 7.0.2389. Alles in Microchip Studio ist identisch mit Atmel Studio, so dass Leser, die bisher Atmel Studio verwendet haben, Microchip Studio sofort nutzen können.

Ergänzungsmaterial

Ergänzungsmaterial wie zum Beispiel der Quellcode dieses Buchs steht zum Download auf der Website des Verlags www.elektor.de zur Verfügung. Auch kann das Buch über den Namen oder die ISBN gesucht werden, um die entsprechende Seite mit den herunterladbaren Ressourcen zu finden. Weitere Ressourcen finden Sie auf der Website des Autors unter wspublishing.net, wo der Name des Buchs angeklickt werden kann, um die entsprechende Seite und die Ressourcen zu finden.

Fangen wir an

Ich hoffe, dass Sie das fantastische Abenteuer genießen, wenn wir uns nun die 8-Bit-AVR-Architektur ansehen und lernen, wie man AVR-Mikrocontroller in Assembler und C programmiert!

Kapitel 1 - Überblick über ATtiny-Mikrocontroller

Dieses Kapitel befasst sich mit ATtinys, die in DIP-Gehäusen erhältlich sind und mit einem ISP-Programmiergerät programmiert werden können. Die ISP-Programmierung kann mit jedem Microchip AVR USB-Programmiergerät sowie mit den meisten Hobby-Programmern für 8-Bit-AVRs durchgeführt werden.

Es werden die Grundlagen von 8-, 14-, 20- und 28-poligen ATtiny-MCUs behandelt.

In diesem Kapitel
Ein Überblick über ATtiny AVR-Mikrocontroller im DIP-Gehäuse, die in der Schaltung (in-circuit) programmiert werden können

Eine Parametertabelle zum einfachen Vergleich verschiedener ATtiny-Typen

1.1 ATtiny-Mikrocontroller

Bevor wir mit der Programmierung beginnen, wollen wir ein allgemeines Verständnis dafür bekommen, was genau wir programmieren werden. Die verschiedenen ATtiny-Bausteine sind in den folgenden Unterkapiteln aufgeführt. Jede Unterkapitel-Überschrift listet die ATtiny-Bausteine nach der Anzahl der Pins auf. Später folgt eine Tabelle mit allen besprochenen Bausteinen, um das Verständnis zu erleichtern. Alle aufgeführten Bausteine sind im Dual-Inline Package (DIP) erhältlich. In der Microchip/Atmel-Dokumentation für ATtiny-Bausteine werden die DIP-ICs als Plastic Dual Inline Package, oder PDIP-Bausteine bezeichnet. Obwohl im Text 8-polige ATtiny-Bausteine verwendet werden, ist es genauso gut möglich, Bausteine mit mehr Pins zu verwenden; sie werden für interessierte Leser besprochen.

Der Grund für die Verwendung von DIP- oder PDIP-ATtiny-MCUs ist, dass sie auf einem Elektronik-Breadboard viel einfacher zu verwenden sind und die Programmierung von vielen verschiedenen USB-Programmiergeräten über die ISP/SPI-Programmierschnittstelle unterstützt wird. ATtiny-Bauteile zur Oberflächenmontage (SMD)-Bauteile können auch mit einem Breadboard verwendet werden, müssen aber auf einem Breakout-Board oder einer ähnlichen Leiterplatte montiert werden. Jeder dieser Bausteine ist auch in einem oberflächenmontierbaren Gehäuse erhältlich, so dass die Verwendung eines Breakout-Boards mit einem SMD-Äquivalent eines DIP-ATtiny ebenfalls möglich ist.

Die Pinbelegungen verschiedener ATtiny-MCUs sind in den Abbildungen der folgenden Unterabschnitte dargestellt. ATtiny- und ATmega-Mikrocontroller haben alle einen oder mehrere interne 8-Bit-Ports, die an die Pins der einzelnen Mikrocontroller angeschlossen sind, ein Port-Bit pro Pin. Diese Ports werden als Port A, Port B, Port C usw. bezeichnet, oder in einer kürzeren Schreibweise als PA, PB, PC usw. Über Ports können die Pins des Mikrocontrollers in der Software konfiguriert und angesteuert bzw. ausgelesen werden. Bei Bausteinen, die nur wenige Pins haben, steht auch nur eine beschränkte Anzahl von Port-Bits für die Pins zur Verfügung und nicht die 8 Bits eines kompletten Ports.

Beachten Sie auf den folgenden Abbildungen, dass die Pins für einen Anschluss mit der kürzeren Schreibweise gekennzeichnet sind. So bezeichnen z.B. PB0, PB1, PB2 usw. die entsprechenden Anschlüsse von Port B (kurz PB) des Mikrocontrollers. Bei diesen Pins handelt es sich um Eingangs-/Ausgangs-Pins (I/O Pins, für engl. Input/Output), die in der Software individuell entweder als Eingänge oder als Ausgänge konfiguriert werden können. Port-Pins sind auch mit verschiedenen internen Peripherie-Einheiten ge-multiplext, z.B. mit Analog-Digital-Wandlern (ADCs) oder Timer-Ausgängen. Das bedeutet, dass ein Pin entweder als Eingang oder als Ausgang konfiguriert werden kann - oder als Pin mit Sonderfunktion, verbunden mit interner Peripherie. Die tatsächliche Funktion des Pins ist in der Software konfigurierbar und kann auch während des Programmlaufs umgeschaltet werden. In den folgenden Abbildungen werden nur die Standard-Funktionen gezeigt, nicht aber die alternativen Funktionen.

1.1.1 8-Pin-Bausteine

Es gibt zwei Baureihen von 8-poligen ATtiny-MCUs im DIP-Gehäuse, nämlich ATtiny13 und ATtiny25/45/85. Diese beiden Baureihen sind pin-kompatibel (Abbildung 1.1), aber die ATtiny25/45/85-Reihe verfügt über zusätzliche Peripheriekomponenten und Speicher.

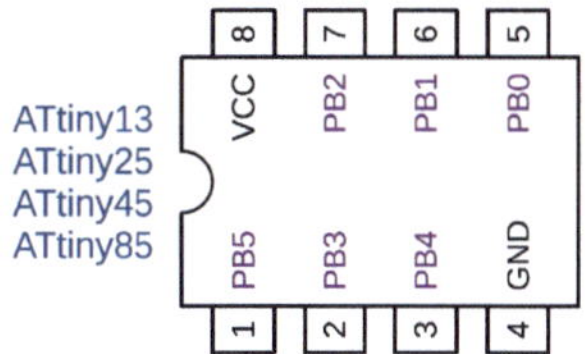

Abbildung 1.1: Pinbelegung des 8-pin DIP ATtiny AVR

1.1.1.1 ATtiny13 und ATtiny13A

ATtiny13 und ATtiny13A Mikrocontroller haben nur 1 KByte Flash-Speicher, 64 Byte SRAM und 64 Byte EEPROM. Der ATtiny13A ist eine neuere, stromsparendere Version des ursprünglichen ATtiny13. Aus diesem Grund werden ATtiny13A-Bausteine bevorzugt, wenn man die Wahl zwischen den beiden hat. ATtiny13(A) bezieht sich auf beide Bausteine.

Die Bausteine ATtiny13 und ATtiny13V haben ein gemeinsames Datenblatt. Der ATtiny13 arbeitet mit einer Spannung zwischen 2,7V und 5,5V, während der ATtiny13V mit einer Spannung zwischen 1,8V und 5,5V arbeitet, allerdings bei einer niedrigeren Taktrate. ATtiny13A-Bausteine haben ein eigenes Datenblatt und arbeiten grundsätzlich mit Spannungen zwischen 1,8V und 5,5V. Aber auch hier hängt die maximal zulässige Taktfrequenz von der Betriebsspannung ab – siehe Datenblatt.

1.1.1.2 ATtiny25, ATtiny45 und ATtiny85

ATtiny25, ATtiny45 und ATtiny85-Mikrocontroller sind im Grunde genommen die gleichen Bausteine, unterscheiden sich aber in der Flashgröße. Sie entspricht der ersten Ziffer in KByte. Diese drei Bausteine haben alle das gleiche Datenblatt und auch jeweils eine "V"-Version - ATtiny25V, ATtiny45V und ATtiny85V. Bauteile mit dem Suffix V arbeiten bei Spannungen zwischen 1,8V und 5,5V, aber mit niedrigeren Taktraten, während Bauteile ohne das Suffix V bei Spannungen zwischen 2,7V und 5,5V, aber mit höheren Taktraten arbeiten. ATtiny25-, ATtiny45- und ATtiny85-Bausteine werden zusammen als ATtiny25/45/85 bezeichnet.

ATtiny25-Bausteine haben 2K Bytes Flash-Programmspeicher, 128 Bytes SRAM und 128 Bytes EEPROM. Die ‚2' in ATtiny25 bedeutet **2K Bytes** Flash-Speicher, ATtiny45-Bausteine haben **4K Bytes** Flash-Speicher und ATtiny85-Bausteine haben **8K Bytes** Flash-Speicher. Die Flash-, SRAM- und EEPROM-Größen verdoppeln sich für jeden Baustein der Serie.

1.1.2 14-Pin ATtiny24, ATtiny44 und ATtiny84

ATtiny24, ATtiny44 und ATtiny84 sind 14-polige Mikrocontroller, wie in Abbildung 1.2 dargestellt. Sie haben alle dasselbe Datenblatt, das auch die "V"-Varianten dieser Bausteine enthält - ATtiny24V, ATtiny44V und ATtiny84V. Wie bei den 8-Pin-Bauteilen können die Bauteile mit dem Suffix V mit niedrigeren Spannungen arbeiten, sind aber ab Werk auch nur bei niedrigeren Taktfrequenzen getestet als die Bauteile ohne das Suffix V.

In dieser Gruppe von Mikrocontrollern gibt es jetzt neuere Bausteine, die einen stromsparenderen Betrieb ermöglichen. Diese neueren Bausteine tragen das Suffix "A" - ATtiny24A, ATtiny44A und ATtiny84A - und haben ein eigenes Datenblatt, das sich von dem der älteren Bausteine unterscheidet. Es ist besser, diese neueren "A"-Bausteine zu verwenden.

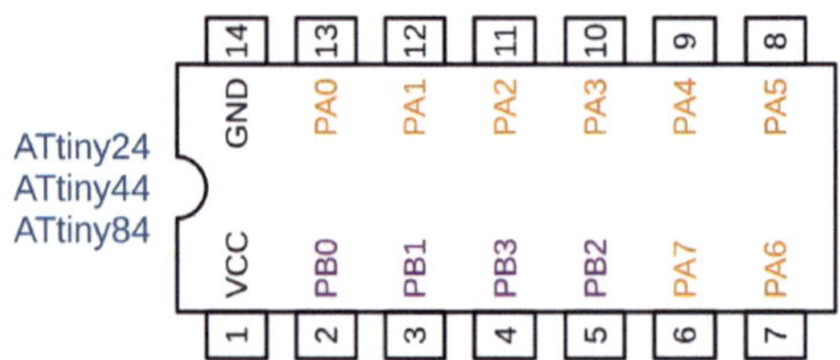

Abbildung 1.2: Pinbelegung des 14-pin DIP ATtiny AVR

Die Speichergrößen der 14-poligen ATtiny24-, ATtiny44- und ATtiny84-Bausteine sind die gleichen wie bei den 8-poligen ATtiny25-, ATtiny45- und ATtiny85-Bausteinen, wobei die erste Ziffer im Bauteilnamen die Größe des Flash-Speichers in Kilobyte angibt.

1.1.3 20-Pin-Bausteine

Im 20-poligen DIP-Gehäuse gibt es zwei Hauptgruppen von ATtinys, den ATtiny26/261/461/861 und den ATtiny2313/4313. Wie in Abbildung 1.3 und Abbildung 1.4 zu sehen ist, haben die beiden Gruppen unterschiedliche Pinbelegungen.

1.1.3.1 ATtiny26

Der ATtiny26 wurde eigentlich durch den ATtiny261A ersetzt, wenngleich der ATtiny26 zum Zeitpunkt der Erstellung dieses Artikels noch in Produktion ist. Die Bausteine ATtiny26 und ATtiny26L haben ein gemeinsames Datenblatt. Der ATtiny26 arbeitet mit einer Spannung zwischen 4,5V und 5,5V und bis zu 16 MHz, während der ATtiny26L mit 2,7 V bis 5,5V und bis zu 8 MHz arbeitet. ATtiny26-Mikrocontroller verfügen über 2 KByte Flash-Programmspeicher, 128 Byte SRAM und 128 Byte EEPROM. Wenn möglich, ist es besser, den neueren ATtiny261A statt des ATtiny26 zu verwenden

1.1.3.2 ATtiny261, ATtiny461 und ATtiny861

ATtiny261, ATtiny461 und ATtiny861 haben ein gemeinsames Datenblatt mit ihren Varianten mit niedrigerer Spannung und niedrigerer Taktfrequenz (ATtiny261V, ATtiny461V und ATtiny861V). In diesem Datenblatt sind der ATtiny261 und ATtiny261V als veraltete Bausteine gekennzeichnet und werden daher nicht für neue Designs empfohlen. Der ATtiny261A ist der Ersatz für diese beiden Bauteile.

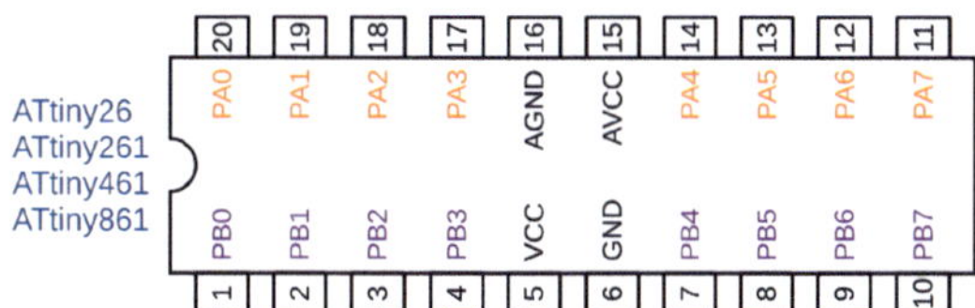

Abbildung 1.3: Pinbelegung der 20-pin DIP ATtiny26/261/461/861

Es ist besser, die neueren stromsparenden Bausteine ATtiny261A, ATtiny461A und ATtiny861A zu verwenden, für die es ein eigenes Datenblatt gibt. Wie bei den früheren 8- und 14-poligen Bausteinen gibt die erste Ziffer im Bauteilnamen die Größe des Flash-Speichers in Kilobyte an. Die Speichergrößen für Flash, SRAM und EEPROM sind bei den 20-poligen ATtiny261/461/861 die gleichen wie bei den 8-poligen ATtiny25/45/85 und den 14-poligen ATtiny24/44/84. Jedes Mitglied dieser Gruppen hat die doppelte Speicherkapazität des vorhergehenden Bausteins.

1.1.3.3 ATtiny2313 und ATtiny4313

Das Hauptmerkmal des ATtiny2313 und ATtiny4313 ist, dass sie eine Hardware USART-Schnittstelle besitzen. ATtiny4313-Bausteine haben die doppelte Speicherkapazität von 4K Bytes Flash, 128 Bytes SRAM und 128 Bytes EEPROM gegenüber dem ATtiny2313.

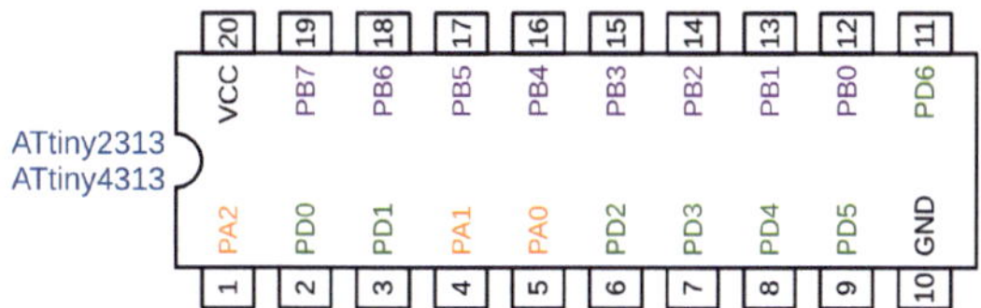

Abbildung 1.4: Pinbelegung der 20-poligen DIP-Bausteine ATtiny2313/4313

Die Bausteine ATtiny2313 und ATtiny2313V haben ein gemeinsames Datenblatt. Die neueren ATtiny2313A sind den älteren Bausteinen vorzuziehen. Die Bausteine ATtiny2313A und ATtiny4313 haben ein gemeinsames Datenblatt und sind beide stromsparende Bausteine. Diese Bausteine sind grundsätzlich Pin-kompatibel mit den älteren AT90S2313 8-Bit-AVR und älteren AT89C2051 und AT89C4051 Mikrocontrollern, die eine 8-Bit MCS51-Architektur haben. MCS51 ist eine völlig andere 8-Bit-Architektur als AVR.

1.1.4 28-Pin-Bausteine

Es gibt zwei Gruppen von 28-Pin DIP ATtiny Mikrocontrollern: ATtiny48/88 und ATtiny28. Von diesen Baureihen ist es praktisch, nur die ATtiny48/88-Bausteine zu verwenden, da sie, wie alle zuvor besprochenen Bausteine, In-System-programmierbar sind.

1.1.4.1 ATtiny48 und ATtiny88

ATtiny48 und ATtiny88 haben ein gemeinsames Datenblatt und sind beide stromsparende 28-Pin-Bausteine. Der ATtiny48 hat 4K Byte Flash, 256 Byte SRAM und 64 Byte EEPROM, während der ATtiny88 8K Byte Flash, 512 Byte SRAM und ebenfalls 64 Byte EEPROM hat.

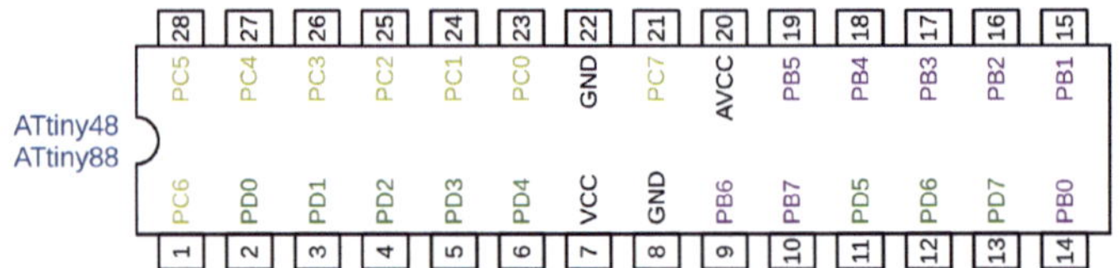

Abbildung 1.5: Pinbelegung der 28-pin DIP ATtiny48/88

1.1.4.2 ATtiny28L und ATtiny28V

ATtiny28L- und ATtiny28V-Bausteine werden für die meisten Anwendungen nicht empfohlen, vor allem weil sie nicht In-System programmierbar sind. Zur Programmierung dieser Bausteine wird eine erhöhte Programmierspannung benötigt, z.B. beim HVPP (High Voltage Parallel Programming). Diese Bausteine haben auch kein SRAM oder EEPROM. Wegen der erhöhten Programmierspannung werden sie in diesem Buch nicht weiter betrachtet.

1.2 Welcher ATtiny soll verwendet werden?

Jeder in diesem Kapitel besprochene 8-Pin-Baustein ist für die hier vorgestellten Projekte eine gute Wahl. Ein paar 8-polige ATtiny-Bausteine aus der ATtiny25/45/85-Reihe sind ein guter Anfang, einschließlich der "V"-Varianten. Es ist auch gut, einen ATtiny13, ATtiny13A oder ATtiny13V zu verwenden, die ebenfalls 8-polige Bausteine sind. Obwohl für dieses Buch spezielle ATtiny-Bausteine ausgewählt wurden, gelten die Assembler- und C-Programme in diesem Buch für alle ATtiny-Bausteine und sogar für Bausteine aus der ATmega-Reihe, auch wenn in bestimmten Fällen einige Änderungen an den Programmen erforderlich sein können. Schaltungen und Software, die für 8-Pin-Bausteine vorgestellt werden, können leicht an Bausteine mit höherer Pinzahl angepasst werden.

1.3 Vergleich der ATtiny-Bausteine

Tabelle 1.1 vergleicht die ATtiny-MCUs, die in den vorherigen Abschnitten dieses Kapitels besprochen wurden. Die Tabelle gibt einen besseren Überblick über alles bisher Besprochene. Die Bausteine sind nach der Anzahl der Pins gruppiert, beginnend mit 8-poligen ATtiny-MCUs und endend mit 28-poligen Bausteinen. 28-Pin-ATtiny28-Bausteine wurden aus bereits erläuterten Gründen nicht in die Tabelle aufgenommen.

In der Spalte "Bevorzugt" werden neuere, stromsparende, verbesserte Versionen von ATtiny-MCUs vorgeschlagen, die anstelle älterer Bauteile verwendet werden sollten. So ist z.B. der ATtiny13A in neuen Designs dem älteren ATtiny13 vorzuziehen.

Part	Preferred	Low Power	Max Clock Speed	Flash KB	SRAM Bytes	EEPROM Bytes	ADC In	ADC Res. Bits	UART	SPI	I2C	8-Bit Timers	16-Bit Timers	PWM Out
8-Pin PDIP														
ATtiny13	ATtiny13A	No	20 MHz	1	64	64	4	10	0	0	0	1	0	2
ATtiny13A		Yes	20 MHz	1	64	64	4	10	0	0	0	1	0	2
ATtiny25		No	20 MHz	2	128	128	4	10	0	1	1	2	0	6
ATtiny45		No	20 MHz	4	256	256	4	10	0	1	1	2	0	6
ATtiny85		No	20 MHz	8	512	512	4	10	0	1	1	2	0	6
14-Pin PDIP														
ATtiny24	ATtiny24A	No	20 MHz	2	128	128	8	10	0	1	1	1	1	4
ATtiny24A		Yes	20 MHz	2	128	128	8	10	0	1	1	1	1	4
ATtiny44	ATtiny44A	No	20 MHz	4	256	256	8	10	0	1	1	1	1	4
ATtiny44A		Yes	20 MHz	4	256	256	8	10	0	1	1	1	1	4
ATtiny84	ATtiny84A	No	20 MHz	8	512	512	8	10	0	1	1	1	1	4
ATtiny84A		Yes	20 MHz	8	512	512	8	10	0	1	1	1	1	4
20-Pin PDIP														
ATtiny26	ATtiny261A	No	16 MHz	2	128	128	11	10	0	1	1	2	0	4
ATtiny261A		Yes	20 MHz	2	128	128	11	10	0	1	1	1	1	6
ATtiny461	ATtiny461A	No	20 MHz	4	256	256	11	10	0	1	1	1	1	6
ATtiny461A		Yes	20 MHz	4	256	256	11	10	0	1	1	1	1	6
ATtiny861	ATtiny861A	No	20 MHz	8	512	512	11	10	0	1	1	1	1	6
ATtiny861A		Yes	20 MHz	8	512	512	11	10	0	1	1	1	1	6
ATtiny2313	ATtiny2313A	No	20 MHz	2	128	128	0	0	1	2	1	1	1	4
ATtiny2313A		Yes	20 MHz	2	128	128	0	0	1	2	1	1	1	4
ATtiny4313		Yes	20 MHz	4	256	256	0	0	1	2	1	1	1	4
28-Pin PDIP														
ATtiny48		Yes	12 MHz	4	256	64	8	10	0	1	1	1	1	2
ATtiny88		Yes	12 MHz	8	512	64	8	10	0	1	1	1	1	2

Tabelle 1.1: Vergleich der ATtiny PDIP Versionen

1.4 Zusammenfassung

Alle DIP-ATtiny-AVRs mit 8 bis 28 Pins, die In-System programmierbar sind, können für dieses Buch verwendet werden, wobei 8-Pin-Bausteine die Hauptzielgruppe sind. Lesen Sie unbedingt das Einführungskapitel, um einen Überblick über dieses Buch und Informationen über die Hardware und Software zu erhalten, die Sie benötigen. In Kapitel 2 installieren wir Microchip Studio und programmieren damit einen ATtiny-Mikrocontroller, um die notwendigen Werkzeuge und die Hardware für die folgenden Kapitel einzurichten.

Kapitel 2 - Einrichtung von Hardware und Software

Ziel dieses Kapitels ist es, Microchip Studio zu installieren, eine elektronische Schaltung mit einem ATtiny25/45/85 oder einem ATtiny13(A) aufzubauen, dann ein Programm zu schreiben und es in den Mikrocontroller zu laden.

Microchip Studio wird verwendet, um Assembler- und C-Programme zu schreiben. Diejenigen Leser, die noch keine Hardware haben, können trotzdem Microchip Studio installieren, den Rest dieses Kapitels durchlesen und die ersten Assembler- und C-Programme erstellen. Kapitel 3 zeigt, wie man den Simulator in Microchip Studio benutzt.

In diesem Kapitel
- Microchip Studio installieren
- Bau einer ATtiny-Mikrocontroller-Schaltung
- Schreiben Sie ein einfaches Assemblerprogramm und laden Sie es in einen ATtiny
- Schreiben eines einfachen C-Programms für einen ATtiny-Mikrocontroller

2.1 Microchip Studio installieren

Microchip Studio (früher Atmel Studio) kann als Web-Installationsprogramm oder als Offline-Installationsprogramm heruntergeladen werden. Mit dem Offline-Installationsprogramm kann Microchip Studio auf vielen Computern installiert werden, ohne dass die Software bei jeder Installation aus dem Internet heruntergeladen werden muss, wie es beim Web-Installer der Fall ist. Für einen einzelnen Computer spielt es keine Rolle, welche Installationsmethode verwendet wird.

2.1.1 Download-Seite und Software-Version

Es folgt eine kurze Beschreibung der Installation mit dem Offline-Installationsprogramm. Wenn Sie das Web-Installationsprogramm verwenden, sind die Schritte im Grunde die gleichen, aber Sie müssen mit dem Internet verbunden sein, wenn Sie die Installation durchführen. Microchip Studio herunterladen von:

www.microchip.com/en-us/development-tools-tools-and-software/microchip-studio-for-avr-and-sam-devices

Die genaue Version von Microchip Studio, die zum Zeitpunkt des Schreibens verwendet wurde, war:
Microchip Studio für AVR- und SAM-Bausteine 7.0.2542 Offline Installer
934 MB, Erscheinungsdatum November 2020

2.1.2 Neueste Software-Version

Es dürfte kein Problem sein, die neueste Version von Microchip Studio zu verwenden, sobald sie verfügbar ist. Sollte es jedoch Probleme oder Inkompatibilitäten geben, kann die oben genannte Version von Microchip Studio verwendet werden. Ältere Versionen finden Sie stets im Download-Archiv für AVR und SAM:

www.microchip.com/en-us/development-tools-tools-and-softwarI/Ovr-and-sam-downloads-archive

2.1.3 Starten Sie die Installation

Navigieren Sie zu dem Ordner, in den die Microchip Studio-Datei heruntergeladen wurde, und doppelklicken Sie auf die Datei, um sie auszuführen und die Installation zu starten, zum Beispiel die Datei as-installer-7.0.2542-full.exe. Eine einfache Standardinstallation ist alles, was benötigt wird. Einige Komponenten der Installation sind optional, aber es schadet nicht, sie zu installieren.

2.1.4 Installation

Im ersten Installationsdialogfeld müssen Sie den Lizenzbedingungen zustimmen. Klicken Sie auf Next, um fortzufahren. Im nächsten Dialogfeld können Sie alle Architekturen in der Standardeinstellung belassen, es sei denn, Sie müssen Speicherplatz sparen (oder Daten herunterladen, wenn Sie die Web-Installation durchführen); in diesem Fall müssen Sie nur AVR auswählen. Klicken Sie auf Next, um fortzufahren. Advanced Software Framework und Example Projects im nächsten Dialogfeld werden für die Assembler-Programmierung nicht benötigt, so dass die Installation auch hier optional ist. Klicken Sie auf Next, um fortzufahren. Im nächsten Dialogfeld wird eine Liste von Elementen angezeigt, die gültig sein müssen, damit die Installation fortgesetzt werden kann. In manchen Fällen meldet das Installationsprogramm, dass ein Grafikkartentreiber aktualisiert werden muss, obwohl der neueste Treiber bereits installiert ist. In der Regel ist es möglich, die Installation auch in diesem Fall fortzusetzen. Fahren Sie mit der Installation fort, indem Sie auf die Schaltfläche Next klicken. Klicken Sie auf Install, um die Installation im Dialogfeld Versionshinweise zu starten. Wenn Windows Sie fragt, ob Sie möchten, dass die Anwendung Änderungen am Computer vornimmt, klicken Sie auf Ja, um fortzufahren. Nach dem Start der Installation wird ein Dialogfeld zum Einrichten des MPLAB XC8-Compilers geöffnet. Dieser optionale Compiler kann durch Anklicken der Schaltfläche Next eingerichtet oder durch Anklicken der Schaltfläche Cancel übersprungen werden. Es ist nicht notwendig, diesen Compiler einzurichten.

Je nach Geschwindigkeit des Host-Computers kann es einige Zeit dauern, bis die Installation abgeschlossen ist. Während der Installation werden Sie mehrmals in Dialogfeldern gefragt, ob Sie die Gerätetreibersoftware installieren möchten. Klicken Sie jedes Mal auf die Schaltfläche Install in dem Dialogfeld. Die Installation wird fortgesetzt und dann abgeschlossen.

2.2 8-pol-ATtiny-Mikrocontroller-LED-Schaltung

Eine erste Schaltung wird verwendet, um eine einzelne LED ein- und auszuschalten, und ist in Abbildung 2.1 dargestellt. Wenn Sie ein Microchip Studio kompatibles Programmiergerät haben, wie z.B. Atmel-ICE, AVR Dragon oder AVRISP mkII, bauen Sie diese Schaltung auf einem Breadboard auf und schließen Sie das Programmiergerät wie in Abbildung 2.1, Abbildung 2.2 und Abbildung 2.3 gezeigt an. Lesen Sie bis zum Ende von Abschnitt 2.2.2, um Einzelheiten zum Anschluss des Programmiergeräts zu erfahren, und kommen Sie dann zurück, um die Schaltung aufzubauen. Anhang B enthält alternative Schaltungen, die 14-polige, 20-polige und 28-polige ATtiny-Bausteine verwenden. Bauen Sie eine Schaltung aus diesem Anhang auf, wenn Sie einen alternativen ATtiny verwenden. Obwohl der Atmel-ICE in zwei der folgenden Abbildungen spezifiziert ist, kann jedes USB-Programmiergerät mit ISP/SPI-Programmierfähigkeiten verwendet werden. Leser, die ein Hobby-Programmiergerät verwenden, brauchen die Schaltung jetzt nicht zu bauen, sondern müssen weiter lesen und das erste Assemblerprogramm in Abschnitt 2.3 erstellen. Es ist nur notwendig, die Schaltung aufzubauen und das Hobby-Programmiergerät anzuschließen, wenn Sie in Abschnitt 2.3.5 dazu aufgefordert werden, aber lesen Sie alle folgenden Absätze, da sie einige Informationen zum Anschluss von Hobby-Programmiergeräten enthalten. Die Informationen zum Anschluss der Stromversorgung sind wichtig. Wenn Sie ein Programmiergerät verwenden, das direkt von Microchip Studio unterstützt wird, wie z.B. Atmel-ICE, AVR Dragon und AVRISP mkII, schließen Sie es an den USB-Anschluss des PCs an. Wenn das Programmiergerät zum ersten Mal an einen USB-Port des Host-PCs angeschlossen wird, werden die Treiber automatisch installiert, vorausgesetzt, Microchip Studio wurde bereits installiert. Der SPI-Header J1 in Abbildung 2.1 soll nur zeigen, wie ein Programmiergerät an die Schaltung angeschlossen wird. Der Einschub in der Abbildung zeigt eine Unteransicht des 6-poligen Steckers am Ende des Flachbandkabels eines USB-Programmiergeräts, z.B. des 6-poligen Steckers am Atmel-ICE, um die Verdrahtung zu erleichtern. In den folgenden Abschnitten wird erklärt, wie man ein Programmiergerät an die Schaltung anschließt.

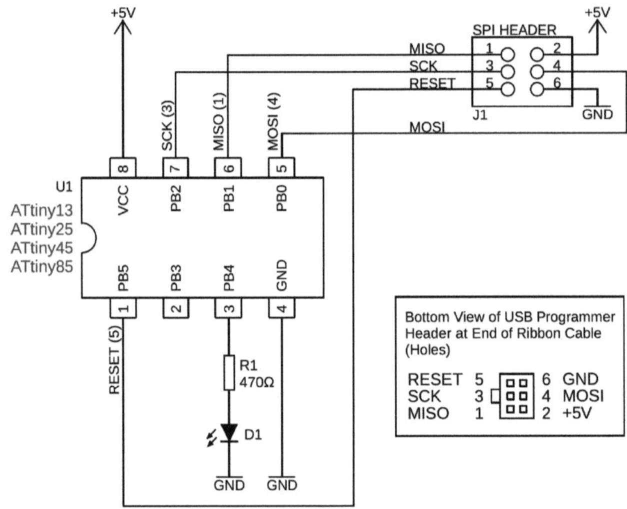

Abbildung 2.1: 8-Pin ATtiny LED Schaltung und ISP/SPI Stecker Pinbelegung

Abbildung 2.2 zeigt die Pinbelegung des Atmel-ICE-Programmierkabels. Achten Sie darauf, dass Sie den kleinen 10-poligen Stecker am Ende dieses Kabels in den mit AVR gekennzeichneten Anschluss am Atmel-ICE stecken, wie in Abbildung 2.3 gezeigt. Die Pinbelegung des 6-poligen Steckers gilt auch für den AVRISP mkII und den AVR Dragon, wobei die Kunststoffausbuchtung als Referenz dient, um Pin 1 zu finden. Die gleiche Pinbelegung gilt für jedes Programmiergerät, das den 6-poligen ISP/SPI-Anschluss verwendet, einschließlich Hobby-Programmiergeräten, die diesen Anschluss verwenden. Abbildung 2.3 zeigt ein Foto der Schaltung aus Abbildung 2.1, die auf einem Breadboard aufgebaut und an einen Atmel-ICE angeschlossen ist.

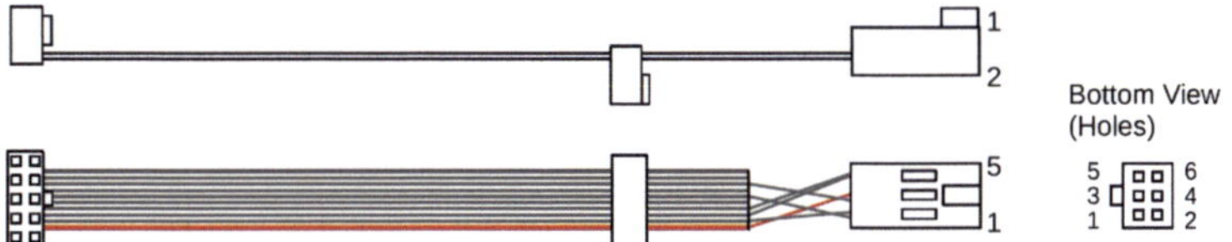

Abbildung 2.2: Atmel-ICE-Kabel und Pinbelegung

Einzelne Litzen oder Dupont-Kabel mit einem Stift an jedem Ende können verwendet werden, um eine Verbindung von der Unterseite des 6-poligen Anschlusses des Atmel-ICE oder eines anderen Programmiergeräts mit 6-poliger ISP/SPI-Stiftleiste zur Breadboard-Schaltung herzustellen.

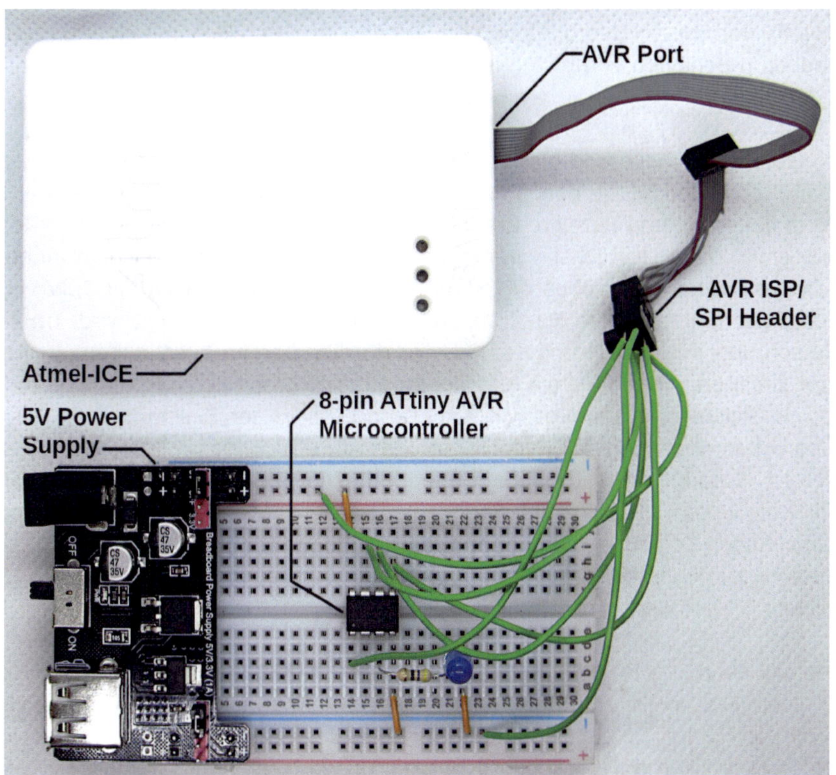

Abbildung 2.3: Attiny-Schaltung auf Breadboard mit angeschlossenem Atmel-ICE

Um das Programmiergerät an die Breadboard-Schaltung anzuschließen, drehen Sie die 6-polige Stiftleiste so um, dass sie Ihnen zugewandt ist - so dass Sie die Löcher im Stecker sehen können. Vergewissern Sie sich, dass sich die Ausbuchtung auf dem Stecker links befindet, wenn Sie Abbildung 2.1 und Abbildung 2.2 betrachten. Suchen Sie Pin 1 anhand von Abbildung 2.2 oder der Beschreibung in Abbildung 2.1. Stecken Sie einen Draht in das Loch für Pin 1 des Steckers. Schauen Sie sich Abbildung 2.1 an, um zu sehen, wo Pin 1 angeschlossen ist - wie man sehen kann, geht Pin 1 des Steckers zu Pin 6 des 8-poligen ATtiny und heißt MISO. Stellen Sie die Verbindung her.

Pin 2 des Steckers wird mit +5V der Stromversorgung verbunden. Wenn Sie ein Microchip Studio kompatibles Programmiergerät verwenden, schließen Sie Pin 2 des Steckers an +5V der Stromversorgung an, also normalerweise an eine der horizontalen Schienen des Breadboards. Pin 2 wird vom USB-Programmiergerät verwendet, um die Spannung zu erkennen, mit der die Schaltung versorgt wird. **Hobby-Programmiergeräte liefern in der Regel 5V an diesem Pin, anstatt die Spannung zu erkennen, mit der die Schaltung versorgt wird!**_Dieser Pin kann dann also verwendet werden, um die Schaltung mit 5V zu versorgen. Bei der Verwendung eines Hobby-Programmiergeräts und einer externen Stromversorgung darf dieser Pin nicht angeschlossen werden, da sonst die 5V des USB-Computers mit den 5V der externen Stromversorgung verbunden werden.
Fahren Sie mit der Verdrahtung der restlichen Pins des 6-poligen ISP/SPI-Steckers fort, wie in Abbildung 2.1 gezeigt. Pin 6 ist der letzte Pin, der angeschlossen werden muss. Er ist mit GND bzw. 0V der Stromversorgung verbunden, die normalerweise mit einer der horizontalen Breadboard-Schienen verbunden ist.

2.2.1 Stromversorgung

Jedes Netzteil, das stabile und gleichmäßige 5V DC liefert, kann für die Stromversorgung der Schaltung verwendet werden. In Abbildung 2.3 wird ein Breadboard-Netzteil verwendet. Das in der Abbildung gezeigte Breadboard-Netzteil verfügt über einen 5-V-Regler und wird über einen Netzteil-Stecker von einem externen 6V- bis 12V-Gleichstromnetzteil gespeist. Dieses spezielle Breadboard-Netzteil kann die Schaltung auch mit 3,3V versorgen, indem die Spannung mit Hilfe von Jumpern auf der Platine eingestellt wird. Im Abschnitt Stromversorgung des Einführungskapitels wurde dies bereits beschrieben. In Abbildung 0.4 in der Einleitung finden Sie ein Bild des Breadboard-Netzteils, das von einem externen Netzteil mit Gleichstrom versorgt wird. Abbildung 0.5 in der Einleitung zeigt die gleiche Schaltung wie in Abbildung 2.3, jedoch mit dem Atmel-ICE, das mit Dupont-Litzen angeschlossen ist. Breadboard-Netzteile schließen +5V (oder +3,3V) an die horizontalen Breadboard-Schienen an, die mit einer roten Linie und dem Zeichen "+" markiert sind. Diese Schienen befinden sich auf beiden Seiten des Breadboards. 0V oder GND eines Breadboard-Netzteils wird an die horizontalen Schienen angeschlossen, die mit einer blauen Linie und dem Zeichen "-" markiert sind.

Es ist ratsam, ein neues Breadboard-Netzteil an ein unbenutztes Breadboard anzuschließen und mit einem Multimeter zu prüfen, ob die erzeugten Spannungen die richtigen Werte haben, bevor das Netzteil an eine Schaltung angeschlossen wird. Vergewissern Sie sich auch, dass die Steckbrücken am Breadboard-Netzteil für die Spannung, die in einer Schaltung verwendet werden soll, richtig eingesetzt sind.

Wie bereits erwähnt, kann ein Hobby-Programmiergerät die Schaltung in der Regel über USB des Host-Computers mit 5V versorgen. Alle in Abbildung A.1 in Anhang A gezeigten Hobby-Programmiergeräte sind in der Lage, den ATtiny mit 5V zu versorgen. Dies gilt auch für den Arduino Uno, wenn er als ISP-Programmiergerät eingerichtet ist, bei dem eine Verbindung vom 5V-Pin des Arduino zum +5V-Punkt der ATtiny-Schaltung hergestellt werden kann. Wenn ein Hobby-Programmiergerät in Kombination mit einer Breadboard-Stromversorgung oder einer anderen externen Stromversorgung verwendet wird, darf Pin 2 des ISP/SPI-Headers wie erwähnt nicht mit der Schaltung verbunden werden.

2.2.2 Entkopplungskondensator

Es ist gängige Praxis, einen 100nF Keramik-Entkopplungskondensator zwischen +5V und GND auf der Lochrasterplatine in der Nähe des Mikrocontrollers einzufügen, wurde aber bei dieser Schaltung weggelassen, da sich herausstellte, dass es bei Verwendung der gezeigten Lochrasterplatinen-Stromversorgung keine Probleme mit der Stromversorgung gab. Ein Elektrolytkondensator von etwa 1µF bis 10µF und ein 100nF-Kondensator können der Schaltung hinzugefügt werden, wenn es Probleme mit der Stromversorgung gibt, oder wenn die Stromversorgung weit von der ATtiny-Schaltung entfernt ist.

2.3 Ein erstes Assemblerprogramm

Nun, da die ATtiny-Schaltung gebaut und das Programmiergerät angeschlossen ist, können wir ein erstes Assemblerprogramm schreiben, das die LED an- und ausschaltet. Für ein Hobby-USB-Programmiergerät bauen Sie die Schaltung nach der Erstellung des Programms auf, wenn Sie in Abschnitt 2.3.5 dazu aufgefordert werden, aber lesen Sie zuerst alle folgenden Unterabschnitte. Sie zeigen, wie man ein neues AVR Assembler-Projekt in Microchip Studio startet, ein einfaches LED-Blinkprogramm in Assembler schreibt und schließlich das Programm erstellt und in den Ziel-AVR-Mikrocontroller lädt.

2.3.1 Starten Sie ein neues AVR Assembler Projekt in Microchip Studio

Öffnen Sie Microchip Studio und starten Sie ein neues AVR Assembler Projekt. Es gibt dazu vier Möglichkeiten, die alle das Dialogfeld New Project öffnen und unten aufgeführt sind. Wählen Sie eine aus:

Wählen Sie im Top-Menü File ► New ► Project....

Verwenden Sie das Symbol New Project in der oberen Symbolleiste: bewegen Sie den Mauszeiger über die Symbole in der Symbolleiste (Toolbar), um die Tooltips zu sehen, die die Symbole kennzeichnen.

Verwenden Sie die Tastenkombination Strg + Umschalt + N

Klicken Sie auf der Microchip Studio-Startseite auf New Project ... (Wählen Sie im Top-Menü View ► Start Page, wenn die Startseite nicht angezeigt wird. Es gibt auch ein Startseiten-Symbol in einer der oberen Symbolleisten. Um ein Symbol in der Symbolleiste von Microchip Studio zu identifizieren, bewegen Sie entweder den Mauszeiger über das Symbol, um den Tooltip zu sehen, oder verwenden Sie das obere Menü, um das Symbol zu identifizieren - View ► Start Page zeigt das Startseiten-Symbol, das auch in der Symbolleiste zu sehen ist).

Klicken Sie im Dialogfeld New Project auf Assembler auf der linken Seite und auf AVR Assembler Project im mittleren Fensterbereich. Benennen Sie das Projekt **led_blink_asm** im Feld Name: am unteren Rand des Dialogfelds und wählen Sie den Speicherort, an dem Sie es speichern möchten, mit der Schaltfläche Browse... aus, wie in Abbildung 2.4 zu sehen ist. Klicken Sie auf die Schaltfläche OK unten rechts im Dialogfeld New Project (Neues Projekt), um zum Dialogfeld Device Selection (Bausteinauswahl) zu gelangen, wie in Abbildung 2.5 dargestellt.

um zum Dialogfeld Device Selection (Bausteinauswahl) zu gelangen, wie in Abbildung 2.5 dargestellt.

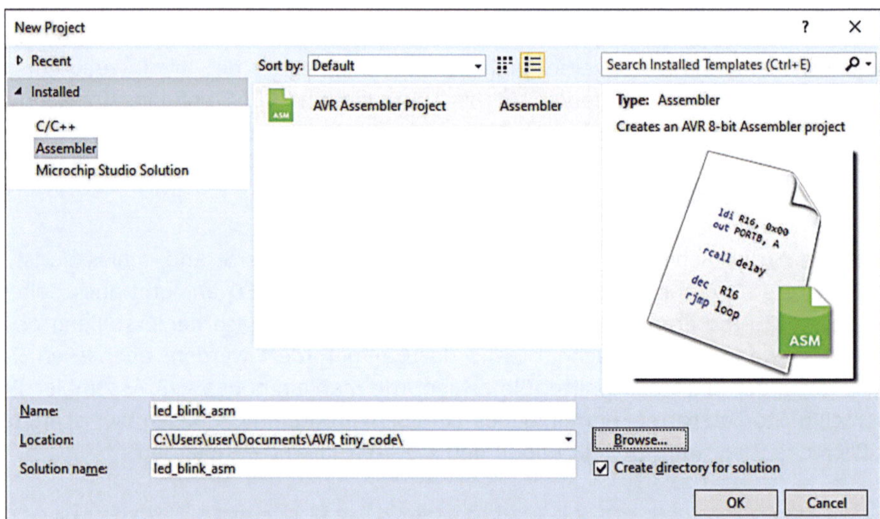

Abbildung 2.4: Neues AVR Assembler Projekt in Microchip Studio

Suchen Sie den Mikrocontroller, den Sie verwenden, im Dialogfeld "Device Selection" mit Hilfe des Suchfelds oben rechts. Geben Sie die Bezeichnung des verwendeten ATtiny in das Suchfeld ein. Nachdem Sie ATtiny mit Hilfe des Suchfelds gefiltert haben, wählen Sie den spezifischen ATtiny-Typ im linken Fensterbereich durch Anklicken aus und klicken dann auf die Schaltfläche OK. Abbildung 2.5 zeigt einen ausgewählten ATtiny13A. Eine Alternative zur Verwendung des Suchfelds ist die Verwendung der Dropdown-Liste Device Selection: oben links im Dialogfeld. Hier kann der ATtiny über die Dropdown-Liste ausgewählt werden, die dann nur die Bausteine der ATtiny-Familie im linken Bereich des Dialogfelds anzeigt. Der gewünschte ATtiny kann dann angeklickt werden, um ihn im linken Fensterbereich auszuwählen.

Nachdem Sie im Dialogfeld Device Selection auf die Schaltfläche OK geklickt haben, wird in Microchip Studio ein neues Projekt mit einer Standard main.asm-Assemblersprachen-Datei erstellt, die ein Programmgerüst enthält. Im nächsten Abschnitt löschen wir dieses Programmgerüst und geben ein neues Assemblerprogramm ein.

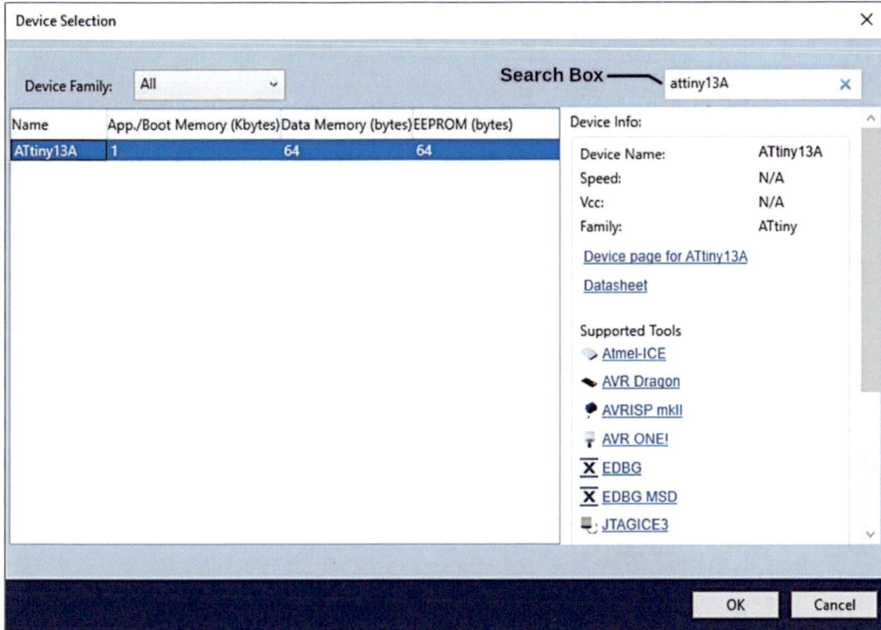

Abbildung 2.5: AVR Device Selection in Microchip Studio

2.3.2 LED-Blinklicht Assemblercode

Ersetzen Sie den im vorigen Abschnitt erstellten Code in main.asm durch den im folgenden Listing **led_blink_asm : main.asm** gezeigten Code. Wenn Sie eine alternative Schaltung aus Anhang B verwenden, bei der die LED an Pin PB0 angeschlossen ist, dann verwenden Sie den alternativen Code aus Abschnitt B.5.1 in Anhang B. Wenn Sie eine neue Programmiersprache lernen, ist es am besten, den Code selbst einzutippen, anstatt ihn zu kopieren und einzufügen. Es ist nicht notwendig, die Kommentare in diesem Stadium abzutippen - Kommentare beginnen mit einem Semikolon (;) und beschreiben, was im Programm geschieht. Verwenden Sie die Tabulatortaste, um den Code wie in Abbildung 2.6 gezeigt einzurücken. In manchen Fällen müssen Sie die Taste Tab zweimal drücken, um den Text richtig auszurichten. Achten Sie darauf, dass Sie alles genau so eingeben, wie es im Code-Listing gezeigt wird.

Es ist ratsam, den in die Datei main.asm eingegebenen Code sorgfältig Zeile für Zeile zu überprüfen, um sicherzustellen, dass keine Tippfehler vorliegen. Ein guter Programmierer zeichnet sich dadurch aus, dass er beim Eingeben und Überprüfen des Codes sorgfältig vorgeht. Nachdem Sie das Programm in die Datei main.asm des Projekts led_blink_asm eingegeben haben, speichern Sie die Datei mit dem Tastaturkürzel Strg + S, mit File ▶ Save im Top-Menü oder mit dem Symbol Save in der oberen Symbolleiste.

led_blink_asm : main.asm

```
start:
    sbi     DDRB, DDB4              ; Set pin PB4 as output

loop:
    sbi     PORTB, PORTB4           ; Set LED pin high
    rcall   delay                   ; LED on delay
    cbi     PORTB, PORTB4           ; Clear LED pin low
    rcall   delay                   ; LED off delay
    rjmp    loop

; Delay subroutine
delay:
    ldi     r16, 0xff
delloop1:
    ldi     r17, 0xff
delloop2:
    dec     r17                     ; Delay by decrementing
    brbc    SREG_Z, delloop2
    dec     r16                     ; Delay by decrementing
    brbc    SREG_Z, delloop1
    ret
```

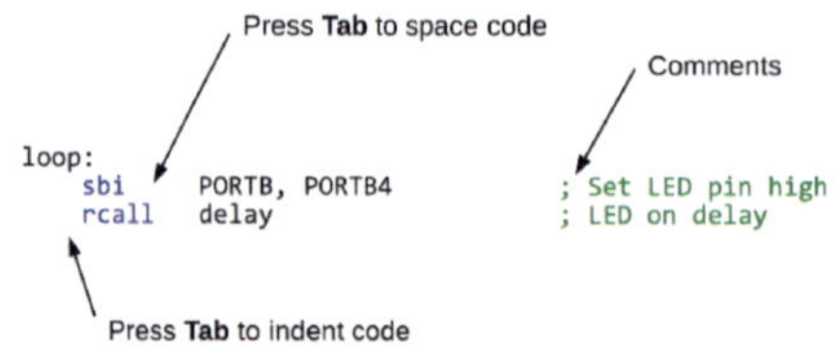

Abbildung 2.6 Indenting Assembler Code

2.3.3 Das Projekt erstellen

Das Projekt muss nun erstellt werden, um die Assembler-Textdatei in eine Datei zu konvertieren, die in den AVR-Mikrocontroller geladen werden kann. Klicken Sie auf das Symbol Build in der oberen Symbolleiste oder wählen Sie Build ► Build led_blink_asm aus dem oberen Menü. Die Ausgabemeldungen des Build-Prozesses werden in einem Fenster angezeigt, das am unteren Rand von Microchip Studio eingeblendet wird. Wenn alles erfolgreich war, erscheint der Text "Build succeeded" im unteren Fensterbereich.

2.3.4 Behebung von Erstellungsfehlern

Wenn bei der Erstellung Fehler aufgetreten sind, erscheint im unteren Bereich von Microchip Studio ein roter Kreis mit einem X darin und einer Beschreibung des Fehlers. Wenn ein Build-Fehler in Ihrem Programm auftritt, doppelklicken Sie auf den roten Kreis, um den Cursor an die Stelle in der Assembler-Datei zu bewegen, die den Fehler enthält. Überprüfen Sie die Code-Zeile anhand des led_blink_asm Code-Listings, um den Fehler zu finden. Jedes Problem mit diesem Programm kann nur ein Tippfehler sein. Vergewissern Sie sich, dass Ihr Code genau mit dem Code-Listing übereinstimmt. Der gesamte Quellcode für dieses Buch kann bei Elektor heruntergeladen werden. Wenn es immer noch Probleme gibt, laden Sie den Code herunter und vergleichen Sie ihn mit Ihrem Code, oder kopieren Sie den Quellcode und fügen Sie ihn in main.asm ein, speichern und erstellen Sie ihn erneut.

2.3.5 Laden des Programms in den AVR-Mikrocontroller

In diesem Stadium wird davon ausgegangen, dass das Programmiergerät, wie z.B. das verwendete Atmel-ICE, an den AVR-Mikrocontroller angeschlossen ist, wie bereits in diesem Kapitel beschrieben, und dass die Mikrocontroller-Schaltung mit 5V versorgt wird. Es wird auch davon ausgegangen, dass der Mikrocontroller neu ist und daher die internen Fuses auf die werkseitigen Standardwerte eingestellt sind. Diejenigen Leser, die ein USB-Hobby-Programmiergerät verwenden, müssen jetzt die Anweisungen in Anhang A befolgen. Sie zeigen, wie man den AVR-Mikrocontroller mit einem Hobby-Programmiergerät einrichtet und programmiert. Benutzer von Hobby-Programmiergeräten können dann mit Abschnitt 2.3.6 fortfahren.

Um das soeben in Microchip Studio erstellte Programm mit einem USB-Programmiergerät, das direkt von Microchip Studio unterstützt wird - wie z.B. Atmel-ICE, AVR Dragon oder AVRISP mkII - in den AVR-Chip zu laden, wählen Sie zunächst das Programmiertool, das Sie verwenden. Klicken Sie in Microchip Studio auf das Hammersymbol mit der Bezeichnung None oder "No tool" in der zweiten horizontalen Symbolleiste; oder wählen Sie Project ▶ led_blink_asm Properties... aus dem oberen Menü (Tastaturkürzel Alt + F7) und dann Tool in der linken Spalte der sich öffnenden Seite. Klicken Sie auf das Kästchen unter Select Debugger/Programmer und dann auf das von Ihnen verwendete Tool in der sich öffnenden Liste - das Tool muss an den USB-Anschluss angeschlossen sein, damit es in der Liste erscheint. Wählen Sie unter Interface: die Option ISP für einen neuen ATtiny13 oder ATtiny25/45/85, die die ISP-Einstellung als Standard verwenden. Speichern Sie die Änderungen mit dem Tastaturkürzel Strg + S.

Schalten Sie die Stromversorgung des ATtiny-Schaltkreises ein. Klicken Sie auf das Symbol "Start Without Debugging" (das obere grüne Dreieckssymbol) in der oberen Symbolleiste von Microchip Studio, um das Programm in den Mikrocontroller zu laden. Alternativ können Sie auch die Tastenkombination Strg + Alt + F5 oder Debug ▶ Start Without Debugging aus dem oberen Menü verwenden. Wenn das Programm erfolgreich geladen wurde, beginnt die LED zu blinken.

2.3.6 Fehlersuche

Wenn das Programm nicht geladen wird, prüfen Sie die offensichtlichen Ursachen, z.B. dass das Programmiergerät nicht eingesteckt ist oder dass die Stromversorgung nicht eingeschaltet ist. Überprüfen Sie auch die Verdrahtung des ISP-Headers des Programmiergeräts mit dem Mikrocontroller. Wenn die LED nicht blinkt, aber das Programm erfolgreich geladen wurde, könnte ein Fehler im Programm vorliegen, der keine Fehlermeldung beim Erstellen (Build) auslöst. Überprüfen Sie in diesem Fall jede Zeile des Programms anhand des Codelistings, um sicherzustellen, dass alles korrekt ist. Prüfen Sie, ob die LED und der Vorwiderstand richtig verdrahtet sind. Wenn es immer noch ein Problem gibt, kopieren Sie den Code aus den beigefügten Dateien und fügen Sie ihn in Ihr Projekt ein, da es möglicherweise einen Fehler gibt, den Sie nicht gefunden haben. Erstellen Sie das Projekt neu (Build) und laden Sie das Programm erneut in den Mikrocontroller.

2.4 Ein erstes C-Programm

Da dieses Buch neben der Assembler-Programmierung auch die C-Programmierung beinhaltet, wird in diesem Abschnitt ein C-Programm erstellt, das eine LED blinken lässt. Das Ziel dieser Übung ist es, dem Leser zu zeigen, wie man ein C-Projekt für ATtiny-MCUs in Microchip Studio erstellt. Für Leser, die die Programmiersprache C noch nicht erlernt haben, ist es trotzdem möglich, diese Schritte zu befolgen und ein C-Programm zu erstellen. Wie in der Einleitung erklärt, lehrt dieses Buch nicht die Programmiersprache C, sondern kann von jedem verwendet werden, um die AVR-Assemblersprache und die Architektur der AVR-Mikrocontroller zu erlernen. Lesern, die die C-Programmiersprache auf Mikrocontrollern lernen möchten, sei das ebenfalls bei Elektor erschienene Buch *C-Programmierung mit Arduino* vom gleichen Autor empfohlen - *ISBN: 978-1-907920-46-2*.

Die folgenden Unterabschnitte zeigen, wie man ein neues C-Projekt in Microchip Studio startet, Code schreibt, um die LED in Abbildung 2.1 blinken zu lassen, das C-Projekt erstellt und das Programm in einen ATtiny lädt. Verwenden Sie die Schaltung wie in Abbildung 2.1, wobei das Programmiergerät auf dieselbe Weise angeschlossen ist, oder die alternative Schaltung aus Anhang B.

2.4.1 Starten eines neuen GCC-C-Projekts in Microchip Studio

Öffnen Sie Microchip Studio und starten Sie ein neues Projekt auf die gleiche Weise, wie in Abschnitt 2.3.1 für das Assembler-Projekt beschrieben. Daraufhin wird das Dialogfeld New Project geöffnet. Da es sich bei dem zuvor erstellten Projekt um ein Assembler-Projekt handelte, ist Assembler im linken Bereich des Dialogfelds immer noch ausgewählt. Klicken Sie zunächst auf das Element C/C++ im linken Bereich des Dialogfelds. Klicken Sie im mittleren Bereich des Dialogfelds auf GCC C Executable Project.

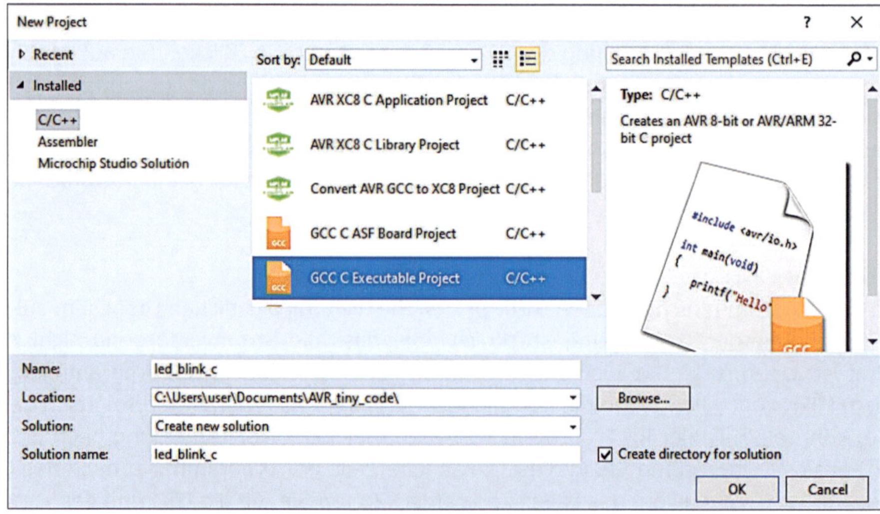

Abbildung 2.7: Neues C Projekt in Microchip Studio anlegen

Geben Sie dem Projekt im Feld Name: am unteren Rand des Dialogfelds den Namen **led_blink_c** und ändern Sie bei Bedarf den Speicherort. Das Feld Location: kann unverändert bleiben, wenn das Projekt am gleichen Ort wie das zuvor erstellte Assemblerprogramm erstellt werden soll. Abbildung 2.7 zeigt ein Bild des Dialogfelds New Project. Klicken Sie auf die Schaltfläche OK, um fortzufahren.

Das nächste Dialogfeld, das geöffnet wird, nachdem Sie im vorherigen Schritt auf die Schaltfläche OK geklickt haben, ist das Dialogfeld Device Selection. Dieses Dialogfeld wird genauso verwendet wie beim Erstellen des Assembler-Projekts. Suchen Sie im Suchfeld nach dem verwendeten Baustein, indem Sie die Teilenummer eingeben, die für diese Übung entweder ATtiny13, ATtiny13A, ATtiny25, ATtiny45 oder ATtiny85 lautet. Schauen Sie bei Bedarf noch einmal in Abbildung 2.5 nach. Nachdem Sie den gewünschten Baustein über das Suchfeld herausgefiltert haben, klicken Sie ihn im linken Bereich des Dialogfelds an, um ihn auszuwählen. Klicken Sie abschließend auf die Schaltfläche OK. Microchip Studio erstellt das neue Projekt und öffnet die Datei main.c des Projekts, die ein C-Code-Grundgerüst enthält.

2.4.2 LED-Blinken C-Code

Ersetzen Sie das C-Code-Gerüst in der Datei main.c durch den Code im folgenden Listing **led_blink_c : main.c**. Wenn Sie eine alternative Schaltung aus Anhang B verwenden, bei der die LED an Pin PB0 angeschlossen ist, dann verwenden Sie das alternative C-Programm aus Abschnitt B.5.2 in Anhang B. Achten Sie darauf, den gesamten Code so einzugeben, wie er im Listing gezeigt wird. Wie bei dem Assembler-Projekt benutzen Sie die Tabulator-Taste, um den Code wie gezeigt einzurücken. Ein Semikolon (;) ist in C-Programmen nicht der Beginn eines Kommentars, sondern es wird verwendet, um C-Befehle zu beenden. Es ist daher wichtig, keine Semikolons wegzulassen, da der C-Compiler während des Build-Prozesses sonst Fehler meldet.

led_blink_c : main.c

```
//#define F_CPU   1000000UL          // 1MHz default clock for ATtiny25/45/85
#define F_CPU   1200000UL            // 1.2MHz default clock for ATtiny13(A)
#include <avr/io.h>
#include <util/delay.h>

int main(void)
{
    DDRB |= (1 << DDB4);            // Set up pin PB4 as an output

    while (1) {
        PORTB |= (1 << PORTB4);     // Set pin high (LED on)
        _delay_ms(1000);            // 1 second delay
        PORTB &= ~(1 << PORTB4);    // Set pin low (LED off)
        _delay_ms(1000);            // 1 second delay
    }
}
```

Wie im Code-Listing zu sehen ist, gibt es zwei Definitionen für F_CPU am Anfang der Datei. F_CPU wird verwendet, um dem Code mitzuteilen, wie die anfängliche Taktrate des Mikrocontrollers eingestellt ist. Dies wird von der Funktion Funktion _delay_ms() für die von ihr erzeugte korrekte Zeitverzögerung benutzt. Der Grund dafür, dass es zwei Definitionen für F_CPU gibt, ist, dass ATtiny13-Bausteine eine andere Standardtaktfrequenz haben als ATtiny25/45/85 Mikrocontroller. Die erste Definition ist mit zwei Schrägstrichen (//) auskommentiert, was bedeutet, dass die zweite Definition in Kraft tritt und für ATtiny13-Bausteine eingerichtet ist. Wenn Sie einen der ATtiny25/45/85-Bausteine verwenden, heben Sie die Kommentierung der obersten Definition auf und kommentieren Sie die zweite Definition aus, wie im folgenden Codeschnipsel gezeigt.

```
#define F_CPU   1000000UL          // 1MHz default clock for ATtiny25/45/85
//#define F_CPU   1200000UL        // 1.2MHz default clock for ATtiny13(A)
```

Diese beiden Standard-Taktfrequenzen liegen nahe genug beieinander, so dass das Programm auf allen Bausteinen funktioniert, wenn die oben beschriebenen Änderungen nicht vorgenommen werden, aber um ein genaueres Timing zu erreichen, sollten die Änderungen vorgenommen werden.

2.4.3 Das Projekt erstellen

Nachdem Sie den Code aus dem vorherigen Unterabschnitt eingegeben haben, erstellen Sie das Projekt mit dem Symbol Build in der Symbolleiste oder wählen Sie Build ► Build led_blink_c im Top-Menü. Wenn der Code keine Fehler enthält, wird das Projekt erstellt und die Meldung "Build succeeded" erscheint im Fenster am unteren Rand von Microchip Studio.

2.4.4 Behebung von Erstellungsfehlern

Wenn das Projekt nicht erfolgreich erstellt wurde, erscheint (mindestens) eine Fehlermeldung am unteren Rand von Microchip Studio mit einem roten X-Symbol daneben. Überprüfen Sie in diesem Fall, ob der Code aus dem Listing genau wie gezeigt eingegeben wurde. Bei diesem einfachen Programm kann nicht viel schief gehen, achten Sie also nur auf Tippfehler, insbesondere auf weggelassene Semikolons und Rechtschreibfehler. Der Quellcode für alle Programme in diesem Buch steht bei Elektor zum Download bereit. Wenn es immer noch Probleme gibt, laden Sie den Code herunter und kopieren ihn in die Datei main.c dieses Microchip Studio Projekts. Speichern Sie die Änderungen und kompilieren Sie erneut.

2.4.5 Laden des Programms in den AVR-Mikrocontroller

Die Schritte zum Laden des Programms in den ATtiny sind genau dieselben wie für das Assembler-Projekt. Bei direkt unterstützten Programmiergeräten, wie z.B. dem Atmel-ICE, wählen Sie Ihr Programmiergerät aus, indem Sie auf das Symbol None in der Symbolleiste klicken. Wählen Sie auf der sich öffnenden Seite das Programmiergerät und die ISP-Schnittstelle aus. Beachten Sie dabei, dass das Programmiergerät in den USB-Port des PCs eingesteckt sein muss, um in der Auswahlliste zu erscheinen. Speichern Sie die Änderungen und klicken Sie dann entweder auf das Symbol Start Without Debugging in der Symbolleiste oder verwenden Sie die Tastenkombination Strg + Alt + F5 oder wählen Sie Debug ► Start without Debugging im Top-Menü. Weitere Einzelheiten finden Sie in Abschnitt 2.3.5. Bei Hobby-Programmiergeräten klicken Sie auf die Programmiertaste, die Sie in Anhang A eingerichtet haben, vorausgesetzt, Sie verwenden den gleichen AVR und den gleichen Programmer wie für das Assemblerprogramm. Wenn es keine Probleme gibt, wird das Programm in den ATtiny geladen und die LED beginnt langsamer zu blinken als beim Assemblerprogramm.

2.4.6 Fehlersuche

Wenn es Probleme beim Laden des Programms in den Mikrocontroller gibt, lesen Sie bitte in Abschnitt 2.3.6 nach, was Sie tun können, um die Probleme zu lösen. Obwohl Abschnitt 2.3.6 für Assembler geschrieben ist, sind die Techniken zur Fehlersuche für ein C-Programm dieselben.

2.5 Zusammenfassung

- Microchip Studio ist eine komplette Entwicklungsumgebung für die Entwicklung von Software für AVR-Mikrocontroller. Microchip Studio ist eine IDE (Integrated Development Environment) und umfasst einen Texteditor, einen Assembler, einen C-Compiler und andere Programmierwerkzeuge.

- Atmel Studio wurde im Jahr 2020 in Microchip Studio umbenannt.

- Wenn Sie mit Microchip Studio ein neues Assembler- oder C-Programm schreiben, müssen Sie ein neues Projekt starten.

- Assembler- und C-Programme werden in Textform mit dem Texteditor von Microchip Studio geschrieben.

- Wenn ein Programm Syntaxfehler enthält, werden diese während des Build-Prozesses erkannt.

- Nachdem ein Programm erstellt wurde, kann es mit einem USB-Programmiertool wie dem Atmel-ICE oder einem Hobby-Programmiergerät in den Mikrocontroller geladen werden.

Im nächsten Kapitel befassen wir uns mit den Grundlagen von Assemblerprogrammen, um zu verstehen, was in einem Programm passiert, wenn man den Simulator und den Debugger benutzt. Die Funktionsweise des LED-Blinkprogramms wird erklärt und sowohl im Simulator als auch auf einer AVR-LED-Schaltung unter Verwendung der Hardware-Debugging-Funktionen des Atmel-ICE ausgeführt.

Kapitel 3 • Grundlagen der Assemblersprache

Ein Mikrocontroller kann nur Maschinensprache-Befehle im Binärformat ausführen. Assemblersprache besteht dagegen aus für Menschen lesbaren Mnemonics, die von einem Programm namens Assembler in binäre Maschinensprache umgewandelt werden. Das Wort "Assembler" wird also einerseits als Kurzbezeichnung für die Programmiersprache (die Assembler-Sprache) verwendet, andererseits wird auch dasjenige Programm (der Assembler) so genannt, welches den in dieser Sprache erstellten Quellcode – das Assemblerprogramm – in maschinenlesbaren Binärcode übersetzt.

Dieses Kapitel erläutert die Bestandteile und Befehle der Assemblersprache und die Funktion des LED-Blink-Programms.

Das Kapitel schließt mit einem Blick auf die grundlegende Verwendung des Debuggers und des Simulators in Microchip Studio ab.

In diesem Kapitel

- Grundlegende Begriffe und Konzepte der AVR-Assemblersprache
- Eine Einführung in den AVR-Befehlssatz
- Assembler-Kommentare
- Funktionsweise des LED-Blink-Assemblerprogramms
- Verwendung des Debuggers und Simulators in Microchip Studio

3.1 Mnemonics

Das Wort "mnemonisch" (mit stummem ersten "m" ausgesprochen) bedeutet ein Hilfsmittel oder eine Technik, die dazu dient, sich an etwas zu erinnern. Ein einfaches Beispiel für eine Eselsbrücke ist "**N**ever **E**at **S**ilk **W**orms", die im Englischen dazu dient, sich die Himmelsrichtungen im Uhrzeigersinn zu merken, beginnend mit Norden an der Spitze, wie folgt: North-East-South-West oder NESW (im Deutschen gibt es das Gegenstück "**N**ie **o**hne **S**eife **w**aschen!").

Assembler-Befehle bestehen aus Mnemonics, die als leicht zu merkende Akronyme oder Abkürzungen gedacht sind, zum Beispiel steht das Mnemonic **SBI** für "Set Bit in I/O Register". Ein weiteres Beispiel ist **LD**, die Abkürzung für "**Load**".

Die Mnemonics in einem Assemblerprogramm werden in ihre binären Entsprechungen, die Maschinencode-Äquivalente, durch ein Assemblerprogramm umgewandelt. Zum Beispiel wird der mnemonische SBI-Befehl durch den Assembler in den Binärcode 10011010 umgewandelt. Dieser binäre Maschinencode-Befehl kann dann vom AVR-Mikrocontroller ausgeführt werden, während seine mnemonische Entsprechung für den Menschen lesbar und verständlich ist. Technisch gesehen ist die SBI-Mnemonik Teil eines Maschinen-Befehls, der aus einem Operationscode (kurz Opcode) und zwei Operanden besteht. Der Maschinencode-Befehl ist 16 Bit breit, wenn man die Operanden mit einbezieht, obwohl ATtiny- und ATmega-Bausteine eine 8-Bit-Architektur haben. Der Opcode SBI wird, wie bereits erläutert, in eine 8-Bit-Zahl umgewandelt, und die beiden Operanden werden in eine zweite 8-Bit-Zahl umgewandelt, was insgesamt 16 Bits ergibt. Befehle werden 16-Bit breit gespeichert. Dies mag zu diesem Zeitpunkt etwas schwierig zu verstehen sein, wird aber in den nächsten Kapiteln, wenn wir uns mit der AVR-Architektur vertraut machen, genau erklärt.

Der von Microchip Studio verwendete AVR-Assembler unterscheidet nicht zwischen Groß- und Kleinschreibung, so dass die mnemonischen Befehle in Groß- oder Kleinbuchstaben geschrieben werden können, zum Beispiel SBI oder sbi. Dieses Buch verwendet Großbuchstaben, wenn es sich auf Mnemonics im Text bezieht, und Kleinbuchstaben in Code-Listings. Der Grund für diese Konvention ist, dass sie auch in den Microchip / Atmel Datenblättern und anderen Dokumenten für AVR Mikrocontroller gilt.

3.2 AVR-Befehlssatz

Jede Mikrocontroller-Architektur hat ihren eigenen Befehlssatz, der aus der Gesamtheit aller Assemblersprachbefehle besteht, die in entsprechende ausführbare binäre Maschinencodebefehle übersetzbar sind. Ein Befehlssatz-Verzeichnis beschreibt alle Assembler-Befehle für eine bestimmte Architektur. Laden Sie das AVR Befehlsverzeichnis von Microchip unter dem folgenden Link herunter und speichern Sie es als Referenz beim Schreiben von Assemblerprogrammen.

> ww1.microchip.com/downloads/de/DeviceDoc/AVR-Instruction-Set-Manual-DS40002198A.pdf

(Suchen Sie im Internet nach "AVR instruction set manual", wenn sich dieser Link ändert und nicht funktioniert, oder um herauszufinden, ob eine neuere Version des Handbuchs verfügbar ist)

Nicht alle AVR-Assemblerbefehle sind in jedem AVR-Mikrocontroller implementiert. Die ATtiny25/45/85 und ATtiny13(A) Mikrocontroller verwenden eine Teilmenge von 123 Befehlen aus dem gesamten AVR-Befehlssatz. Die in diesen Mikrocontrollern verfügbaren Befehle finden Sie in den Datenblättern des ATtiny25/45/85, ATtiny13 und ATtiny13A unter den angegebenen Links. Eine Liste der implementierten Befehle finden Sie im Abschnitt "Instruction Set Summary" des jeweiligen Datenblatts. Laden Sie das Datenblatt bzw. die Datenblätter für den oder die von Ihnen verwendeten Bausteine herunter. Bewahren Sie diese Datenblätter als Referenz bei der AVR-Assembler-Programmierung auf.

ATtiny25/45/85-Datenblatt:
(Suchen Sie im Internet nach "ATtiny25 datasheet", wenn sich dieser Link ändert und nicht funktioniert)

ATtiny25-Webseite: www.microchip.com/en-us/product/ATtiny25

ATtiny45-Webseite: www.microchip.com/en-us/product/ATTINY45

ATtiny85-Webseite: www.microchip.com/en-us/product/ATtiny85

ATtiny13-Datenblatt: ww1.microchip.com/downloads/de/DeviceDoc/doc2535.pdf

(Suchen Sie im Internet nach "ATtiny13 datasheet", wenn sich dieser Link ändert und nicht funktioniert)

ATtiny13-Webseite: www.microchip.com/en-us/product/ATtiny13

ATtiny13A-Datenblatt: ww1.microchip.com/downloads/de/DeviceDoc/ATtiny13A-Data-Sheet-DS40002307A.pdf
(Suchen Sie im Internet nach "ATtiny13A datasheet", wenn sich dieser Link ändert und nicht funktioniert)

ATtiny13A-Webseite: www.microchip.com/en-us/product/ATtiny13A

In den Datenblättern von Microchip/Atmel gibt es einige Diskrepanzen bezüglich der Anzahl der in verschiedenen AVR-Bauteilen implementierten Befehle. Dies wird gegen Ende des Buchs in Abschnitt 11.3.1 von Kapitel 11 diskutiert.

3.3 Opcodes und Operanden

Ein Opcode (Operationscode) ist der Teil eines Assembler-Befehls, der die auszuführende Operation angibt. In der folgenden Codezeile ist SBI der Opcode, der angibt, dass ein Bit in einem I/O-Register gesetzt werden soll. DDRB und DDB4 sind die Operanden, die angeben, welches Bit in welchem Register gesetzt werden soll. Register sind Teil der internen Architektur von AVR-Mikrocontrollern und speichern Datenbytes.

```
sbi     DDRB, DDB4              ; Set pin PB4 as output
```

Nicht alle Assembler-Befehle haben sowohl einen Opcode als auch Operanden. Der folgende Code zeigt den Befehl RET (Return), der nur aus einem Opcode besteht.

```
ret
```

3.4 Kommentare im Assemblerprogramm

Wie bereits erwähnt, beginnen Assembler-Kommentare mit einem Semikolon (;). Jeder Text, der innerhalb der Zeile auf ein Semikolon folgt, wird vom Assembler ignoriert. Kommentare werden verwendet, um zu erklären, was in einem Programm passiert.

Ein Semikolon kann auch verwendet werden, um eine Codezeile in einen Kommentar zu verwandeln und sie so aus dem Programm zu entfernen, ohne den Code löschen zu müssen. Dies kann nützlich sein, um eine oder mehrere Codezeilen während der Entwicklung und des Testens von Assemblerprogrammen vorübergehend zu entfernen.

Der Assembler in Microchip Studio unterstützt auch Kommentare im Stil von C und C++. Ein doppelter Schrägstrich wird vom Assembler genauso behandelt wie ein Semikolon. Text zwischen einem öffnenden Schrägstrich-Sternchen (/*) und dem abschließenden Sternchen-Schrägstrich (*/) wird als Kommentar behandelt und kann sich über mehrere Zeilen erstrecken, wie im folgenden Code gezeigt.

```
; Single line assembler comment

// Single line C/C++ style comment

/* Multi-line
   C/C++ style
   comment
*/
```

3.5 Funktionsweise des LED-Blinkprogramms

Abbildung 3.1 zeigt ein Flussdiagramm des LED-Blinkprogramms aus dem vorigen Kapitel, allerdings ohne das Verzögerungs-Unterprogramm. Jeder Befehl des Programms steht neben dem entsprechenden Block im Flussdiagramm. Es ist hilfreich, das Projekt led_blink_asm in Microchip Studio zu öffnen und das Flussdiagramm zu betrachten, während Sie die folgenden Erläuterungen lesen.

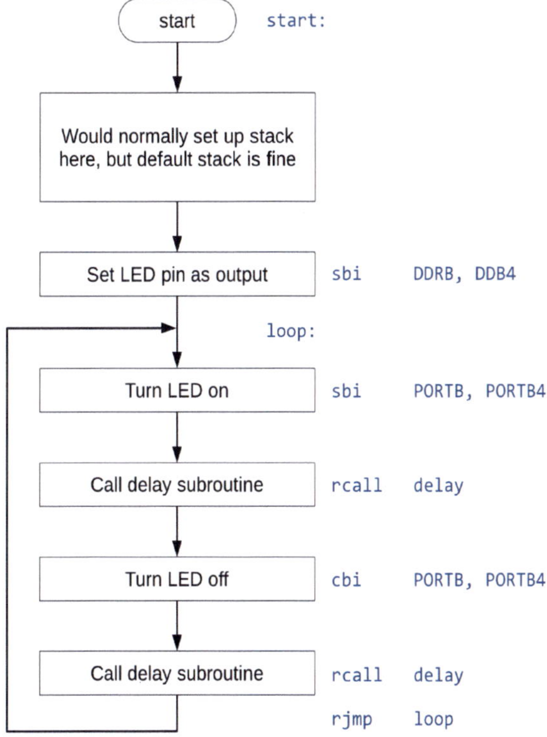

Abbildung 3.1: Flussdiagramm des LED Blink AVR Assembler-Programms

Das Assemblerprogramm beginnt mit einem Label namens `start:` am Anfang des Codes. Dies ist der Punkt, an dem das Programm zu laufen beginnt. Dieses Label ist in diesem speziellen Programm nicht notwendig, da es nie verwendet wird, sondern dem Programmierer nur anzeigt, dass dies der Start- oder Einstiegspunkt des Programms ist. Labels enden immer mit einem Doppelpunkt (`:`).

Jede Codezeile in einem Assemblerprogramm wird vom Mikrocontroller von oben nach unten ausgeführt, es sei denn, ein Sprung- oder Verzweigungsbefehl wird ausgeführt, der den Programmablauf ändert.

Normalerweise wird der Stack (Stapel) durch Initialisierung des Stapel-Zeigers (stack pointer) eingerichtet, was durch das erste Rechteck nach dem Start-Label angezeigt wird. Dies ist hier nicht nötig, da der Standardwert des Stapel-Zeigers für unsere Zwecke bereits passt. Stapel und Stapel-Zeiger werden später in diesem Buch erklärt. Für den Moment reicht es, wenn Sie wissen, dass Sie den Stapelzeiger einrichten müssen, wenn ein Unterprogramm in einem Programm aufgerufen wird, wie es in diesem Programm geschieht.

AVR-Mikrocontroller verfügen über Input/Output (I/O)-Pins, die einzeln entweder als Eingänge zum Lesen eines logischen Pegels oder als Ausgänge zum Ansteuern einer Last wie z.B. einer LED eingerichtet werden können. Der erste SBI-Befehl, der im folgenden Codeschnipsel gezeigt wird, setzt das Bit, das dem Pin entspricht, an dem die LED angeschlossen ist, Pin PB4, wie in Abbildung 2.1 in Kapitel 2 dargestellt. Dadurch wird der Pin von einem Eingang zu einem Ausgang (dies geschieht in einem Register im Mikrocontroller namens DDRB). Die LED kann nun in dem Code, der auf das Label `loop:` (Schleife) folgt, ein- und ausgeschaltet werden.

```
sbi     DDRB, DDB4              ; Set pin PB4 as output
```

Bits, Register und I/O-Pins (I/O-Pins) werden später in diesem Buch ausführlicher erklärt. Diese Erklärung ist nur ein Überblick darüber, wie dieses Programm funktioniert.

Das Label `loop:` wird verwendet, um den Anfang einer Schleife zu markieren, wie im folgenden Codeschnipsel aus dem LED-Blinkprogramm zu sehen ist. Der Code innerhalb einer Schleife wird von oben nach unten ausgeführt, es sei denn, ein Befehl veranlasst die Programmausführung zum Verlassen der Schleife. Der Name dieses Labels könnte beliebig sein, aber *loop* ist eine sinnvolle Wahl für dieses Programm, da er beschreibt, wofür das Label steht.

```
loop:
    sbi     PORTB, PORTB4       ; Set LED pin high
    rcall   delay               ; LED on delay
    cbi     PORTB, PORTB4       ; Clear LED pin low
    rcall   delay               ; LED off delay
    rjmp    loop
```

Innerhalb der Schleife wird der Pin, an den die LED angeschlossen ist, auf High-Pegel gesetzt, der die LED einschaltet. Dies geschieht wieder mit dem SBI-Befehl, aber diesmal wird ein anderes Register namens PORTB beschrieben. Das Delay-Unterprogramm wird dann aufgerufen, um die LED für eine gewisse Zeit eingeschaltet zu lassen. Nach Ablauf der Verzögerungszeit wird die LED mit dem Befehl CBI ausgeschaltet, und das Verzögerungs-Unterprogramm wird erneut aufgerufen, um die LED eine Zeit lang auszuschalten. Der Befehl RJMP wird verwendet, um an den Anfang der Schleife (zum Label `loop:`) zurückzuspringen und die Befehle der Schleife erneut auszuführen. Dadurch geht die LED abwechselnd an und aus.

Ein Unterprogramm namens `delay` befindet sich unterhalb der Schleife im Hauptprogramm und ist im nächsten Codeschnipsel zu sehen. Es handelt sich um ein Stück Code, das vom Hauptprogramm oder von einem anderen Unterprogramm aufgerufen werden kann. Ein Unterprogramm (Subroutine) ist das Äquivalent einer Funktion in der Sprache C.

```
; Delay subroutine
delay:
    ldi     r16, 0xff
delloop1:
    ldi     r17, 0xff
delloop2:
    dec     r17                     ; Delay by decrementing
    brbc    SREG_Z, delloop2
    dec     r16                     ; Delay by decrementing
    brbc    SREG_Z, delloop1
    ret
```

Der Vorteil eines Unterprogramms ist, dass ein einzelnes Stück Code immer wieder verwendet werden kann, ohne dass der gesamte Unterprogrammcode jedes Mal, wenn er verwendet wird, eingefügt werden muss. Im LED-Blinkprogramm zum Beispiel wird der Code des Verzögerungs-Unterprogramms einmal geschrieben und immer dann aufgerufen, wenn er im Hauptprogramm benötigt wird. Das Verzögerungs-Unterprogramm (delay subroutine) wird verwendet, um Zeit zu verschwenden, während die LED ein- oder ausgeschaltet ist, so dass der Ein- und Ausschaltzustand der LED für das Auge sichtbar ist. Das Verzögerungs-Unterprogramm wird vom Hauptprogramm aus mit dem RCALL-Assemblerbefehl aufgerufen.

Das Grundprinzip des Verzögerungs-Unterprogramms besteht darin, Zeit zu verschwenden, indem Zahlen, die in Registern gespeichert sind, dekrementiert (heruntergezählt) werden. In diesem Stadium werden der Code des Verzögerungs-Unterprogramms und die Befehle in der Hauptschleife nicht vollständig erklärt, da es für eine angemessene Erklärung notwendig ist, einige der internen Register des Mikrocontrollers zu verstehen. Kapitel 5 befasst sich mit den AVR-Registern und der Speicher-Organisation. Die Verwendung des Simulators im nächsten Abschnitt hilft auch beim Verständnis des Codes. Hier geht es um ein grundlegendes Verständnis dafür, wie Assembler-Befehle ausgeführt werden, um verschiedene Aktionen im Mikrocontroller auszulösen und letztendlich die LED zum Blinken zu bringen.

3.6 Verwendung des Debuggers und Simulators

Dieser Abschnitt beschreibt die grundlegende Verwendung des AVR-Simulators und Debuggers in Microchip Studio. Der erste Abschnitt zeigt, wie der Simulator mit dem Debugger verwendet wird, und der zweite Abschnitt beschreibt die Verwendung von Debugger und Hardware unter Verwendung eines USB-Programmiergeräts/Debuggers wie z.B. einem Atmel-ICE.

3.6.1 Verwendung des AVR Simulators und Debuggers

Die Verwendung des Debuggers in Microchip Studio mit dem Simulator erfordert keine physische Hardware oder einen Programmer/Debugger wie den Atmel-ICE. Öffnen Sie zunächst das Projekt led_blink_asm aus Kapitel 2 in Microchip Studio. Erstellen Sie das Projekt, falls Sie dies noch nicht getan haben. Um den Simulator zu verwenden, muss die Simulator-Option als das Werkzeug ausgewählt werden, das mit dem Projekt verwendet wird - wählen Sie den Simulator anstelle des Atmel-ICE oder eines anderen Programmierwerkzeugs. Klicken Sie in der zweiten horizontalen Symbolleiste auf das Hammersymbol mit der Aufschrift None, oder klicken Sie auf den Namen des aktuell ausgewählten Werkzeugs an derselben Stelle, wenn Sie zuvor ein Programmierwerkzeug ausgewählt haben. Wählen Sie alternativ im Top-Menü Project ▶ led_blink_asm Properties... oder die Tastenkombination Alt + F7 und klicken Sie dann in der linken Spalte auf Tool. Wählen Sie aus dem Dropdown-Feld unter der Überschrift Selected Debugger/Programmer die Option Simulator und speichern Sie die Änderungen. Die Werkzeugeinstellungen sind in Abbildung 3.2 dargestellt.

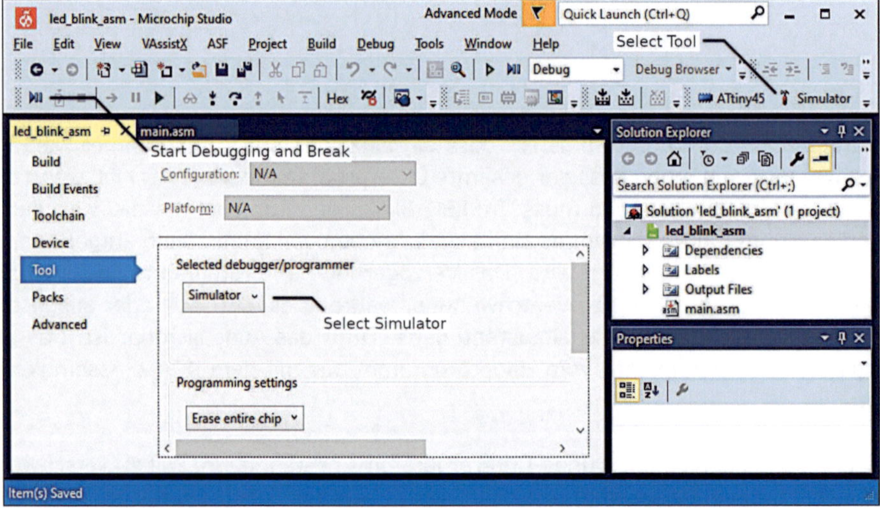

Abbildung 3.2: Auswahl des Simulators in Microchip Studio

Starten Sie den Simulator durch Anklicken des Symbols Start Debugging and Break in der zweiten oberen Symbolleiste links, wie in Abbildung 3.2 dargestellt, oder verwenden Sie die Tastenkombination Alt + F5 oder Debug ▶ Start Debugging and Break aus dem oberen Menü.

Beim Start des Simulators wird die erste Assembleranweisung gelb hervorgehoben, da "Start Debugging and Break" ausgewählt wurde. Das bedeutet, dass der Debugger gestartet und das Programm geladen wurde, aber die Ausführung des Programms beim ersten Befehl angehalten wurde. Wir verwenden nun den Debugger in Kombination mit dem Simulator, um jeden Befehl im Assembler-Programmcode von led_blink_asm durchzugehen. Der Simulator simuliert den aktuell ausgewählten ATtiny AVR-Mikrocontroller, der beim Erstellen des Projekts ausgewählt wurde. Die internen Register und der Speicher des simulierten AVR-Mikrocontrollers können in Microchip Studio untersucht werden, wenn der Debugger läuft.

Standardmäßig sollte das I/O-Fenster als kleines verschiebbares Fenster geöffnet werden. Ist dies nicht der Fall, wählen Sie im Top-Menü Debug ▶ Window ▶ I/O, um es zu öffnen. Verschieben Sie dieses Fenster an eine geeignete Position, so dass es gut zu sehen ist und den Code nicht verdeckt. Wählen Sie den I/O-Port (PORTB), indem Sie ihn im I/O-Fenster anklicken. Am unteren Rand des I/O-Fensters werden nun einige zusätzliche Elemente angezeigt, wie in Abbildung 3.3 dargestellt. Wir interessieren uns für die Elemente mit den Bezeichnungen DDRB und PORTB, die sich bei der Ausführung bestimmter Assemblerbefehle ändern.

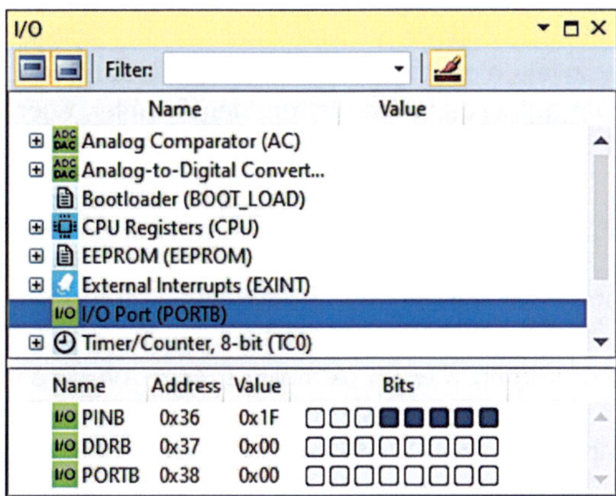

Abbildung 3.3: I/O Window in Microchip Studio

Verwenden Sie das Symbol "Step Over" in der zweiten oberen Symbolleiste oder die Tastaturtaste F10, um durch die Programmbefehle zu gehen. Jedes Mal, wenn ein Befehl "übersprungen" (jump over) wird, wird er dennoch ausgeführt und der nächste Befehl gelb hervorgehoben. Wenn die folgende erste Codezeile übersprungen wird, wird im I/O-Fenster eine Änderung im DDRB angezeigt.

```
sbi DDRB, DDB4    ; Set Pin PB4 as Output
```

DDRB ist ein 8-Bit-Register zur Konfiguration (Data Direction Register B) der einzelnen Pins von Port B als Ein- oder Ausgänge. Hier wird der Pin, an den die LED angeschlossen ist, als Ausgangspin eingerichtet. Der SBI-Befehl im obigen Codeschnipsel setzt das entsprechende Bit im DDRB-Register. Register und ihre Bits werden in den nächsten beiden Kapiteln ausführlich erklärt.

Nach dem loop-Label im Code bewirken ein SBI-Befehl und dann ein CBI-Befehl eine Änderung im I/O-Fenster. Diesmal wird die Änderung im PORTB-Register angezeigt. Fahren Sie fort, das Programm mit der Taste F10 oder dem Symbol Step Over zu durchlaufen. Wenn der erste SBI-Befehl nach dem loop-Label ausgeführt wird, wird eine Änderung im

PORTB-Register im I/O-Fenster angezeigt. Diese Änderung stellt das Einschalten der LED dar. Gehen Sie mit Step Over über den Aufruf der Verzögerungsunterroutine und dann über den CBI-Befehl. Der CBI-Befehl schaltet die LED aus, wie im PORTB-Register des I/O-Fensters zu sehen ist.

Wenn der Befehl RJMP (relativer Sprung) ausgeführt wird, beginnt die Programmausführung wieder am Anfang der Schleife beim ersten Befehl nach dem Label loop. Damit ist die Schleife abgeschlossen, und die Anweisunge werden erneut ausgeführt, bis das Ende der Schleife erreicht ist und der RJMP-Befehl erneut ausgeführt wird.

Diese grundlegende Einführung in die Verwendung des Simulators sollte zeigen, wie Befehle von oben nach unten ausgeführt werden, sofern kein Sprungbefehl ausgeführt wird, der den Programmablauf ändert. Stoppen Sie Simulator und Debugger, indem Sie das Symbol Stop Debugging in der zweiten oberen Symbolleiste (das rote Quadrat ■) anklicken, indem Sie Debug ▶ Stop Debugging aus dem oberen Menü wählen oder indem Sie die Tastenkombination Strg + Umschalt + F5 drücken.

3.6.2 Verwendung eines realen AVR-Mikrocontrollers mit Debugger

Die Verwendung des Debuggers mit einer realen AVR-Mikrocontroller-Schaltung ist sehr ähnlich wie im Simulator, aber das richtige Debugging-Tool muss anstelle des Simulators ausgewählt werden, und im AVR müssen die Debug-Funktionen aktiviert werden. Es muss ein USB-Debugger/Programmer, wie z.B. Atmel-ICE oder AVR Dragon verwendet werden. Reine USB-Programmiergeräte eignen sich nicht zum Debuggen. Leser, die nur über ein Hobby-Programmiergerät oder den AVRISP mkII verfügen, müssen sich also auf das bloße Lesen dieses Abschnitts beschränken.

Bei ATtiny13(A), ATtiny25/45/85 und bei fast allen PDIP-Mikrocontrollern aus Tabelle 1.1 in Abschnitt 1.3 von Kapitel 1, mit Ausnahme des ATtiny26, erfolgt das Debugging, indem zuerst debugWIRE auf dem Mikrocontroller-Chip selbst aktiviert wird. Für diese Übung verwenden wir dieselbe LED-Schaltung aus Abbildung 2.1 in Kapitel 2 und dasselbe led_blink_asm-Projekt.

Schließen Sie Ihren Debugger, z.B. den Atmel-ICE, an einen USB-Anschluss des Host-PCs an. Wählen Sie den Debugger/Programmer in Microchip Studio aus, indem Sie auf das Hammersymbol in der zweiten Symbolleiste klicken, wo jetzt Simulator stehen sollte, wenn Sie die vorherigen Anweisungen zum Simulator befolgt haben. Auf der sich öffnenden Seite verwenden Sie die Dropdown-Box unter Selected debugger/programmer, um Ihr Debugging-Tool auszuwählen. Für Interface wählen Sie ISP. Speichern Sie die Änderungen.

Wir müssen den AVR ausgehend von seinem Standard ISP-Modus in den debugWIRE-Modus bringen, damit er mit dem Microchip Studio Debugger kommunizieren kann. Wenn der Debugger/Programmer bereits an den USB-Port des PCs angeschlossen und die 6-polige Stiftleiste mit dem AVR-Mikrocontroller verbunden ist, schalten Sie den AVR ein. Wählen Sie in Microchip Studio Tools ▶ Device Programming oder drücken Sie die Tastenkombination Strg + Umschalt + P. Ein Symbol für Device Programming befindet sich auch in der oberen Symbolleiste rechts. Das Dialogfeld "Device Programming" öffnet sich und sollte das aktuelle Werkzeug und den Baustein bereits anzeigen. Vergewissern Sie sich, dass oben im Dialogfeld die Schnittstelle ISP angezeigt wird, und klicken Sie dann auf die Schaltfläche Apply. Um die korrekte Verbindung zwischen ausgewähltem Tool und Baustein zu testen, klicken Sie oben im Dialogfeld auf die Schaltfläche Read unter Device Signature. Die Felder für Bauteil-Signatur und Zielspannung (Target Voltage) werden automatisch ausgefüllt, wenn die Verbindung erfolgreich war. Wenn beim Verbindungsversuch ein Fehler auftritt, stellen Sie sicher, dass Tool, Baustein und Schnittstelle korrekt sind. Überprüfen Sie auch die Verdrahtung und die 5V Versorgung. Der Ziel-AVR muss sich in den Werkseinstellungen befinden und die ISP-Schnittstelle muss aktiviert sein.

Setzen Sie die DWEN-Fuse nie mit einem reinen USB-Programmiergerät, da dieses den AVR nicht aus dem DebugWIRE-Modus zurückholen kann! Klicken Sie auf den Punkt Fuses in der linken Spalte des Device Programming Dialogfeldes. Unter Fuse Name finden wir die DWEN (debugWIRE Enable) Fuse, die beschriftet ist mit HIGH.DWEN. Wenn dieses Element nicht sichtbar ist, verwenden Sie entweder die Bildlaufleiste auf der rechten Seite, um es einzublenden, oder ändern Sie die Größe des Dialogfelds, bis es angezeigt wird. Klicken Sie auf das Kontrollkästchen neben dieser Fuse, um sie zu aktivieren, wie in Abbildung 3.4 gezeigt. Klicken Sie abschließend auf die Schaltfläche Program im Dialogfeld. Ein Dialogfeld mit Fuse-Warnungen wird eingeblendet. Klicken Sie in diesem Feld auf die Schaltfläche Continue. Wenn es nicht klappt, klicken Sie einfach erneut auf die Schaltfläche Program. Schließen Sie das Dialogfeld "Device Programming". Nachdem die DWEN-Fuse programmiert wurde, befindet sich der AVR immer noch im ISP-Modus. Der AVR muss aus- und wieder eingeschaltet werden (das nennt man "cycling the power"), damit er in den debugWIRE Modus wechselt. Schalten Sie den AVR jetzt aus.

Nun, da der AVR im debugWIRE Modus ist, muss die Tool-Schnittstelle in Microchip Studio geändert werden. Klicken Sie erneut auf das Hammersymbol in der zweiten oberen Symbolleiste. Auf der Seite, die sich öffnet, sollte das richtige Programmiergerät immer noch ausgewählt sein, aber die Schnittstelle muss geändert werden. Klicken Sie auf das Dropdown-Feld Interface und wählen Sie debugWIRE. Speichern Sie die Änderungen.

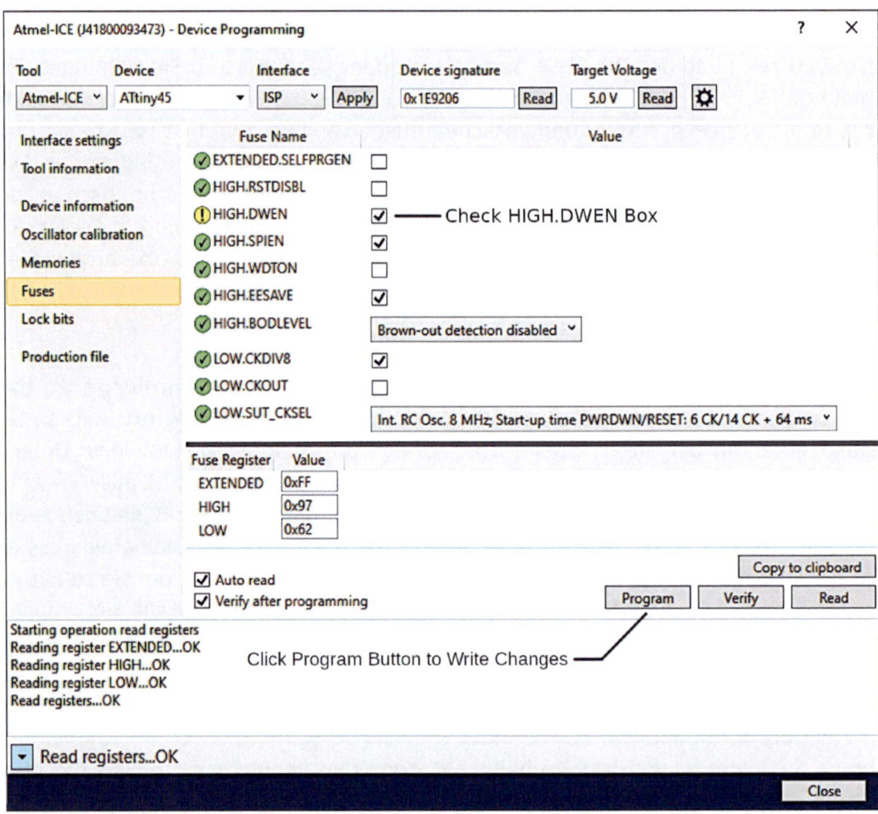

Abbildung 3.4: DWEN Fuse Bit in der Device Programming Dialog Box setzen

Der Debugger kann nun auf die gleiche Weise gestartet werden wie mit dem Simulator. Vergewissern Sie sich, dass der AVR-Zielschaltkreis eingeschaltet ist. Klicken Sie auf das Icon Start Debugging and Break in der zweiten oberen Symbolleiste auf der linken Seite, oder benutzen Sie die Tasten Alt + F5. Gehen Sie durch die Assembler-Anweisungen, indem Sie die Taste F10 oder das Symbol Step Over in der zweiten oberen Symbolleiste verwenden. Alles verhält sich wie im Simulator, mit der Ausnahme, dass bei der Ausführung der SBI- und CBI-Befehlen in der Schleife die LED auf der Hardwareschaltung ein- und ausgeschaltet wird.

Wenn Sie das Experimentieren mit dem Debugger beendet haben, klicken Sie auf das Stop Debugging Symbol in der zweiten oberen Werkzeugleiste (das rote Quadrat ■). Lassen Sie den AVR vorerst im debugWIRE Modus, damit der Debugger verwendet werden kann. Nur die debugWIRE Leitung (die auch die RESET Leitung ist), +5V und GND müssen angeschlossen werden, wenn der debugWIRE Modus verwendet wird. Dies ist in Abbildung 8.2 unter Punkt 8.2.1 von Kapitel 8 zu sehen. Leser, die ein USB-Programmiergerät mit Debugging-Fähigkeiten verwenden, können den Ziel-AVR für den Rest des Buchs im debugWIRE-Modus belassen und zum folgenden Abschnitt zurückkehren, um den AVR wieder in den ISP-Modus zu bringen.

3.6.3 Einen AVR wieder in den ISP-Modus versetzen

Um den Ziel-ATtiny wieder in den ISP-Modus aus dem debugWIRE-Modus wieder in den ISP-Modus zu versetzen, müssen zunächst alle Leitungen für den ISP-Modus zwischen dem Programmiergerät und dem ATtiny-Baustein auf dem Breadboard angeschlossen werden. Mit anderen Worten, die MOSI-, MISO- und SCK-Verbindungen aus Abbildung 2.1 in Abschnitt 2.2 von Kapitel 2 müssen gemäß der Schaltung in dieser Abbildung zurückverbunden werden.

Nachdem Sie alle ISP/SPI-Leitungen zwischen dem Programmiergerät und dem ATtiny angeschlossen haben, schließen Sie den Programmer/Debugger an einen USB-Port des Host-Computers an, starten Microchip Studio und schalten den Schaltkreis ein. Um den ATtiny aus dem debugWIRE-Modus zu holen, muss eine Debugging-Sitzung mit einem beliebigen Projekt gestartet werden, das physikalische Hardware verwendet, z.B. öffnen Sie das led_blink_asm Projekt in Microchip Studio. Vergewissern Sie sich, dass sowohl der richtige ATtiny und auch der richtige Programmer/Debugger in der Symbolleiste ausgewählt sind. Klicken Sie nun auf das Symbol Start Debugging and Break in der Symbolleiste, oder verwenden Sie die Tastenkombination Alt + F5. Nach dem Start der Debugging-Sitzung wählen Sie im Top-Menü Debug ► Disable debugWIRE and Close. Dadurch wird der ATtiny aus dem DebugWIRE-Modus genommen und die Debugging-Sitzung beendet. Schalten Sie die Stromversorgung des ATtiny AVR-Mikrocontrollers ein.

3.7 Zusammenfassung

- Ein Assembler-Befehl besteht aus einem Opcode in mnemonischer Form und enthält in einigen Fällen einen oder mehrere Operanden.

- Ein Mnemonic in der Assembler-Programmierung ist eine abgekürzte Form eines vollständigen Opcode-Namens, der im *AVR Instruction Set Manual* für AVR-Mikrocontroller zu finden ist.

- Ein Opcode oder Operationscode ist der Teil eines Assembler-Befehls, der die Operation angibt, die der Mikrocontroller ausführen soll.

- Operanden sind die Teile eines Assembler-Befehls, auf die ein Opcode einwirkt, wie z.B. Register und Daten.

- Ein Assemblerprogramm wird mit mnemonischen Opcodes, Operanden und Labels geschrieben. Ein Befehl in einem Assemblerprogramm kann direkt in den entsprechenden Maschinencodebefehl übersetzt werden.

- Ein Befehlssatz für eine bestimmte Mikrocontroller-Architektur ist die Menge aller Befehle, die die Architektur ausführen kann und aus denen ein Programm bestehen kann.

- Ein Assembler wandelt Assemblerbefehle, die in Textform unter Verwendung von Mnemonics geschrieben wurden, in ihre binäre Maschinensprachform um.

- Kommentare werden verwendet, um Notizen zu einem Assemblerprogramm hinzuzufügen und beginnen mit einem Semikolon. Kommentare im Stil von C und C++ können auch in AVR Assembler-Programmen verwendet werden.

- In der Programmierung wird eine Schleife verwendet, um bestimmte Teile des Codes wiederholt auszuführen.

- Der AVR-Simulator ist nützlich, um schnell zu sehen, wie bestimmte Assembler-Befehle funktionieren und ist ein großartiges Werkzeug beim Erlernen von Assembler.

Dieses Kapitel war eine kurze Einführung in die Assemblersprache und die Werkzeuge, die zum Schreiben, Erstellen, Simulieren und Debuggen von AVR-Assemblerprogrammen verwendet werden. Um Assembler-Befehle richtig verstehen zu können, ist ein Verständnis der internen Register eines Mikrocontrollers notwendig. Interne Register und Speicher eines Mikrocontrollers speichern Binärzahlen, und Binärzahlen werden verwendet, um an einen Mikrocontroller angeschlossene Hardware-Bausteine, wie z.B. LEDs, zu manipulieren.

Das nächste Kapitel erklärt Binärzahlen und andere Zahlensysteme, die für das richtige Verständnis von Assembler unerlässlich sind. Für die Leser, die bereits wissen, wie binäre und hexadezimale Zahlen funktionieren, können Sie die ersten Teile des nächsten Kapitels zur Auffrischung überfliegen. Lesen Sie unbedingt die Abschnitte 4.5 und 4.6, die zeigen, wie man binäre und andere Zahlen in AVR Assembler Programmen und in C Programmen verwendet.

Kapitel 4 – Binäre Zahlen und Speicher

Alle von einem Mikrocontroller durchgeführten Verarbeitungen werden mit Binärzahlen durchgeführt. Die gesamte Maschinensprache eines Mikrocontrollers besteht ausschließlich aus Binärzahlen. Daher ist es wichtig, das binäre Zahlensystem richtig zu verstehen, bevor man mit der Erklärung von Registern und Speichern fortfährt und damit, wie Assembler-Befehle auf Register und Speicher wirken.

Diejenigen Leser, die bereits wissen, wie das binäre Zahlensystem funktioniert, sollten zumindest Abschnitt 4.5 dieses Kapitels lesen, um zu sehen, wie binäre und hexadezimale Zahlen in Assemblerprogrammen verwendet werden.

In diesem Kapitel

- Bits, Bytes und Zählung im Binärformat
- Das binäre Stellenwertsystem
- Hexadezimale Zahlen und Zählen in hexadezimaler Darstellung
- Verwendung des Hexadezimalsystems zur Darstellung von Binärzahlen
- Berechnung von Zahlen und Speichergrößen
- Zahlen in Assembler- und C-Programmen

4.1 Bits und Bytes

Da ein Mikrocontroller eine elektrische Maschine ist, speichert er Zahlen als Spannungspegel. Zwei Spannungspegel werden verwendet - ein hoher (high) und ein niedriger (low) Spannungspegel. Der tatsächlich verwendete High-pegel hängt von der Spannung ab, mit der der Mikrocontroller versorgt wird. Wenn ein AVR-Mikrocontroller mit 5V versorgt wird, dann entsprechen idealerweise 5V dem High-Pegel und 0V dem Low-Pegel. Bei 3,3V Versorgungsspannung ist 3,3V der High-Pegel und 0V wiederum low. High steht für die Zahl 1 und Low für die Zahl 0. Eine einzelne Binärstelle kann also entweder den Wert 1 oder 0 haben. Das Wort "**Bit**" ist eine Abkürzung für "**Binärstelle**" ("Binary digit")..

Ein binärer Wert von *Null* kann bezeichnet werden als Null, logische Null, oder low oder auch als false bzw. falsch. Ein Binärwert von *Eins* kann als Eins bezeichnet werden, logisch Eins, High, und auch als true bzw. wahr.

In einem Mikrocontroller wird eine einzelne binäre Ziffer, also ein Bit, in einer Speicherzelle gespeichert, der kleinsten Speichereinheit. Abbildung 4.1 zeigt einzelne Speicherzellen und wie ein Bit mit einem Wert von 0 oder 1 in einer einzelnen Speicherzelle durch eine Spannung dargestellt wird.

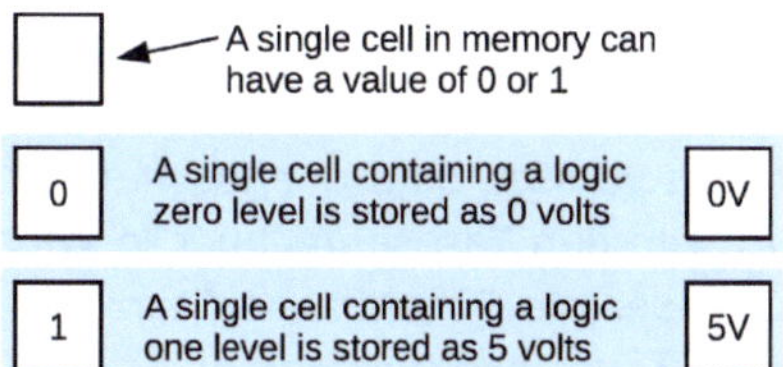

Abbildung 4.1: Einzelne Speicherzellen

4.1.1 Zählen im Binärformat

Mit einer einzigen binären Ziffer ist es möglich, von 0 bis 1 zu zählen, genauso wie man mit einer einzigen Dezimalziffer von 0 bis 9 zählen kann. Wenn wir dezimal höher als 9 zählen wollen, verwenden wir eine weitere Ziffer und können von 00 bis 99 zählen. Auf die gleiche Weise können wir mit einer zweiten Binärziffer höher zählen - von 00 bis 11 (ausgesprochen: null null bis eins eins), wobei 11 binär einen Dezimalwert von 3 hat. In diesem Buch beginnen Binärzahlen mit 0b (Null B), um anzuzeigen, dass es sich um Binärzahlen und nicht um Dezimalzahlen handelt. Der Dezimalwert 3 wird daher als 0b11 geschrieben, es sei denn, der Kontext, in dem die Zahl verwendet wird, lässt keinen Zweifel daran, dass es sich um eine Binärzahl handelt.

Das Zählen im Binärsystem funktioniert genauso wie im Dezimalsystem, mit dem Unterschied, dass nur zwei Werte pro Stelle zur Verfügung stehen, anstatt der zehn Werte im Dezimalsystem. Im Dezimalsystem würden wir von 0 bis 9 zählen und dann die nächsthöhere Stelle (die Ziffer links davon) um eins erhöhen, um dann wieder von 0 bis 9 zu zählen. Im Binärsystem geschieht das Gleiche - wir beginnen bei 0 und zählen bis 1, jetzt sind uns die Ziffern ausgegangen, also erhöhen wir die nächsthöhere Ziffer und haben die Zahl 0b10. Die erste Ziffer wird dann wieder erhöht, so dass wir 0b11 erhalten. Jetzt haben wir wieder keine Ziffern mehr, also müssen wir eine weitere Ziffer hinzufügen und die Zahl auf 0b100 erhöhen. Tabelle 4.1 zeigt, wie man von 0 bis 15 oder 0b0000 bis 0b1111 im Binärformat zählt.

Decimal	Binary
0	0000
1	0001
2	0010
3	0011
4	0100
5	0101
6	0110
7	0111
8	1000
9	1001
10	1010
11	1011
12	1100
13	1101
14	1110
15	1111

Tabelle 4.1: Zählen im Binärsystem

Ein Taschenrechner, der über einen Binärmodus verfügt, kann helfen, die Funktionsweise des Zählens im Binärformat besser zu verstehen. Dies kann ein tragbarer Taschenrechner sein, der über einen Binärmodus verfügt, oder der Taschenrechner, der mit dem Windows-Betriebssystem geliefert wird. Um den Taschenrechner in Windows zu starten, klicken Sie auf das Windows-Hauptmenü oder die Schaltfläche Start und geben dann Rechner oder calc ein. Klicken Sie auf Rechner, um den Rechner zu starten.

Der Taschenrechner befindet sich zunächst im Standardmodus und muss in den Programmiermodus umgestellt werden, um mit Binärzahlen arbeiten zu können. Klicken Sie auf das Taschenrechner-Menüsymbol oben links in der Taschenrechneranwendung und dann auf Programmierer im sich öffnenden Menü. In der Taschenrechneranwendung wird eine Liste von Nummerierungssystemen angezeigt (HEX, DEC, OCT und BIN). Klicken Sie auf das Element BIN, um den Rechner in den Binärmodus zu versetzen.

Klicken Sie in der Taschenrechneranwendung auf die folgenden Tasten, um mit dem Zählen im Binärformat zu beginnen: Klicken Sie nacheinander auf **1**, **+** und **=** und klicken Sie dann immer wieder auf **=**, um bei jedem Klick um 1 weiterzuzählen. Wenn Sie das erste Mal auf das Gleichheitszeichen klicken wird im Binärformat von 1 bis 10 weitergezählt, was dem Zählen von 1 bis 2 im Dezimalformat entspricht. Das dezimale Äquivalent der aktuellen Binärzahl ist neben DEC im Taschenrechner zu sehen. Abbildung 4.2 zeigt den Windows-Rechner, der zum Hochzählen im Binärformat verwendet wird.

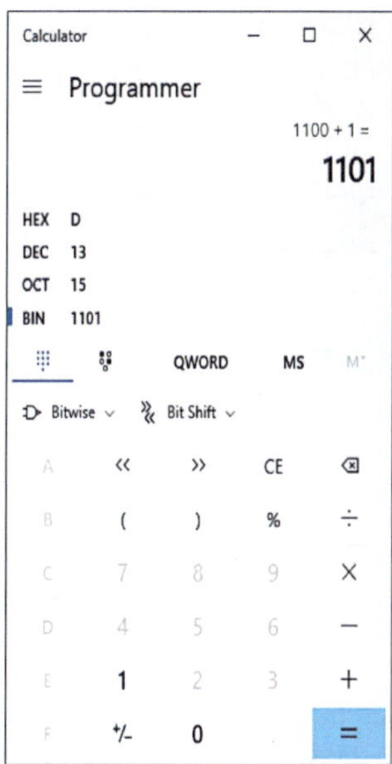

Abbildung 4.2: Windows Taschenrechner im Binärmodus

Tabelle 4.1 zeigt Binärzahlen mit vorangestellten Nullen, z.B. 0000 anstelle von 0 und 0001 anstelle von 1. Es spielt keine Rolle, ob diese vorangestellten Platzhalter angezeigt werden oder nicht, die Zahl hat immer den gleichen Wert, so dass die Binärzahl 0011 der Zahl 11 entspricht und einen Dezimalwert von 3 hat.

Versuchen Sie, mit dem Taschenrechner binär hochzuzählen, um ein besseres Verständnis für die Funktionsweise des Binärsystems zu bekommen. In diesem Kapitel wird noch ein Blick darauf geworfen, dass das binäre Zahlensystem ein Stellenwertystem ist, was das Verständnis weiter verbessern wird.

Beachten Sie, dass 0b in diesem Buch für Binärzahlen verwendet wird, es sei denn, der Kontext deutet darauf hin, dass die Zahl binär ist, z.B. in den obigen Absätzen auf dieser Seite.

4.1.2 Bytes und Nibbles

Bei der Entwicklung eines Mikrocontrollers muss man für Binärzahlen eine Größe wählen, die er laden und verarbeiten kann. Bei einer 8-Bit-Mikrocontroller-Architektur lädt der Mikrocontroller 8-Bit breite Daten und verarbeitet sie. Eine 8-Bit breite Zahl kann einen Wert von 0 oder 0b00000000 (entspricht 0 dezimal) bis zu einem Maximum von 0b11111111 (entspricht 255 dezimal) haben. Abbildung 4.3 zeigt Beispiele von 8-Bit breiten Speicherplätzen für Binärzahlen. 8 Bits bilden ein Byte; ein halbes Byte, also vier Bits, werden als ein Nibble bezeichnet.

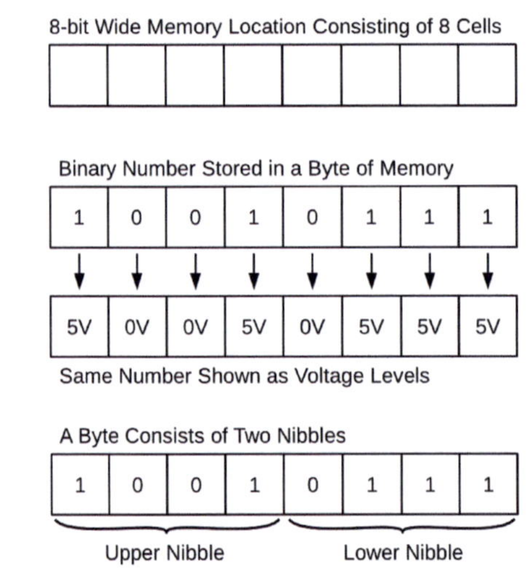

Tabelle 4.3: Beispiel für Stellenwerte bei Binärzahlen

4.2 Stellenwertsysteme

Sowohl das dezimale als auch das binäre Zahlensystem sind Stellenwertsysteme. Eine kurze Erklärung im Dezimalsystem hilft beim Verständnis des gleichen Konzepts für binäre Zahlen.

4.2.1 Stellenwertsystem mit Dezimalzahlen

Tabelle 4.2 zeigt als Beispiel die vierstellige Zahl 4692 im Dezimal-Stellenwertsystem. Der Stellenwert jeder Ziffer ist zehn hoch der Ziffernpositionsnummer. Die Nummerierung der Ziffernpositionen beginnt rechts mit dem Wert 0. Die Ziffer ganz rechts ist die niedrigstwertige Ziffer, in diesem Beispiel 2 (im Englischen LSD für "Least Significant Digit"; ein entsprechendes Kürzel ist im Deutschen für Dezimalzahlen nicht gebräuchlich). Die Ziffer ganz links ist die höchstwertige Ziffer (engl. MSD), in diesem Beispiel 4.

Digit Number	3	2	1	0
Weight	10^3	10^2	10^1	10^0
	10 × 10 × 10	10 × 10	10	1
	1000	100	10	1
Number	**4**	**6**	**9**	**2**
	4 × 1000	6 × 100	9 × 10	2 × 1

Tabelle 4.2: Stellenwertsystem am Beispiel der Dezimalzahl 4692

Mit dieser Erklärung der Stellenwerte innerhalb von Zahlen soll gezeigt werden, dass eine Zahl wie 4692 in diesem Beispiel nicht einfach aus vier gleichberechtigten Ziffern besteht, nämlich 4, 6, 9 und 2. Vielmehr bestimmt die Position einer Ziffer in einer Zahl ihren Wert, und der Wert wird durch ihre Stelle bestimmt. Mit anderen Worten: Die Zahl 4692 besteht aus 4000, 600, 90 und 2 und nicht aus 4, 6, 9 und 2. Die folgende Erklärung zeigt, wie der Stellenwert einer Ziffer in einer Zahl mathematisch bestimmt wird.

Ausgehend von der niedrigstwertigen Stelle ganz rechts wird der Stellenwert der Zahl berechnet, indem man 10 mit Null potenziert (10^0). Jede Zahl, die mit Null potenziert wird, ist 1, also hat die niedrigstwertige Stelle einen Stellenwert von 1. Ihr Wert in diesem Beispiel ist 2, weil wir zwei Einsen haben, also 2 × 1.

Die Ziffer links davon hat die Positionsnummer 1. Der Stellenwert der Ziffer an dieser Stelle wird berechnet, indem 10 mit 1 potenziert wird (10^1). Jede Zahl, die mit 1 potenziert wird, ist sie selbst, also ist der Stellenwert dieser Ziffer 10. Der Wert der Zahl an dieser Position ist in diesem Beispiel 9, aber aufgrund ihrer Position und damit ihres Stellenwerts hat sie einen Wert von zehn Neunen (10 × 9) oder 90.

Die dritte Ziffer von rechts hat die Positionsnummer 2 und einen Stellenwert von zehn hoch zwei (10^2), was zehn mal zehn oder 100 ist (die Potenz zehn hoch zwei zeigt, wie oft zehn mit sich selbst multipliziert werden muss, in diesem Fall zweimal). Im Zahlenbeispiel bedeutet dies, dass wir sechs Hunderter (6 × 100) oder 600 haben.

Die höchstwertige Stelle schließlich hat die Positionsnummer 3, einen Stellenwert von zehn hoch drei (10^3) oder 1000. Die Beispielzahl hat also einen Wert von vier Tausendern (4 × 1000) oder 4000. Hätte die Zahl eine fünfte Ziffer, so hätte diese die Positionsnummer 4 und einen Stellenwert von zehn hoch vier oder 10000, und so weiter für jede weitere Ziffer der Zahl. Diese neue Ziffer wäre dann die höchstwertige Ziffer. (Anmerkung des Übersetzers: Die Berechnungsweise des Stellenwertes einer Ziffer durch Potenzierung mit der Nummer ihrer Position von rechts aus gesehen ist der Grund dafür, dass die Zählung mit der Null für das erste Element beginnt, und nicht wie im alltäglichen Leben mit der Eins. Diese Zählweise setzt sich in der Digitaltechnik fort, z.B. bei der Nummerierung von Port-Pins.)

4.2.2 Stellenwertsystem mit Binärzahlen

Das binäre Zahlensystem funktioniert auf dieselbe Weise wie das im vorigen Abschnitt erläuterte Dezimalsystem, mit dem Unterschied, dass der Stellenwert jeder Ziffer durch Erhöhen der Zweierpotenz der Ziffernposition berechnet wird.

Tabelle 4.3 zeigt eine Binärzahl mit dem Wert 1011 und den Stellenwert der einzelnen Ziffern der Zahl. Die Ziffer ganz rechts wird als die niedrigstwertige Stelle oder niedrigstwertiges Bit (LSB, Least Significant Bit) bezeichnet. Die äußerste linke Ziffer ist die höchstwertige Stelle oder das höchstwertiges Bit (MSB, Most Significant Bit).

Digit Number	3	2	1	0
Weight	2^3	2^2	2^1	2^0
	2 × 2 × 2	2 × 2	2	1
	8	4	2	1
Number	**1**	**0**	**1**	**1**
	1 × 8	0 × 4	1 × 2	1 × 1

Table 4.3: Weighted Binary Number Example

Beginnend mit dem LSB ist der Stellenwert dieser Ziffer zwei hoch Null (2^0). Da jede Zahl, die mit Null potenziert wird, laut Definition 1 ergibt, ist der Stellenwert dieser Ziffer 1 und der Wert der Ziffer somit eins mal eins ist (1 × 1).

Die nächste Ziffer auf der linken Seite hat einen Stellenwert von zwei hoch eins (2^1), was zwei ist. Der Wert der Ziffer ist in diesem Beispiel also eins zwei (1 × 2). Die nächste Ziffer hat einen Stellenwert von zwei hoch zwei (2^2) oder 2 × 2, was vier ergibt. Der Wert der Ziffer ist in diesem Beispiel 0 (0 × 4), also Null. Die nächste Ziffer hat einen Stellenwert von zwei hoch drei (2^3) oder 2 × 2 × 2, was acht ist. Wir haben also eine Acht (1 × 8) in der Beispielzahl. Addiert man den jeweiligen Wert der einzelnen Ziffern mal ihrem Stellenwert, erhält man den Dezimalwert der Zahl, wie unten dargestellt.

0b1011 = (1 × 8) + (0 × 4) + (1 × 2) + (1 × 1) = 11 Dezimalstellen

Dies kann auf einem Taschenrechner überprüft werden, indem man im Binärmodus die Zahl 1011 eingibt und dann in den Dezimalmodus wechselt (bei einigen Taschenrechnern muss die Taste **=** nach der Eingabe der Zahl, aber vor dem Wechsel in den Dezimalmodus gedrückt werden). Wie beim Dezimal-Stellenwertsystem würde eine weitere Ziffer einen Stellenwert erhalten, der auf die gleiche Weise berechnet werden kann. Eine fünfte Ziffer hätte einen Stellenwert von zwei hoch vier, also 16, und so weiter für jede weitere Ziffer. Wenn eine neue Ziffer links von einer Zahl hinzugefügt wird, wird sie zum neuen MSD oder MSB.

4.3 Hexadezimale Zahlen

Hexadezimale Zahlen sind eine kompakte Form der Darstellung von Binärzahlen. Dezimal hat 10 Ziffern und ist als Basis-Zehn-Zahlensystem bekannt. Binär ist ein Zahlensystem zur Basis zwei mit zwei verschiedenen Ziffern. Hexadezimal hat 16 verschiedene Ziffern und ist als Basis-16-Zahlensystem bekannt.

4.3.1 Zählen im Hexadezimalformat

Das Zählen in Hexadezimal beginnt genauso wie dezimal von 0 bis 9. Nach 9 gibt es sechs weitere Zahlen, die durch die Buchstaben A bis F dargestellt werden. Die Zählweise lautet also 0, 1, 2, 3, 4, 5, 6, 7, 8, 9, A, B, C, D, E, F.

Nach dem Zählen bis F in Hexadezimal haben wir keine Ziffern mehr. Um höher als F zu zählen, wird die nächsthöhere Ziffer um eins erhöht und die hexadezimale Zahl wird zu 10. Die Zahl 10 hexadezimal hat einen Dezimalwert von 16. Nach 10 hexadezimal wird die niederwertigste Ziffer wieder auf die gleiche Weise erhöht, und zwar wie folgt: 10, 11, 12, 13, 14, 15, 16, 17, 18, 19, 1A, 1B, 1C, 1D, 1E, 1F. Wir haben wieder keine Ziffern mehr, also erhöhen wir die linke Stelle um 1 und zählen rechts wieder durch die Zahlen 0 bis F: 20, 21, ..., 2A, 2B, 2C, und so weiter. In diesem Buch werden Hexadezimalzahlen beginnend mit 0x (Null ex), zum Beispiel 0xA1, 0xFF, 0x14 usw.

So wie man mit dem Windows-Rechner binär hochzählen konnte, kann man auch hexadezimal hochzählen. Klicken Sie mit dem Taschenrechner im Programmiermodus auf die Option Hex. Klicken Sie nun auf **1**, **+**, **=** und dann weiter auf **=**, um bei jedem Klick um 1 hochzuzählen. Der Taschenrechner von Windows 10 zeigt den Dezimalwert der aktuellen Hexadezimalzahl neben DEC an. BIN auf dem Taschenrechner zeigt den binären Wert der aktuellen Zahl an. Bei anderen Rechnern muss der Modus möglicherweise von Hexadezimal auf Dezimal umgestellt werden, um den Dezimalwert zu sehen, oder auf Binärmodus, um die Zahl in Binärform zu sehen.

4.3.2 Hexadezimale Darstellung von Binärzahlen

Die Hexadezimalziffern 0 bis F stellen direkt eine Vier Bit Binärzahl von 0b0000 bis 0b1111 dar, wie in Tabelle 4.4 gezeigt. Auf diese Weise kann eine Acht-Bit-Binärzahl durch nur zwei Hexadezimalziffern dargestellt werden, wodurch die Zahl leichter zu lesen und zu verstehen ist. Die Binärzahl 0b11110111 kann zum Beispiel als 0xF7 geschrieben werden, was kürzer und leichter zu lesen ist. Wenn Sie einmal Erfahrung im Umgang mit Hexadezimalzahlen haben, können Sie sich die binäre Entsprechung einer Hexadezimalzahl leicht vorstellen.

Decimal	Binary	Hexadecimal
0	0000	0
1	0001	1
2	0010	2
3	0011	3
4	0100	4
5	0101	5
6	0110	6
7	0111	7
8	1000	8
9	1001	9
10	1010	A
11	1011	B
12	1100	C
13	1101	D
14	1110	E
15	1111	F

Tabelle 4.4: Zählen im Hexadezimalsystem

Unabhängig davon, wie lang eine Binärzahl ist, kann sie mithilfe von Tabelle 4.4 leicht in Hexadezimalzahlen umgewandelt werden. Teilen Sie die Binärzahl einfach von rechts beginnend in Gruppen von vier Binärziffern auf und verwenden Sie dann die Tabelle, um jede Binärzahl nachzuschlagen und ihre hexadezimale Entsprechung zu finden. Zum Beispiel kann eine 16-Bit-Binärzahl 0b1100100111111010 wie folgt gruppiert werden:

```
1100 1001 1111 1010
```

Jede Gruppe von Vier-Bit-Binärzahlen wird durch ihr hexadezimales Äquivalent ersetzt und ergibt die Hexadezimalzahl:

```
C9FA
```

Eine andere Möglichkeit, die Zahl in Hexadezimal zu konvertieren, besteht darin, den Stellenwert jeder Binärziffer über jede Gruppe von vier Binärziffern zu setzen, aber immer 8, 4, 2 und 1 für jede Gruppe wie folgt zu verwenden:

```
8421 8421 8421 8421
1100 1001 1111 1010
```

Addieren Sie nun den Stellenwert jeder 4-Bit-Menge, die über einer 1 erscheint. Ignorieren Sie den Stellenwert, wenn er über einer 0 erscheint. Wir haben also Folgendes.

```
8421     8421     8421              8421
1100     1001     1111              1010
8 + 4    8 + 1    8 + 4 + 2 + 1     8 + 2
= 12     = 9      = 15              = 10
```

Die Summe der einzelnen Gewichtungen gemäß dem Stellenwertsystem wird unter jeder 4-Bit-Binärziffer angezeigt, allerdings in dezimaler Form. Diese Dezimalzahl kann in Tabelle 4.4 nachgeschlagen werden, um den hexadezimalen Wert zu ermitteln. Wie in der Tabelle zu sehen ist, entspricht eine dezimale 12 einem C hexadezimal, 9 dezimal ist 9 hexadezimal, 15 dezimal ist F hexadezimal und 10 dezimal ist A hexadezimal, was zusammen die Hexadezimalzahl C9FA ergibt.

Um die Binärzahl in Hexadezimal zu konvertieren, ohne die Tabelle zu verwenden, müssen wir in Hexadezimal zählen. Bei den oben genannten Zahlen, die in Dezimalzahlengruppen umgewandelt wurden, ist die erste Ziffer von links 12 dezimal. Um sie in Hexadezimalzahlen umzuwandeln, müssen wir von 0 bis 9 und dann von 10 bis 12 in Hexadezimal zählen. 10 ist A, 11 ist B, 12 ist C, also ist die erste Ziffer C. Die nächste Ziffer ist 9 dezimal, was der gleiche Wert in Hexadezimal ist, also haben wir bis jetzt C9. Die nächste Ziffer auf der rechten Seite ist dezimal 15, also müssen wir wieder hexadezimal zählen. Zähle 0 bis 9, dann A (10), B (11), C (12), D (13), E (14), F (15). Wir haben jetzt C9F. Die letzte Ziffer hat einen Dezimalwert von 10. Wieder zählen wir von 0 bis 9 und dann A, was 10 dezimal ist. Wir haben nun die Zahl von binär nach hexadezimal umgewandelt und erhalten 0xC9FA.

Der Trick, um Zahlen von binär nach hexadezimal und von hexadezimal nach binär zu konvertieren, ohne Tabelle 4.4 zu verwenden, besteht darin, das 8, 4, 2, 1-Stellenwertsystem zu verwenden. Es ist einfach, die Zahlen 0b0000 bis 0b1001 (0 bis 9) in ihre hexadezimalen Entsprechungen umzuwandeln. Zum Beispiel ist 0b0111 4 + 2 + 1 oder 7, wenn wir 8421 über die Binärzahl setzen. Die 8 erscheint über einer Null und wird daher ignoriert. Alle anderen Stellenwerte erscheinen über einer Eins, also werden sie addiert. 0b1001 ist 8 + 1, also 9. Wenn wir über 9 kommen, von 0b1010 bis 0b1111, zählen wir entweder die Summe der Stellenwerte in Hexadezimal, oder wir beginnen, die Bitmuster zu erkennen und lernen die entsprechenden Hexadezimalziffern A bis F kennen. Es ist einfach, sich zu merken, dass 0b1111 gleich F ist, weil es die höchste Zahl ist, bis zu der man in einer 4-Bit-Binärzahl zählen kann. Sie können auch einen Taschenrechner verwenden, um zwischen den verschiedenen Zahlensystemen umzurechnen, wenn Sie mit dem Binär- und Hexadezimalsystem beginnen.

4.4 Berechnung der Wertebereiche

Wenn wir schon beim Thema Zahlen und Zahlensysteme sind, ist es sehr nützlich zu wissen, wie man den maximalen Wert einer Binärzahl in Abhängigkeit von der Anzahl der Ziffern berechnet, aus denen sie besteht. Die maximale Größe einer Zahl kann mathematisch berechnet werden und ist nützlich für die Bestimmung von Speichergrößen und den maximalen Wert, den ein bestimmter Speicherplatz aufnehmen kann.

4.4.1 Berechnung des Maximalwerts einer Binärzahl

Die Formel zur Berechnung des Höchstwertes einer Binärzahl lautet wie folgt:

$$2^x - 1$$

Dabei ist X die Größe der Binärzahl in Bits. Die maximale Größe einer Vier-Bit-Binärzahl wird wie folgt berechnet:

$$\begin{aligned} &2^4-1 \\ &=16-1 \\ &=15 \end{aligned}$$

Die obige Berechnung kann auf dem Windows-Taschenrechner durchgeführt werden, indem Sie ihn zunächst in den wissenschaftlichen Modus versetzen. Klicken Sie auf das Menüsymbol oben links auf dem Rechner und dann auf den Menüpunkt Wissenschaft. Drücken Sie **2**, **x^y**, **4**, **=**, um 2 mit 4 zu potenzieren (2^4), und drücken Sie nun **-**, **1**, **=**, um das Ergebnis 15 zu berechnen. Tabelle 4.1 und Tabelle 4.4 bestätigen, dass 15 die größte Zahl ist, die durch eine 4-Bit-Binärzahl dargestellt werden kann.

Eine Acht-Bit-Zahl kann einen Maximalwert von 255 haben, wie die folgende Formel zeigt, die zur Berechnung des Höchstwert einer Binärzahl.

$$\begin{aligned} &2^8-1 \\ &=256-1 \\ &=255 \end{aligned}$$

Diese Berechnung kann auf dem Windows-Taschenrechner im wissenschaftlichen Modus wieder wie folgt durchgeführt werden. Klicken Sie auf **2**, **x^y**, **8**, **-**, **1**, **=**, um ein Ergebnis von 255 zu erhalten.

4.4.2 Berechnung der Speichergröße

Der Speicher eines Mikrocontrollers besteht aus Speicherelementen, die als Zellengruppen angeordnet sind, wie wir zu Beginn dieses Kapitels gesehen haben. Der Speicher ist in der Regel in Gruppen von 8 Zellen angeordnet, in denen eine 8-Bit-Zahl oder 1 Byte gespeichert werden kann. Jedes Byte des Speichers hat eine Adresse. (Anmerkung des Übersetzers: Beim AVR gilt dies für den SRAM-Datenspeicher, aber nicht für den Flash-Programmspeicher. Dessen einzeln adressierte Zellen, auch Speicherworte genannt, sind 16 Bit, also 2 Byte breit). Die Speicherbytes sind sequenziell angeordnet, d.h. auf jedes Speicherbyte folgt ein weiteres Speicherbyte mit einer Adresse, die um eins höher ist als die vorherige Adresse, wie in Abbildung 4.4 dargestellt.

Im Beispiel in Abbildung 4.4 beginnt der Speicher mit dem ersten Byte an Adresse 0 oder 0x0000. Das nächste Byte befindet sich an Adresse 1 oder 0x0001, gefolgt von einem Byte an Adresse 2 und so weiter. Zwei Zeilen in der Mitte von Abbildung 4.4 sind Platzhalter für Speicher, der auf die gleiche Weise mit aufeinanderfolgenden Bytes fortgesetzt wird, die jeweils aufeinanderfolgende Adressen haben. Danach folgen die letzten drei Speicherplätze in diesem speziellen Speicher. Wenn wir wissen, wie die Adresse des letzten Bytes im Speicher lautet, und wenn wir die Startadresse des Speichers kennen, können wir die Größe des Speichers in Bytes berechnen.

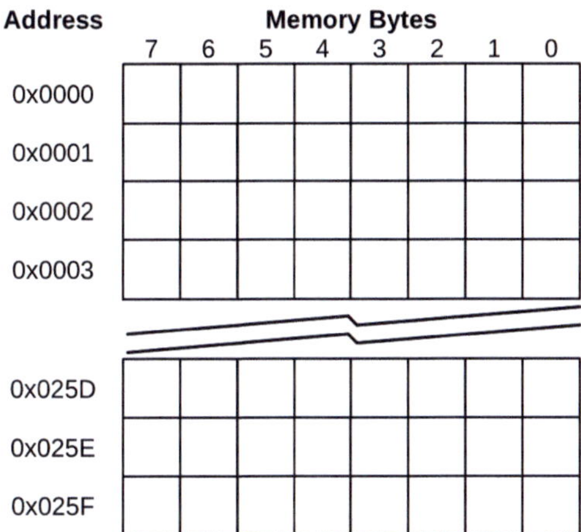

Abbildung 4.4: Sequenzielle Anordnung der Bytes im Speicher und ihre Addressen

Für Speicher, die an der Adresse 0 beginnen und an der Adresse 0x25F enden, kann ein Taschenrechner verwendet werden, um die Speichergröße zu berechnen. Konvertieren Sie einfach die hexadezimale Endadresse des Speichers in eine dezimale Adresse und addieren Sie dann eins, um die Speichergröße zu berechnen. 0x25F wird in dezimale 607 umgewandelt. Addieren Sie 1 zu 607 und Sie erhalten eine Speichergröße von 608 Byte. Zum Ergebnis der Umrechnung muss 1 addiert werden, da die Speicheradressierung bei 0 und nicht bei 1 beginnt.

Wenn der Speicher in Abbildung 4.4 bei 0x60 statt bei 0 beginnt und bei Adresse 0x25F endet, müssen wir zur Berechnung der Speichergröße zunächst 0x60 von 0x25F subtrahieren, das Ergebnis in Dezimalzahlen umwandeln und eins addieren. Das Ergebnis der Subtraktion ist 0x1FF oder 511 dezimal. Addiert man 1, erhält man eine Speichergröße von 512 Byte.

Beachten Sie auch, dass in Abbildung 4.4 die Bits eines jeden Bytes von rechts nach links mit 0 bis 7 nummeriert sind. Es sind 8 Bits und nicht 7, weil die Bitnummerierung bei 0 und nicht bei 1 beginnt. 0 bis 7 sind acht Zahlen, da 0 in der Zählung enthalten ist.

4.4.3 Umrechnung zwischen Bytes und Kilobytes

Ein Kilobyte Speicher besteht nicht aus 1000 Bytes, sondern aus 1024. Der Grund dafür ist, dass die Zahl, die 1000 am nächsten kommt, durch eine 10-stellige Binärzahl oder 2^{10} = 1024 dargestellt wird. Um die Speichergröße in Kilobytes zu berechnen, müssen wir also die Speichergröße in Bytes durch 1024 teilen. 2048 Bytes geteilt durch 1024 zum Beispiel ergibt 2 bzw. 2 Kilobytes, geschrieben als 2K Bytes oder 2KB. Um von Kilobytes in Bytes umzurechnen, multiplizieren wir mit 1024. 16K Bytes sind also 16 mal 1024 Bytes, also 16384 Bytes.

Bei einem 16 KB großen Speicherblock, der an der Adresse 0 beginnt, liegt das letzte Byte des Speichers an der Adresse, die um eins kleiner ist als die Größe des Speichers. Dies liegt wiederum daran, dass die Adressierung bei 0 und nicht bei 1 beginnt. Ein 16K großer Speicherblock ist 16384 Bytes groß und hat sein letztes Speicherbyte an der Adresse 16383 oder 0x3FFF.

Der Grund dafür, dass der maximale Wert, den ein Byte enthalten kann, eins weniger als 2^8 oder 256 ist, liegt wieder darin, dass die Nummerierung bei 0 und nicht bei 1 beginnt. 0 bis 255 sind 256 Zahlen, wenn wir 0 als Zahl einschließen.

4.5 Zahlen in Assemblerprogrammen

Bei der Eingabe von Zahlen in ein AVR-Assemblerprogramm können diese im dezimalen, binären oder hexadezimalen Format vorliegen. Es folgen einige Beispiele, die mit dem LDI-Befehl verwendet werden, um die Verwendung verschiedener Zahlen in einem Assemblerprogramm zu zeigen. Die Verwendung des LDI-Befehls wird im nächsten Kapitel gezeigt. In jedem der folgenden Beispiele erscheint die Zahl am Ende der Assembler-Codezeile. Es spielt keine Rolle, ob der Code dezimal, hexadezimal oder binär ist, die Zahl wird schließlich als Binärzahl im Mikrocontroller in Form von Spannungspegeln gespeichert.

Die Zahl 42 dezimal:

```
ldi     r16, 42
```

Die Zahl 0x2A in hexadezimaler Darstellung:

```
ldi     r16, 0x2A
```

Dieselbe hexadezimale Zahl kann auch mit Kleinbuchstaben geschrieben werden:

```
ldi     r16, 0x2a
```

Hexadezimale Zahlen können auch mit dem Dollarzeichen ($) anstelle von 0x beginnen:

```
ldi     r16, $2A
```

Die Binärzahl 0b00101010:

```
ldi     r16, 0b00101010
```

Die gleiche Binärzahl mit einem Unterstrich in der Zahl erleichtert die Lesbarkeit und wird vom AVR-Assembler akzeptiert:

```
ldi     r16, 0b0010_1010
```

4.6 Zahlen in C-Programmen

Die C-Programmierer unter den Lesern werden wissen, dass Dezimalzahlen einfach als Zahlen ohne Präfix geschrieben werden, zum Beispiel ist 16 in einem C-Programm dezimal 16. Hexadezimale Zahlen in C beginnen mit dem Präfix 0x, zum Beispiel 0x2A.

In Standard-C gibt es keine Möglichkeit, eine Binärzahl direkt zu schreiben, zumindest nicht in C99 oder früheren Standards. Stattdessen werden Hexadezimalzahlen verwendet. Die GNU C-Programmierwerkzeuge, die mit Microchip Studio verwendet werden, verfügen über eine Erweiterung, die nicht dem Standard entspricht und das Schreiben von Binärzahlen in C-Programmen ermöglicht. Binäre Zahlen werden mit dem Präfix 0b eingeleitet, genau wie bei dem im vorigen Abschnitt besprochenen Assembler, allerdings wird die Unterstrich-Version einer binären Zahl nicht unterstützt. Die Verwendung der Binärzahl 0b00010000 in einem GCC C AVR-Projekt, das in Microchip Studio gestartet wurde, wird beispielsweise korrekt kompiliert.

Der folgende Codeschnipsel zeigt einen Teil eines C-Programms mit dezimalen, hexadezimalen und binären Zahlen.

```
DDRB |= 16;                  // DDB4 as decimal

while (1) {
    PORTB |= 0b00010000;     // PB4 as binary (non-standard)
    _delay_ms(1000);
    PORTB &= ~0x10;          // PB4 as hexadecimal
    _delay_ms(1000);
}
```

4.7 Zusammenfassung

- Eine einzelne Speicherzelle kann eine Binärziffer oder ein Bit enthalten, das den Wert 0 oder 1 haben kann.

- Der Speicher in einem Mikrocontroller ist in der Regel in Gruppen von 8 Speicherzellen angeordnet, die 8 Bits oder ein Byte aufnehmen können.

- Jedes Byte des Speichers hat eine Adresse, über die der Mikrocontroller auf ihn zugreifen kann.

- Ein halbes Byte (also 4 Bits) wird als Nibble bezeichnet.

- Mit einer einzigen Binärziffer können wir von 0 bis 1 zählen. Um höher zu zählen, verwenden wir zusätzliche Ziffern. Der Wert einer Binärzahl lässt sich berechnen, indem man den Stellenwert der einzelnen Ziffern betrachtet.

- Hexadezimal ist eine kompakte Art der Darstellung von Binärzahlen, wobei eine Hexadezimalziffer 4 Bits oder ein Nibble darstellt.

- Ein Taschenrechner mit einer Funktion zur Umrechnung von Zahlensystemen, wie z.B. der Windows-Rechner, kann zur Umrechnung zwischen verschiedenen Zahlensystemen wie Dezimal, Binär und Hexadezimal verwendet werden.

- Die maximale Größe einer Binärzahl kann mathematisch berechnet werden und hängt davon ab, aus wie vielen Ziffern die Zahl besteht.

- 1K Byte Speicher ist dasselbe wie 1024 Bytes und nicht 1000 Bytes.

- Zahlen in AVR-Assemblerprogrammen können im dezimalen, hexadezimalen oder binären Format geschrieben werden.

- Zahlen in C-Programmen können in dezimaler oder hexadezimaler Form geschrieben werden, aber der GCC-Compiler erlaubt auch Zahlen im Binärformat.

- Das oktale Zahlensystem besteht aus 8 Ziffern, wird aber nur selten verwendet.

Kapitel 5 • AVR-Register und Speicher

AVR-Assemblerbefehle wirken auf die internen Register und den Speicher und führen Operationen darauf aus. Dieses Kapitel betrachtet den AVR aus der Sicht eines Programmierers.

Beim Schreiben von Programmen ist es wichtig, die interne Struktur von Registern und den Aufbau des Speichers zu verstehen.

In diesem Kapitel

- Die verschiedenen Typen von AVR-Registern
- Verwendung von Registern in Assembler-Code
- Die AVR-Memory Map für ATtiny-MCUs

5.1 AVR-Register

Register in 8-Bit-AVR-Mikrocontrollern sind 8-Bit breite Speicherplätze, die für die temporäre Speicherung von Daten oder im Falle von Steuerregistern für die Steuerung von Peripheriekomponenten verwendet werden.

5.1.1 Allzweck-Arbeitsregister

Register können verwendet werden, um Daten zu speichern, die in mathematischen oder logischen Operationen verwendet werden, und um die Ergebnisse dieser Operationen zu speichern. 8-Bit AVR-Mikrocontroller haben 32 8-Bit breite Allzweck-Arbeitsregister, die in einer Registerdatei zusammengefasst, wie in Abbildung 5.1 dargestellt. Eine Ausnahme bildet die ATtiny4/5/9/10-Reihe, die nur 16 Arbeitsregister - R16 bis R31 - hat.

5.1.2 I/O-Register

Zusätzlich zu den allgemeinen Arbeitsregistern verfügen die ATtiny AVR-Mikrocontroller über einen Satz von 64 8-Bit breiten I/O-Register, die im Datenblatt unter dem Abschnitt *Register Summary* zu finden sind. Dieser Registersatz umfasst Steuerregister zur Steuerung der On-Chip-Peripherie wie Timer, ADC, SPI usw. sowie Register wie das Statusregister und den Stapelzeiger, die im nächsten Kapitel behandelt werden. Einige der größeren ATtiny- und ATmega-Bausteine verfügen über eine erweiterte I/O-Registerdatei, aber um die Dinge am Anfang einfach zu halten, werden wir diese noch nicht betrachten.

5.2 Verwendung von Arbeitsregistern

Einige Programmbeispiele werden helfen zu zeigen, wie die Arbeitsregister verwendet werden. Starten Sie ein neues **AVR Assembler Projekt** in Microchip Studio mit dem Namen **test_asm**, mit dem Sie verschiedene kurze Codeschnipsel ausführen werden.

Wählen Sie beim Erstellen des Projekts den **ATtiny45** als Baustein aus. Wir werden den Simulator verwenden, daher ist es in Ordnung, dieses Bauteil zu wählen, auch wenn Sie keinen physischen Chip zur Verfügung haben. Der Grund für die Wahl dieses Bauteils ist, dass der Debugger/Simulator einige Fehler bei der Verwendung des ATtiny13 oder ATtiny25 aufweist. Schauen Sie zurück zu Abschnitt 2.3.1 in Kapitel 2, wenn Sie eine Erinnerung brauchen, wie Sie ein neues AVR Assembler Projekt starten. Löschen Sie das Code-Gerüst aus der Datei main.asm in dem neuen test_asm Projekt. Dieses Projekt und diese Datei werden zum Testen von kurzen Programmen und Codeschnipseln verwendet und wiederverwendet, so dass Sie nicht für jedes kleine Programm ein neues Projekt erstellen müssen.

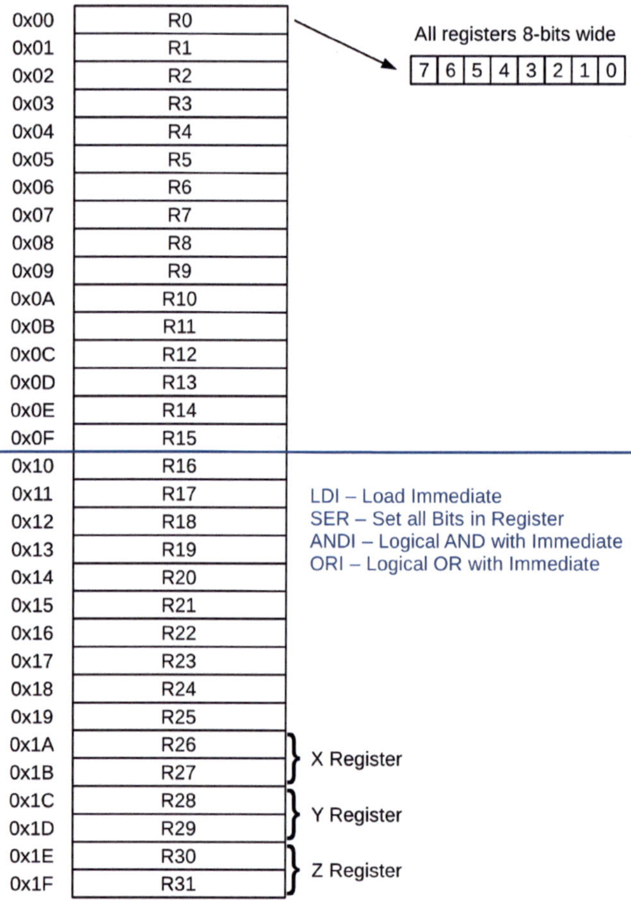

Abbildung 5.1: 8-bit AVR Arbeitsregister

5.2.1 Addition zweier Register

Geben Sie den folgenden Code in die Datei **main.asm** des Projekts **test_asm** ein.

```
test_asm : main.asm - add registers
        ldi     r16, 34
        ldi     r17, 12
        add     r16, r17

loop:
        rjmp    loop
```

Speichern Sie den Code und erstellen Sie das Projekt. Wählen Sie den Simulator als das für dieses Projekt zu verwendende Werkzeug. Lesen Sie noch einmal Abschnitt 3.6.1 in Kapitel 3, wenn Sie wissen möchten, wie Sie den Simulator auswählen. Starten Sie den Debugger mit dem Symbol Start Debugging and Break auf der linken Seite der zweiten oberen Symbolleiste, oder verwenden Sie Alt + F5. Jede Zeile des Programms wird nun erklärt, beginnend mit der ersten Zeile, die unten gezeigt wird.

```
ldi     r16, 34
```

Der erste Befehl des Programms verwendet die LDI (Load Immediate)-Befehl, um einen Wert von 34 dezimal in das Register R16 zu laden. Wählen Sie in Microchip Studio im Top-Menü Debug ► Windows ► Processor Status, um ein Fenster zu öffnen, in dem die Arbeitsregister wie in Abbildung 5.2 dargestellt angezeigt werden. Wenn die Register nicht angezeigt werden, klicken Sie auf das + Zeichen links neben Register im Fenster, um die Liste der Register zu erweitern. Stellen Sie sicher, dass die Register R16 und R17 sichtbar sind, indem Sie entweder die Größe des Prozessorstatus-Fensters oder durch Scrollen dieses Fensters nach unten, falls erforderlich. Abbildung 5.2 zeigt das Fenster Processor Status, das in zwei Teile geteilt wurde, um es in einen kleineren Bereich auf der Seite einzupassen, mit R16 und R17 auf der rechten Seite.

Processor Status

Name	Value
Program Counter	0x00000000
Stack Pointer	0x015F
X Register	0x0000
Y Register	0x0000
Z Register	0x0000
Status Register	I T H S V N Z C
Cycle Counter	0
Frequency	1.000 MHz
Stop Watch	0.00 µs
⊟ Registers	
R00	0x00
R01	0x00
R02	0x00
R03	0x00
R04	0x00
R05	0x00
R06	0x00
R07	0x00
R08	0x00
R09	0x00
R10	0x00
R11	0x00
R12	0x00
R13	0x00
R14	0x00
R15	0x00
R16	0x00
R17	0x00
R18	0x00
R19	0x00
R20	0x00
R21	0x00
R22	0x00
R23	0x00
R24	0x00
R25	0x00
R26	0x00
R27	0x00
R28	0x00
R29	0x00
R30	0x00
R31	0x00

Abbildung 5.2: Processor Status Window in Microchip Studio

Standardmäßig werden die Werte in den Registern in hexadezimaler Form angezeigt. Klicken Sie mit der rechten Maustaste auf das Register R16 im Fenster Processor Status und wählen Sie im daraufhin angezeigten Menü "Display as Dezimal", um den Inhalt dieses Registers im Dezimalformat anzuzeigen. Machen Sie dasselbe für das Register R17. Gehen Sie nun mit der Taste F10 über den ersten Befehl, der 34 in R16 verschiebt, und beachten

Sie, dass dieser Wert nun in R16 im Fenster Processor Status angezeigt wird. Wenn Sie den Wert nicht für die Anzeige im Dezimalformat geändert haben, wird der Wert als 0x22 angezeigt. Das Zahlensystem, in dem der Wert angezeigt wird, kann jederzeit geändert werden, indem Sie mit der rechten Maustaste auf das Register klicken und das gewünschte Zahlensystem aus dem Popup-Menü auswählen. Der LDI-Befehl hat das Format *LDI <Ziel>, <Quelle>*. Dies führt dazu, dass der Wert auf der rechten Seite in das Register auf der linken Seite verschoben wird, und ist vergleichbar mit *R16 = 34*.

Der zweite Befehl ist der gleiche wie der erste, aber diesmal werden 12 Dezimalstellen in das Register R17 geladen, wie unten gezeigt. Gehen Sie mit Step Over in Microchip Studio über diesen Befehl und beachten Sie, dass sich der Wert im Fenster Processor Status neben dem Eintrag R17 ändert.

```
ldi     r17, 12
```

Der dritte unten gezeigte Befehl, ADD (Addieren ohne Übertrag), addiert den Wert in R16 zum Wert in R17 und speichert das Ergebnis wieder in R16.

```
add     r16, r17
```

Wenn Sie mit Step Over über den ADD-Befehl gehen, sehen Sie das Ergebnis der Addition von 34 und 12 in R16, d.h. 46 erscheint im Register R16. Das Format des ADD-Befehls ähnelt der C-Kurzschreibweise R16 += R17, wobei R17 zu R16 addiert und das Ergebnis wieder in R16 gespeichert wird. Dies kann vollständig als R16 = R16 + R17 ausgedrückt werden. Wir werden C niemals auf diese Weise verwenden, um direkt auf diese Register mit ihrem Namen zuzugreifen. Die C-Notation wird hier nur verwendet, um zu erklären, was die Assembler-Anweisung bewirkt.

Der letzte Befehl im Code-Listing erzeugt eine Endlosschleife, um zu verhindern, dass der Mikrocontroller versucht, Befehle über das Programmende hinaus auszuführen. Dieser Code ist unten dargestellt.

```
loop:
rjmp        loop
```

RJMP (Relative Jump) wird verwendet, um zum loop-Label zu springen, was dazu führt, dass der RJMP-Befehl unendlich oft wiederholt wird. Ohne die Endlosschleife am Ende des Programms würde der Mikrocontroller automatisch den nächsten Befehl im Speicher nach unserem Programm holen und ausführen. Der nächste Befehl ist undefiniert und wird derjenige sein, der sich nach unserem Programm zufällig im Speicher befindet. Dies kann zu einem undefinierten und unerwünschten Verhalten des Mikrocontrollers führen. Aus diesem Grund sollte ein Programm, das keine Hauptschleife hat, immer mit einer Endlosschleife enden.

Wie in Abbildung 5.1 dargestellt, kann der LDI-Befehl nur zum Laden eines Datenwertes in die Register R16 bis R31 verwendet werden. Dies wird in der Abbildung durch eine Linie angezeigt, die die Arbeitsregisterdatei in zwei Hälften teilt. Aus diesem Grund wurden im Codebeispiel für das Hinzufügen von Registern die Register R16 und R17 anstelle der Register R0 und R1 verwendet. Wenn Sie versuchen, den LDI-Befehl mit R0 bis R15 zu verwenden, wird beim Erstellen des Projekts in Microchip Studio ein Fehler angezeigt. Das Gleiche gilt für den SER-Befehl, der verwendet wird, um alle Bits in einem Register auf logisch 1 zu setzen. SER kann nur für die Register R16 bis R31 verwendet werden. Dies gilt auch für die in der Abbildung gezeigten Befehle ANDI und ORI, die in einem späteren Kapitel behandelt werden. Dies sind nur vier Beispiele für Befehle, die nur auf R16 bis R31 wirken können, es gibt noch weitere. In der Abbildung ist auch die Bitnummerierung eines Registers oben rechts in der Abbildung. Die Bits in einem Byte sind von 0 bis 7 nummeriert, von rechts nach links, egal ob sie in Registern oder im Speicher vorkommen.

5.2.2 Inkrementieren eines Registers

In diesem Beispiel der Registerverwendung wird ein Register gelöscht und dann inkrementieren. Das Inkrementieren eines Registers bedeutet, dass dem Register ein Wert hinzugefügt wird. Verwenden Sie dasselbe Testprojekt wie im vorigen Beispiel - ersetzen Sie den Code durch den folgenden, lassen Sie aber die Endlosschleife am Ende weg, die im folgenden Code nicht gezeigt wird. Bevor Sie den Code ersetzen, stoppen Sie den Debugger, falls er noch aus dem vorherigen Beispiel läuft.

```
test_asm : main.asm - increment register
        clr     r0
        inc     r0
        inc     r0
        inc     r0
```

Erstellen Sie das Projekt und starten Sie dann den Debugger wie zuvor (Start Debugging and Break). Das Fenster Processor Status sollte sich automatisch in Microchip Studio öffnen, wenn das Debugging gestartet wird, wie es im vorherigen Beispiel verwendet wurde. Scrollen Sie im Fenster Processor Status nach oben, so dass das Register R0 (R00) sichtbar ist.

Der erste Befehl, CLR (Clear Register), löscht das Register R0, wodurch sein Wert auf Null gesetzt wird. Standardmäßig hat das Register bei Verwendung des Simulators bereits den Wert Null. Wenn der Befehl ausgeführt wird, während R0 bereits 0x00 enthält, wird keine Änderung festgestellt. Der Wert in diesem Register kann im Debugger geändert werden, indem man auf den Wert neben R00 im Fenster Processor Status doppelklickt, bevor man den CLR-Befehl ausführt, so dass man sehen kann, was dieser Befehl bewirkt. Doppelklicken Sie zum Beispiel auf 0x00 neben R00 im Fenster Processor Status, geben Sie 45 ein und drücken Sie die Eingabetaste. Diese Zahl wird in hexadezimale Werte umgewandelt und als 0x2D angezeigt, nachdem Sie die Eingabetaste gedrückt haben. Es kann einfacher sein, diese Zahl zu sehen, wenn Sie auf eines der anderen Register klicken, um den Fokus von diesem Register zu nehmen. Wenn Sie nun mit Step Over über den CLR-Befehl gehen, wird der Wert in R0 auf Null gesetzt (R0 und R00 sind das gleiche Register. R0 ist im Fenster Processor Status mit R00 bezeichnet).

Der INC-Befehl (Increment) wird dreimal nach dem CLR-Befehl wiederholt und dient dazu, den Inhalt des Registers R0 zu erhöhen. Gehen Sie mit Step Over die INC-Befehle durch und beachten Sie, dass R0 nach jedem INC-Befehl um eins erhöht wird. Wenn der RJMP-Befehl am Ende des Programms erreicht wird, enthält R0 wie erwartet nach drei Inkrementierungen 0x03. Im Gegensatz zum LDI-Befehl können die CLR- und INC-Befehle auf jedes der Arbeitsregister von R0 bis R31 angewendet werden. Wie bereits erwähnt, ist das Gegenstück zum CLR-Befehl, SER, alle Bits in einem Register, funktioniert aber nur bei R16 bis R31 und nicht bei R0 bis R15 - siehe Abbildung 5.1. Experimentieren Sie mit diesen Befehlen in Microchip Studio. Versuchen Sie, ein Projekt zu erstellen, das LDI oder SER auf den Registern R0 bis R15 verwendet, um den in Microchip Studio angezeigten Fehler zu sehen. Denken Sie daran, das Programm jedes Mal zu speichern und neu zu erstellen, wenn Sie Änderungen am Code vorgenommen haben. **Kurzer Tipp: Drücken Sie** nach dem Erstellen des Projekts sofort die Taste F10, um den Debugger zu starten und zu unterbrechen, anstatt auf die Schaltfläche in der Symbolleiste klicken zu müssen. Drücken Sie weiterhin die Taste F10, um die einzelnen Codezeilen zu durchlaufen.

Die beiden vorangegangenen Beispiele zeigen einige der Möglichkeiten, wie die allgemeinen Arbeitsregister in Assemblerprogrammen verwendet werden. Register können zum Speichern von Werten verwendet werden, die in mathematischen Berechnungen verwendet werden, und zum Speichern der Ergebnisse von Berechnungen. Das Gleiche gilt für boolesche oder logische Operationen, die wir noch behandeln werden. Die Verwendung von Registern wird im Laufe dieses Buchs deutlicher werden, wenn Sie mehr Code-Beispiele sehen und erfahren, wie andere Assembler-Befehle mit Registern arbeiten.

5.3 AVR-Memory Map

Eine Memory Map (Speicherplan) ist eine Abbildung, die die Größe und die Adressen der Speicher eines Mikrocontrollers oder Systems zeigt, wie in Abbildung 5.3 für die 8-Pin PDIP ATtiny AVRs zu sehen ist. Jeder Speicherplatz hat eine eindeutige Adresse, unter der auf ihn zugegriffen werden kann. Dieses Konzept wird erklärt, wenn wir uns im nächsten Kapitel mit der internen Architektur der AVRs beschäftigen. Im Moment schauen wir uns nur die verschiedenen Speichertypen auf AVR-Bausteinen an, sowie deren Größen und Adressen. Abbildung 5.3 spezifiziert ATtiny 8-pin PDIP AVRs, aber es gilt auch für die 14-pin und 20-pin PDIP AVRs (außer ATtiny26) aus Tabelle 1.1 in Abschnitt 1.3 von Kapitel 1, für Bausteine mit 2K, 4K und 8K Flash, aber nicht für den 28-pin ATtiny48/88.

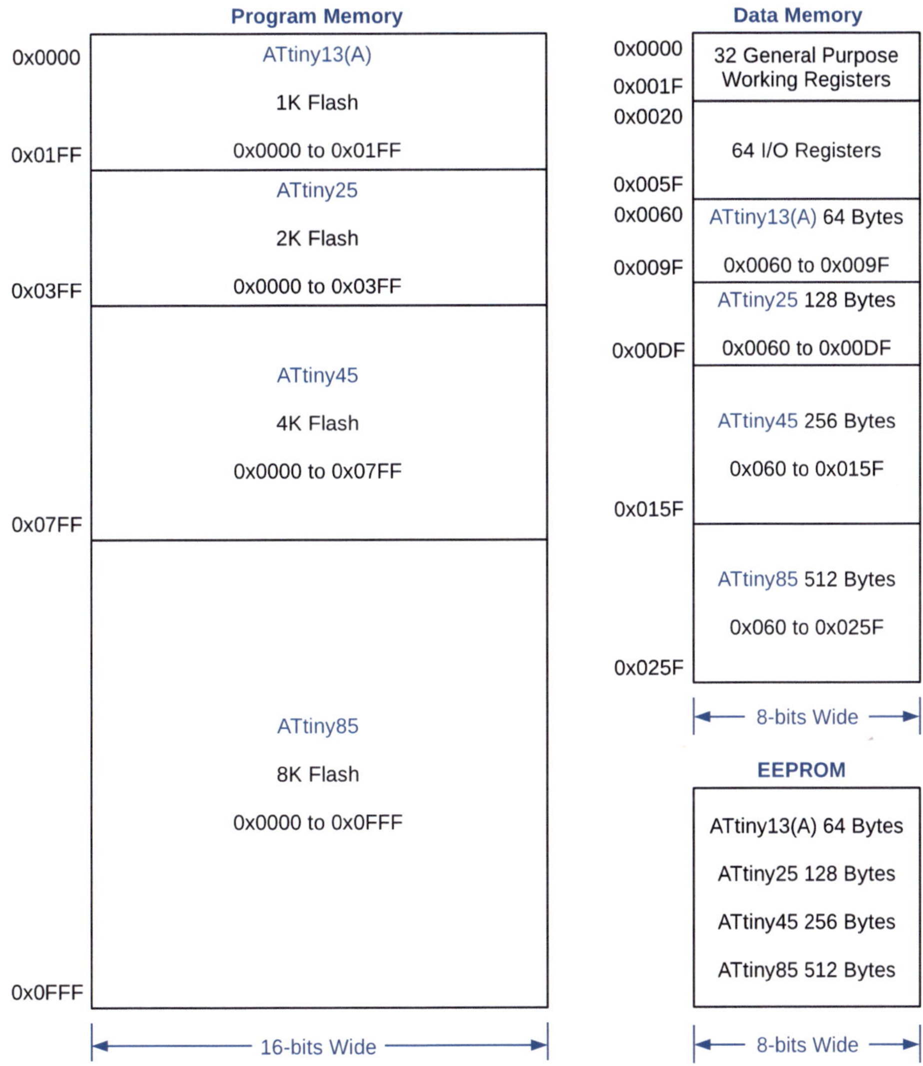

Abbildung 5.3: ATtiny13(A) und ATtiny25/45/85 Memory Map

5.3.1 Programmspeicher

Der Programmspeicher enthält die Maschinencode-Befehle eines jeden Programms, das in den AVR geladen wird. Der Programmspeicher besteht aus einem Flash-Speicher, der In-System umprogrammierbar ist, so dass er über USB und andere Programmiergeräte programmiert werden kann, die über den ISP-Header an den Mikrocontroller angeschlossen werden, während sich der Mikrocontroller in einer Schaltung befindet. Im Gegensatz zu den meisten früheren 8 Bit-Mikrocontrollern haben die 8 Bit-AVRs keinen 8 Bit breiten Programmspeicher, sondern stattdessen einen 8 Bit breiten Speicher. Der Grund dafür ist, dass die meisten AVR-Befehle 16 Bit breit sind, und einige wenige sogar 32 Bit. Wenn wir uns ansehen, wie Befehle kodiert werden, wird der Grund für die Verwendung von 16 Bit breiten

Befehlen verständlich. 8-Bit-AVRs mit 16 Bit breiten Befehlen werden immer noch als 8-Bit-Mikrocontroller betrachtet, da sie mit 8 Bit breiten Daten arbeiten. Jeder Speicherplatz des Programmspeichers ist 16 Bit breit und kann nicht als zwei 8-Bit-Bytes mit jeweils eigener Adresse angesprochen werden, da kein Bedarf für einen Byte-Zugriff auf Programmbefehle besteht (eine Ausnahme hiervon sind konstante Daten, die im Programmspeicher gespeichert und als Bytes angesprochen werden können; Befehle werden jedoch niemals als Bytes angesprochen). Dies hat zur Folge, dass die erste Speicherstelle an der Adresse 0x0000 zu finden ist und einen 16 Bit breiten Befehl enthält. Die zweite Speicherstelle befindet sich an der Adresse 0x0001 und enthält einen 16-Bit-Befehl. Dies unterscheidet sich von dem, was man normalerweise bei byteadressierbaren Systemen erwarten würde, die jedes 8 Bit breite Byte adressieren und somit den ersten Befehl an den Adressen 0x0000 und 0x0001 und den zweiten Befehl an 0x0002 und 0x0003 haben würden, wenn die Befehle 16 Bit breit wären.

Betrachten Sie dazu den Programmspeicherblock links in Abbildung 5.3, und lassen Sie uns den ATtiny25 als Beispiel betrachten. Der Programmspeicher des ATtiny25 beginnt bei Adresse 0x0000 und endet bei 0x03FF. Um die Größe des Speichers, den dieser Adressbereich abdeckt, zu berechnen, nehmen wir die Endadresse 0x03FF und addieren eins (weil Adressen bei 0 beginnen) und erhalten 0x0400. Dies wandeln wir in eine Dezimalzahl um, was 1024 ergibt, also 1K Speicher entspricht. Dies kann verwirrend aussehen, da wir aus dem Datenblatt wissen, dass der ATtiny25 2K Flash-Speicher hat. Der Grund dafür ist, dass es sich um 1K × 16-Bit breite Speicherworte oder 1K × 2 Bytes handelt, was 2K Bytes Speicher entspricht.

Der Programmspeicher in der Memory Map zeigt, dass der ATtiny13(A) über Speicheradressen von 0 bis 0x01FF und der ATtiny25 über Speicheradressen von 0 bis 0x3FF verfügt. Der ATtiny45 hat den gleichen Speicher wie der ATtiny25 plus zusätzlichen Speicher von Adresse 0 bis 0x7FF. Der ATtiny85 verfügt über den gleichen Speicher wie der ATtiny25 und ATtiny45 sowie über zusätzlichen Speicher. Der Adressbereich des ATiny85 im Programmspeicher liegt zwischen 0 und 0xFFF.

5.3.2 Datenspeicher

Der Datenspeicher von ATtiny13(A) und ATtiny25/45/85 Mikrocontrollern besteht aus SRAM (Static Random Access Memory). SRAM-Speicher ist bekannt als flüchtiger Speicher, da er die Daten verliert, wenn die Stromversorgung des Mikrocontrollers ausgeschaltet wird. Der Datenspeicher beginnt bei Adresse 0x60 und nicht bei 0, da Arbeitsregister und I/O-Register am Anfang des Datenspeichers abgebildet werden. Durch die Zuordnung von Registern zum Datenspeicher kann auf sie auch mit den Schreib- und Lesebefehlen für den Datenspeicher zugegriffen werden, was praktisch sein kann.

Der Datenspeicher beginnt bei Adresse 0, genau wie der physikalisch getrennte Programmspeicher. Dies ist aufgrund der Architektur des Mikrocontrollers möglich und wird im nächsten Kapitel genauer erläutert.

Aus der Speicherübersicht in Abbildung 5.3 geht hervor, dass der Datenspeicher des ATtiny13(A) von Adresse 0x60 bis 0x9F 64 Byte groß ist und der Datenspeicher des ATtiny25 von Adresse 0x60 bis 0xDF 128 Byte groß ist. Der Datenspeicher des ATtiny45 ist 256 Byte groß, von Adresse 0x60 bis 0x15F. Der Datenspeicher des ATtiny85 ist 512 Byte groß und reicht von Adresse 0x60 bis 0x25F.

Der Datenspeicher ist ein Byte oder 8 Bit breit und jedes Byte hat eine eindeutige Adresse. Die 14- und 20-poligen ATtiny AVRs aus Tabelle 1.1 in Abschnitt 1.3 von Kapitel 1 folgen diesen SRAM-Adressen, wobei Bausteine mit 2K Flash dem ATtiny25, Bausteine mit 4K dem ATtiny45 und Bausteine mit 8K den ATtiny85-Speichern entsprechen. Die Speicherabbildung der ATtiny48/88-Bausteine unterscheidet sich jedoch, weil sie eine erweiterte I/O-Registerdatei sowie 64 Byte EEPROM haben, was die SRAM-Startadresse auf 0x0100 verschiebt.

5.3.3 EEPROM

EEPROM (Electrically Erasable Programmable Read Only Memory) kann zum Speichern von Daten verwendet werden, die beim Einschalten des Mikrocontrollers verfügbar sein müssen, z.B. Kalibrierwerte. Im Gegensatz zu SRAM, das seinen Inhalt verliert, wenn der Mikrocontroller ausgeschaltet wird, gehen die im EEPROM gespeicherten Daten nicht verloren. EEPROM wird als nichtflüchtiger Speicher genannt, weil er, wie der Flash-Programmspeicher, seinen Inhalt nicht verliert, wenn er ausgeschaltet wird. Der EEPROM Speicher ist 8 Bits breit und byteadressierbar.

Der EEPROM-Speicher wird über spezielle Register im I/O-Registerraum programmiert. Wie bei Flash-Speicher und SRAM beginnt das EEPROM bei Adresse 0, da es einen eigenen Adressraum hat. Die EEPROM-Größe für den ATtiny13(A), ATtiny25, ATtiny45 und ATtiny85 ist unten rechts in Abbildung 5.3 zu sehen.

5.4 Zugriff auf SRAM in Assemblerprogrammen

Ein Beispielprogramm, das einen Wert im SRAM speichert und einen Wert aus dem SRAM lädt, führt zwei neue Assembler-Befehle ein, nämlich STS (Store Direct to Data Space) und LDS (Load Direct from Data Space). Der AVR-Simulator wird wieder verwendet, um das Ergebnis der Ausführung des Programms zu sehen.

5.4.1 SRAM - Beispiel zum Speichern und Laden

Verwenden Sie dasselbe test_asm-Projekt, das wir zuvor in diesem Kapitel erstellt haben, und ersetzen Sie den Code durch das folgende Programm. Denken Sie daran, die Endlosschleife am Ende des neuen Codes zu belassen, die im folgenden Code-Listing nicht angezeigt wird.

```
test_asm : main.asm - SRAM direct store and load
ldi     r16, 0xAA           ; Data to store to SRAM
sts     0x60, r16           ; Store data from register to SRAM
lds     r1, 0x60            ; Load data from SRAM to register
```

Wenn ein Datenbyte im SRAM gespeichert werden soll, muss es zunächst in ein Register geladen werden. Wann immer Daten im Mikrocontroller manipuliert werden sollen, müssen sie zunächst in ein Arbeitsregister geladen werden, damit der interne Kern des Mikrocontrollers darauf zugreifen kann. Im obigen Programm wird der LDI-Befehl verwendet, um einen Wert von 0xAA in das Register R16 zu laden. Dieser Wert ist der Wert, der im SRAM gespeichert werden soll. Der STS-Befehl wird dann verwendet, um den Wert an der ersten SRAM-Stelle an Adresse 0x60 zu speichern. Wie im Code-Listing zu sehen ist, verwendet der STS-Befehl das Format *STS <Zieladresse>, <Quellregister>*, um die Daten von einem Quellregister (in diesem Beispiel R16) an die Speicherzelle unter der Zieladresse 0x60 zu verschieben. Die in diesem Befehl verwendete Adresse ist 16 Bit breit und könnte mit 0x0060 geschrieben werden, aber 0x60 wird vom Assembler akzeptiert; es bedeutet, dass das höhere Byte (oder das höchstwertige Byte) der Adresse 0x00 ist. Da die Adresse 16 Bit breit ist, kann sie auf AVR-Mikrocontrollern mit Speichern bis zur Adresse 0xFFFF verwendet werden. Auf dem ATtiny13(A), ATtiny25, ATtiny45 und ATtiny85 ist kein Speicher jenseits der Adressen 0x009F, 0x00DF, 0x015F bzw. 0x025F verfügbar, so dass der Programmierer nicht versuchen sollte, auf Speicher zuzugreifen, der nicht existiert.

LDS ist das Äquivalent zu STS, aber anstatt einen Wert aus einem Register in den SRAM zu kopieren, wird ein Wert aus dem SRAM in ein Register kopiert. In unserem Beispielprogramm wird LDS verwendet, um den Wert 0xAA, der zuvor im SRAM an Adresse 0x60 gespeichert war, in das Register R1 zu übertragen. Der LDS-Befehl hat das Format *LDS <Zielregister>, <Quelladresse>*, wobei die Quelladresse eine 16 Bit breite Adresse ist.

Sowohl die STS- als auch die LDS-Befehle können zum Speichern und Laden von Daten in die bzw. aus der Registerdatei und den I/O-Registern verwendet werden, da diese Register dem Datenspeicher zugeordnet sind, wie in der Speicherübersicht zu sehen ist. STS und LDS sind beide 2 × 16-Bit-Worte oder 4 Byte lang, also insgesamt 32 Bit lang.

5.4.2 Beispiel für Speichern und Laden im Simulator

Erstellen Sie das Testprojekt, das den Code aus dem vorherigen Listing enthält, und starten Sie den Debugger (Start und Pause wie zuvor, denken Sie daran, dass dies schnell durch Drücken der Taste F10 geschehen kann), damit wir sehen können, was das Programm im AVR-Simulator macht.

Wenn der Debugger läuft, sollte ein Speicherfenster unten rechts in Microchip Studio sichtbar sein, wie in Abbildung 5.4 dargestellt. Wenn dieses Speicherfenster nicht sichtbar ist, wählen Sie im Top-Menü Debug ► Windows ► Memory und wählen Sie dann eines der vier möglichen Speicherfenster aus dem angezeigten Untermenü. Verwenden Sie die Drop-down-Liste oben links im Speicherfenster mit der Bezeichnung Memory:, um data IRAM auszuwählen, wie in Abbildung 5.4 dargestellt. Wenn data IRAM ausgewählt ist, zeigt das Speicherfenster den Inhalt des internen SRAM ab Adresse 0x60 an.

Vergewissern Sie sich, dass das Fenster Processor Status geöffnet ist, wie in den vorherigen Beispielen verwendet. Hier gibt es einen Fehler im Debugger/Simulator des zum Zeitpunkt der Erstellung dieses Buchs verwendeten Microchip Studios. Bei ATtiny13(A) und ATtiny25 Bausteinen zeigt das Speicherfenster nicht den Inhalt des Speichers an, wenn Data IRAM ausgewählt ist. Die Auswahl des ATtiny45-Bausteins behebt dieses Problem.

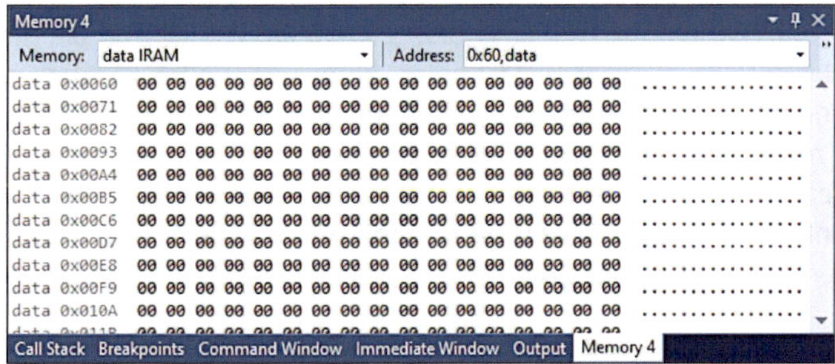

Abbildung 5.4: Memory Window im Microchip Studio Debugger

Überspringen Sie den ersten Befehl (LDI) im Programm mit Step Over, und Sie sehen, wie der Wert 0xAA in das Register R16 im Fenster Processor Status geladen wird. Nach dem Überspringen des STS-Befehls ist zu beobachten, dass der Wert 0xAA aus R16 nun an Adresse 0x60 im SRAM gespeichert ist, wie im Speicherfenster zu sehen ist. Er wird in Kleinbuchstaben als **aa** im Speicherfenster angezeigt.

Wenn der letzte Befehl übersprungen wird (LDS), erscheint der im SRAM an Adresse 0x60 gespeicherte Wert nun im Register R1, wie im Processor Statusfenster zu sehen ist. Mit diesem sehr einfachen Programm wurde der Befehl STS (Store Direct to Data Space) zum Kopieren von Daten aus einem Register in einen SRAM-Speicherplatz im Datenbereich eingeführt. Außerdem wurde der Befehl LDS (Load Direct from Data Space) eingeführt, mit dem ein Wert aus einem Byte des SRAM im Datenbereich in ein Register geladen werden kann. Diese beiden 32-Bit-Befehle belegen jeweils zwei 16-Bit breite Programmspeicherplätze.

5.4.3 SRAM-Startadressen

Im vorigen Beispiel haben wir mit dem Simulator auf die erste Stelle im SRAM eines ATtiny45 zugegriffen. Die Adresse dieser ersten Stelle im SRAM ist 0x60 und ist für alle Mikrocontroller in Tabelle 1.1 in Abschnitt 1.3 in Kapitel 1 gleich, außer für den ATtiny48/88. Wenn ein ATtiny48 oder ATtiny88 mit dem vorherigen Beispiel verwendet werden, müsste es wie in der folgenden Auflistung gezeigt geändert werden.

```
test_asm : main.asm - SRAM direct store and load
ldi     r16, 0xAA         ; Data to store to SRAM
sts     0x100, r16        ; Store data from register to SRAM
lds     r1, 0x100         ; Load data from SRAM to register
```

Im obigen Code ist zu erkennen, dass die erste Stelle im SRAM für ATtiny48/88-Bausteine auf 0x100 geändert wird. Diese Bausteine haben die Arbeitsregisterdatei von 0x0000 bis 0x001F und die I/O-Registerdatei von 0x0020 bis 0x005F, genau wie die anderen Bausteine aus Tabelle 1.1. Nach der I/O-Registerdatei haben ATtiny48/88-Bausteine eine erweiterte I/O-Registerdatei von 0x0060 bis 0x00FF. Danach folgt das SRAM, beginnend bei Adresse 0x0100.

Microchip Studio Assembler-Projekte enthalten jeweils eine Datei mit Definitionen für den ausgewählten AVR-Mikrocontroller. Eine dieser Definitionen ist für die Startadresse des SRAM und heißt `SRAM_START`. Diese Definition kann verwendet werden, um Programme auf verschiedenen AVR-Bausteinen mit unterschiedlichen Speicherzuordnungen laufen zu lassen, da sie mit der richtigen SRAM-Startadresse für den ausgewählten AVR-Baustein definiert ist. Der vorherige Code sieht wie folgt aus, wenn die Definition verwendet wird. Dieser Code funktioniert nun auf allen Bausteinen aus Tabelle 1.1 und schreibt an die richtige Adresse der ersten Stelle im SRAM.

```
test_asm : main.asm - SRAM direct store and load
    ldi r16, 0xAA             ; Data to store to SRAM
    sts SRAM_START, r16       ; Store data from register to SRAM
    lds r1, SRAM_START        ; Load data from SRAM to register
```

Wenn der Code, der die SRAM_START-Definition verwendet, in einem Microchip Studio Assembler-Projekt verwendet wird, in dem der ATtiny45 ausgewählt ist, dann ist SRAM_START als 0x0060 definiert. Wenn stattdessen ein ATtiny48 oder ATtiny88 ausgewählt wird, wird SRAM_START als 0x0100 definiert. Dies ist nur eine Einführung in die mitgelieferte Definitionsdatei. Weitere Beispiele aus dieser Datei folgen in den nächsten Kapiteln. Der Grund, warum ATtiny48/88-Bausteine eine erweiterte I/O-Registerdatei haben, ist, dass sie mehr On-Chip-Peripherie haben und daher mehr I/O-Register für die Steuerung dieser Peripherie benötigen.

5.5 Zusammenfassung

- AVR-Mikrocontroller verfügen über 32 Allzweck-Arbeitsregister mit den Bezeichnungen R0 bis R31, die in einer Registerdatei zusammengefasst sind, mit Ausnahme der ATtiny4/5/9/10-Serie, die über nur 16 Register verfügt: R16 bis R31.

- AVR-Mikrocontroller verfügen über 64 I/O-Register, die sogenannte I/O-Registerdatei, die einen Stapelzeiger, ein Statusregister und ein Register zur Steuerung von On-Chip-Peripheriekomponenten wie Timer, ADC usw. enthält.

- Einige der größeren Bausteine der AVR-Reihe haben eine erweiterte I/O-Registerdatei - dazu gehören die 28-poligen ATtiny48/88-Bausteine.

- Eine Memory Map (Speicherplan) zeigt alle verfügbaren Speicher- und Adressräume eines Mikrocontrollers oder Systems.

- Die Mikrocontroller ATtiny13(A) und ATtiny25/45/85 verfügen über einen Flash-Programmspeicher zum Speichern des Programms, das auf dem Mikrocontroller läuft, SRAM zum Speichern flüchtiger Daten und EEPROM zum Speichern nichtflüchtiger Daten.

- Die Registerdatei und die I/O-Register werden auf AVR-Mikrocontrollern im gleichen Adressbereich wie das SRAM abgebildet.

- Die Befehle STS und LDS können verwendet werden, um einen Wert im SRAM zu speichern bzw. einen Wert aus dem SRAM zu laden. Diese Befehle können auch verwendet werden, um auf jedes Register zuzugreifen, das auf den Datenbereich des AVR abgebildet ist.

Kapitel 6 • Interne Architektur des AVR

Ein Verständnis der internen Architektur des AVR-Kerns oder der CPU ist unerlässlich, um zu verstehen, was passiert, wenn ein Maschinenbefehl in einem AVR-Mikrocontroller ausgeführt wird.

Dieses Kapitel erklärt Konzepte, die notwendig sind, um die interne Funktionsweise eines Mikrocontrollers im Allgemeinen zu verstehen, und zeigt, wie ein AVR intern arbeitet.

In diesem Kapitel
- Taktimpulse und das Programmzählerregister
- Taktperiode und Taktfrequenz
- Mikrocontroller-Busse
- Harvard- und von-Neumann-Architekturen
- Wie Befehle in einem AVR abgerufen und ausgeführt werden
- Das Statusregister, der Stapel und der Stapelzeiger
- AVR-Befehlskodierung
- Adressierungsarten

6.1 Taktimpulse und Programmzähler

Der Rechenkern eines Mikrocontrollers arbeitet getaktet in Einzelschritten. Den Takt (Clock) dafür erzeugt der Taktgenerator (Clock Oscillator). Eines der Dinge, die der Takt in einem Mikrocontroller antreibt, ist der Programmzähler.

6.1.1 Taktimpulse

Das Taktsignal ist eine Rechteckwelle, die entweder von der internen Schaltung des Mikrocontrollers erzeugt oder von einem externen Oszillator an den Mikrocontroller übertragen wird. Eine Rechteckwelle ist im Grunde ein Ein-Bit-Binärzähler, wie in der Mitte von Abbildung 6.1 dargestellt.

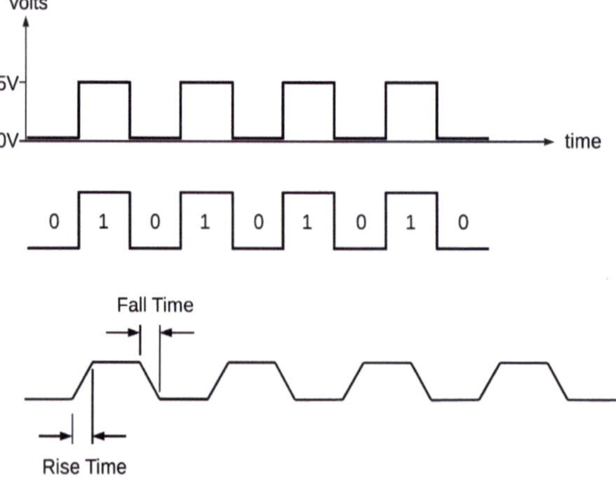

Abbildung 6.1: Ideales Taktsignal und realistischer Verlauf (unten)

Abbildung 6.1 zeigt oben eine Rechteckwelle, d.h. eine Spannung, die sich im Laufe der Zeit kontinuierlich von 0 V auf 5V und wieder auf 0 V ändert. Die Spannung bleibt entweder bei 0V oder 5V für eine gewisse Zeit, was dem Impuls seine quadratische Form verleiht. In der Mitte der Abbildung ist derselbe Takt zu sehen wie oben, aber diesmal wird der Takt in logischen Pegeln von Null und Eins dargestellt. Die logischen Pegel ändern sich im Laufe der Zeit kontinuierlich von 0 auf 1 und zurück auf 0. Dies ist dasselbe wie das niedrigstwertige Bit (LSB) einer Binärzahl, die kontinuierlich erhöht wird.

Die beiden oberen Taktsignale in Abbildung 6.1 sind ideale Rechtecksignale und haben perfekt quadratische vertikale Linien und Kanten. Ein realer Takt ist im unteren Teil der Abbildung dargestellt. Die Spannung eines Taktimpulses steigt in der Realität nicht sofort von 0 V auf 5V an, sondern benötigt dafür eine kurze Zeit, die so genannte Anstiegszeit, wie in der Abbildung dargestellt. Ebenso fällt die Spannung eines Taktsignals nicht sofort von 5V auf 0 V ab, sondern benötigt dafür eine kurze Zeit, die so genannte Abfallzeit. Sowohl die Anstiegs- als auch die Abfallzeit verleihen dem Taktimpuls schräge Flanken.

In Datenblättern und anderen Dokumenten werden Taktimpulse häufig als echte Taktimpulse mit schrägen Flanken dargestellt. Beachten Sie, dass die Darstellung echter Taktimpulse, wie in der Abbildung gezeigt, eine Übertreibung darstellt. Die Zeit, die der Takt zum Ansteigen oder Abfallen benötigt, ist im Vergleich zur Gesamtgröße der einzelnen Takte sehr gering. Es ist notwendig, die Anstiegs- und Abfallzeiten in Zeichnungen und Abbildungen zu übertreiben, da sonst die Tatsache, dass es Anstiegs- und Abfallzeiten gibt, nicht sichtbar wäre.

6.1.2 Taktperiode und Frequenz

Die Periode eines Taktsignals ist die Zeit, die es benötigt, um einen Zyklus von 0 V auf 5V und zurück auf 0 V zu durchlaufen, der eine vollständige Einschaltzeit (5V oder logisch 1) und eine vollständige Ausschaltzeit (0 V oder logisch 0) des Impulses umfasst, wie in Abbildung 6.2 dargestellt.

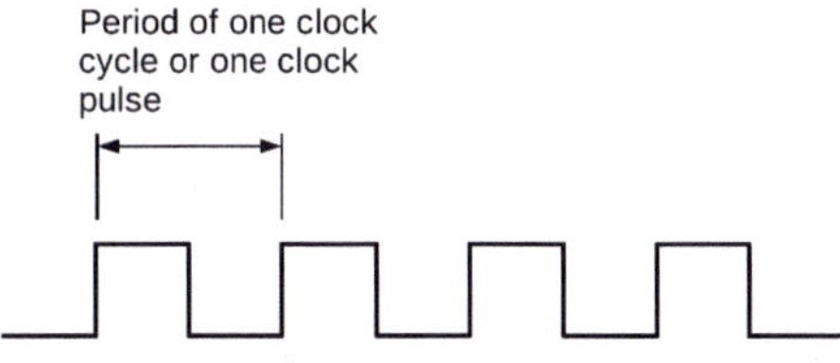

Abbildung 6.2: Periode des Taktsignals

Die Frequenz eines Taktsignals ist die Anzahl der Zyklen pro Sekunde. Ein 1 MHz-Takt schwingt mit einer Million Taktzyklen pro Sekunde.

6.1.2.1 ATtiny13(A) Standard-Taktfrequenz

Die Mikrocontroller ATtiny13 und ATtiny13A beziehen ihren Systemtakt von einem internen 9,6 MHz RC (Widerstands-Kondensator) Oszillator, dessen Frequenz intern durch 8 geteilt wird, um standardmäßig 1,2 MHz zu erhalten. Der durch die Standard-Fuse-Einstellungen festgelegte Standard-Systemtakt eines neuen ATtiny13(A) ist also 1,2 MHz.

6.1.2.2 ATtiny25/45/85 Standard-Taktfrequenz

ATtiny25/45/85 Bausteine beziehen ihren Systemtakt von einem internen 8 MHz RC-Oszillator, dessen Ausgangssignal entsprechend der Standardeinstellung der internen Fuses durch 8 geteilt wird, um einen 1 MHz Standard-Systemtakt zu erhalten.

6.1.2.3 RC-Oszillator-Genauigkeit

Da der Standardtakt für den AVR wird von einem RC-Oszillator abgeleitet wird, ist er nicht so genau wie der Takt eines Quarzoszillators. Im Datenblatt wird für den RC-Oszillator bei 3V Betriebsspannung und einer Temperatur von 25°C eine Genauigkeit von ±10% angegeben.

6.1.2.4 Taktquellen und Verbesserung der Genauigkeit

Ein externer Quarz kann an den ATtiny25/45/85 angeschlossen werden, um einen genaueren Takt zu erzeugen, allerdings werden dadurch zwei Pins des Mikrocontrollers belegt. Dies ist einer der Punkte, in denen sich ATtiny25/45/85-Bausteine von ATtiny13(A)-Bausteinen unterscheiden - ATtiny13(A)-Bausteine haben nur drei Taktquellen zur Auswahl, nämlich einen externen Takteingang, einen internen 1,2-MHz RC-Oszillator und einen internen 128-kHz RC-Oszillator. Das bedeutet, dass ATtiny13(A)-Bausteine keine Quarzoszillatorschaltung haben und daher keinen externen Quarz oder Keramikresonator direkt an zwei Pins verwenden können. ATtiny25/45/85 hingegen verfügen über alle Taktquellen der ATtiny13(A)-Bausteine sowie über einen Hochfrequenz-PLL-Takt, eine zusätzliche interne RC-Oszillatorquelle, einen Niederfrequenz-Quarzoszillator für einen externen 32,768-kHz-Uhrenquarz sowie einen HF-Oszillator für einen externen Quarz oder Keramikresonator.

Eine weitere Möglichkeit, die Genauigkeit des Oszillators zu verbessern, besteht darin, ein Kalibrierungsverfahren für den RC-Oszillator anzuwenden, das ein Kalibrierungsregister im AVR verwendet. Alternativ kann auch eine externe Taktquelle verwendet werden, die nur einen zusätzlichen Pin des Mikrocontrollers benötigt.

6.1.2.5 Berechnung der Taktperiode aus der Frequenz

Wenn ein AVR mit 1 MHz arbeitet, dann beträgt die Periode seines Taktes oder Taktimpulses 1µs (eine Mikrosekunde). Das bedeutet, dass ein Befehl, der einen Taktzyklus benötigt, in 1µs ausgeführt wird. Zur Umrechnung von Frequenz in Periode verwenden Sie die Formel:

$$t=\frac{1}{f}$$ Dabei steht **t** für die Zeitspanne und **f** für die Frequenz.

Die Umrechnung zwischen Taktfrequenz und Periode lässt sich mit einem Taschenrechner wie folgt vornehmen: Für eine Frequenz von 1 MHz teilen wir eins durch eine Million und erhalten 0,000001 oder 1 µs. Um dies auf dem Windows-Taschenrechner zu tun, schalten Sie den Rechner zunächst über das Menüsymbol oben links in den wissenschaftlichen Modus. Klicken Sie auf **1**, ÷, **1**, **exp**, **6** und dann auf **=**, was ein Ergebnis von 0,000001 ergibt. Klicken Sie auf die Taste **F-E** auf dem Taschenrechner und das Ergebnis wird nun als 1.e-6 angezeigt.

Bei der Eingabe dieser Berechnung verwenden wir die Exponentialschreibweise, bei der die Tastendrücke **1**, **exp**, **6** (einmal 10 hoch 6) eine Darstellungsweise für eine Million ergeben, also 1 gefolgt von 6 Nullen. Das Ergebnis nach Kehrwertbildung ist 0,000001, was leichter zu lesen ist, wenn man die Taste F-E drückt, die die Zahl in 1.e-6 mit dem Exponenten minus sechs ändert. Minus sechs zeigt uns, dass es sich um Mikrosekunden handelt. Klicken Sie erneut auf die Schaltfläche **F-E**, um wieder zur normalen Schreibweise zu wechseln.

6.1.2.6 Berechnung der Taktfrequenz aus der Periode

Zur Umrechnung von Periodendauer in Frequenz verwenden Sie die Formel:

$$f=\frac{1}{t}$$

Dabei steht **t** für die Periode und **f** für die Frequenz.

Um die Frequenz einer Taktquelle mit einer Periode von 1µs auf dem Taschenrechner unter Windows 10 im wissenschaftlichen Modus zu ermitteln, geben Sie ein **1**, ÷, **1**, **exp**, **6**, **±** und klicken dann auf **=**, gefolgt von der Taste **F-E**. Die Taste **1**, **exp**, **6**, **±** ist dasselbe wie (einmal 10 hoch -6), also 0,000001, wobei -6 die Größe in Dezimalstellen rechts vom Komma darstellt. Die Taste ± ändert einfach das Vorzeichen der 6 von + (positiv) zu - (negativ). Das Ergebnis der Berechnung ist 1.e+6, was 1.000.000 bzw. hier einer Million Hertz (1 MHz) entspricht. Durch Drücken der Taste F-E wird die Zahl in Exponentialschreibweise dargestellt, die leichter zu lesen ist, da man sieht, dass es sich um eine Eins mit sechs Nullen handelt, also um 1 MHz.

Zusammenfassend lässt sich sagen, dass 1.e+6 auf dem Taschenrechner 1 mal 10 hoch 6 ist, oder 1×10^6 oder 1.000.000. Zehn hoch 6 oder 1 gefolgt von sechs Nullen bedeutet bei einer Frequenz "Mega" oder "Megahertz". 1.e-6 ist 1 mal 10 hoch -6, oder 1×10^{-6} , oder 0,000 001 und bedeutet "Mikro" bzw. hier "Mikrosekunden", wenn es um die Periode geht.

6.1.3 Der Programmzähler

Der Programmzähler (PC) ist ein Register im Mikrocontroller, das die Adresse eines auszuführenden Befehls enthält. Wenn der AVR eingeschaltet oder zurückgesetzt wird, wird der Programmzähler auf Null gesetzt, so dass er die Adresse des ersten Befehls im Flash-Speicher enthält. Die Steuereinheit (Control Unit) des Mikrocontrollers sorgt nun dafür, dass der Befehl an Adresse 0 geholt und von der CPU ausgeführt wird. Der Programmzähler wird anschließend um eins erhöht, so dass er auf den nächsten Befehl im Flash-Programmspeicher an der Adresse 0x0001 zeigt. Der Vorgang wiederholt sich: Befehl holen, ausführen, PC erhöhen.

Der Programmzähler wird so lange um eins erhöht, der nächste Befehl abgerufen und ausgeführt, bis ein Verzweigungs- oder Sprungbefehl kommt, durch den eine andere als die sequentiell nächste Adresse in den Programmzähler geladen wird. Nach dem Sprung wird der Befehl an der neuen Adresse abgerufen und ausgeführt und von dieser neuen Adresse aus die sequentielle Befehlsabarbeitung fortgesetzt. Der Aufruf eines Unterprogramms und die Rückkehr nach dessen Abarbeitung bewirken ebenfalls Änderungen der Adresse im Programmzähler. Die obige Erklärung geht von 16 Bit breiten Befehlen aus..

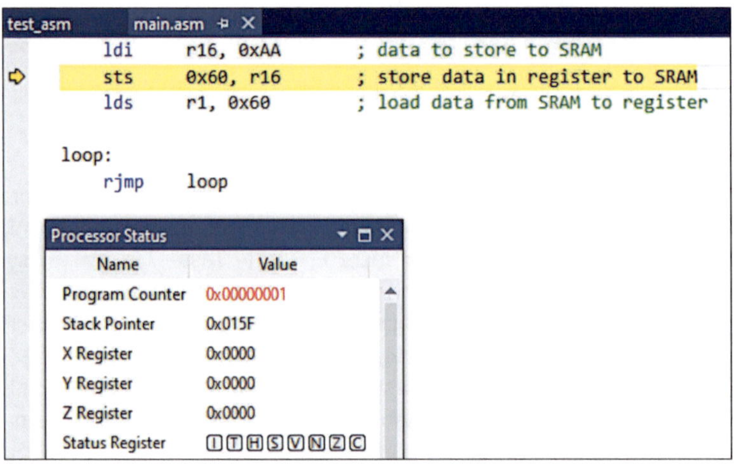

Abbildung 6.3: Der Program Counter wird nach jeder Befehlsausführung inkrementiert

Öffnen Sie das Projekt **test_asm** in Microchip Studio. Wenn die Datei main.asm beim Starten von Microchip Studio und beim Öffnen des Projekts test_asm nicht geöffnet wird, doppelklicken Sie auf die Datei main.asm im Solution-Explorer-Fenster auf der rechten Seite von Microchip Studio. Starten Sie den Debugger/Simulator über das Symbol Start Debugging and Break oder die Taste F10. Stellen Sie sicher, dass das Fenster Processor Status geöffnet ist. Schauen Sie über die Assembler-Befehle und verfolgen Sie, wie der Programmzähler am oberen Rand des Prozessorstatusfensters inkrementiert wird (Abbildung 6.3). Die meisten AVR-Befehle sind 16-Bit breit und werden in einem einzigen Taktzyklus ausgeführt. Der Programmzähler wird jedes Mal um eins erhöht, wenn ein Befehl im Debugger übersprungen wird. Befehle wie STS und LDS aus dem vorherigen Kapitel sind 32-Bit breit und benötigen daher zwei Taktzyklen für Abruf und Ausführung. Wenn ein 32-Bit breiter Befehl ausgeführt wird, wird der Programmzähler im Debugger um zwei erhöht, weil der Mikrocontroller die erste Hälfte des Befehls abruft, dann den PC erhöht und dann die zweite Hälfte des Befehls abruft, bevor er ihn ausführt. Dies vollzieht der Debugger in einem Schritt, so dass der PC um zwei erhöht wird, nachdem ein 32-Bit-Befehl übersprungen wurde.

Wenn Sie das Projekt **led_blink_asm** aus Kapitel 2 öffnen und im Debugger ausführen, sehen Sie, dass die Befehle im Hauptprogramm alle Einzelzyklus-Befehle sind. Nach dem Durchlaufen jedes Befehls erhöht sich der Programmzähler um eins. Wenn der RJMP-Befehl am Ende der Hauptschleife ausgeführt wird, wird der Programmzähler mit der Adresse des

SBI-Befehls unter dem loop-Label geladen und die Ausführung beginnt wieder am Anfang der Schleife.

Zusammengefasst: Der Programmzähler ist ein Binärzähler, der vom Systemtakt des Mikrocontrollers gesteuert wird und mit jedem Takt weiterzählt. Ein neuer Zählwert wird in den PC geladen, wenn ein Sprung- oder Verzweigungsbefehl ausgeführt wird oder ein Unterprogramm aufgerufen bzw. aus diesem zurückgesprungen wird. Der Zählwert wird zur Adressierung des Speichers verwendet, was den Mikrocontroller veranlasst, einen Befehl von dieser Speicheradresse zu holen und auszuführen.

Der Programmzähler des ATtiny13(A) ist 9 Bits breit, so dass er 2^9 oder 512 16-Bit breite Befehle adressieren kann, was 1024 Bytes oder 1KB entspricht. Beim ATtiny25 ist der Programmzähler 10 Bits breit, weil er nur 2^{10} Befehle (1K oder 1024 Befehle) adressieren muss, was $2^{10} \times 2$ Bytes (2K oder 2048 Bytes, weil der Programmspeicher 16 Bits breit ist) entspricht. Beim ATtiny45 ist der Programmzähler 11 Bit breit, so dass er seinen 2^{11} oder 2k 16 Bit breiten Befehlsspeicher (4K Bytes) adressieren kann. Der ATtiny85 hat einen 12 Bit breiten PC für seine 2^{12} oder 4K 16-Bit breiten Befehle (8K Bytes).

6.2 Mikrocontroller-Busse

Ein Bus in einem Mikrocontroller oder Mikroprozessor ist eine Gruppe von Leitungen. Ein 8-Bit-Bus ist eine Gruppe von 8 Leitungen. Abbildung 6.4 zeigt ein Blockdiagramm eines allgemeinen Mikrocontrollers mit je einem Adressbus, Datenbus und Steuerbus, dargestellt durch breite Verbindungen. Der Adressbus könnte je nach Mikrocontroller z.B. 16 Bit breit sein und würde dann aus 16 Leitungen bestehen. Ein 8-Bit-Mikrocontroller hätte einen 8 Bit breiten Datenbus, der aus 8 Leitungen besteht. Die Anzahl der Leitungen des Steuerbusses variiert je nach Architektur, beinhaltet aber in der Regel einige Chip-Select-Leitungen sowie Lese- und Schreibsteuerleitungen. Mikrocontroller-Busse werden verwendet, um Daten von Speicher- und I/O-Bausteinen zu empfangen und an diese zu senden. Je nach Mikrocontroller können die Busse nur intern vorhanden sein oder mit Pins am Mikrocontroller verbunden, so dass externe Speicher und Peripheriekomponenten an die Mikrocontroller-Busse angeschlossen werden können.

Die Funktionsweise von Mikrocontrollern und Mikroprozessoren beim Abrufen eines Maschinencode-Befehls aus dem Speicher besteht im Allgemeinen darin, dass die Adresse im Programmzähler auf den Adressbus gelegt wird. Eine Chip-Select-Leitung, die Teil des Steuerbusses ist, wird dann aktiviert, um den richtigen Speicherchip auszuwählen. Die Steuerbus-Leseleitung wird aktiviert, um den Befehl aus dem Speicher zu lesen. Daraufhin wird der korrekte Befehl aus der adressierten Speicherstelle auf den Datenbus gelegt. Die "Daten", die aus dem Speicher geholt werden, enthalten also den Maschinen-Befehl, der vom Mikrocontroller dekodiert und vom Rechenkern - der CPU (Zentrale Verarbeitungseinheit) - ausgeführt wird.

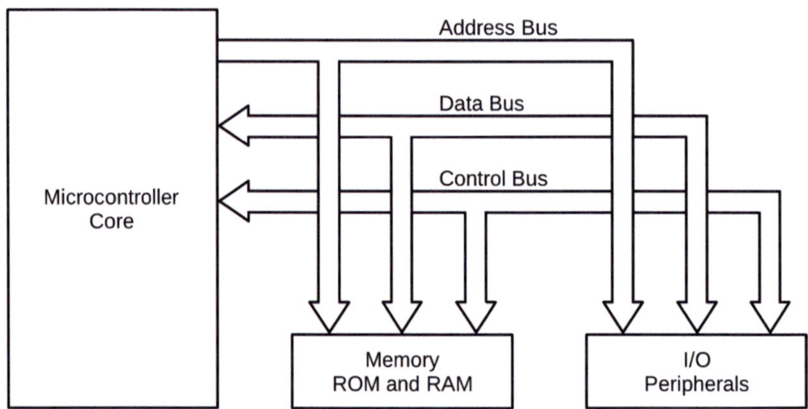

Abbildung 6.4: Busse im Mikrocontroller bei von-Neumann-Architektur

6.3 Harvard- und von-Neumann-Architekturen

Abbildung 6.4 zeigt eine von-Neumann-Architektur, bei der der Programmspeicher, der Datenspeicher und der I/O-Adressraum gemeinsame Adress-, Daten- und Steuerbusse nutzen. AVR-Mikrocontroller verwenden eine Harvard-Architektur mit separaten Bussen für den Programmspeicher und den Datenspeicher, wie in Abbildung 6.5 dargestellt.

Der AVR mit seiner Harvard-Architektur steigert die Leistung durch seine parallelen Daten- und Programmbusse. Während ein Befehl aus dem Programmspeicher geholt wird, können Daten zwischen dem I/O- oder Datenspeicherbereich auf dem separaten Bus übertragen werden. Bei einer von-Neumann-Architektur würde ein Befehl zunächst abgerufen und ausgeführt werden. Handelt es sich um einen Befehl, der auf den Datenspeicher zugreift, wird die Adresse des Datenspeichers auf den gemeinsamen Adressbus gelegt und der Speicher über den Datenbus angesprochen. Der nächste Befehl würde erst nach der Übertragung aus dem Datenspeicher abgerufen werden.

Bei einer Harvard-Architektur können der Programmspeicher und der Datenspeicher beide bei Adresse 0 beginnen, da es sich um getrennte Adressräume handelt. Obwohl das EEPROM auf AVR-Mikrocontrollern den Datenbus des Datenspeichers (SRAM) teilt, beginnt es ebenfalls bei Adresse 0, da es als separater Adressraum mit einem eigenen Satz von Registern und einem eigenen Zugriffsprotokoll angesprochen wird.

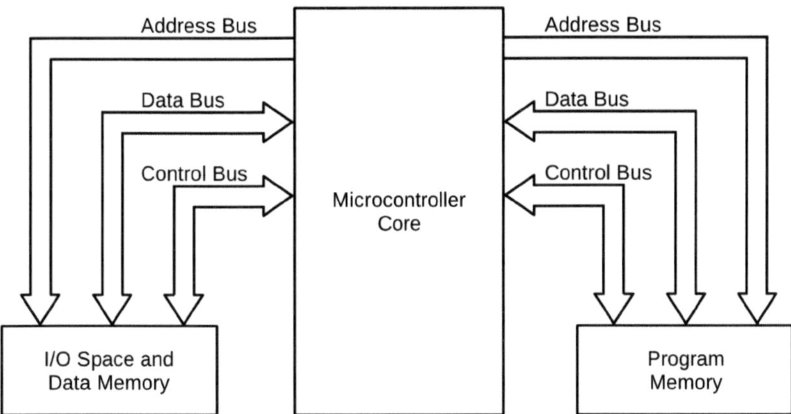

6.5 Abrufen und Ausführen von Befehlen

Alle Mikrocontroller holen die Programmbefehle aus dem Speicher und führen sie aus. Abbildung 6.6 zeigt ein vereinfachtes Blockdiagramm eines AVR-Mikrocontrollers. Maschinensprachbefehle werden aus dem Flash-Programmspeicher in ein Befehlsregister geholt und von einem Befehlsdecoder dekodiert. Eine Arithmetik- und Logikeinheit (ALU) führt mathematische und logische Berechnungen mit den Werten in den Arbeitsregistern durch. Alle Ereignisse, die in einem Mikrocontroller auftreten, werden durch den Takt des Mikrocontrollers gesteuert. Wird der Takt angehalten, holt der Mikrocontroller keine Befehle mehr ab und führt auch keine mehr aus.

AVR-Mikrocontroller verfügen über eine Verbesserung, die die Leistung im Vergleich zum bisher diskutierten Standard erhöht: Eine einstufige Pipeline ermöglicht es, dass der nächste Befehl bereits abgerufen werden kann, während der aktuelle Befehl noch ausgeführt wird (Pre-Fetch). Dadurch kann ein Befehl in nur einem Taktzyklus ausgeführt werden. Abbildung 6.7 zeigt, wie die Pipeline die Leistung des AVRs verbessert. In einem Mikrocontroller ohne Befehlspipeline würde der erste Befehl im ersten Taktzyklus geholt und dann im zweiten Taktzyklus ausgeführt werden. Der zweite Befehl würde im dritten Taktzyklus geholt und im vierten Taktzyklus ausgeführt werden.

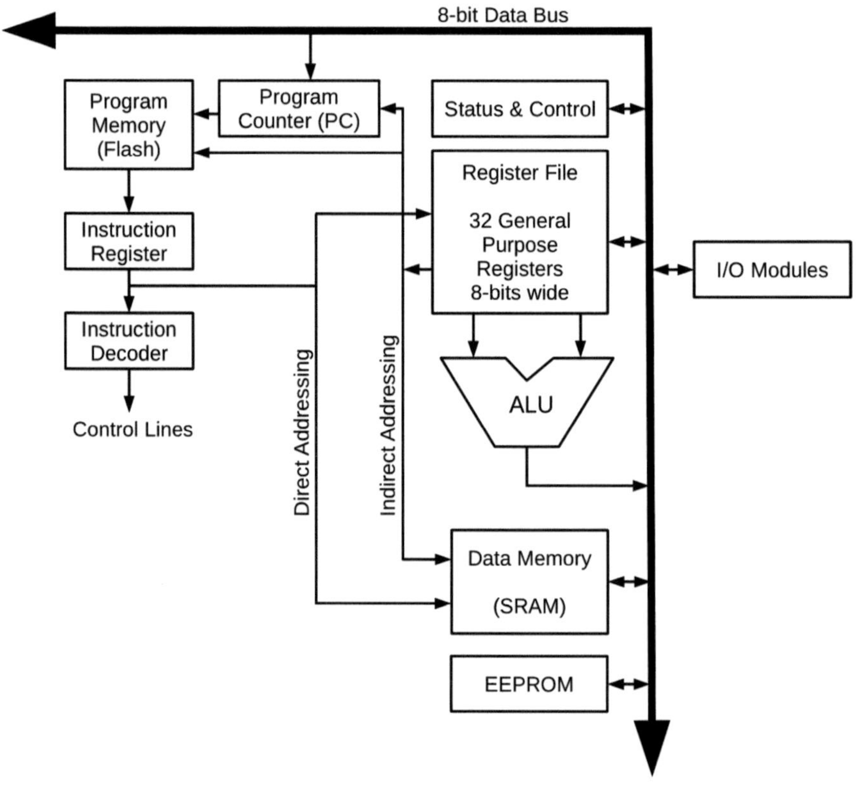

Abbildung 6.6: Vereinfachtes AVR-Block-Diagramm

Clock Cycle 1	Clock Cycle 2	Clock Cycle 3	Clock Cycle 4
1st Instruction Fetch	2nd Instruction Fetch	3rd Instruction Fetch	4th Instruction Fetch
	1st Instruction Execute	2nd Instruction Execute	3rd Instruction Execute

Abbildung 6.7: AVR Instruction Fetch & Execute Pipeline

Ältere Mikrocontroller benötigen für das Abrufen und Ausführen eines Befehls in der Regel vier Taktzyklen oder mehr, wenn der Adressbus ge-multiplext ist. Die vier Schritte bei der Ausführung eines Maschinencode-Befehls sind 1) Abrufen des Befehls aus dem Speicher, 2) Dekodieren des Befehls, 3) Ausführen des Befehls in der ALU und 4) Speichern des Ergebnisses der Operation in einem Register.

In AVR-Mikrocontrollern wurde der Befehl bereits im vorherigen Taktzyklus geholt. Die Dekodierung des Befehls, die Ausführung und die Speicherung des Ergebnisses erfolgen in einem einzigen Taktzyklus - wie in den Befehlsausführungsblöcken in Abbildung 6.7 dargestellt. In einem einzigen Taktzyklus holt der AVR die Registeroperanden ab, führt eine ALU-Operation an den Operanden durch und speichert das Ergebnis im Zielregister.

6.5 Statusregister

Das Statusregister wird mit Informationen über das Ergebnis des zuletzt ausgeführten arithmetischen Befehls aktualisiert. Es enthält auch ein globales Interrupt-Freigabebit. Abbildung 6.8 zeigt das 8-Bit Statusregister und die Bedeutung der einzelnen Bits. In diesem Abschnitt sehen wir uns an, wie einige Statusregister-Bits in einem Assemblerprogramm verwendet werden. Andere Bits im Statusregister werden im Laufe des Buchs dann behandelt, wenn sie in Programmen verwendet werden.

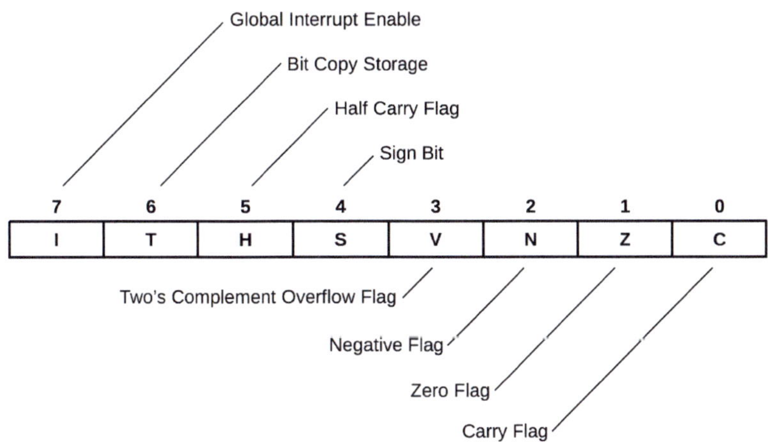

Abbildung 6.8: AVR Statusregister

6.5.1 Zero-Flag

Das Bit 1 im Statusregister wird Zero-Flag genannt. Ein Flag (von "Flagge") ist ein Bit, das signalisiert, wenn ein bestimmter Zustand eintritt. Das Zero-Flag zeigt an, ob das Ergebnis einer arithmetischen Operation Null ist. Eine Verzweigungsanweisung kann z.B. nach einer Dekrementierung (DEC-Befehl = Verminderung um 1) den Zustand des Zero-Flags testen um nur dann zu verzweigen, wenn das Ergebnis noch nicht Null ist, wie das nächste Beispielprogramm zeigt.

Öffnen Sie das Projekt **test_asm** in Microchip Studio, das wir zum Testen kleiner Assemblerprogramme verwendet haben. Stellen Sie sicher, dass der Debugger/Simulator gestoppt ist, falls er noch aus dem vorherigen Codebeispiel läuft. Ersetzen Sie den Code durch den folgenden:

```
test_asm : main.asm - zero flag test and branch
    ldi         r16, 3
del_loop:
    dec         r16
    brbc        SREG_Z, del_loop

loop:
    rjmp        loop
```

Speichern Sie die Datei main.asm und erstellen Sie das Projekt. Wenn der Simulator als aktuelles Werkzeug ausgewählt ist, starten Sie den Debugger und setzen Sie Breakpoints wie zuvor.

Der Code dekrementiert kontinuierlich einen Wert in einem Register, bis er Null ist. Dies kann als einfache Zeitverzögerung verwendet werden, die Taktzyklen verbraucht, während der Wert dekrementiert wird. Zu Beginn des Programms wird ein Wert von 3 in das Register R16 geladen. Um eine Verzögerung zu erzeugen, die lang genug ist, damit der Zustand einer LED in einem LED-Blinkprogramm für das Auge sichtbar wird, müsste ein viel größerer Wert in ein Register geladen werden. Da wir den Simulator verwenden und nur sehen wollen, wie das Zero-Flag verwendet wird, wird ein kleiner Wert wie 3 in das Register R16 geladen - wir wollen nicht den ganzen Tag damit verbringen, durch den Code zu schreiten und darauf zu warten, dass ein Wert auf Null dekrementiert wird.

Vergewissern Sie sich in Microchip Studio, dass das Prozessorstatusfenster geöffnet ist. Suchen Sie das Statusregister in der Nähe des oberen Bereichs des Fensters Processor Status. Alle Bits des Statusregisters sind mit Buchstaben beschriftet, wie in Abbildung 6.8 dargestellt. Gehen Sie mit Step Over über den ersten und zweiten Befehl im Debugger in Microchip Studio. Der Wert 3 wird in R16 geladen und dann um eins dekrementiert. Der BRBC-Befehl (Branch if Bit in SREG is Cleared) wird als nächstes ausgeführt. Einer der Operanden der BRBC-Befehl ist SREG_Z, d.h. das Z- oder Null-Bit des Statusregisters (SREG). Dieser Befehl testet das Z-Bit des Statusregisters und verzweigt, wenn dieses Flag gelöscht oder 0 ist, was bedeutet, dass das Ergebnis der Dekrementierung nicht Null ist. Da nach dem DEC-Befehls eine 2 in R16 steht, ist das Ergebnis nicht Null und das Z-Flag im Statusregister wird daher nicht auf 1 gesetzt. Der BRBC-Befehl veranlasst also das Programm, zum Label `del_loop zu` verzweigen und den darauf folgenden DEC-Befehl auszuführen.

Gehen Sie mit Step Over über den BRBC-Befehl und beachten Sie, dass der nächste auszuführende Befehl wieder der DEC-Befehl ist. Gehen Sie mit Step Over durch das Programm, bis R16 den Wert 0 enthält, und beachten Sie, dass das Z-Bit im Statusregister durchgehend rot ist, was bedeutet, dass es sich geändert hat und gesetzt ist (durch eine durchgehende Farbe angezeigt). Da das Z-Flag nun nicht mehr gelöscht, sondern gesetzt ist, wird bei der Ausführung des BRBC-Befehls nicht mehr zum Label `del_loop` verzweigt, denn die Verzweigung erfolgt nur bei gelöschtem Z-Bit (siehe Beschreibung des Befehls im Befehlssatz). Die Befehle unterhalb von BRBC werden nun ausgeführt. Gehen Sie mit Step Over über den Befehl BRBC und verfolgen Sie, wie das Programm jetzt mit dem Befehl RJMP fortgesetzt wird, die Teil einer Endlosschleife ist. Das Z-Flag im Statusregister ist jetzt blau und zeigt damit an, dass es sich bei der Ausführung des letzten Befehls nicht geändert hat. Ein Flag oder ein Bit wird im Debugger rot angezeigt, wenn sich sein Zustand während der Ausführung des vorherigen Befehls geändert hat. Wenn der nächste Befehl den Zustand des Bits nicht ändert, wechselt er zu blau und bleibt blau, bis er wieder geändert wird.

Diese Übung zeigt, dass der Zustand des Zero-Flags im Statusregister auf logisch 1 gesetzt wird, wenn das Ergebnis einer arithmetischen Operation (in diesem Beispiel DEC oder Dekrement) Null war. Ein Verzweigungsbefehl wird verwendet, um den Zustand des Flags zu testen und zu verzweigen, wenn das Zero-Flag gelöscht oder logisch 0 war. Sobald das Flag gesetzt ist, führt der BRBC-Befehl nicht zu einer Verzweigung, sondern bewirkt die Ausführung des nach BRBC nächsten Befehls.

6.5.2 Negative Flag

Eine einfache Subtraktion, die eine negative Zahl ergibt, führt dazu, dass das N-Flag oder Negative Flag im Statusregister gesetzt wird. Beenden Sie den Debugger und ersetzen Sie den Code des Testprojekts durch den Code im folgenden Listing. Speichern Sie die Änderungen in der Datei main.asm und erstellen Sie dann das Projekt.

```
test_asm : main.asm - negative flag
     ldi     r16, 9
     ldi     r17,20
     sub     r16, r17

loop:
     rjmp    loop
```

Starten Sie das Debugging und brechen Sie ab. Gehen Sie mit Step Over nun über jede Codezeile und untersuchen Sie das Statusregister im Fenster Processor Status. Das Programm lädt die Zahl 9 in R16, die Zahl 20 in R17 und führt dann die SUB (Subtract Without Carry) aus, die R17 von R16 subtrahiert und das Ergebnis wieder in R16 speichert. Dies ist dasselbe wie R16 = R16 - R17 oder in verkürzter C-Programmierschreibweise R16 -= R17. In R17 wird die Dezimalzahl 20 hexa-dezimal als 0x14 angezeigt. Wenn Sie mit der rechten Maustaste auf ein Register im Fenster Processor Status klicken, können Sie das Zahlenformat in dem sich öffnenden Menü ändern.

Wenn der SUB-Befehl ausgeführt wird, wird der N- oder Negativ-Merker im Statusregister auf logisch 1 gesetzt, was bedeutet, dass das Ergebnis der arithmetischen Subtraktion negativ war. Ein Verzweigungsbefehl könnte nun verwendet werden, um den Zustand des N-Flags zu testen und einen anderen Code auszuführen, je nachdem, ob das Ergebnis der Subtraktion positiv oder negativ war.

Das Ergebnis der Subtraktion in R16 ist 0xF5 oder 245 und ist eine Zahl im Zwei-Komplement-Format, das später in diesem Buch erklärt wird - kurz gesagt ist es eine negative Darstellung einer Zahl. 0xF5 ist die hexadezimale Zweierkomplementform der Dezimalzahl -11, die das Ergebnis von 9 - 20 ist. Die Umwandlung von 0xF5 in Dezimalzahlen in R16 des Fensters Processor Status zeigt keine negative Zahl an, da der Debugger die Zahl nicht als negativ interpretiert. Die C- und S-Flags wurden nach der Subtraktion auch im Statusregister gesetzt. Im Moment betrachten wir nur das N- oder negative Flag des Statusregisters und werden uns die anderen Flags später im Buch ansehen.

6.6 Stapel und Stapelzeiger

Der Stack ist bei AVRs ein Bereich des Datenspeichers (SRAM), der für die Speicherung temporärer Daten und lokaler Variablen verwendet wird. Der Stack wird auch bei Interrupts und Aufrufen von Subroutinen zur Speicherung der Rücksprungadresse verwendet. Um die Funktionsweise des Stacks besser zu verstehen, folgen in einem späteren Teil dieses Abschnitts einige Beispiele für seine Verwendung.

Das Stapelzeiger-Register (SP) wird mit der Anfangsadresse eines Speicherplatzes im Datenspeicher geladen. Nachdem die Adresse in den Stapelzeiger geladen wurde, verweist der Stapelzeiger auf den Speicherplatz an dieser Adresse. Die Adresse, auf die der Stack-Pointer zeigt, wird als oberste Adresse des Stacks bezeichnet. Normalerweise initialisiert ein AVR-Programm das Stack-Pointer-Register so, dass es auf die höchste Adresse im Daten-RAM zeigt. Für einen ATtiny13(A) ist dies 0x9F, für einen ATtiny25 ist dies 0xDF, 0x015F für einen ATtiny45 und 0x025F für einen ATtiny85. Wir brauchten den Stapelzeiger im led_blink_asm Projekt aus Abschnitt 2.3.2 in Kapitel 2 nicht zu initialisieren, da der Stapelzeiger standardmäßig auf die höchste SRAM-Adresse im ATtiny13(A) und ATtiny25/45/85 eingestellt ist.

6.6.1 Wie der Stapel funktioniert

Ein Register, das auf dem Stack gespeichert werden soll, wird auf den Stack "geschoben". Dadurch wird der Wert aus dem Register in einen SRAM-Speicherplatz kopiert, auf den der Stapelzeiger gerade zeigt (d.h. dessen Adresse er enthält). Ein Wert, der vom Stack abgerufen werden soll, wird vom Stack in ein bestimmtes Register "gepoppt". Einen Stack kann man sich wie einen Stapel von Kisten vorstellen. Eine Kiste wird auf den Stapel gelegt (geschoben). Eine weitere Kiste wird auf die erste Kiste gelegt (ein zweiter Push), eine dritte und vierte Kiste kann dem Kistenstapel hinzugefügt werden. Wenn eine Kiste vom Stapel genommen wird, wird die oberste zuerst entfernt. Dies ist eine "last in - first out" (LIFO)-Anordnung. Kisten können nur in der umgekehrten Reihenfolge entnommen werden, in der sie aufgestapelt wurden. Abbildung 6.9 zeigt die Werte von Registern, die auf den Stapel geschoben und vom Stapel gepoppt werden.

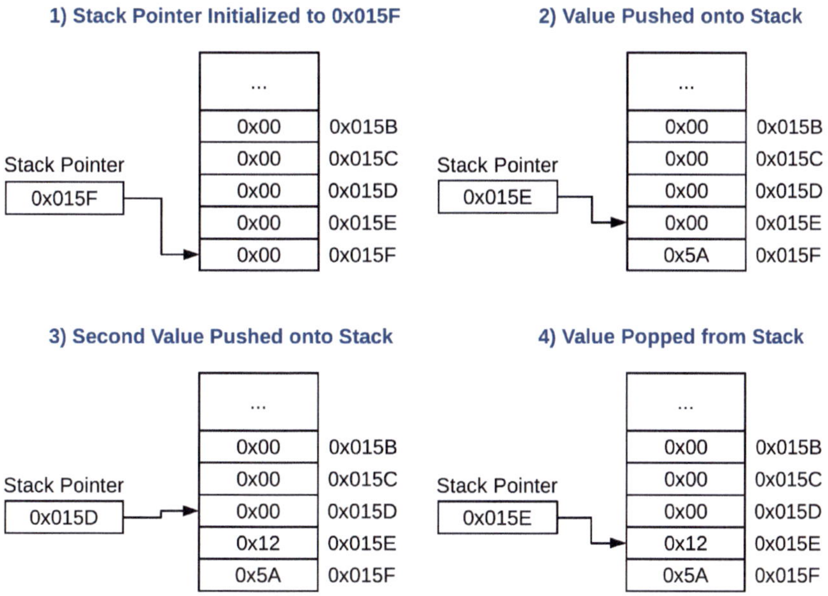

1) Stack Pointer Initialized to 0x015F

Stack Pointer 0x015F → 0x015F

Value	Address
...	
0x00	0x015B
0x00	0x015C
0x00	0x015D
0x00	0x015E
0x00	0x015F

2) Value Pushed onto Stack

Stack Pointer 0x015E → 0x015E

Value	Address
...	
0x00	0x015B
0x00	0x015C
0x00	0x015D
0x00	0x015E
0x5A	0x015F

3) Second Value Pushed onto Stack

Stack Pointer 0x015D → 0x015D

Value	Address
...	
0x00	0x015B
0x00	0x015C
0x00	0x015D
0x12	0x015E
0x5A	0x015F

4) Value Popped from Stack

Stack Pointer 0x015E → 0x015E

Value	Address
...	
0x00	0x015B
0x00	0x015C
0x00	0x015D
0x12	0x015E
0x5A	0x015F

Abbildung 6.9: Stapelbefehle Push und Pop

1. Oben links in Abbildung 6.9 ist das Stack-Pointer-Register so initialisiert, dass es auf die oberste Stelle des Datenspeichers zeigt, was bei einem ATtiny45 0x015F ist.

2. Wenn ein Register auf den Stack geschoben wird, wird der Wert, den das Register enthält, an der Speicherstelle gespeichert, auf die der Stack-Pointer zeigt. In der Abbildung ist der Wert des Registers, das auf den Stack geschoben wird, 0x5A. Nachdem der Wert auf den Stack geschoben wurde, wird der Stapel-Zeiger automatisch dekrementiert, um auf die nächste verfügbare Stelle im Datenspeicher, 0x015E, zu zeigen.

3. In der Abbildung wird ein zweites Register auf den Stack geschoben, das einen Wert von 0x12 enthält. Der Stapelzeiger wird automatisch wieder dekrementiert und zeigt auf die nächste Speicheradresse 0x015D. Der Stack enthält nun zwei Werte.

4. Schließlich wird ein Wert aus dem Stack gepoppt. Wenn ein Wert vom Stapel entnommen wird, wird der Stapelzeiger automatisch inkrementiert, dann wird der Wert von der Speicherstelle, auf die der Stapelzeiger zeigt, in das Zielregister kopiert. Der Wert, der vom Stapel entnommen wurde, bleibt im Speicher unverändert, aber der Stapelzeiger verweist nun auf ihn. Jeder neue Wert, der auf den Stack geschoben wird, überschreibt diesen Wert auf dem Stack.

In AVR-Mikrocontrollern setzt sich das Stack-Pointer-Register aus zwei 8-Bit-Registern zusammen, die es ermöglichen, auf 16-Bit-Adressen zu zeigen. SPL (Stack Pointer Low) ist das niedrigstwertige Byte des Stack Pointers. SPH (Stack Pointer High) ist das höchstwertige Byte des Stack Pointers. Die Anzahl der tatsächlich im Stack Pointer implementierten Bits hängt vom jeweiligen AVR-Mikrocontroller ab. Der ATtiny13(A) und der ATtiny25 haben kein SPH-Register. Es ist nicht notwendig, da der SPL alle 64 Bytes des Datenspeichers im ATtiny13(A) und 128 Bytes des Datenspeichers im ATtiny25 adressieren kann.

6.6.2 Zugriff auf den Stapel mit PUSH und POP

Öffnen Sie das Projekt **test_asm** in Microchip Studio, das wir zum Testen verschiedener Codeschnipsel verwendet haben. Wenn der Debugger noch von der vorherigen Debugging-Sitzung läuft, beenden Sie ihn, bevor Sie fortfahren. Ersetzen Sie den Code im Projekt durch den folgenden Code, der die Initialisierung des Stapelzeigers und die PUSH- und POP-Befehle demonstriert.

test_asm : main.asm - push pop

```
; Initialize the stack pointer
   ldi       r16, low(RAMEND)
    out      spl, r16
    ldi      r16, high(RAMEND)      ; Remove for ATtiny13(A) and ATtiny25
    out      sph, r16               ; Remove for ATtiny13(A) and ATtiny25
    ldi      r16, 0x5A              ; Load a value to R16
    push     R16                    ; Save R16 to the stack
    clr      r16                    ; R16 gets modified
    pop      r16                    ; Restore R16 from the stack
loop:
   rjmp  loop
```

Der Code, der den Stack am Anfang des Listings initialisiert, ist nicht notwendig, da der Standardwert des Stapel-Zeigers dazu führt, dass er auf die letzte Adresse im SRAM zeigt. Dieser Code wurde nur eingefügt, um zu zeigen, wie man den Stack in einem Programm einrichten kann, falls er jemals benötigt wird. Der Stapel-Zeiger könnte auf eine andere Stelle im SRAM verweisen, aber das wird wahrscheinlich nie gemacht werden, vor allem nicht in sehr kleinen Mikrocontroller mit wenig SRAM. Im Stack-Initialisierungscode wird ein vordefinierter Wert namens RAMEND verwendet, bei dem es sich um die Adresse des letzten Bytes im Daten-RAM handelt. Der Wert von RAMEND wird für den ATtiny13(A), ATtiny25, ATtiny45 und ATtiny85 unterschiedlich sein, da sie alle unterschiedliche RAM-Größen haben. Ein vordefinierter Wert wie RAMEND ist praktisch, da derselbe Code auf verschiedenen Mikrocontrollern verwendet werden kann, ohne dass er geändert werden muss. Wenn ein anderer Mikrocontroller in einem Microchip Studio Projekt ausgewählt wird, ändert sich der Wert von RAMEND automatisch entsprechend dem ausgewählten AVR.

Zwei Funktionen, low() und high(), werden verwendet, um die 16-Bit-RAMEND-Adresse in die beiden 8-Bit-Register zu laden, aus denen der Stapelzeiger besteht. In der ersten Codezeile wird das niederwertige Byte von RAMEND, low(RAMEND), in R16 übertragen. Dieser Wert wird dann in der nächsten Code-Zeile mit dem OUT-Befehl in das Register SPL kopiert. Der OUT-Befehl bedeutet "Speichere Arbeits-Register(inhalt) in den I/O- Bereich". Der Stapelzeiger befindet sich in der I/O-Registerdatei, so dass der OUT-Befehl verwendet werden kann, um ein Register dorthin zu kopieren. Nach der Initialisierung des SPL wird das High-Byte, SPH, mit dem High-Byte von RAMEND initialisiert. Dies geschieht auf die gleiche Weise wie beim SPL, indem das Byte zunächst nach R16 kopiert und dann mit dem OUT-Befehl in das SPH kopiert wird. Die Funktion high() sorgt dafür, dass das High-Byte von RAMEND nach R16 kopiert wird. Beachten Sie, dass low() und high() Hilfsfunktionen sind, die der Assembler ausführt. Es handelt sich nicht um Befehle, die auf dem AVR laufen! Diese Funktionen geben jeweils eine Zahl aus.

Code, der das SPH initialisiert, muss aus dem Programm entfernt werden, wie in den Kommentaren angegeben, wenn der ATtiny13(A) oder ATtiny25 verwendet wird. Dies liegt daran, dass das SPH-Register in diesen Mikrocontrollern nicht vorhanden ist. Ein Fehler wird in Microchip Studio angezeigt, wenn der SPH-Initialisierungscode für den ATtiny13(A) oder ATtiny25 im Programm belassen wird, da SPH nicht definiert ist, wenn diese Bausteine ausgewählt werden.

Für den ATtiny25 könnte die Initialisierung für einen Stack, der an der SRAM-Adresse 0xDF beginnt, wie folgt geschrieben werden. Hier wird die tatsächliche Adresse 0xDF anstelle von low(RAMEND) verwendet:

```
ldi     r16, 0xDF
aus     spl, r16
```

Bei einem ATtiny45 könnte die Initialisierung für einen Stack, der am Ende des RAM an der Adresse 0x015F beginnt, wie folgt geschrieben werden. Im nachstehenden Code wird das untere Byte der Adresse des oberen Stack-Endes (0x5F) anstelle von low(RAMEND) verwendet. Anstelle von high(RAMEND) wird das High-Byte der Adresse des oberen Stack-Endes verwendet, das 0x01 lautet.

```
ldi     r16, 0x5F
aus     spl, r16
ldi     r16, 0x01
aus     sph, r16
```

Nachdem der Stack im Programm initialisiert wurde, wird ein Wert von 0x5A in R16 geladen. Dies geschieht einfach, damit wir einen Wert in R16 haben, den wir für dieses Beispiel auf den Stack schieben können:

```
ldi     r16, 0x5A   ; Load a value to R16
```

Erstellen Sie in Microchip Studio das Programm und starten Sie den Debugger, wobei der Simulator ausgewählt ist. Gehen Sie mit Step Over über den Stack-Initialisierungscode und über die obige Zeile. Im Fenster Memory unten rechts in Microchip Studio, wählen Sie data IRAM im Dropdown-Feld Memory, damit der Inhalt des Datenspeichers angezeigt wird. Das letzte Byte dieses Speichers ist das oberste des Stapels, scrollen Sie nach unten, um es zu finden. Es ist einfacher, das Speicherfenster zu lesen, wenn es so geändert wird, dass nur eine Spalte angezeigt wird. Wählen Sie dazu im Feld Columns des Speicherfensters den Wert 1. Wenn das Feld Columns nicht sichtbar ist, klicken Sie auf den kleinen Doppelpfeil rechts neben dem Bereich, in dem die data IRAM ausgewählt wurden, wie in Abbildung 6.10 gezeigt. Daraufhin wird ein Feld eingeblendet, in dem Sie 1 in der Dropdown-Liste Columns auswählen können. Wenn das Speicherfenster breit genug ist, ist das Feld Columns bereits sichtbar und es ist nicht notwendig, auf den Doppelpfeil zu klicken, sondern nur das Dropdown-Feld Columns zu erweitern.

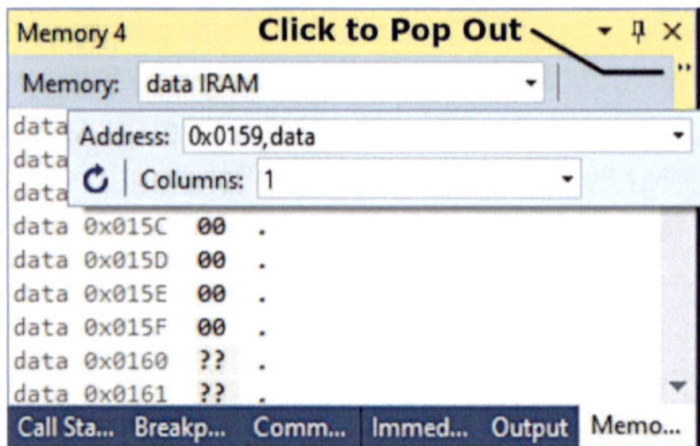

Abbildung 6.10: RAM Display auf Single Column (Einzelspalte) umstellen

Nach Auswahl von 1 in der Liste Columns, wie in Abbildung 6.10 zu sehen, scrollen Sie im Speicherfenster nach unten, so dass die Adresse 0x015F in diesem Fenster zu sehen ist, wie in Abbildung 6.10 dargestellt. Dies setzt voraus, dass in Microchip Studio ein ATtiny45 ausgewählt ist, bei dem das letzte Byte des SRAMs auf 0x015F liegt. Beachten Sie auch, dass oben im Fenster Processor Status der Stack Pointer auf 0x015F gesetzt ist, was auf das letzte Byte des ATtiny45 SRAM verweist.

Überspringen Sie den nächste Befehl, einen PUSH-Befehl, die R16 auf den Stack schiebt:

```
    push    R16         ; Save R16 to the stack
```

Beachten Sie, dass 0x5A (5a) nun im letzten Byte des Speicherfensters erscheint, bei einem ATtiny45 an Adresse 0x015F. Mit anderen Worten: R16 bzw. der Wert in R16 wurde an die Spitze des Stacks geschoben. Im Fenster Processor Status in Microchip Studio ist zu sehen, dass der Stack Pointer um eins dekrementiert wird und von 0x015F auf 0x015E wechselt. In diesem Programm wird der Wert von R16 nun vorübergehend auf dem Stack gespeichert, um R16 für andere Zwecke freizugeben. R16 wird im Programm gelöscht, um zu simulieren, dass es für einen anderen Zweck verwendet wird und sein Wert geändert wird, wie die nächste Codezeile zeigt. Gehen Sie mit Step Over jetzt über diese Codezeile.

```
    clr     r16         ; R16 gets modified
```

Schließlich wird der Wert in R16 wiederhergestellt, indem er mit dem POP-Befehl vom Stapel geholt wird. Gehen Sie mit Step Over über den POP-Befehl.

```
    pop     r16         ; Restore R16 from the stack
```

Nach dem Überspringen des POP-Befehls wird das Stack-Pointer-Register um eins erhöht und steht im Fenster Processor Status wieder auf 0x015F. R16 enthält nun 0x5A, das vom Stack geholt wurde. Das letzte Byte im RAM ist immer noch 0x5A (angezeigt als 5a), aber da der Stapelzeiger auf dieses Byte zeigt, wird es überschrieben, wenn ein neuer Wert auf den Stapel geschoben wird.

6.6.3 Aufruf einer Unterroutine

Beenden Sie den Debugger in Microchip Studio und ändern Sie das Projekt **test_asm**, indem Sie den vorherigen Code durch den folgenden Code ersetzen, der zeigt, wie man ein Unterprogramm aufruft.

```
test_asm : main.asm - subroutine call
   ldi     r16, 0x55            ; Load a value to R16
   rcall   delay                ; Call the delay subroutine

loop:
   rjmp    loop

   ; Delay subroutine
delay:
   push    r16                  ; Preserve R16
   ldi     r16, 0x03            ; Delay value to decrement
delloop:
   dec     r16                  ; Decrement delay value
   brbc    SREG_Z, delloop      ; Loop until delay value = 0
   pop     r16                  ; Restore R16
   ret
```

Erstellen Sie das Projekt, starten Sie das Debugging und halten Sie es im Simulator wie gewohnt an (break). Dieses Programm demonstriert zwei Anwendungen des Stacks. Die erste ist, dass der Stack verwendet wird, um die Rücksprungadresse zu speichern, wenn eine Unterroutine aufgerufen wird. Zweitens kann ein Register auf dem Stack aufbewahrt werden, so dass der Code in einem Unterprogramm das Register verwenden und es vor der Rückkehr auf seinen ursprünglichen Wert zurücksetzen kann.

Im obigen Code-Listing wird der Stack nicht explizit initialisiert, weil wir uns die Tatsache zunutze machen, dass der Standardwert des Stack-Pointers RAMEND ist, was für unsere Zwecke in diesem Beispiel passt. Denken Sie daran, dass der Stack-Pointer standardmäßig auf das letzte Byte im Daten-RAM zeigt, was beim ATtiny45 0x015F ist.

Fangen Sie noch nicht an, das Programm in Microchip Studio durchzugehen, eine Erklärung des Codes ist zuerst notwendig. Die erste Codezeile des Programms setzt einen Anfangswert von 0x55 in R16. Wie beim vorherigen Programm dient dies dazu, dass wir zu Demonstrationszwecken einen Wert auf den Stack schieben können.

```
    ldi     r16, 0x55    ; Load a value to R16
```

Die zweite Zeile des Programms ruft ein Unterprogramm namens "delay" auf:

```
    rcall   delay        ; Call the delay subroutine
```

Wie bei dem LED-Blinkprogramm led_blink_asm aus Abschnitt 2.3.2 in Kapitel 2 befindet sich das Verzögerungs-Unterprogramm unterhalb des Hauptcodes und beginnt mit der Bezeichnung `delay:`. Dieses Verzögerungs-Unterprogramm ist viel einfacher als dasjenige aus dem LED-Blinkprogramm. Der Code sollte Ihnen bekannt vorkommen, da es sich um denselben Code handelt, der zur Demonstration der Verwendung des Zero-Flags im Statusregister verwendet wird, nur dass er in diesem Beispiel mit ein paar zusätzlichen Codezeilen in eine Unterroutine verpackt worden ist.

Eine Unterroutine beginnt mit einem Bezeichnung, die ein Name ist, gefolgt von einem Doppelpunkt. Eine Unterroutine endet mit dem RET-Befehl (Return from Subroutine). RCALL (Relative Call to Subroutine) wird verwendet, um ein Unterprogramm von einer beliebigen Stelle im Hauptprogramm oder von einem anderen Unterprogramm aus aufzurufen oder auszuführen. Ein Unterprogramm ist ein Block von Funktionscode, der beliebig oft aufgerufen werden kann. Der Code eines Unterprogramms muss nur einmal in einem Programm geschrieben werden, kann aber mehrfach aufgerufen und ausgeführt werden. Dies spart Programmspeicher und ist außerdem praktisch, da bestimmte Aufgaben oder Funktionen, die wiederholt werden müssen, in ein Unterprogramm aufgenommen und bei Bedarf aufgerufen werden können. Programmbefehle, die nach einem Unterprogrammaufruf in einem Programm auftreten, müssen ausgeführt werden, wenn das Unterprogramm zurückkehrt. Aus diesem Grund wird die Adresse des Befehls, die auf einen Unterprogrammaufruf folgt, automatisch auf den Stack geschoben. Diese Rücksprungadresse wird automatisch vom Stack genommen, wenn das Unterprogramm verlassen wird. Das Unterprogramm selbst kann sich an einer beliebigen Stelle im Programmspeicher befinden.

Durch den Aufruf des Unterprogramms mit dem RCALL-Befehl wird die Adresse des Unterprogramms in den Programmzähler geladen, so dass der Code des Unterprogramms nach Ausführung des RCALL-Befehls zu laufen beginnt. Wenn Sie das Beispielprojekt im Debugger und Simulator von Microchip Studio durchlaufen, sehen Sie, dass das Ein- und Ausblenden der Rücksprungadresse während der Unterroutine automatisch erfolgt.

Bevor Sie fortfahren, sollten Sie das Ende des Stapels mit Hilfe des Speicherfensters unten rechts in Microchip Studio sichtbar machen, damit wir sehen können, wie der Stapel verwendet wird. Wählen Sie dazu im Feld Memory: des Memory-Fensters den Eintrag data IRAM. Benutzen Sie bei Bedarf den kleinen Doppelpfeil auf der rechten Seite des Speicherfensters, um das Auswahlfeld auszufahren, und ändern Sie den Eintrag Columns: auf 1.

Beziehen Sie sich bei Bedarf auf Abbildung 6.10. Scrollen Sie nach unten, so dass die Adresse 0x015F im Speicherfenster für den ATtiny45 zu sehen ist.

Gehen Sie mit Step Over in Microchip Studio über die erste Codezeile des Programms. Beachten Sie, dass der Wert des Programmzählers im Fenster Processor Status jetzt 1 ist. Dies ist die Adresse, an der sich der RCALL-Befehl befindet - der erste Befehl, LDI, ist an Adresse 0. Das bedeutet, dass die Adresse, an der sich der RJMP-Befehl befindet, die Adresse 2 ist - RJMP ist der dritte Befehl. Die Programmausführung muss daher an Adresse 2 fortgesetzt werden, nachdem das Unterprogramm aufgerufen wurde und zurückkehrt. Wenn wir über die zweite Zeile des Programms gehen, die das Unterprogramm delay aufruft, geht der Debugger nicht durch den Code im Unterprogramm, sondern führt diesen Code mit voller Geschwindigkeit aus und kommt beim RJMP-Befehl an. Verwenden Sie das Symbol Step Into in der zweiten Symbolleiste von oben oder die Taste F11, um in die Verzögerungsunterroutine zu gehen, anstatt sie zu übergehen.

Nach dem Eintritt in das Verzögerungs-Unterprogramm hat sich der Stapelzeiger im Fenster Processor Status zweimal verringert, auf einem ATtiny45 von 0x015F auf 0x015D. Das liegt daran, dass die 16-Bit-Rücksprungadresse der Codezeile nach dem Aufruf des Unterprogramms automatisch auf den Stack geschoben wurde. Die volle 16-Bit-Rücksprungadresse 0x0002 wurde auf den Stack geschoben - zuerst LSB mit 0x02 an Adresse 0x015F, dann MSB mit 0x00 an Adresse 0x015E. Im Speicherfenster ist 0x02 an Adresse 0x015F und 0x00 an Adresse 0x015E zu sehen.

Die erste Codezeile des Unterprogramms schiebt R16 auf den Stapel:

```
    push    r16           ; Preserve R16
```

Register, die in einem Unterprogramm verwendet werden, werden normalerweise auf den Stack geschoben, um sie zu erhalten, und vom Stack geholt, bevor das Unterprogramm zurückkehrt, damit diese Register für das Hauptprogramm unverändert bleiben. Es kann sehr schwierig sein, die Verwendung jedes Registers in einem großen Programm zu verfolgen, so dass die Beibehaltung der in einem Unterprogramm verwendeten Register ein unerwartetes Verhalten des Hauptprogramms verhindern kann, das sich darauf verlassen kann, dass ein Wert in einem Register nach einem Unterprogrammaufruf unverändert bleibt. Gehen Sie mit Step Over über den PUSH-Befehl am Anfang des Unterprogramms und beachten Sie, dass der Wert in R16 (0x55) jetzt an der Adresse 0x015D im Speicherfenster erscheint. Der Stapelzeiger wird auf 0x015C dekrementiert und der Stapel speichert nun eine 16-Bit-Rücksprungadresse des Unterprogramms und einen 8-Bit-Registerwert.

Gehen Sie mit Step Over den Code des Unterprogramms durch, das 0x03 in R16 lädt und dann R16 dekrementiert, bis es Null enthält. Wenn R16 0x00 enthält, wird der POP-Befehl ausgeführt, gefolgt vom RET-Befehl, wie der folgende Code zeigt.

```
pop     r16                     ; Restore R16
ret
```

Der POP-Befehl stellt den ursprünglichen Wert von 0x55 in R16 wieder her, indem sie ihn vom Stack löscht. Nach dem Überspringen des POP-Befehls enthält R16 den Wert 0x55 und der Stapel-Zeiger die Adresse 0x015D. Der RET-Befehl, der das Unterprogramm verlässt, holt automatisch die Rücksprungadresse 0x0002 vom Stack und lädt sie in den Programmzähler, so dass die Programmausführung nach dem Unterprogrammaufruf am RJMP-Befehl fortgesetzt wird. Der Stapel-Zeiger wird inkrementiert und steht wieder auf 0x015F, da der Stack nun leer ist, da sowohl der Registerwert als auch die Rücksprungadresse vom Stack geholt wurden. Auch hier wurden die auf den Stack geschobenen Werte nicht aus dem SRAM entfernt und sind im Speicherfenster zu sehen. Der Stack gilt als leer, da der Stapel-Zeiger auf das obere Ende des Stacks zeigt. Das bedeutet, dass diese alten Werte überschrieben werden, wenn der Stack wieder verwendet wird.

Sofern nicht der Standard-Stackpointerwert RAMEND verwendet werden soll, müssen alle Anwenderprogramme den SP initialisieren, bevor Unterprogramme oder Interrupts ausgeführt werden. Dies geschieht in der Regel ganz am Anfang eines Programms im Initialisierungsteil des Codes. Beachten Sie dies auch bei der Verwendung anderer Mikrocontroller, die den Stack nicht unbedingt standardmäßig auf den gewünschten Wert initialisieren.

6.7 LED-Blinkprogramm vollständig erklärt

Das LED-Blinkprogramm aus Kapitel 2 ist bisher nur teilweise erklärt worden. Damit Sie nicht zu Kapitel 2 zurückblättern müssen, finden Sie im Folgenden den Code des LED-Blinkprogramms, der mit einer Erklärung versehen ist. Zur Auffrischung sehen Sie sich Abbildung 3.1 aus Kapitel 3 an - das Flussdiagramm, das die Hauptfunktionen des LED-Blinkprogramms erklärt.

Zu Beginn des Programms wird der SBI-Befehl verwendet, um das Bit DDB4 im DDRB-Register zu setzen, wodurch der Pin PB4 als Ausgang konfiguriert wird. Sobald der Pin PB4 über das DDRB-Register als Ausgang konfiguriert ist, kann er über das PORTB-Register per Code auf high oder low gesetzt werden. In der Schaltung ist die LED mit Pin PB4 über einen Vorwiderstand verbunden, so dass die LED ein- und ausgeschaltet werden kann. Normalerweise enthält ein Programm einen Initialisierungsabschnitt, der den gewünschten Zustand des AVR einrichtet, bevor der Code in einer Hauptschleife ausgeführt wird. Die Stack-Initialisierung und die Einrichtung der I/O-Pins des Mikrocontrollers gehören in den Initialisierungsteil des LED-Blinkprogramms. Eine Stack-Initialisierung ist natürlich nicht erforderlich, da die von uns verwendeten ATtiny-MCUs den Stapel-Zeiger so initialisieren, dass er auf das Ende des SRAM zeigt. Wenn andere Hardware-Bausteine wie der On-Chip-Timer in einem Programm verwendet werden, würden sie hier ebenfalls initialisiert werden.

```
led_blink_asm : main.asm
start:
    sbi     DDRB, DDB4          ; Set pin PB4 as output
loop:
    sbi     PORTB, PORTB4       ; Set LED pin high
    rcall   delay               ; Leave LED on for a while
    cbi     PORTB, PORTB4       ; Clear LED pin low
    rcall   delay               ; Leave LED off for a while
```

```
    rjmp    loop

; Delay subroutine
delay:
    ldi     r16, 0xff
delloop1:
    ldi     r17, 0xff
delloop2:
    dec     r17                 ; Delay by decrementing
    brbc    SREG_Z, delloop2
    dec     r16                 ; Delay by decrementing
    brbc    SREG_Z, delloop1
    ret
```

In der Hauptschleife, die mit dem Label `loop:` beginnt, werden die Befehle SBI und CBI verwendet, um ein Bit zu setzen, um die LED einzuschalten, und ein Bit zu löschen, um die LED auszuschalten. Diese Befehle werden verwendet, um ein Bit im Register PORTB-Register, das dem Pin entspricht, an dem die LED angeschlossen ist. Im Code wird dieses Bit als PORTB4 und entspricht dem Pin PB4. Die eigentlichen Register, die zum Einrichten und Steuern einer LED verwendet werden, sind in Kapitel 8 dargestellt. Die Funktion der Hauptschleife ist am einfachsten im Flussdiagramm von Abbildung 3.1 aus Kapitel 3 zu sehen und sollte in diesem Stadium leicht zu verstehen sein.

Nur das Verzögerungs-Unterprogramm bedarf einer weiteren Erläuterung, und in diesem Stadium haben wir alle Befehle, die darin verwendet werden, behandelt. Abbildung 6.11 zeigt ein Flussdiagramm des Verzögerungs-Unterprogramms. Um Verwirrung zu vermeiden, ist es erwähnenswert, dass der erste Block im Flussdiagramm, der Start genannt wird, nicht das Startlabel des Codes darstellt, sondern den Start des Verzögerungs-Unterprogramms. Dies entspricht dem Label `delay:`.

Das Verzögerungs-Unterprogramm arbeitet, indem es das Register R17, das 0xFF (255) enthält, auf Null dekrementiert, und zwar 0xFF (255) so oft, wie es von R16 gesteuert wird. Das Dekrementieren dieser Register verbraucht Taktzyklen des Mikrocontrollers und damit Zeit, was die Zeitverzögerung verursacht. Diese Zeitverzögerung wurde nicht sorgfältig berechnet, wurde aber für dieses Programm als angemessen erachtet, da sie es ermöglicht, den Zustand der LED mit dem Auge zu erkennen. Zu Beginn des Unterprogramms wird R16 mit 0xFF geladen und erst am Ende der äußeren Schleife dekrementiert, wie im Flussdiagramm in Abbildung 6.11 zu sehen ist. Dort wird dann geprüft wird, ob es Null ist. R16 wird nie mit einem neuen Wert geladen, sondern immer nur dekrementiert, nachdem der Anfangswert geladen wurde. Die äußere Schleife besteht aus dem gesamten Code zwischen dem Label `delloop1:` und dem letzten BRBC-Befehl, der sich unmittelbar vor dem RET-Befehl befindet.

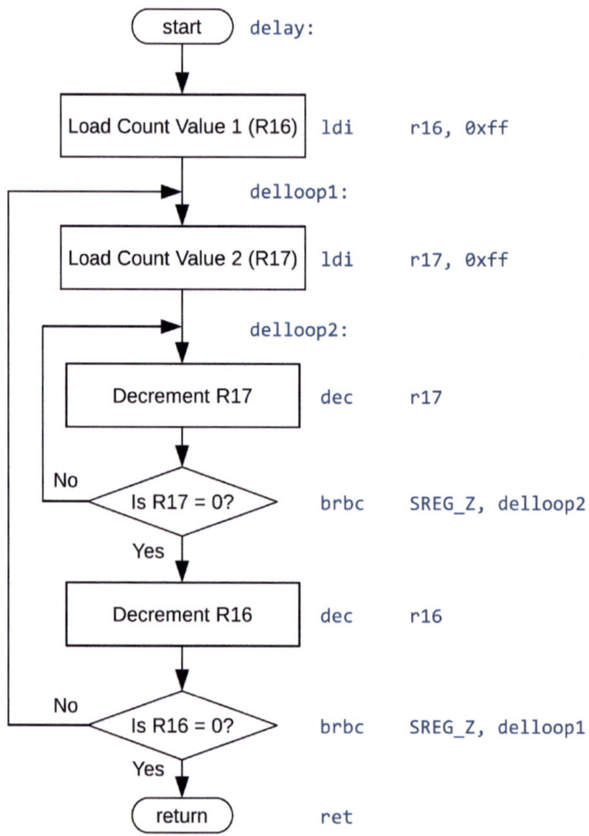

Abbildung 6.11: Flussdiagramm des Verzögerungs-Unterprogramms

R17 wird mit 0xFF geladen und dann dekrementiert, bis es in der inneren Schleife Null ist. Nachdem R17 Null enthält, wird R16 dekrementiert und auf Null geprüft. Wenn R16 nicht Null enthält, wird R17 erneut mit 0xFF geladen und in der inneren Schleife wieder auf Null dekrementiert. Der Zyklus wird fortgesetzt, bis R16 den Wert Null enthält. Wenn R16 Null enthält, kehrt die Subroutine zurück. Die innere Schleife dekrementiert also R17 255 Mal für jede Dekrementierung von R16, was zu einer Zeitverzögerung im Mikrocontroller führt.

6.8 AVR-Befehlskodierung

Die Befehlskodierung bezieht sich darauf, wie Maschinensprachbefehle kodiert, also binär dargestellt werden. Das folgende Programm dient zur Veranschaulichung der Binärkodierung von Assemblerbefehlen. Ersetzen Sie den Code im test_asm-Projekt durch den folgenden Code und erstellen Sie das Projekt.

```
test_asm : main.asm - instruction encoding
loop:
    ldi     r16, 5
    ldi     r17, 12
    add     r16, r17
    rjmp    loop
```

Obwohl einige Auszüge aus dem *AVR Instruction Set Manual* in diesem Buch enthalten sind, ist es am besten, dort nachzuschlagen. Wenn Sie dieses Handbuch noch nicht heruntergeladen haben, finden Sie es unter:

ww1.microchip.com/downloads/de/DeviceDoc/AVR-Instruction-Set-Manual-DS40002198A.pdf

(Suchen Sie im Internet nach "AVR instruction set manual", wenn sich dieser Link ändert und nicht funktioniert)

Der erste Befehl im Programm, unterhalb des loop-Labels, ist ein LDI-Befehl. Suchen Sie den LDI (Load Immediate) Befehl im Befehlssatzhandbuch oder in der Abbildung 6.12, die dem *AVR Instruction Set Manual* entnommen wurde. Eine Beschreibung jedes Befehls, einschließlich der Kodierung im Binärformat, finden Sie im Befehlssatzhandbuch, gefolgt vom Status des Statusregisters nach Ausführung des Befehls und einem Beispiel für seine Verwendung.

Geben Sie das Programm aus dem obigen Code-Listing in die Datei main.asm des Projekts test_asm ein und starten Sie den Debugger mit ausgewähltem Simulator, indem Sie Debugging starten und Break wählen. Die aktuellen Werte der Befehle sind im Speicherfenster unten rechts in Microchip Studio zu sehen. Vergewissern Sie sich, dass im Speicherfenster prog FLASH ausgewählt ist, was dem Standard entspricht. Wenn Auto für die Spalten (Columns) des Speicherfensters ausgewählt ist, werden die Bytes, aus denen die Befehle des Programms bestehen, im Little-Endian-Format angezeigt, d.h. das niedrigstwertige Byte des Befehls wird zuerst angezeigt. So wird beispielsweise ein 16-Bit-Befehl mit dem Wert 0xe005 als "05 e0" angezeigt.

5.69 LDI – Load Immediate

5.69.1 Description

Loads an 8-bit constant directly to register 16 to 31.

Registers and Operands	
Rd:	Destination (and source) register in the Register File
K:	Constant data

Operation:

(i) Rd ← K

	Syntax:	Operands:	Program Counter:
(i)	LDI Rd,K	16 ≤ d ≤ 31, 0 ≤ K ≤ 255	PC ← PC + 1

16-bit Opcode:

1110	KKKK	dddd	KKKK

5.69.2 Status Register (SREG) and Boolean Formula

I	T	H	S	V	N	Z	C
–	–	–	–	–	–	–	–

Example:

```
clr r31 ; Clear Z high byte
ldi r30,0xF0 ; Set Z low byte to 0xF0
lpm ; Load constant from Program
; memory pointed to by Z
```

Words 1 (2 bytes)

Abbildung 6.12: Auszug aus dem AVR Instruction Set Manual für den LDI Befehl

Um die Befehle im Speicher leichter lesen zu können, klicken Sie mit der rechten Maustaste auf ein beliebiges Byte im Speicherfenster und wählen Sie dann im daraufhin angezeigten Menü die Option 2-Byte Integer. Die Werte im Speicherfenster werden nun als 16 Bit breite, 4-stellige Hexadezimalwerte angezeigt. Um die Daten besser lesbar zu machen, wählen Sie im Feld Columns: wie zuvor 1 aus. Denken Sie daran, auf die beiden kleinen Pfeile rechts neben dem Speicherfensters zu klicken, wenn das Feld Columns nicht sichtbar ist (siehe Abbildung 6.10). Ihr Speicherfenster sollte nun wie in Abbildung 6.13 auf der nächsten Seite aussehen, allerdings ohne die Assembleranweisungen, die zur Veranschaulichung hinzugefügt wurden. Wenn die Fensterbreite vergrößert wird, sieht es etwas anders aus, da die Elemente, die normalerweise hinter dem Doppelpfeil verborgen sind, neben der Dropdown-Liste Memory erscheinen, wenn die Breite des Speicherfensters erweitert wird.

Betrachtet man den ersten 16-Bit-Hexadezimalwert, der als e005 (0xE005) im Speicherfenster angezeigt wird, wie in Abbildung 6.13 zu sehen ist, so handelt es sich um den Wert, der den ersten LDI-Befehl im Programm darstellt. Der nächste hexadezimale Wert, e01c, ist das Maschinencode-Äquivalent des zweiten LDI-Befehls einschließlich ihrer Operanden. Die folgende Codeliste zeigt die Maschinencodebefehle in hexadezimaler und binärer Form neben jeder Assembleranweisung. Die binären Zahlen sind in Gruppen von vier Bits aufgeteilt, um sie leichter lesbar zu machen.

```
loop:
    ldi     r16, 5      0xE005  0b 1110 0000 0000 0101
    ldi     r17, 12     0xE01C  0b 1110 0000 0001 1100
    add     r16, r17    0x0F01  0b 0000 1111 0000 0001
    rjmp    loop        0xCFFC  0b 1100 1111 1111 1100
```

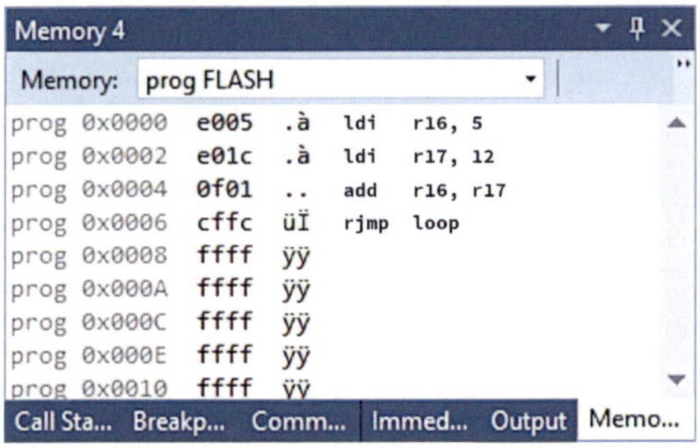

```
Memory 4
Memory: prog FLASH
prog 0x0000  e005  .à  ldi   r16, 5
prog 0x0002  e01c  .à  ldi   r17, 12
prog 0x0004  0f01  ..  add   r16, r17
prog 0x0006  cffc  üÏ  rjmp  loop
prog 0x0008  ffff  ÿÿ
prog 0x000A  ffff  ÿÿ
prog 0x000C  ffff  ÿÿ
prog 0x000E  ffff  ÿÿ
prog 0x0010  ffff  ÿÿ
Call Sta... Breakp... Comm... Immed... Output Memo...
```

Abbildung 6.13: Hexadezimale Darstellung einiger Befehlscodes im Flash

Abbildung 6.14 zeigt, wie die beiden LDI-Befehle kodiert sind. Die ersten vier Bits eines LDI-Befehls sind immer 1110 binär, wie in Abbildung 6.14 und Abbildung 6.12 gezeigt. LDI hat einen konstanten Operandenwert, der in das ausgewählte Register geladen wird - im Beispielcode ist dieser Wert 5 für den ersten LDI-Befehl und 12 für die zweite. Dieser konstante Wert wird in zwei Vier-Bit-Teile aufgeteilt, wie in der Abbildung durch KKKK dargestellt, wenn er binär kodiert wird. Wenn die beiden Vier-Bit-Teile zusammengefügt werden, bilden sie die 8-Bit-Konstante, die in das Register geladen wird. Die konstante Zahl kann ein Wert zwischen 0 und 255 oder 0b00000000 und 0b11111111 sein. Dieser Wertebereich wird im Befehlssatzhandbuch im Abschnitt LDI-Beschreibung in Abbildung 6.12 als $0 \leq K \leq 255$ angegeben, was bedeutet, dass der konstante Wert größer oder gleich 0 und kleiner oder gleich 255 sein kann.

Das Zielregister ist ein Vier-Bit-Wert dddd in Abbildung 6.14 und Abbildung 6.12. Dieser Wert kann zwischen 0b0000 und 0b1111 liegen, aber da der Befehl nur auf R16 bis R31 wirkt, wird er um einen Wert von 16 verschoben. Das bedeutet, dass 16 zu dem binär kodierten Registerwert addiert werden muss, um das tatsächliche Register zu erhalten, das in den Befehl kodiert ist. 0b0000 referenziert daher R16 (0 + 16) und 0b0001 referenziert R17 (1 + 16). Das Register R31 ist kodiert als 0b1111 (15) + 16 = 31. Es sollte nun klar sein, warum einige Befehle in der Anzahl der Register, die sie bearbeiten können, wie folgt begrenzt sind. LDI-Befehle sind 16 Bits breit. Die ersten vier Bits sind immer 0b1110. Acht Bits werden verwendet, um den konstanten Datenwert in dem Befehl zu kodieren. Damit bleiben nur vier Bits für die Adressierung des Zielregisters übrig. Die maximale Anzahl von Adresswerten, die eine Vier-Bit-Zahl haben kann, ist $2^4 = 16$ (mit Adressen 0 bis 15). Der Befehl kann nur 16 Register adressieren. Es wurden die Register R16 bis R31 gewählt, indem ein interner Offset von 16 auf die kodierte Adresse angewendet wird.

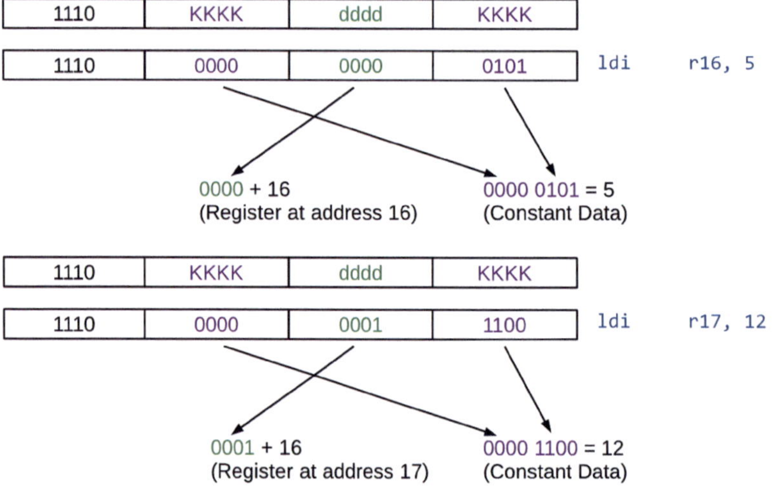

Abbildung 6.14: Zwei Beispiele zur Befehls-Codierung bei LDI

Verschiedene Buchstaben oder Buchstabenkombinationen werden verwendet, um Register, Operanden und Bits im *AVR Instruction Set Manual* darzustellen. Die Bedeutung jedes dieser Buchstaben finden Sie im ersten Abschnitt des *AVR Instruction Set Manuals*, genannt Instruction Set Nomenclature. Es ist notwendig, sich auf die Bedeutung dieser Buchstaben zu beziehen, wenn Sie einen Befehl in diesem Handbuch lesen. Bei der Beschreibung des LDI-Befehls zum Beispiel wird die Funktion des Befehls wie folgt angegeben: **Rd ← K**

Aus dem Abschnitt Nomenklatur des Befehlssatzes im Handbuch geht hervor, dass K konstante Daten symbolisiert und Rd das Zielregister. Die Operation bedeutet also, dass konstante Daten (K) in das Zielregister (Rd) geladen werden.

Änderungen am Programmzähler sind auch in der Befehlsbeschreibung des Handbuchs enthalten. Die Funktion des Programmzählers für den Befehl LDI wird wie folgt angegeben: **PC ← PC + 1**

Dies bedeutet, dass der Programmzähler nach Ausführung des Befehls um eins erhöht wird. Der Zustand des Statusregisters ist nach dem LDI-Befehl unverändert. Dies wird im Handbuch als Striche unter jedem Bit des Statusregisters dargestellt. Im Kapitel 1 des Handbuchs sind die Bedeutungen der Werte der verschiedenen Flags angegeben.

> Ein Beispiel für die Verwendung des LDI-Befehls folgt auf das Statusregister im Handbuch und ist in Abbildung 6.12 zu sehen. Danach folgt die Größe des Befehls, die ein 16-Bit-Wort oder zwei Bytes beträgt. Schließlich zeigt das Handbuch, dass der LDI-Befehl einen Taktzyklus für die Ausführung benötigt (nicht in Abbildung 6.12 enthalten). Abbildung 6.15 zeigt die Kodierung der letzten beiden Befehle des Beispielprogramms, ADD und RJMP.

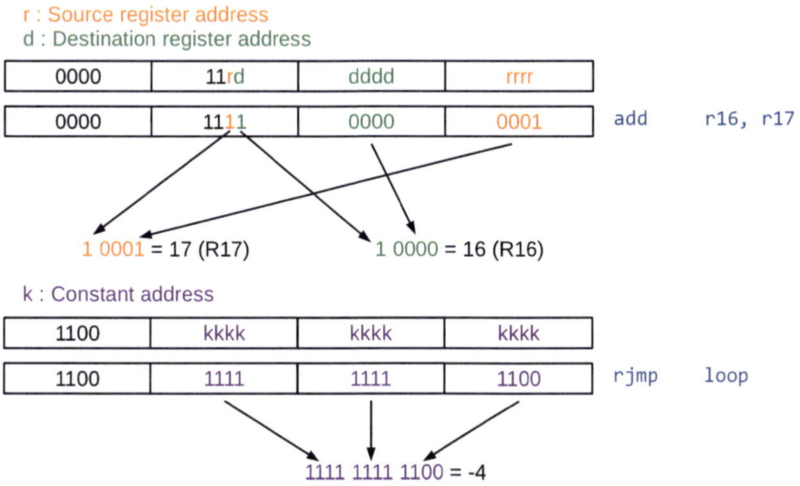

r : Source register address
d : Destination register address

0000	11rd	dddd	rrrr	
0000	1111	0000	0001	add r16, r17

1 0001 = 17 (R17)   1 0000 = 16 (R16)

k : Constant address

1100	kkkk	kkkk	kkkk	
1100	1111	1111	1100	rjmp loop

1111 1111 1100 = -4

Abbildung 6.15: Codierung der ADD und RJMP Befehle

Der ADD-Befehl (Addieren ohne Übertrag) beginnt immer mit 000011, gefolgt vom MSB der Quellregisteradresse, dann dem MSB der Zielregisteradresse. Es folgen vier Bits des Zielregisters und dann vier Bits des Quellregisters. Wie in Abbildung 6.15 oben dargestellt, besteht jede 5-Bit-Registeradresse aus einem Anfangsbit und den vier darauf folgenden Bits. In dem Beispiel in der Abbildung ist die Quelladresse 17 (0b10001), die R17 adressiert, und die Zieladresse ist 16 (0b10000), die R16 adressiert. Mit einer 5-Bit-Adresse können $2^5 = 32$ Adressstellen von 0 bis 31 adressiert werden, die den Registern R0 bis R31 aus der Registerdatei entsprechen. Welche Statusregisterflags sich nach Ausführung des ADD-Befehls ändern, ist dem ADD-Befehl im Befehlssatzhandbuch zu entnehmen.

Der RJMP-Befehl (Relative Jump) schließlich steht am Ende des Beispielcodes und ist am unteren Rand von Abbildung 6.15 zu finden. Ein RJMP-Befehl beginnt immer mit den Binärziffern 1100, gefolgt von einer 12-Bit-Adresse. Die im RJMP-Befehl kodierte Adresse ist eine Adresse, die relativ zur aktuellen Adresse im Programmzähler (PC) ist. Der Sprung kann zu einer höheren Adresse erfolgen, wenn die Adresse positiv ist, oder zu einer niedrigeren Adresse, wenn die Adresse negativ ist. Im Befehlssatzhandbuch wird der Bereich des relativen Sprungbefehls mit PC - 2K + 1 bis PC + 2K (Worte) angegeben. Das bedeutet, dass ein Sprung zu einer niedrigeren Adresse erfolgen kann, nämlich zur aktuellen PC-Adresse minus 2048 + 1, oder zu einer höheren Adresse bis zu PC + 2048, wobei jede Adresse die Adresse eines 16 Bit breiten Befehls ist.

Im Beispielprogramm wird der Befehl RJMP verwendet, um an den Anfang des Programms zu springen, was bedeutet, dass der Sprung zu einer niedrigeren Adresse erfolgt. Die Adresse, die im Befehl in Abbildung 6.15 kodiert ist, ist eine negative Zahl im Zweierkomplementformat - 0b111111111100, die einen Dezimalwert von -4 hat. Im Code sehen wir, dass der RJMP-Befehl zum ersten Befehl des Programms an Adresse 0 springt, wo sich das loop-Label befindet. Diese Adresse ergibt sich aus der Formel PC - Adresse + 1, wobei *Adresse* die im RJMP-Befehl kodierte Adresse ist. Das Programm enthält vier 16-Bit-Befehle, beginnend mit Adresse 0 und dem RJMP-Befehl an Adresse 3. Der PC enthält also 3, wenn der RJMP-Befehl ausgeführt wird. Wir können die Adresse, zu der gesprungen wird, wie folgt berechnen: 3 - 4 + 1, also 0. Das Programm springt also wie erwartet zur Adresse 0. Dies zeigt nur, wie der RJMP-Befehl kodiert ist. Glücklicherweise müssen wir solche Berechnungen beim Programmieren nicht durchführen, da wir Labels als Sprungziele verwenden und den Assembler die relative Adresse berechnen lassen können.

6.9 Adressierungsmodi

Adressierungsmodi sind Teil der Befehlssatzarchitektur eines Mikrocontrollers oder Mikroprozessors. Adressierungsmodi legen die verschiedenen Arten fest, wie Befehle auf Quell- und Zieldaten zugreifen, d.h. wie die Befehle Speicherplätze und Register oder konstante Datenwerte adressieren. In AVR-Mikrocontrollern ermöglichen die Adressierungsmodi Befehlen den Zugriff auf den Programmspeicher und den Datenspeicher. Zum Datenspeicher gehören SRAM und die Register, die auf den Datenspeicherplatz abgebildet werden, einschließlich der Registerdatei und der I/O-Register. Die AVR-Adressierungsmodi können im Abschnitt 3 des *AVR Instruction Set Manual* nachgelesen werden. Wir werden jetzt nicht in alle Details der Adressierungsmodi gehen, sondern uns Beispiele verschiedener Adressierungsmodi ansehen, um ein besseres Verständnis zu erlangen.

6.9.1 Direkte Adressierung der Register

Es gibt zwei Varianten direkter Adressierung von Registern, nämlich mit einem Registers und mit zwei Registern. Abbildung 6.16: direkte Adressierung mit zwei Registern aus dem *AVR Instruction Set Manual*.

3.2 Register Direct - Two Registers, Rd and Rr

Figure 3-2. Direct Register Addressing, Two Registers

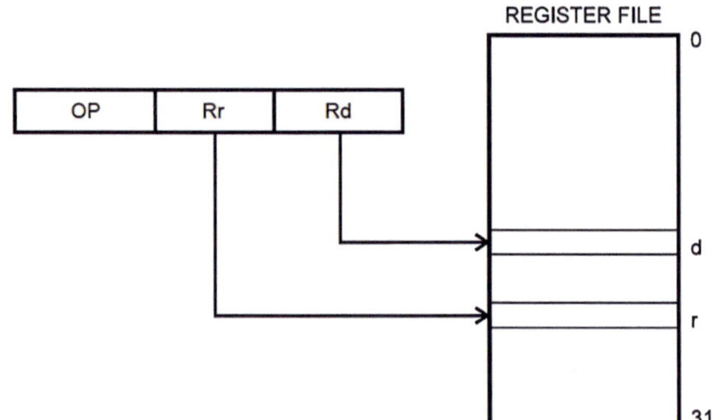

Operands are contained in the sources register (Rr) and destination register (Rd). The result is stored in the destination register (Rd).

Abbildung 6.16: Direkte Addressierung (AVR Manual)

Beachten Sie bitte, dass die Diagramme der Adressierungsmodi im *AVR Instruction Set Manual* Vereinfachungen sind und nicht die exakten Bitpositionen der Adressbits der Befehle zeigen.

Ein Beispiel für die direkte Adressierung eines einzelnen Registers ist der CLR (Clear Register) Befehl. Die vollständige Adresse des Zielregisters ist in dem Befehl kodiert, so dass der Befehl das Register direkt adressieren kann. Abbildung 6.17 zeigt, wie die Adresse eines Arbeitsregisters im CLR-Befehl kodiert wird - sie wird sogar zweimal kodiert, da Quell- und Zielregister dasselbe Register sind.

d : Destination register address
0010
01dd
dddd
dddd
CLR
0010
0111
0000
0000
clr r16
0b10000 = 16 (R16)

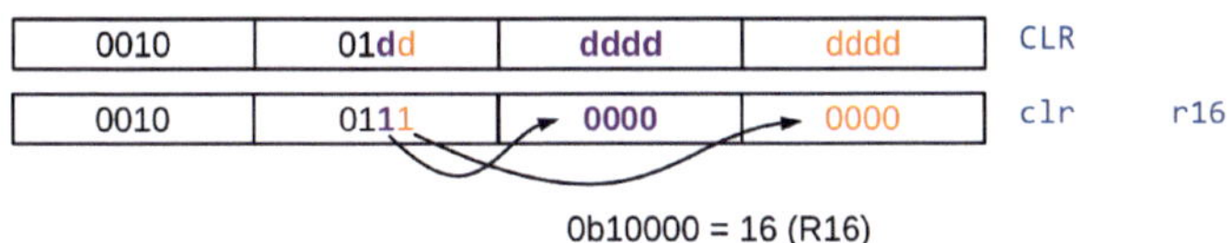

Abbildung 6.17: CLR Instruction - Register Direct Addressing Example

6.9.2 I/O-Direktadressierung

Bei der I/O-Direktadressierung werden Daten zwischen einem Register und einem I/O-Speicherplatz verschoben. Sowohl die Registeradresse als auch die I/O-Registeradresse sind in dem Befehl kodiert, was ihn zu einem Direktadressierungsbefehl macht. Abbildung 6.18 zeigt ein Diagramm der I/O Direktadressierung aus dem *AVR Instruction Set Manual*. Ein Beispiel für die direkte I/O-Adressierung ist der OUT-Befehl, wie in Abbildung 6.19 gezeigt.

3.3 I/O Direct
Figure 3-3. I/O Direct Addressing
I/O MEMORY
0
OP
Rr/Rd
A
63
Operand address A is contained in the instruction word. Rr/Rd specify the destination or source register.

Abbildung 6.18: Direkte I/O-Bereichs-Addressierung (AVR Manual)

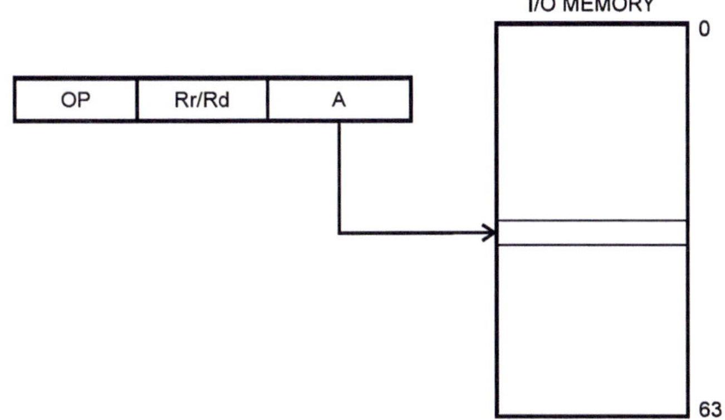

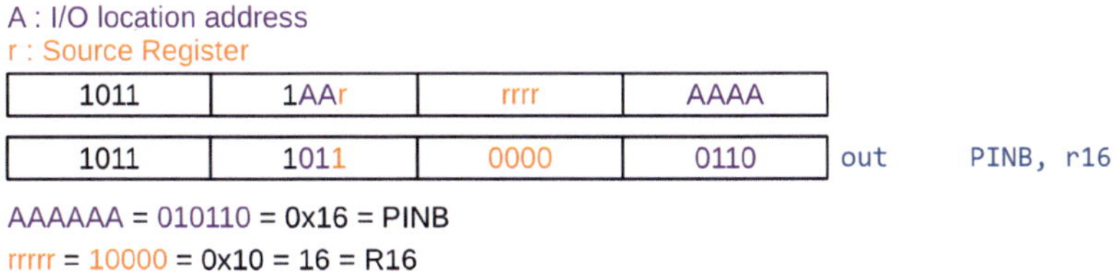

A : I/O location address
r : Source Register
1011
1AAr
rrrr
AAAA
1011
1011
0000
0110
out PINB, r16
AAAAAA = 010110 = 0x16 = PINB
rrrrr = 10000 = 0x10 = 16 = R16

Abbildung 6.19: Codierung des OUT-Befehls mit Beispiel

Bislang haben wir den Befehl OUT nur in Beispielen verwendet, die den Stapelzeiger initialisieren. In dem Beispiel in Abbildung 6.19 wird OUT verwendet, um den Inhalt von R16 in das PINB-Register. Das PINB-Register ist eines der 64 I/O-Register, die im Datenspeicher abgebildet werden, und ist eines der Register, die zur Steuerung der I/O-Pins des AVR verwendet werden. In der in Abbildung 6.19 gezeigten Codezeile wird PINB auf die Adresse 0x16 aufgelöst (nicht zu verwechseln mit dem in diesem Beispiel verwendeten Register R16). Die Adressen der I/O-Register finden Sie im Abschnitt *Register Summary* des Datenblatts des verwendeten ATtiny-Bauteils. Im Abschnitt *"Register Summary"* des ATtiny25/45/85-Datenblatts ist zu sehen, dass es 64 I/O-Register von 0x00 am unteren Ende der Tabelle bis 0x3F am oberen Ende der Tabelle gibt. Suchen Sie die Adresse 0x16 in der Tabelle und beachten Sie, dass sie den Namen PINB hat, der in der nächsten Spalte der Tabelle angegeben ist.

Auch hier sind die Werte im Befehl verschachtelt. Unterhalb der Befehlskodierungsblöcke in Abbildung 6.19 befinden sich die Werte für die I/O-Adresse und das Quellregister, nachdem sie aus dem Befehl extrahiert und als aufeinanderfolgende Bits zusammengesetzt wurden. Die Adresse des I/O-Speicherplatzes hat 6 Bits, die durch 6 «A» Zeichen dargestellt werden. Daraus können wir ableiten, dass sie $2^6 = 64$ Speicherplätze von 0 bis 63 oder 0x00 bis 0x3F in Hexadezimal adressieren kann. Mit anderen Worten, er kann zur Adressierung der 64 im Datenspeicher abgebildeten I/O-Register verwendet werden. Der Befehl in der Abbildung enthält 5 Bits, die mit «r» gekennzeichnet sind und die Register aus der Registerdatei darstellen. Da $2^5 = 32$ ist, können 32 Register aus der Registerdatei mit diesem Befehl angesprochen werden - mit anderen Worten alle Register von R0 bis R31.

6.9.3 Andere Adressierungsmodi

Weitere Adressierungsmodi finden Sie im *AVR Instruction Set Manual*. Die anderen Adressierungsmodi werden besser verstanden, wenn wir uns im Laufe des Buchs weitere Befehle ansehen. Indirekte Adressierungsmodi haben die Adresse des Zielregisters oder Speicherplatzes nicht im Befehl kodiert, sondern verlassen sich darauf, dass die Zieladresse in ein Register oder mehrere Register geladen wird, bevor die indirekte Adressierungsanweisung aufgerufen wird.

6.10 Zusammenfassung

- Taktimpulse steuern die internen Schaltkreise eines Mikrocontrollers und veranlassen ihn, Befehle zu holen und auszuführen.

- Es ist einfach, die Periodendauer eines Taktes zu berechnen, wenn die Frequenz gegeben ist, oder die Frequenz eines Taktes zu berechnen, wenn die Periodendauer gegeben ist.

- Der Programmzähler (PC) wird kontinuierlich erhöht und adressiert jeden der aufeinanderfolgenden Befehle im Programmspeicher, bis ein Sprung- oder Verzweigungsbefehl ausgeführt wird, die den PC mit einer neuen Adresse lädt.

- Mikrocontroller verfügen über einen Adressbus zur Adressierung von Programm- und Datenspeicher, einen Datenbus für die Übertragung von Daten zwischen dem Mikrocontroller und dem Speicher oder den I/O-Bausteinen sowie einen Steuerbus mit Steuerleitungen wie Chip Select und Lese- und Schreibleitungen.

- AVR-Mikrocontroller haben eine Harvard-Architektur mit getrennten Bussen für Programm- und Datenspeicher, um die Leistung zu erhöhen.

- Die Grundfunktion eines Mikrocontrollerkerns besteht darin, Befehle aus dem Programmspeicher zu holen und auszuführen.

- Das Statusregister eines Mikrocontrollers enthält Informationen über das Ergebnis der letzten arithmetischen Operation.

- Ein Stack wird verwendet, um temporäre Daten zu speichern, Registerwerte zu erhalten und die Rücksprungadresse von Unterprogrammen und Interrupt-Handlern zu speichern.

- Der Stack wird eingerichtet, indem eine RAM-Adresse in das Stackpointer-Register geladen wird.

- Mikrocontroller-Befehle in Maschinensprache sind im Binärformat kodiert. Einzelheiten zur Kodierung sind im Handbuch zum Befehlssatz zu finden.

Adressierungsmodi beziehen sich darauf, wie ein Befehl Register oder Speicherplätze adressiert.

Dies war ein ziemlich langes Kapitel mit zahlreichen Details über die interne Architektur der AVR-Mikrocontroller. Diese sind für viele Leser sicherlich neu und die Menge an Informationen mag etwas überwältigend wirken. Wenn Sie Schwierigkeiten hatten, alles in diesem Kapitel zu verstehen, oder wenn es einfach zu viele Informationen auf einmal waren, dann gehen Sie das Kapitel entweder noch einmal durch oder kommen Sie später wieder darauf zurück. Denken Sie daran, dass Sie, wenn Sie sich bisher noch nie mit dem Innenleben eines Mikrocontrollers oder Mikroprozessors beschäftigt haben, Zeit brauchen werden, um alles zu verstehen und sich zu merken. Es spricht nichts dagegen, dieses Buch zwei- oder dreimal durchzuarbeiten...

Im nächsten Kapitel befassen wir uns mit arithmetischen Befehlen, einschließlich der Speicherung von positiven und negativen Zahlen im Speicher. Es werden auch logische Befehle behandelt, die für die Manipulation solcher Register-Bits wichtig sind, die der Steuerung interner und externer Hardware dienen. Dies bereitet uns auf viele der folgenden Kapitel vor, die sich mit der Einrichtung und Verwendung von Hardware im AVR befassen, wie z.B. I/O-Ports und Timer.

Kapitel 7 • Arithmetische und logische Befehle

Arithmetische und logische Befehle werden in der Arithmetik- und Logikeinheit (ALU) des Mikrocontrollerkerns (CPU) verarbeitet.

Alle AVRs verfügen über arithmetische Befehle für Addition und Subtraktion sowie über logische Befehle für UND, ODER und Exklusiv-ODER.

Dieses Kapitel behandelt Beispiele für die grundlegenden mathematischen und logischen Operationen. Zunächst aber wird untersucht, wie negative Zahlen in binärer Form dargestellt werden

In diesem Kapitel

- Positive und negative Zahlen im Binärformat
- Binäre Addition und Subtraktion
- Logische Befehle bei ATtiny-MCUs

7.1 Positive und negative Zahlen

Bei einer positiven 8-Bit-Binärzahl werden alle acht Bits zur Darstellung der Zahl genutzt, wobei jedes Bit wie bereits erläutert gewichtet wird. Das bedeutet, dass eine positive 8-Bit-Zahl einen Wert zwischen 0b0000_0000 (0 dezimal) und 0b1111_1111 (255 dezimal) haben kann.

Eine "vorzeichenbehaftete" 8-Bit-Zahl verwendet das MSB (das linke Bit oder Bit Nummer 7) als Vorzeichenbit, das auf logisch 1 gesetzt wird, um eine negative bzw. auf logisch 0, um eine positive Zahl zu repräsentieren. Dies bedeutet, dass eine 8-Bit-Zahl mit Vorzeichen einen maximalen positiven Wert von 0b0111_1111 (127) und eine maximale negative Zahl von 0b1111_1111 (-127) haben kann, wenn das MSB für das Vorzeichen verwendet wird.

Ein Beispiel für eine negative 8-Bit-Zahl ist 0b1001_0111 (-23 dezimal), wobei die erste Ziffer auf der linken Seite angibt, dass die Zahl negativ ist. Die restlichen Bits geben die Größe der Zahl im gewichteten binären Zahlensystem an. Die positive Zahl 23 wird dargestellt, indem das Vorzeichenbit auf 0 gesetzt wird: 0b0001_0111. Mikrocontroller stellen Zahlen in der Regel im 2er-Komplement (two's complement)-Format dar, aber bevor wir uns das 2er-Komplement-Format ansehen, müssen wir uns mit dem 1er-Komplement (one's complement)-Format betrachten.

7.1.1 1er-Komplement-Zahlen

Eine vorzeichenbehaftete 8-Bit-Zahl in 1er-Komplement Schreibweise kann entweder positiv oder negativ sein. Bei einer positiven Zahl handelt es sich einfach um eine Binärzahl, bei der das linke Bit (MSB), das Vorzeichenbit, wie bereits erläutert den Wert 0 hat. Bei einer negativen 1er-Zahl handelt es sich um dieselbe Zahl wie bei der positiven Version, wobei jedoch jedes Bit invertiert ist. Invertiert bedeutet, dass jede 0 in der Zahl in eine 1 und jede 1 in eine 0 umgewandelt wird. Um wieder das Beispiel von +23 und -23 zu verwenden, ist 0b0001_0111 wie zuvor +23. Nachdem jedes Bit invertiert wurde, um -23 im 1er-Komplement-Format darzustellen, lautet die Zahl 0b1110_1000.

7.1.2 2er-Komplement-Zahlen

Positive Zahlen im 2er-Komplement sind die gleichen wie positive Zahlen im 1er-Komplement und somit normale Binärzahlen. Da der maximale Wert, den eine positive 8-Bit-Zahl mit Vorzeichen haben kann, 0b0111_1111 oder 127 dezimal ist, wird durch das Erhöhen dieser Zahl um 1 das MSB gesetzt, was sie zu einer negativen Zahl macht, nicht zu 128.

Negative Zahlen mit 2er-Komplement sind die 1er-Komplement-Darstellung der Zahl plus eins. Um -23 in das 2er-Komplement umzuwandeln, wandeln wir zuerst die positive Version der Zahl in das 1er-Komplement um und fügen dann 1 hinzu. Die positive 23 wird von 0b0001_0111 in das 1er-Komplement-Format umgewandelt, das 0b1110_1000 ist. Nun addieren wir 1, um die Zahl in das 2er-Komplement-Format zu ändern: 0b1110_1000 + 1 wird zu 0b1110_1001. Beim Addieren von Binärziffern gibt es die folgenden möglichen Summen:

```
0 + 0 = 0
0 + 1 = 1
1 + 0 = 1
1 + 1 = 0 mit einem Übertrag von 1
```

Wenn wir ein anderes Beispiel nehmen und -40 in das 2er-Komplement-Format umwandeln, wird +40 zunächst als 0b0010_1000 dargestellt. Das 1er-Komplement ist dann 0b1101_0111. Wir müssen nun 1 addieren, um das 2er-Komplement zu erhalten. Die Addition kann mit einem Taschenrechner im Binärmodus oder gemäß den oben erwähnten Regeln für die binäre Addition wie folgt durchgeführt werden: Schreiben Sie die Zahl des 1er-Komplements auf und setzen Sie die zu addierende 1 direkt unter das LSB.

```
  11010111
+        1
```

Addieren Sie das LSB der obersten Zahl zur darunter liegenden Ziffer: 1 + 1. Wir erhalten das Ergebnis 0 und einen Übertrag von 1. Das Ergebnis 0 wird unter der zweiten Zahl platziert und mit dem LSB ausgerichtet, wie im nächsten Kasten zu sehen ist. Der Übertrag wird über der Ziffer links vom LSB platziert, zur Vorbereitung für den nächsten Schritt, der Addition zur darunter liegenden Ziffer.

```
        1
  11010111
+        1
=        0
```

Addieren Sie den Übertrag aus der vorherigen Addition zur Stelle links vom LSB, also der Stelle unter dem Übertrag. Das Ergebnis ist 1 + 1 = 0, mit einem Übertrag von 1, der über der dritten Ziffer von rechts steht, wie im nächsten Kasten gezeigt. Streng genommen addieren wir den Übertrag plus die Ziffer der ersten Zahl plus eine unsichtbare Null der zweiten Zahl. Im nächsten Kästchen wurden die unsichtbaren Nullen der zweiten Zahl mit

0-stelligen Platzhaltern aufgefüllt, so dass es 00000001 ergibt. Diese Zahl hat immer noch den Wert 1, aber es ist leichter zu erkennen, dass wir die verbleibenden Ziffern der ersten Zahl zu 0 in der zweiten Zahl und zum Übertrag addieren.

```
      1
 11010111
+00000001
=      00
```

Wir addieren nun den Übertrag zur dritten Ziffer von rechts der oberen Zahl, was wiederum 1 + 1 ist und 0 mit einem Übertrag von 1 ergibt. Der Übertrag wird über die vierte Ziffer von rechts gesetzt.

```
     1
 11010111
+00000001
=     000
```

Der Übertrag wird nun zur vierten Ziffer von rechts der oberen Zahl addiert und beträgt 1 + 0 = 1. Dieses Mal gibt es keinen Übertrag.

```
 11010111
+00000001
=    1000
```

Die verbleibenden Ziffern der oberen Zahl können nun zu den Ziffern darunter addiert werden. Da alle verbleibenden Ziffern der zweiten Zahl 0 sind, werden die verbleibenden Ziffern der ersten Zahl einfach Teil des Ergebnisses - hier das obere Nibble.

```
 11010111
+00000001
=11011000
```

Die endgültige Zahl im 2er-Komplement ist nach der Berechnung zu sehen und lautet 0b1101_1000, was einem Dezimalwert von -40 entspricht.

Negative Zahlen werden im AVR im Zweierkomplement-Format gehandhabt. Obwohl wir sie nicht manuell konvertieren müssen, wie wir es gerade getan haben, wurde die obige Übung der Konvertierung einer Zahl in das Zweierkomplement aufgenommen, um zu zeigen, wie diese Zahlen gebildet werden.

7.2 Addition

Wir sehen uns in den folgenden Unterabschnitten zwei grundlegende Additionsbefehle im AVR an: ADD (Addieren ohne Übertrag) und ADC (Addieren mit Übertrag). Es gibt noch einen dritten Additionsbefehl (ADIW), den wir hier nicht betrachten werden.

7.2.1 ADD - Addieren ohne Übertrag

Wir haben bereits gesehen, wie der grundlegende ADD-Befehl (Addieren ohne Übertrag) verwendet wird, um zwei Registerwerte zu addieren. Wir sehen uns nun an, wie der ADD-Befehl die Flags im Statusregister verändert. Öffnen Sie Microchip Studio und erneut das Testprojekt mit dem Simulator. Geben Sie den folgenden Code in die Datei main.asm des Testprojekts ein und ersetzen Sie damit den vorherigen Code.

test_asm : main.asm - ADD with no carry generated

```
    ldi     r16, 5
    ldi     r17, 9
    add     r16, r17
```

Gehen Sie mit Step Over den obigen Code im Simulator durch und stellen Sie fest, dass sich die Flags des Statusregisters nicht ändern. Ändern Sie den zweiten Operanden des ersten Befehls von 5 auf 15, so dass das Programm wie unten gezeigt aussieht. Vergessen Sie nicht, den Debugger zu stoppen und das Projekt nach der Änderung zu speichern und neu zu erstellen.

test_asm : main.asm - ADD with half carry generated

```
    ldi     r16, 15
    ldi     r17, 9
    add     r16, r17
```

Gehen Sie mit Step Over im Debugger über den obigen Code und stellen Sie fest, dass das H (half carry) Flag im Statusregister gesetzt ist. Das Flag für den halben Übertrag wird gesetzt, wenn ein Überlauf oder ein Übertrag von Bit 3 zu Bit 4 des Ergebnisses der zu addierenden Zahlen vorliegt. Im Beispielcode ergibt die Addition von 15 oder 0b0000_1111 zu 9 oder 0b0000_1001 eine Zahl, die größer als vier Bits ist, d.h. die Zahl läuft über oder erzeugt einen Übertrag, der in Bit 4 der Zahl eingetragen wird. Das Ergebnis der Addition ist 0b0001_1000. Die Bits 0 bis 3 bilden eine Vier-Bit-Zahl oder das untere Nibble der 8-Bit-Zahl, wobei man rechts von der Zahl beginnt und von 0 aus zählt. Bei der Addition wurde Bit 4 gesetzt, das einen halben Übertrag aus der Addition der unteren beiden Nibbles darstellt. Das Flag für den halben Übertrag wird hauptsächlich bei einem Zahlenformat namens Binary Coded Decimal (BCD) benötigt, und zwar für BCD-Arithmetikoperationen. Wer sich für die Verwendung des Übertragsflags interessiert, findet mehr dazu in diesem Artikel:

https://en.wikipedia.org/wiki/Half-carry_flag

Ändern Sie das vorherige Codebeispiel, um 100 zu 200 hinzuzufügen, wie folgt:

test_asm : main.asm - ADD with carry generated

```
    ldi     r16, 100
    ldi     r17, 200
    add     r16, r17
```

Wenn das Ergebnis einer Addition größer als der höchste Wert ist, den eine 8-Bit-Zahl enthalten kann (255), wird das Übertrags-Flag (C-Flag) gesetzt, wie man beim Durchlaufen des obigen Codes im Debugger verfolgen kann.

Verwenden Sie den Debugger und den Simulator, um mit dem Addieren von Zahlen zu experimentieren und so ein besseres Verständnis für die Funktion der Statusregister-Flags zu bekommen. Einige Beispiele sind 255 + 1, was das H Flag (halber Übertrag), das C Flag (Übertrag) und das Z Flag (Null) setzt. Das C-Flag stellt ein neuntes Bit dar, das den Wert 256 repräsentiert, nämlich 255 + 1. Das Zielregister enthält also Null, so dass in diesem Beispiel das Zero-Flag gesetzt wird.

Wenn das Ergebnis einer Addition eine Zahl ist, bei der das MSB gesetzt wird, wird das Flag N (negativ) im Statusregister gesetzt. Der Programmierer kann die Zahl bei Bedarf als negativ behandeln oder das Flag N ignorieren, wenn er nur mit positiven Zahlen arbeitet. Versuchen Sie als Beispiel 128 + 1.

7.2.2 ADC - Addieren mit Übertrag

ADC (ADD with Carry) addiert die Werte in zwei Registern und dazu das Übertragsbit als das niederwertigste Bit einer 8-Bit-Zahl. Dieser Befehl kann verwendet werden, wenn zwei 16-Bit-Zahlen addiert werden, die auf vier Register aufgeteilt sind - zwei 8-Bit-Register pro 16-Bit-Zahl. Um zwei 16-Bit-Zahlen zu addieren, werden zunächst die niederwertigsten Bytes mit dem AD**D**-Befehl und dann die höchstwertigen Bytes mit dem AD**C**-Befehl addiert, so dass der Übertrag aus der vorherigen Addition enthalten ist. Ein Beispiel für die Addition von 9045 (0x2355) zu 511 (0x01FF) funktioniert wie in den folgenden Abschnitten beschrieben unter Verwendung der vier Register R16 bis R19. Die Addition sieht wie folgt aus:

```
  0x2355
+ 0x01FF
```

Laden Sie das LSB der ersten Zahl in R16. Lade das MSB der ersten Zahl nach R17. Lade das LSB der zweiten Zahl nach R18. Lade das MSB der zweiten Zahl nach R19. Wir haben jetzt:

```
R16 = 0x55    LSB 1
R17 = 0x23    MSB 1
R18 = 0xFF    LSB 2
R19 = 0x01    MSB 2
```

Addieren Sie die beiden Register, die die LSBs jeder Zahl enthalten, mit dem Befehl ADD. Das sind R16 + R18 oder 0x55 + 0xFF = 0x54 und ein Übertrag von 1. Als Nächstes addieren Sie die MSBs und den Übertrag mit dem ADC-Befehl: R17 + R19 + Übertrag, also 0x23 + 0x01 + 0x01 = 0x25. Sie erhalten die beiden nebeneinander gelegten 8-Bit-Additionsergebnisse: 0x2554 (9556). Dieses Beispiel sieht im Code wie folgt aus. Denken Sie daran, eine Endlosschleife unter diesen Code zu setzen.

```
test_asm : main.asm - Addition of two 16-bit numbers in 8-bit registers
    ; Add 9045 (0x2355) to 511 (0x01FF) = 0x2554
    ldi     r16, low(9045)      ; Load first number LSB (0x55)
    ldi     r17, high(9045)     ; Load first number MSB (0x23)
    ldi     r18, low(511)       ; Load second number LSB (0xFF)
    ldi     r19, high(511)      ; Load second number MSB (0x01)
    add     r16, r18            ; Add LSBs
    adc     r17, r19            ; Add MSBs with carry
```

Zur einfacheren Verwendung der Dezimalschreibweise wurden die low() und high()-Funktionen verwendet, um die entsprechenden Teile der Zahlen in das gewünschte Register in Byte-Größen zu laden. Die low()-Funktion erhält das Low-Byte einer 16-Bit-Zahl und die high()-Funktion das High-Byte einer 16-Bit-Zahl.

Laden Sie den obigen Code mit dem Simulator in den Microchip Studio Debugger und gehen Sie schrittweise durch die Programmbefehle, während Sie die Ergebnisse im Fenster Processor Status beobachten. R16 und R18 werden addiert, wobei das Ergebnis in R16 gespeichert und ein Übertrag erzeugt wird, wie am Carry-Flag im Statusregister zu erkennen ist. ADC wird verwendet, um R17 bis R19 (die MSBs) und das Carry-Flag aus der LSB-Addition zu addieren. Das Ergebnis wird in R17 gespeichert. Wir haben nun das 16-Bit-Additionsergebnis in R16 (LSB) mit 0x54 und R17 (MSB) mit 0x25. Setzt man die beiden Registerwerte zusammen, erhält man das Ergebnis 0x2554, also 9556.

7.3 Subtraktion

SUB (Subtract without Carry) subtrahiert die Werte von zwei Registern. Wenn das Ergebnis der Subtraktion negativ ist, wird das Ergebnis im 2er-Komplement-Format dargestellt. Es folgt ein Beispiel, in dem der SUB-Befehl verwendet wird, um zwei Register mit einem positiven Ergebnis zu subtrahieren.

```
test_asm : main.asm - Subtraction with positive result
    ldi    r16, 145
    ldi    r17, 99
    sub    r16, r17          ; R16 = R16 - R17 = 145 - 99 = 46 or 0x2E
```

Der SUB-Befehl im obigen Beispiel subtrahiert den Wert in R17 vom Wert in R16 und speichert das Ergebnis wieder in R16. Testen Sie den Code im Microchip Studio Simulator.

Im folgenden Code wird eine Subtraktion durchgeführt, die zu einem negativen Ergebnis führt, das im Zielregister im 2er-Komplement-Format gespeichert wird.

```
test_asm : main.asm - Subtraction with negative result
    ldi     r16, 84
    ldi     r17, 199
    sub     r16, r17          ; R16 = R16 - R17 = 84 - 199 = -115 or 0x8D
```

Im Microchip Studio Debugger ist das Ergebnis der Subtraktion des obigen Codes 0x8D in R16, wobei das N-Flag im Statusregister gesetzt wird. Wenn R16 im Fenster Processor Status in Dezimalzahlen umgewandelt wird, wird nicht berücksichtigt, dass die Zahl negativ ist, und sie wird daher als positive Zahl behandelt, indem das höchstwertige Bit in seinen Stellenwert umgewandelt wird, anstatt die Zahl als 2er-Komplement zu behandeln. 0x8D ist im Binärformat 0b1000_1101. Um diese Zahl vom 2er-Komplement-Format in ihren tatsächlichen Wert umzuwandeln, wird 1 subtrahiert und dann invertiert:

```
0b1000_1101 - 1 = 0b1000_1100
```

Indem wir die Bits des Ergebnisses invertieren, erhalten wir:

```
0b0111_0011 or 115
```

Wir wissen aber, dass es sich um eine negative Zahl handelt, deren tatsächlicher Wert -115 beträgt (84 – 1999), wie im Beispielcode.

Dieser Abschnitt hat nur die grundlegende Subtraktionsanweisung behandelt. AVR-Mikrocontroller haben andere Subtraktionsbefehle, die in Kapitel 11 gezeigt werden und die im Abschnitt *Instruction Set Summary* der AVR Datenblätter und im *AVR Instruction Set Manual* zu finden sind.

7.4 Logische Befehle

Logische Operationen ähneln den arithmetischen Operationen, werden aber bitweise entsprechend den Werten in einer Wahrheitstabelle durchgeführt. Aus diesem Grund werden sie manchmal auch als bitweise Operationen bezeichnet. Jeder logische Operator hat seine eigene Wahrheitstabelle, die die Ergebnisse der logischen Operation für verschiedene Kombinationen von Eingabebits zeigt. Logische Operationen arbeiten dabei mit den 0 und 1 Werten der korrespondierenden Bits zweier Register. In einem 8-Bit-AVR werden logische Operationen auf 8-Bit-Registern ausgeführt, d.h., sie wirken auf 8 Bits gleichzeitig. Obwohl die eigentliche logische Operation auf einer Bit-für-Bit-Basis berechnet wird, werden in einem 8-Bit-AVR oder einem anderen 8-Bit-Mikrocontroller effektiv acht Berechnungen parallel durchgeführt. Dies wird deutlicher, wenn wir uns die logischen Operationen in einem AVR ansehen, beginnend mit der logischen UND-Operation.

7.4.1 Logisches UND

Eine logische UND-Verknüpfung von zwei Bits ist in der Wahrheitstabelle in Abbildung 7.1 dargestellt. Die Wahrheitstabelle zeigt das Ergebnis einer Verknüpfung für alle möglichen Kombinationen mehrerer (hier zwei) Bits. A und B in der Tabelle sind Eingangsbits, Z ist der Ausgang und das Ergebnis einer UND-Verknüpfung zwischen A und B.

AND Truth Table

Inputs		Output
A	B	Z
0	0	0
0	1	0
1	0	0
1	1	1

Bitwise AND of Two Registers

A	1	1	0	0	0	1	0	1
	AND	AND	AND	AND	AND	AND	AND	AND
B	1	0	0	1	0	1	1	1
	↓	↓	↓	↓	↓	↓	↓	↓
Z	1	0	0	0	0	1	0	1

Abbildung 7.1: UND-Wahrheitstabelle mit Beispiel für Bitwise UND-Verknüpfung

Bei zwei Eingangsbits gibt es vier mögliche Zahlen oder Kombinationen der Bits A und B. Wenn eines oder beide Eingangsbits 0 sind, ist der Ausgang der UND-Verknüpfung 0. Nur wenn beide Eingänge 1 sind, ist der Ausgang einer UND-Verknüpfung 1. Die UND-Wahrheitstabelle zeigt die folgenden UND-Verknüpfungen:

```
0 AND 0 = 0
0 AND 1 = 0
1 AND 0 = 0
1 AND 1 = 1
```

Rechts in Abbildung 7.1 ist ein Beispiel für die UND-Verknüpfung von zwei 8-Bit-Registern dargestellt. Jedes Bit im oberen Register wird mit dem entsprechenden Bit im darunter liegenden Register UND-verknüpft. Es handelt sich also um 8 parallele UND-Verknüpfungen. Jedes Bit im obersten Register stellt den Eingang A in der Wahrheitstabelle dar. Jedes Bit im zweitobersten Register steht für den B-Eingang in der Wahrheitstabelle. Das untere Register enthält das Ergebnis der 8 UND-Verknüpfungen und jedes Bit entspricht dem Z-Bit der Wahrheitstabelle. Beginnend auf der rechten Seite, oder Bit 0 der Register, wird 1 aus dem oberen Register mit 1 aus dem darunter liegenden Register UND-verknüpft. Aus der Wahrheitstabelle können wir ersehen, dass 1 UND 1 = 1, also 1 das Ergebnis in Bit 0 des Z-Registers ist. Für Bit 1 ergibt sich 0 UND 1 = 0, wie aus der Wahrheitstabelle ersichtlich ist. Bit 1 des Z-Registers hat also den Wert 0. Und so weiter für die restlichen Bits.

Der AVR-Befehlssatz hat zwei AND-Befehle, nämlich AND (Logisches UND) und ANDI (Logisches UND mit Immediate). Der AND-Befehl verUNDet die Zahlen in zwei Registern miteinander. ANDI verknüpft ein Register mit Immediate-Daten, d.h. mit konstanten Daten, die im ANDI-Befehl mit angegeben werden müssen. ANDI kann nur auf die Register R16 bis R31 angewendet werden.

Das folgende Programm demonstriert die Befehle AND und ANDI. Laden Sie es und führen Sie es im Debugger mit Simulator aus, indem Sie wie üblich das Projekt test_asm verwenden.

test_asm : main.asm - AND and ANDI examples

```
    ldi     r16, 0b1100_0101
    ldi     r17, 0b1001_0111
    and     r16, r17
    ldi     r18, 0b1010_1011
    andi    r18, 0b0000_1111
```

Im obigen Code werden die beiden Binärzahlen aus dem Beispiel in Abbildung 7.1 in R16 und R17 geladen. Nachdem der AND-Befehl ausgeführt wurde, wird das Ergebnis der Operation in R16 abgelegt. Überprüfen Sie den Code im Debugger und sehen Sie, ob das Ergebnis der UND-Operation 0b1000_0101 ist. Denken Sie daran, dass Sie mit der rechten Maustaste auf die Register R16 und R17 im Fenster Processor Status klicken und das Format des Registers auf binär ändern können.

Der zweite Teil des Beispielprogramms lädt 0b1010_1011 in das Register R18 und verwendet dann den ANDI-Befehl, um R18 mit einem konstanten Datenwert von 0b0000_1111 zu verknüpfen. Das Ergebnis der ANDI-Operation wird wieder in R18 abgelegt. Gehen Sie mit Step Over den Code durch und bestätigen Sie das Ergebnis im Debugger. Die UND-Verknüpfung des Registers R18 mit 0b0000_1111 oder 0x0F löscht alle Bits im oberen Nibble des Registers. Dies ist bekannt als Maskierung des Registers. Die UND-Verknüpfung kann verwendet werden, um beliebige Bits zu löschen und andere unverändert zu lassen, indem man den Maskenwert ändert, also den konstanten Wert, der mit dem ANDI-Befehl angegeben wird. Um zum Beispiel alle Bits mit Ausnahme der beiden höchsten im Register zu löschen, verwenden Sie einen Maskenwert von 0b1100_0000, oder 0xC0. Dadurch bleiben die oberen beiden Bits unverändert.

7.4.2 Logisches ODER

Die Wahrheitstabelle der logischen ODER-Verknüpfung ist in Abbildung 7.2 dargestellt.

OR Truth Table

Inputs		Output
A	B	Z
0	0	0
0	1	1
1	0	1
1	1	1

Bitwise OR of Two Registers

A	1	1	0	0	0	1	0	1
	OR	OR	OR	OR	OR	OR	OR	OR
B	1	0	0	1	0	1	1	1
	↓	↓	↓	↓	↓	↓	↓	↓
Z	1	1	0	1	0	1	1	1

Abbildung 7.2: ODER-Wahrheitstabelle mit Beispiel für Bitwise ODER-Verknüpfung

Bei der logischen ODER-Verknüpfung ist die Ausgabe 1, wenn mindestens eines der beiden Eingangsbits den Wert 1 hat. Die Ausgabe ist nur dann 0, wenn beide Eingänge 0 sind. Wie bei der UND-Verknüpfung wird die ODER-Verknüpfung mit zwei 8-Bit-Zahlen bitweise durchgeführt. Jedes Bit wird mit dem entsprechenden Bit der jeweils anderen Zahl gemäß der ODER-Wahrheitstabelle veODERt. Ein logisches ODER führt die logischen Operationen gemäß der Wahrheitstabelle durcht:

```
0 OR 0 = 0
0 OR 1 = 1
1 OR 0 = 1
1 OR 1 = 1
```

Der AVR-Befehlssatz enthält zwei logische OR-Befehle, nämlich, OR (Logical OR) und ORI (Logisches OR mit Immediate). Diese Befehle entsprechen den AND- bzw. ANDI-Befehlen, mit dem Unterschied, dass sie die OR-Wahrheitstabelle für ihre logische Operation verwenden. Mit ORI können nur die Register R16 bis R31 verwendet werden.

Es folgt ein Beispielcode mit den Befehlen OR und ORI. Gehen Sie mit Step Over den Code im Debugger anhand des Testprojekts noch einmal durch, wie in den folgenden Abschnitten beschrieben.

```
test_asm : main.asm - OR and ORI demonstration
    ldi     r16, 0b1100_0101
    ldi     r17, 0b1001_0111
    or      r16, r17

    ldi     r18, 0b1010_1011
    ori     r18, 0b0000_1111
```

Im obigen Code wird OR verwendet, um R16 mit R17 logisch zu verknüpfen und das Ergebnis der Operation in R16 zu speichern. Gehen Sie mit Step Over die ersten drei Befehle im Debugger durch und bestätigen Sie, dass das Ergebnis den Erwartungen der Wahrheitstabelle in Abbildung 7.2 entspricht.

ORI verwendet unmittelbare (immediate) Daten, d.h. im Befehl kodierte konstante Daten, zur logischen ODER-Verknüpfung mit dem Wert in einem Register. Die letzten beiden Befehle des obigen Code-Listings zeigen, wie der ORI-Befehl einen konstanten Wert mit R18 verODERt und das Ergebnis in R18 speichert. Der unmittelbare Wert wird als Maskenwert verwendet, um das untere Nibble des Wertes in R18 zu setzen, während das obere Nibble von R18 unverändert bleibt.

Wenn ein Maskenwert mit ORI verwendet wird, führen alle Bits des Maskenwerts, die 1 sind, zu einer Ausgabe von 1. Alle Bits im Maskenwert, die 0 sind, lassen die entsprechenden Bits in der Eingangszahl unverändert. Im folgenden Beispiel wird 0b0000_1111 als Maskenwert mit 0b1001_0101 verODERt.

```
   0b1001_0101
OR 0b0000_1111
 = 0b1001_1111
```

Beachten Sie, dass das Ergebnis der ODER-Operation 0b1001_1111 ist. Das obere Halbbyte des Ergebnisses ist das gleiche wie das obere Halbbyte der oberen Zahl. Das liegt daran, dass es mit dem oberen Nibble des Maskenwerts, der nur Nullen enthält, ODER-verknüpft wurde und daher das obere Nibble der ersten Zahl unverändert lässt.

Das untere Nibble des Ergebnisses enthält nur Einsen, weil der Maskenwert nur Einsen enthält. Das liegt daran, dass alles, was mit 1 verODERt wird, immer zu 1 wird. Ein Maskenwert in Kombination mit der ODER-Operation wird häufig verwendet, um ein oder mehrere Bits zu setzen, während andere unverändert bleiben.

7.4.3 Logisches Exklusiv-ODER

Abbildung 7.3 zeigt die Wahrheitstabelle für die Exklusiv-ODER (EOR) Verknüpfung und ein Beispiel für ihre Anwendung auf zwei 8-Bit-Register. Wie bei den logischen Operationen AND und OR führt das EOR eine bitweise logische Verknüpfung jedes Bits der Zahl in einem Register mit dem entsprechenden Bit einer Zahl in einem zweiten Register durch. Die Exklusiv-ODER-Verknüpfung von zwei Eingangsbits mit gleichem Wert ergibt immer 0, wie in der Wahrheitstabelle zu sehen ist. Die Exklusiv-ODER-Verknüpfung von zwei Bits mit unterschiedlichen Werten ergibt 1.

EOR Truth Table

Inputs		Output
A	B	Z
0	0	0
0	1	1
1	0	1
1	1	0

Bitwise EOR of Two Registers

A	1	1	0	0	0	1	0	1
	EOR	EOR	EOR	EOR	EOR	EOR	EOR	EOR
B	1	0	0	1	0	1	1	1
	↓	↓	↓	↓	↓	↓	↓	↓
Z	0	1	0	1	0	0	1	0

Abbildung 7.3: EOR-Wahrheitstabelle mit Beispiel für Bitwise EOR-Verknüpfung

Der AVR-Befehlssatz enthält einen exklusiven OR-Befehl, EOR (Logical Exclusive OR), der die Werte in zwei Registern miteinander exklusiv verODERt. Der folgende Code demonstriert die Verwendung des EOR-Befehls.

```
test_asm : main.asm - EOR example
    ldi         r16, 0b1100_0101
    ldi         r17, 0b1001_0111
    eor         r16, r17
    ldi         r18, 0b0000_0001
    ldi         r19, 0b0000_0001
loop:
    eor         r18, r19            ; Toggle bit in R18
    rjmp        loop
```

Im obigen Code implementieren die ersten drei Befehle die beispielhafte bitweise EOR-Operation aus Abbildung 7.3. Überprüfen Sie den Code und vergleichen Sie das Ergebnis mit dem, was in der EOR-Wahrheitstabelle erwartet wird. Wie man sieht, wird der Wert in R16 mit dem Wert in R17 EOR-verknüpft und das Ergebnis wieder in R16 gespeichert.

Exklusiv-ODER wird oft verwendet, um ein Bit zu invertieren. Ein Bit invertieren bedeutet, seinen Zustand zu ändern. Wenn ein Bit den Wert 0 hat und invertiert wird, hat es anschließend den Wert 1. Wenn ein Bit den Wert 1 hat und invertiert wird, hat es anschließend den Wert 0. Im zweiten Teil des obigen Codes werden R18 und R19 beide mit 0b0000_0001 geladen - mit anderen Worten, das niedrigstwertige Bit jedes Registers wird gesetzt. Dann wird eine EOR-Operation mit den beiden Registern innerhalb einer Schleife durchgeführt. Jedes Mal, wenn der EOR-Befehl im Debugger übersprungen wird, wird das LSB von R18 kontinuierlich von 1 auf 0 oder von 0 auf 1 umgeschaltet. Gehen Sie mit Step Over durch den Code und überprüfen Sie, ob das LSB von R18 umschaltet.

7.5 Sonstige arithmetische und logische Befehle

In diesem Kapitel haben wir uns einige der grundlegenden arithmetischen und logischen Befehle des AVR-Befehlssatzes angesehen. DEC (Decrement) ist zusammen mit arithmetischen und logischen Befehlen in der Zusammenfassung des Befehlssatzes in den AVR ATtiny Datenblättern zu finden. DEC wurde im LED-Blinkprogramm als Teil der Delay Subroutine verwendet. INC (Increment) ist das Gegenstück zu DEC, das einfach den Wert in einem Register um eins erhöht. Weitere arithmetische und logische Befehle, die im AVR zur Verfügung stehen, sowie eine Beschreibung ihrer Funktionen finden Sie in der Zusammenfassung des Befehlssatzes und im *AVR Instruction Set Manual*. Wir werden uns einige dieser anderen Befehle später in diesem Buch ansehen, aber jetzt schauen Sie sich erst einmal die Befehle an, die Sie interessieren.

7.6 Zusammenfassung

- Vorzeichenbehaftete Zahlen in AVR-Mikrocontrollern werden im 2er-Komplement-Format gespeichert.
- AVR-Mikrocontroller verfügen über arithmetische Befehle für Addition und Subtraktion.
- Flags (Flaggen) im Statusregister werden je nach Ergebnis einer arithmetischen oder logischen Operation gesetzt oder gelöscht.
- Wenn das Ergebnis einer arithmetischen Operation zu groß ist, um es in einem 8-Bit-Register zu speichern, wird das Carry-Flag im Statusregister gesetzt.
- Logikbefehle führen bitweise logische Operationen mit Registern untereinander oder mit Registern und konstanten Daten gemäß ihren Wahrheitstabellen durch.
- AVR-Mikrocontroller verfügen über die logischen Befehle AND, OR und EOR.
- Der Abschnitt Instruction Set Manual im Datenblatt eines AVR-Mikrocontrollers listet alle Befehle auf, die in dem betreffenden AVR-Typ implementiert sind.
- Eine detaillierte Beschreibung der arithmetischen, logischen und anderen AVR-Befehle finden Sie im AVR Instruction Set Manual.

Kapitel 8 • Programmierung der AVR I/O Ports

On-Chip-Peripheriekomponenten wie I/O-Ports und Timer werden bei AVR-Mikrocontrollern über die I/O-Register gesteuert, die als 64 8-Bit-Register gruppiert und im Abschnitt "*Register Summary*" des Datenblatts zu finden sind. Eine detaillierte Beschreibung dieser Register finden Sie in den entsprechenden Abschnitten des Datenblatts, wie z.B. im Abschnitt *I/O Ports* zur Steuerung von Pins auf einem AVR und im Abschnitt *8-bit Timer/Counter0 with PWM* für Details zur Steuerung des Timers/Counters und seiner PWM-Funktionen.

Dieses Kapitel behandelt die I/O-Ports als Einführung in Handhabung der Peripheriekomponenten des ATtiny13(A) und der ATtiny25/45/85-Reihe. Andere Peripheriekomponenten werden in späteren Kapiteln dort behandelt, wo sie verwendet werden.

In diesem Kapitel

- Befehle für den Zugriff auf I/O-Register
- Programmierung von I/O-Anschlüssen als Ausgänge
- Details zum Port-Register
- Disassemblierung von C-Code
- Drei Möglichkeiten, eine LED mit einem AVR umzuschalten
- Konfigurieren von I/O-Ports als Eingänge

8.1 Befehle für den Zugriff auf I/O-Register

Mehrere Befehle aus dem AVR-Befehlssatz dienen dem Zugriff (Lesen und Schreiben) auf die 64 I/O-Register. Befehle wie IN und OUT können zum Lesen und Schreiben zwischen den Registern R0 bis R31 und jedem der 64 I/O-Register verwendet werden. Da die I/O-Register im Datenbereich abgebildet sind, kann auf sie auch mit Befehlen wie LDS (Load Direct from Data Space) und STS (Store Direct to Data Space) zugegriffen werden. Befehle zum Setzen und Löschen von Bits und zum Testen des Status von Bits sind ebenfalls verfügbar.

8.1.1 Lesen und Schreiben von I/O-Registern mit IN und OUT

Der IN-Befehl wird verwendet, um einen Wert aus einem I/O-Register zu lesen, und der OUT-Befehl wird verwendet, um einen Wert in ein I/O-Register zu schreiben. Die Bezeichnungen IN und OUT sind also aus Sicht der Arbeitsregister zu verstehen, nicht aus Sicht der I/O-Register!

8.1.1.1 Der IN-Befehl

Der Befehl IN (Load an I/O Location to Register) wird verwendet, um ein I/O-Register zu lesen und dessen Inhalt in die Register R0 bis R31 zu übertragen. Um zum Beispiel das PINB-I/O-Register in R16 zu lesen, kann der folgende Code verwendet werden.

```
        in      r16, 0x16
```

Im Abschnitt *Registerübersicht* des Datenblatts finden Sie das PINB-Register und seine Adresse 0x16. Glücklicherweise enthalten Microchip Studio Assembler-Projekte automatisch eine Datei mit Definitionen für die I/O-Register. Das bedeutet, dass man auf die Register zugreifen kann, indem man ihre Namen und nicht ihre Adressen in Assemblerprogrammen verwendet. Die obige Codezeile kann wie folgt geschrieben werden, wobei der Registername anstelle der Adresse verwendet wird:

```
    in      r16, PINB
```

Microchip Studio, z.B. das Projekt test_asm, das wir zum Testen von Codeschnipseln verwendet haben. Erweitern Sie in Microchip Studio die Dependencies im Solution-Explorer oben rechts in Microchip Studio, indem Sie auf das kleine Dreieck links daneben klicken. Das Dreieck ist nur sichtbar, wenn das Projekt erfolgreich erstellt wurde. Doppelklicken Sie auf die Datei unter Dependencies, die mit der Endung .inc-Erweiterung endet. Wenn zum Beispiel ein ATtiny45 in einem Projekt ausgewählt ist, lautet der Name der Datei tn45def.inc, wie in Abbildung 8.1 gezeigt. Nach dem Öffnen der Definitionsdatei, blättern Sie durch die Datei, um alle Register und andere Definitionen zu sehen. Einige der Registerdefinitionen sind in Abbildung 8.1 zu sehen, darunter die Definition für das PINB-Register an Adresse 0x16.

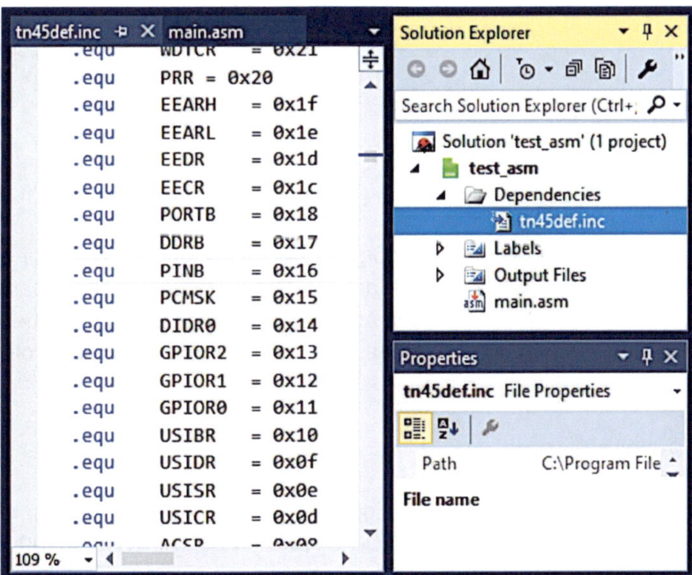

Abbildung 8.1: Definition File in Microchip Studio öffnen

8.1.1.2 Der OUT-Befehl

OUT (Store Register to I/O Location) schreibt Daten aus einem der Register R0 bis R31 in ein I/O-Register. Um mit dem OUT-Befehl einen Wert in ein I/O-Register zu schreiben, muss zunächst ein Wert in ein Arbeitsregister (R0 bis R31) geladen und dann das Register mit OUT in das I/O-Register geschrieben werden. Um einen konstanten Wert in ein I/O-Register zu laden, muss der Wert zunächst mit dem LDI-Befehl in ein Register geladen werden. Eine Konstante direkt in ein I/O-Register zu laden ist bei AVRs nicht möglich. Beachten Sie, dass der LDI-Befehl nur auf die Register R16 bis R31 wirkt. Der folgende Code zeigt, wie ein konstanter Wert mit OUT in ein I/O-Register geschrieben wird.

```
ldi r16,  0x1A
out DDRB, r16
```

Im obigen Code wird der konstante Wert 0x1A in R16 geladen. Der Inhalt von R16, der jetzt 0x1A ist, wird mit dem OUT-Befehl in das DDRB-Register geschrieben. Wie in Abbildung 8.1 zu sehen ist, ist DDRB als 0x17 definiert. Auch hier macht die Verwendung des Namens DDRB den Code leichter lesbar als die direkte Verwendung der Adresse von DDRB, die 0x17 ist.

8.1.2 I/O-Register-Bit-Manipulation und -Test

Zwei Befehle können Bits direkt in I/O-Registern setzen und löschen, aber nur bei Registern an den Adressen 0x00 bis 0x1F (0 bis 31). Diese Befehle sind SBI (Bit in I/O-Register setzen) und CBI (Bit in I/O-Register löschen). Diese beiden Befehle wurden im LED-Blinkprogramm am Anfang dieses Buchs verwendet, um ein Bit im PORTB I/O-Register zu setzen und zu löschen. Dadurch wurde die am entsprechenden Pin angeschlossene LED ein- und ausgeschaltet. Der folgende Code stammt aus dem LED-Blinkprogramm und setzt und löscht das Bit PORTB4, d.h. Bit 4 im PORTB-Register, unter Verwendung der Befehle SBI und CBI.

```
sbi       PORTB,  PORTB4
rcall     delay
cbi       PORTB,  PORTB4
recall    delay
```

Die Register- und Bitdefinitionen, die im obigen Code verwendet werden, sind in der Definitionsdatei zu finden, z.B. in der Datei tn45def.inc. Die erste Codezeile im obigen Ausschnitt verwendet beispielsweise PORTB mit der Adresse 0x18 und die Bitdefinition PORTB4, die in der Datei .inc den Wert 4 hat. Die erste Codezeile könnte daher wie folgt geschrieben werden:

```
sbi    0x18, 4
```

Es stehen auch zwei Befehle zur Verfügung, um den Zustand eines Bits in einem Register zu prüfen. Diese Befehle wirken nur auf I/O-Register an den Adressen 0x00 bis 0x1F (0 bis 31). SBIS (Skip if Bit in I/O Register is Set) testet ein Bit in einem I/O-Register und überspringt den nächsten Befehl, wenn das Bit gesetzt ist. SBIC (Skip if Bit in I/O Register is Cleared) testet ein Bit in einem I/O-Register und überspringt den nächsten Befehl, wenn das Bit gelöscht ist. Diese Befehle können verwendet werden, um in einem Programm Entscheidungen zu treffen, die vom Zustand eines bestimmten Bits abhängen. Wir werden diese Befehle später in diesem Kapitel verwenden, um den Zustand eines Schalters zu lesen, der mit einem der Mikrocontroller-Pins verbunden ist.

8.1.3 Zugriff auf I/O-Register als Datenspeicher

Drei "Load"-Befehle stehen zur Verfügung, um Daten aus beliebigen I/O-Registern in die Registerbank R0 bis R31 unter Verwendung ihrer Adressen im Datenspeicher zu übertragen. Diese Befehle sind LD, LDS und LDD, die zum Lesen eines beliebigen I/O-Registers verwendet werden können. Tatsächlich können diese Befehle von jeder Adresse im Datenbereich lesen, einschließlich Arbeitsregister (R0 bis R31), I/O-Register und SRAM. ST, STS und STD sind "Speicher"-Befehle, mit denen ein Byte aus den Registern R0 bis R31 unter einer beliebigen Adresse im Datenspeicher, einschließlich Arbeitsregister (R0 bis R31), I/O-Register und SRAM, gespeichert wird.

Bei Verwendung der oben genannten Lade- und Speicherbefehle ist es notwendig, 0x20 zur Adresse des I/O-Registers, auf das zugegriffen wird, zu addieren. Schauen Sie sich die AVR-Speicherübersicht in Kapitel 5, Abbildung 5.3 in Abschnitt 5.3 an und beachten Sie, dass die 64 I/O-Register im Datenspeicherbereich bei Adresse 0x0020 beginnen. Schauen Sie sich nun die gleichen Register in der *Registerübersicht (Register Summary)* des ATtiny13(A) oder ATtiny25/45/85 Datenblatts an. Sie sehen, dass dieselben Register an der Adresse 0x00 beginnen (0x00 befindet sich am unteren Ende der Registerübersichtstabelle). Wenn sie mit IN und OUT verwendet werden, haben diese I/O-Register Adressen, die mit 0x00 beginnen. Da diese Register auch im Datenspeicher abgebildet sind, muss der Zugriff auf sie über die Datenspeicheradressen erfolgen, wenn Lade- und Speicherbefehle verwendet werden, die mit der Adresse 0x0020 beginnen. Das ist der Grund dafür, dass 0x20 zu diesen Adressen hinzugefügt werden muss. Wir können davon ausgehen, dass es im AVR separate Steuerleitungen gibt, die je nach ausgeführtem Befehl aktiviert werden. Wenn IN oder OUT ausgeführt werden, wird auf die I/O-Register an 0x00 bis 0x3F zugegriffen. Wenn Lade- und Speicherbefehle ausgeführt werden, ermöglichen unterschiedliche Steuerleitungen den Zugriff auf I/O-Register im Datenspeicherbereich. In den Datenblättern einiger ATtiny-Bauteile sind die beiden unterschiedlichen Adressen der I/O-Register im Abschnitt *Registerübersicht* aufgeführt, wobei die Adressen bei 0x0020 in Klammern beginnen. Eine I/O-Registeradresse im Bereich von 0x00 bis 0x3F ist bekannt als eine Kurzadresse oder direkte I/O-Adresse bezeichnet. Für den gesamten Datenspeicherbereich mit I/O-Registern, die bei 0x0020 in diesem Bereich beginnen, wird eine Adresse als lange Adresse oder Datenadresse bezeichnet.

Diese unterschiedliche Zählweise mag etwas verwirrend sein, sie ermöglicht aber bei den Befehlen IN und OUT eine Adressierung über weniger Bits und damit sowohl Einsparungen von Programmspeicher als auch eine schnellere Abarbeitung dieser Befehle. In der Registerübersicht im Datenblatt sind die Register mit der Adresse 0x00 am unteren Ende und von unten nach oben ansteigenden Adressen dargestellt, während in der Speicherübersicht die I/O-Register bei Adresse 0x0020 beginnen und die Adressen von oben nach unten ansteigen. Es macht keinen Unterschied, ob die Adressen von oben nach unten oder von unten nach oben dargestellt werden, es zählt nur die tatsächliche Adresse eines Registers.

8.2 I/O-Anschlüsse

I/O-Ports steuern die Pins eines AVR-Mikrocontrollers und ermöglichen die individuelle Konfiguration der Pins als Eingangs- oder Ausgangspins. I/O-Ports werden über einen Satz von vier Registern konfiguriert und gesteuert. Wenn ein Pin als Eingang konfiguriert ist, kann ein auf dem AVR laufendes Programm den Logikpegel des Pins lesen. Wenn ein Schalter an den Pin angeschlossen ist, kann der Logikpegel am Pin gelesen werden, um festzustellen, ob der Schalter offen oder geschlossen ist. Wenn ein Pin als Ausgangspin konfiguriert ist, kann er verwendet werden, um den Logikpegel des Pins HIGH (auf Logikpegel 1) oder LOW (auf Logikpegel 0) zu schalten. Ein Ausgangspin kann verwendet werden, um eine LED anzusteuern, wie es im LED-Blinkprojekt geschehen ist.

8.2.1 Konfigurieren von I/O-Pins als Ausgänge in Assembler

In diesem Abschnitt sehen wir uns an, wie man mehr als einen Pin als Ausgang konfiguriert, um einen 8-poligen ATtiny mit fünf LEDs zu verbinden, die mit Serienwiderständen an die Pins angeschlossen sind. Der Code wird verwendet, um die LED-Anzeige eines 5-Bit-Binärzählers zu konfigurieren, der von Null an aufwärts zählt.

8.2.1.1 8-polige ATtiny-Schaltung mit fünf LEDs

Abbildung 8.2 zeigt den Schaltplan eines ATtiny13(A) oder ATtiny25/45/85 AVR-Mikrocontrollers mit fünf LEDs, die an die I/O-Pins PB0 bis PB4 angeschlossen sind.

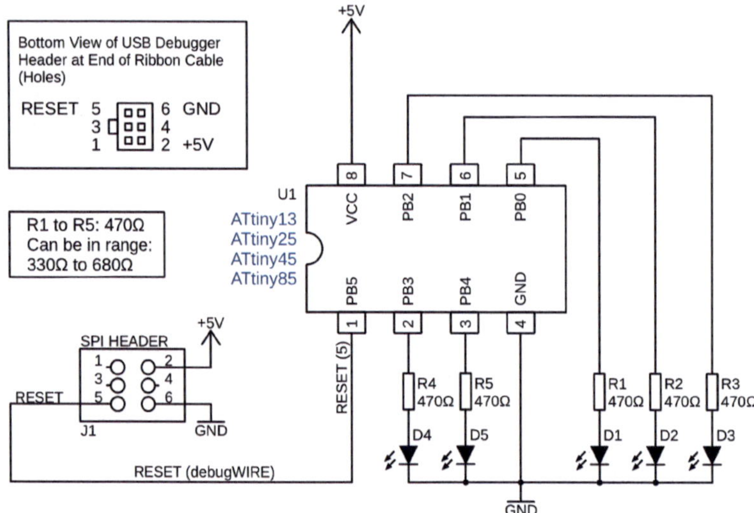

Abbildung 8.2: Schaltbild des Zählers mit 5 LEDs

8.2.1.2 Programmieren eines ATtiny über debugWIRE oder ISP/SPI

Der Pin PB5 des ATtiny-Mikrocontrollers in der Schaltung von Abbildung 8.2 wird als debugWIRE-Pin zum Programmieren und Debuggen des Mikrocontrollers verwendet. Denken Sie daran, dass für diese Konfiguration ein Programmer-/Debugger, wie z.B. ein Atmel-ICE oder ein AVR Dragon, verwendet werden muss.

Ein USB-Programmiergerät, das nur programmiert, funktioniert nicht im debugWIRE-Modus und kann kein Debugging durchführen. **Zur Erinnerung: Setzen Sie die DWEN-Fuse nicht mit einem reinen Programmiergerät, da dieses den AVR nicht aus dem DebugWIRE-Modus zurückholen kann**. Den DebugWIRE-Modus wählen wir hier, um die anderen Pins des AVRs freizugeben, die sonst im ISP/SPI-Programmiermodus verwendet werden.

Reine Programmiergeräte

USB-Programmiergeräte mit reiner Programmierfunktion können mit der Schaltung in Abbildung 8.2 verwendet werden, um das folgende Beispielprogramm zu laden und den Zählwert auf den LEDs anzuzeigen. Betrachten Sie im Anhang B die Abbildung B.1 für den Anschluss eines USBasp, USBtinyISP oder Arduino Uno als ArduinoISP-Programmiergerät an die Schaltung und verdrahten Sie dann die LEDs wie in Abbildung 8.2 und Abbildung 8.3 gezeigt. Das ursprüngliche USBasp-Design und das ursprüngliche USBtinyISP-Design haben beide Schutzwiderstände auf den Leitungen, die von diesen Programmiergeräten ausgehen, um sie und den AVR zu schützen. Der Arduino Uno, der als ArduinoISP programmiert wird, hat keine Schutzwiderstände, aber diese können auf der MOSI-Leitung und der SCK-Leitung hinzugefügt werden, die zum AVR führen. 270Ω Schutzwiderstände werden im Original-USBasp-Design verwendet und sind auf den MOSI-, SCK- und RESET-Leitungen platziert. 1K5-Widerstände werden auf den MOSI- und RESET-Leitungen des ursprünglichen USBtinyISP-Designs verwendet. Die Schutzwiderstände verhindern einen Kurzschluss, falls einer der AVR-Pins eine Ausgangsspannung liefert, während das Programmiergerät eine Ausgangsspannung mit entgegengesetzter Polarität ausgibt.

Hardware-Peripheriekomponenten, die die Programmierung beeinträchtigen

Die Schaltung in Abbildung 8.2 kann zwar über die ISP/SPI-Schnittstelle mit den LEDs und Vorwiderständen programmiert werden, aber andere angeschlossene Hardware könnte die Programmierung stören. Für dieses Problem gibt es einige Lösungen. Natürlich können Leser, die einen debugWIRE-fähigen USB-Programmer/Debugger, wie z.B. den Atmel-ICE, besitzen, den AVR einfach in den debugWIRE-Modus versetzen und so nur einen Pin für die Programmierung verwenden. Eine andere Lösung ist es, den AVR auf einem anderen Breadboard mit ISP/SPI zu programmieren und ihn dann erst an die Zielschaltung anzuschließen.

Alternativ kann auch ein AVR mit mehr Pins verwendet werden, aber die freien Port-Pins stimmen nicht immer mit den gleichen Pins des gleichen Ports eines 8-Pin-PDIP-ATtiny überein. Wenn man z.B. die Portpins PB0 bis PB4 verwendet, wie es die Schaltung in Abbildung 8.2 tut, sind bei den 14-poligen ATtiny24/44/84-AVRs nicht fünf aufeinanderfolgende freie Pins verfügbar, weil ISP/SPI sowohl Pins von Port A als auch von Port B belegt. Beim 20-poligen ATtiny26/261/461/861 ist der gesamte Port A frei, wenn ein ISP/SPI-Programmiergerät angeschlossen ist, aber das bedeutet, dass die Software geändert werden muss, um Port A statt Port B zu verwenden. Beim 20-poligen ATtiny2313/4313 sind die Pins PB0 bis PB4 frei, wenn ein ISP/SPI-Programmiergerät angeschlossen ist. Anhand der Schaltungen in Anhang B können Sie sehen, welche Pins bei den verschiedenen PDIP ATtiny-MCUs frei sind, wenn ein ISP/SPI-Programmiergerät angeschlossen ist.

Den AVR in den debugWIRE Modus versetzen

Damit der Mikrocontroller mit einer einzigen debugWIRE-Leitung programmiert werden kann, wie in Abbildung 8.2 gezeigt, müssen zunächst alle ISP-Header-Leitungen vom USB-Programmer/Debugger an den Mikrocontroller angeschlossen und dann die DWEN Fuse des AVRs gesetzt werden, um ihn in den DebugWIRE Modus zu versetzen. Wenn Sie dieses Buch von Anfang an bis hierher gelesen und die Übungen ausgeführt haben, dann befindet sich Ihr AVR im debugWIRE Modus. Wenn nicht, schließen Sie Ihren Programmer/

Debugger, wie z.B. einen Atmel-ICE oder AVR Dragon, an den AVR an, wie in Abbildung 2.1 bis Abbildung 2.3 in Kapitel 2 gezeigt. Befolgen Sie die Anweisungen in Abschnitt 3.6.2 in Kapitel 3, um die DWEN-Fuse zu setzen. Sobald die DWEN-Fuse programmiert ist, können alle ISP-Header-Verbindungen aus der Schaltung entfernt werden, mit Ausnahme von RESET, +5V (Vcc) und GND, wie in Abbildung 8.2 gezeigt.

8.2.1.3 Aufbau der 5 LED ATtiny-Schaltung auf dem Breadboard

Wenn Sie die Hardware haben, dann bauen Sie die Schaltung aus Abbildung 8.2 auf einem Breadboard auf. Achten Sie darauf, dass die fünf LEDs in einer Reihe auf dem Breadboard eingesteckt werden, wobei die Pins PB0 bis PB4 in der Reihenfolge von rechts nach links angeschlossen werden. Die LED D1 befindet sich dann auf der rechten Seite der Reihe und D5 auf der linken Seite. Mit anderen Worten, wir wollen eine einzige LED-Reihe, bei der PB0 mit der LED rechts verbunden ist, PB1 mit der LED links daneben, PB2 mit der LED an dritter Stelle von rechts usw., wie im Breadboard-Layout in Abbildung 8.3 zu sehen. Die Abbildung zeigt nur die Umrisse der LEDs, damit sie nicht die Sicht auf die Drahtverbindungen und Widerstände versperren. Wenn Sie nicht über die entsprechende Hardware verfügen, können Sie die Programme mit dem Simulator verfolgen, wie wir es in den vorherigen Kapiteln getan haben.

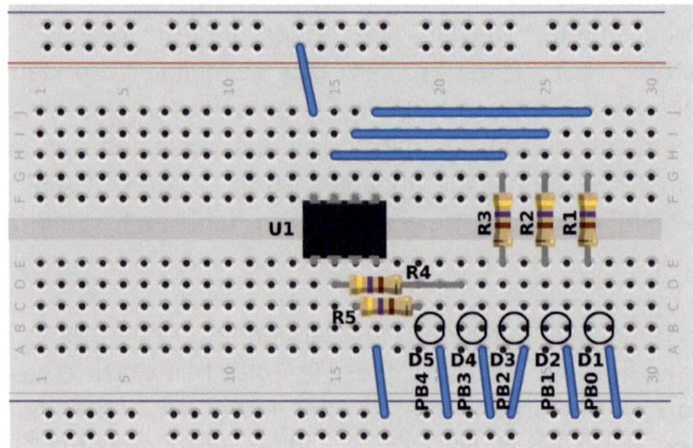

Abbildung 8.3: Breadboard-Aufbau des Zählers mit 5 LEDs

8.2.1.4 Assemblercode für den 5-LED-Zähler

Starten Sie ein neues Microchip Studio AVR Assembler Projekt mit dem Namen **led_count_asm**. Blättern Sie dazu gegebenenfalls zu Abschnitt 2.3.1 in Kapitel 2 zurück. Geben Sie den folgenden Code aus dem led_count_asm Listing in die main.asm des Projekts ein und ersetzen Sie dabei das Code-Gerüst dieser Datei.

led_count_asm : main.asm

```
; Set up pins PB0 to PB4 as output pins
    ldi     r16, 0b0001_1111
    out     DDRB, r16
    clr     r18                 ; Clear count register
loop:
    out     PORTB, r18          ; Display count on LEDs
```

```
    rcall   delay
    inc     r18              ; Increment count
    andi    r18, 0b0001_1111 ; Clear unused bits
    rjmp    loop

; Delay subroutine
delay:
    ldi     r16, 0xff
delloop1:
    ldi     r17, 0xff
delloop2:
    dec     r17
    brbc    SREG_Z, delloop2
    dec     r16
    brbc    SREG_Z, delloop1
    ret
```

8.2.1.5 Auswahl des Debuggers oder Simulators

Wenn Sie die Hardware aus Abbildung 8.2 verwenden, wählen Sie das Tool (Ihren Debugger), z.B. Atmel-ICE, in Microchip Studio mit debugWIRE als Schnittstelle, indem Sie auf das Hammersymbol in der zweiten oberen Symbolleiste klicken. Wenn Sie den Simulator verwenden, wählen Sie stattdessen Simulator als Werkzeug. Wenn Sie einen Hobby-Programmer verwenden, lesen Sie weiter, bis Sie aufgefordert werden, das Programm in den ATtiny zu laden.

8.2.1.6 Was der LED Count Assembler Code macht

Das Programm led_count_asm konfiguriert die Pins PB0 bis PB4 als Ausgangspins, so dass die an diesen Pins angeschlossenen LEDs durch das Programm ein- und ausgeschaltet werden können. Das Programm zeigt aufeinander folgende Binärzahlen über die LEDs an, beginnend bei 0 (alle LEDs aus). Wenn der Zählwert seinen Maximalwert erreicht (alle LEDs an), springt er auf Null zurück und beginnt wieder von vorne. Dieser Zählwert ist derselbe wie der binäre Zählwert in Tabelle 4.1 in Abschnitt 4.1.1 aus Kapitel 4, außer dass die Schaltung einen 5-Bit-Zählwert anstelle des in der Tabelle angegebenen 4-Bit-Zählwerts anzeigt. Jede ausgeschaltete LED steht für eine binäre Nullstelle oder logischen 0-Pegel, und jede eingeschaltete LED steht für eine binäre Einerstelle oder logischen 1-Pegel. Es ist wichtig, die LEDs wie in Abbildung 8.3 gezeigt anzuordnen, damit die Zählung korrekt angezeigt wird, wobei PB0/D1 das LSB und PB4/D5 das MSB des Zählwerts darstellt.

8.2.1.7 Erstellen und Ausführen des Programms

Erstellen Sie das Programm und laden Sie es in den AVR, wenn Sie die Hardware aus den Abbildungen 8.2 und 8.3 verwenden. Wenn Sie einen Atmel-ICE oder AVR Dragon verwenden, benutzen Sie das Symbol Start Without Debugging in der oberen Symbolleiste von Microchip Studio oder die Tastenkombination Ctrl + Alt + F5, um das Programm in den AVR zu laden. Wenn die Debugger-Schnittstelle korrekt eingerichtet ist und der Chip sich im DebugWIRE-Modus befindet, wird das Programm geladen und beginnt zu laufen. Die aufsteigenden Binärzahlen werden auf den LEDs angezeigt. Wenn Sie ein reines USB-Programmiergerät, wie z.B. ein Hobby-Programmiergerät, benutzen, laden Sie das Programm in den Ziel-AVR, indem Sie die Schaltfläche verwenden, die Sie in Anhang A eingerichtet haben. Wenn das Programm richtig eingegeben wurde, die Schaltung richtig verdrahtet wurde und das Programm nach der Eingabe gespeichert und erstellt wurde, sehen Sie den binären Zählwert auf den LEDs aufwärts zählen.

Wenn Sie nicht über die physische Hardware verfügen, können Sie den Zählwert trotzdem mit dem Simulator in Microchip Studio sehen. Das Programm kann mit Hilfe des Symbols Start Debugging and Break durchlaufen werden, wie wir es in früheren Simulator-Beispielen getan haben. Wenn der Simulator gestartet ist, öffnen Sie das I/O-Fenster im Top-Menü mit Debug ▶ Windows ▶ I/O, und klicken Sie dann auf das Element I/O Port (PORTB). Zur Erinnerung siehe Abschnitt 3.6.1 und Abbildung 3.3 in Kapitel 3. Gehen Sie durch das Programm mit Hilfe des Symbols Step Over oder der F10-Taste. Schauen Sie sich das Element PORTB am unteren Rand des I/O-Fensters an, um den Zählwert zu sehen, der auf den LEDs angezeigt werden würde, wenn sie angeschlossen wären. Der Zählerstand wird in PORTB jedes Mal aktualisiert, wenn der OUT-Befehl in der Hauptschleife übersprungen wird.

8.2.1.8 Funktionsweise des LED Count Assembler Programms

Die Hälfte des Programmcodes von led_count_asm besteht aus dem gleichen Verzögerungs-Unterprogramm, das auch im LED-Blinkprogramm aus Abschnitt 2.3.2 in Kapitel 2 verwendet wurde. Diese Subroutine wird einmal in der Hauptschleife des Programms aufgerufen, damit die Zählung der LEDs verlangsamt und damit für das Auge sichtbar wird. Öffnen Sie das Projekt led_count_asm in Microchip Studio und den Code von main. asm, während Sie die folgenden Erläuterungen zum Code verfolgen. So können Sie den Code leicht sehen, während Sie in diesem Buch blättern. Die ersten beiden Befehle des Programms konfigurieren die Pins PB0 bis PB4 als Ausgangspins zur Ansteuerung der LEDs durch Setzen der korrespondierenden Bits im DDRB-Register. Abbildung 8.4 zeigt das DDRB-Register im oberen Teil der Abbildung. Jedes Bit in diesem Register entspricht einem Pin auf dem Mikrocontroller, zum Beispiel entspricht das Bit DDB0 dem Pin PB0, DDB1 dem Pin PB1 und so weiter. Wenn ein Bit in DDRB auf logisch 1 gesetzt wird, wird der entsprechende Pin zu einem Ausgangspin. Wenn ein Bit in DDRB auf logisch 0 gesetzt wird, wird der entsprechende Pin zu einem Eingangs-Pin, was die Standardkonfiguration aller Pins beim Einschalten oder nach einem Reset ist. Am Anfang des Programms wird zunächst 0b0001_1111 in das Register R16 geschrieben und dann mit dem OUT-Befehl von R16 in das DDRB-Register. Es ist notwendig, den konstanten Wert zuerst in R16 zu laden, da es keinen Befehl gibt, um einen konstanten Wert direkt in ein I/O-Register wie DDRB zu schreiben. Das Schreiben von 0b0001_1111 in DDRB setzt die Bits DDB0 bis DDB4 und macht die Pins PB0 bis PB4 zu Ausgangspins.

DDRB : Port B Data Direction Register. Configures pin direction: 0 = Input, 1 = Output.
Address: 0x17 **Initial Value:** 0b0000_0000 **Bits 5 to 0:** Read/Write (R/W)

7	6	5	4	3	2	1	0
–	–	DDB5	DDB4	DDB3	DDB2	DDB1	DDB0

PORTB : Port B Data Register. Drives output pins. Enables input pin pull-ups with logic 1.
Address: 0x18 **Initial Value:** 0b0000_0000 **Bits 5 to 0:** Read/Write (R/W)

7	6	5	4	3	2	1	0
–	–	PORTB5	PORTB4	PORTB3	PORTB2	PORTB1	PORTB0

PINB : Port B Input Pins Register. Read input pin state. Write logic 1 to toggle output pin.
Address: 0x16 **Initial Value:** Depends on level on pin. **Bits 5 to 0:** Read/Write (R/W)

7	6	5	4	3	2	1	0
–	–	PINB5	PINB4	PINB3	PINB2	PINB1	PINB0

Abbildung 8.4: ATtiny13(A) und ATtiny25/45/85 I/O Port Register

Obwohl es vier Register zur Steuerung des I/O-Anschlusses B gibt, sind in Abbildung 8.4 nur drei dargestellt. Das vierte Register, MCUCR, hat nur ein Bit, das für den Anschluss B gilt. Dieses Bit ist ein globales Pull-up-Sperrbit, das wir in diesem Kapitel nicht verwenden. Dieses Register ist in der *Registerbeschreibung* des Datenblatts im Abschnitt *I/O-Ports zu* finden.

R18 enthält den aufsteigenden Zählwert, der auf den LEDs angezeigt wird. R18 wird vor der Hauptschleife mit CLR (clear) auf 0 gesetzt, so dass die Zählung bei 0 beginnt. In der Hauptschleife wird der Inhalt von R18 mit dem OUT-Befehl an das PORTB-Register gesendet. Das PORTB-Register ist in der Mitte von Abbildung 8.4 zu sehen. Auch hier entspricht jedes Bit in diesem Register einem Pin des Mikrocontrollers. Bei Pins, die mit DDRB als Ausgangspins eingerichtet wurden, erscheinen die in das PORTB-Register geschriebenen Logikpegel an diesen Pins. An Pins, die als Eingänge eingerichtet wurden, aktiviert eine logische 1 in PORTB einen internen Pull-up-Widerstand. Eine logische 0 deaktiviert den Pull-up-Widerstand an dem entsprechenden Pin. Da die Pins PB0 bis PB4 als Ausgänge konfiguriert sind, geben sie den in PORTB geschriebenen Zählwert an die LEDs weiter. Eine logische 1 im Zählwert schaltet die entsprechende LED ein, eine 0 schaltet sie aus.

Nachdem der Zählwert mit dem OUT-Befehl in PORTB geschrieben wurde, wird das Verzögerungs-Unterprogramm aufgerufen, um den Zählwert eine Zeit lang auf den LEDs zu belassen. Das Register R18 wird dann mit dem Befehl INC um eins erhöht, so dass der Zählwert, den es enthält, inkrementiert wird. Mit ANDI werden die obersten drei Bits des Zählwerts in R18 gelöscht, und zwar mit einem Maskenwert von 0b0001_1111. Dadurch wird sichergestellt, dass diese oberen Bits immer Null sind. Am Anfang der Schleife, wenn R18 wieder nach PORTB geschrieben wird, werden die obersten drei Bits immer mit Null beschrieben, da sie mit ANDI gelöscht wurden. Wenn das Ende der Schleife mit dem RJMP-Befehl erreicht wird, beginnt die Programmausführung wieder am Anfang der Schleife, wobei der neue Zählwert in PORTB geschrieben und auf den LEDs angezeigt wird.

Bei diesem Programm sind einige Dinge zu beachten: Im Vergleich zum LED-Blinkprogramm aus Kapitel 2 werden in beiden Programmen die I/O-Register DDRB und PORTB zum Einrichten und Steuern von Port B des Mikrocontrollers verwendet. Das LED-Blinkprogramm muss nur einen einzigen Pin steuern und verwendet daher die SBI und CBI-Befehle, um ein einzelnes Bit in den I/O-Registern direkt zu setzen und zu löschen - keines der Arbeitsregister R0 bis R31 wird dafür benötigt. Das LED-Zählprogramm muss auf 5 LEDs oder Pins gleichzeitig zugreifen und verwendet daher den OUT-Befehl, um mehrere Bits in einem Register gleichzeitig zu schreiben.

In einem Assemblerprogramm ist es wichtig, die Verwendung von Registern im Auge zu behalten. Zum Beispiel wird zu Beginn des Programms eine Konstante in R16 geladen. R16 wird in diesem Fall nur vorübergehend benutzt und kann daher später im Programm verwendet werden, ohne dass sein Wert vorher gespeichert werden muss. Er wird im Unterprogramm delay wieder verwendet. Da R16 und R17 in der Verzögerungs-Subroutine verwendet werden, wird R18 für die Speicherung des Zählwerts gewählt und für nichts anderes verwendet. Dadurch wird sichergestellt, dass der Zählwert niemals überschrieben wird. Wenn ein Programm sehr groß wird und keine freien Register für spezielle Zwecke zur Verfügung stehen, können die Befehle PUSH und POP am Anfang und Ende eines Unterprogramms verwendet werden, um die Inhalte der verwendeten Register auf dem Stapelspeicher (Stack) zwischenzulagern.

8.2.1.9 Einen Break-Point im Debugger verwenden

Verwenden Sie entweder den Simulator allein oder die Hardware zusammen mit einem Debugger wie Atmel-ICE, um schrittweise durch das Programm zu gehen, indem Sie auf Start Debugging und Break klicken, wie wir es zuvor getan haben. Zeigen Sie die I/O-Port-Register an, indem Sie das I/O-Fenster in Microchip Studio öffnen. Wählen Sie bei laufendem Debugger Debug ▶ Windows ▶ I/O und klicken Sie dann im I/O-Fenster auf I/O Port (PORTB).

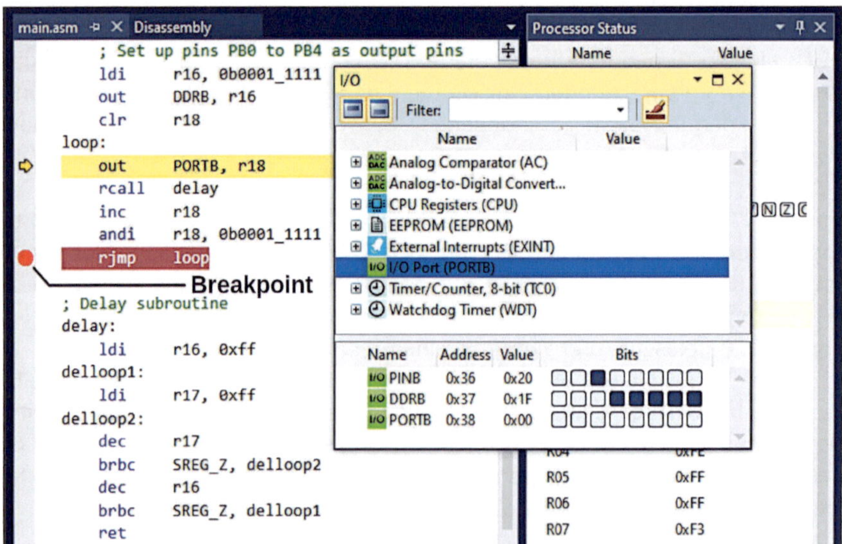

Abbildung 8.5: Breakpoint einfügen im Microchip Studio Debugger

Wenn die Programmausführung in die Hauptschleife eintritt, ist es praktisch, einen "Break-Point" (Haltepunkt) am RJMP-Befehl zu setzen und die gesamte Schleife auszuführen, indem Sie auf die Schaltfläche Continue in der Symbolleiste klicken (Tastaturtaste F5). Ein Break-Point kann auf den RJMP-Befehl gesetzt werden, indem Sie auf den grauen Bereich ganz links neben dem Befehl und im Microchip Studio-Fenster klicken. Dadurch wird ein roter Punkt in diesem Bereich platziert, der anzeigt, dass ein Break-Point für den Befehl gesetzt wurde (siehe Abbildung 8.5). Alternativ können Sie auch auf den Befehl klicken, für die Sie einen Break-Point setzen möchten, so dass der Cursor darauf platziert wird, und dann Debug ▶ Toggle Breakpoint aus dem oberen Menü wählen oder die F9-Tastaturtaste verwenden. Sobald der Break-Point gesetzt ist, verwenden Sie die Schaltfläche Continue in der Symbolleiste oder drücken Sie F5, um die gesamte Schleife zu durchlaufen und nur am Ende zu unterbrechen. Auf diese Weise können Sie sehen, wie sich der Zählerstand sowohl in PORTB im I/O-Fenster als auch im Register R18 im Prozessorstatusfenster um 1 erhöht, ohne dass Sie jeden Befehl in der Schleife einzeln durchgehen müssen.

Entfernen Sie den Break-Point vom RJMP-Befehl, indem Sie auf den roten Punkt links vom Befehl klicken, oder verwenden Sie das Menü oder F9, um den Break-Point zu deaktivieren, vorausgesetzt, der Cursor steht auf der RJMP-Befehlszeile. Setzen Sie einen Break-Point beim Befehl INC R18. Drücken Sie nun F5, um die Schleife zu durchlaufen. Der neue Break-Point stellt sicher, dass das PORTB-Register und R18 denselben Wert enthalten, wenn die Programmausführung beendet wird. Wenn die Programmausführung bei RJMP stoppt, wird R18 inkrementiert, bevor der neue Wert in PORTB geschrieben wird, so dass die beiden Werte in den Debugger-Fenstern von Microchip Studio nicht synchronisiert sind.

8.2.2 Konfigurieren von I/O-Pins als Ausgänge in C

Wir erstellen nun ein C-Code-Programm, äquivalent zum led_count_asm-Projekt und sehen uns das Assemblerprogramm an, das der Compiler erzeugt. Der Code ist sehr einfach und benutzt eine Bibliotheksfunktion zur Verzögerung anstelle einer vom Benutzer definierten Verzögerungsfunktion, genau wie das LED-Blink-C-Projekt aus Kapitel 2.

8.2.2.1 LED-Zählung C-Code

Starten Sie in Microchip Studio ein neues GCC C Executable Project mit dem Namen **led_count_c**. Sehen Sie gegebenenfalls noch einmal Abschnitt 2.4.1 in Kapitel 2 nach, wie Sie ein neues C-Projekt starten. Ersetzen Sie das Code-Gerüst in main.c des neuen Projekts durch den folgenden Code.

```
led_count_c : main.c
//#define F_CPU 1000000UL    // 1MHz default clock for ATtiny25/45/85
#define F_CPU 1200000UL      // 1.2MHz default clock for ATtiny13(A)
#include <avr/io.h>
#include <util/delay.h>
int main(void)
{
    uint8_t count = 0;                  // Clear count

    // Set up pins PB0 to PB4 as output pins
```

```
    DDRB = 0b00011111;

    while (1) {
        PORTB = count;              // Display count on LEDs
        _delay_ms(1000);
        count++;                    // Increment count
        count &= 0b00011111;        // Clear unused bits
    }
}
```

8.2.2.2 Funktionsweise des LED Count C-Programms

Wie led_blink_c aus Abschnitt 2.4.2 in Kapitel 2 definiert led_count den Wert von F_CPU, um die Verzögerungszeit der Funktion _delay_ms() genauer zu machen. Eine vorzeichenlose 8-Bit-Ganzzahlvariable namens `count` wird erstellt, um den Zählwert des Programms zu speichern. Sie wird beim Start von main() auf Null initialisiert.

DDRB wird mit demselben Binärwert geschrieben, der im Assemblerprogramm verwendet wurde, jedoch ohne den Unterstrich in der Mitte, da dieser vom GCC-Compiler nicht unterstützt wird. Alternativ kann anstelle der Binärzahl auch der entsprechende Hexadezimalwert 0x1F verwendet werden. Es ist möglich, die in der Header-Datei definierten anstelle einer Binärzahl zu verwenden, aber das wird etwas langwierig. Wenn die definierten Bits aus der Header-Datei für Bits in einem I/O-Register verwendet werden, müssen sie jeweils einzeln den Wert 1 nach links verschoben und dann bitweise ODER verknüpft werden, wie die folgende Codezeile zeigt.

```
DDRB = (1 << DDB4) | (1 << DDB3) | (1 << DDB2) | (1 << DDB1) | (1 << DDB0);
```

In der while(1)-Schleife wird `count` an PORTB zugewiesen, der den Zählwert an die LEDs ausgibt. Dann wird die Verzögerungsfunktion aufgerufen, damit der Zählwert auf den LEDs für das Auge lange genug sichtbar bleibt. `count` wird dann um eins erhöht und mit der gleichen binären Maskennummer verknüpft, die im Assemblerprogramm verwendet wurde. Auch hier werden die obersten 3 Bits der Zahl gelöscht. Zurück am Anfang der while(1)-Schleife wird der neue Zählwert auf die LEDs geschrieben.

8.2.2.3 Ausführen des LED Count C-Codes

Wählen Sie das richtige Debug-Tool aus, erstellen Sie das Projekt und laden Sie es mit dem Symbol Start Without Debugging in der oberen Symbolleiste oder mit der Tastenkombination Strg + Alt + F5, wenn Sie einen von Microchip Studio unterstützten Programmer verwenden. Verwenden Sie die Schaltfläche, die Sie in Anhang A eingerichtet haben, um das Programm auf den Ziel-AVR zu laden, wenn Sie ein Hobby-USB-Programmiergerät verwenden. Dies lädt das Programm und startet es, wie wir es mit dem Assemblerprogramm gemacht haben. Die LEDs beginnen binär zu zählen, aber langsamer als im Assemblerprogramm, da die Verzögerungsroutine eine längere Verzögerungszeit hat.

8.2.2.4 LED Count C Disassembler Code

Programme, die für AVR-Mikrocontroller in der Programmiersprache C geschrieben wurden, werden in Assemblersprache umgewandelt, bevor sie schließlich in Maschinencode umgewandelt werden. Als Beispiel setzt die folgende Zeile des C-Codes das Bit DDB4 im Register DDRB:

```
DDRB  |= (1 << DDB4);
```

Die vorhergehende C-Code-Zeile wird vom C-Compiler in die folgende Assembler-Zeile umgewandelt:

```
sbi     DDRB, DDB4
```

In diesem speziellen Beispiel wird eine Zeile C-Code in eine Zeile Assembler-Code umgewandelt. In anderen Fällen kann eine Zeile C-Code in mehr als einer Zeile Assembler-Code resultieren. In diesem Abschnitt sehen wir uns den Assembler-Code an, den der C-Compiler und der Linker aus dem led_count_c-Projekt generiert haben, und aus dem schließlich das Maschinenprogramm wird, welches in den Flash-Speicher des AVR geladen wird. Obwohl letztendlich binärer Maschinencode in den Flash-Speicher geladen wird, schauen wir uns den Assembler-Code nach der Disassemblierung an. Dies geschieht mit dem Debugger in Microchip Studio. Starten Sie den Debugger mit Start Debugging and Break entweder mit der Hardware und dem Hardware-Programmer/Debugger oder mit dem Simulator. Nachdem der Debugger gestartet wurde, wählen Sie Debug ▶ Windows ▶ Disassembly aus dem oberen Menü, oder verwenden Sie die Tastenkombination Alt + 8 - es gibt auch ein Disassembly-Symbol in der zweiten Symbolleiste von oben. Nach dem Öffnen des Disassembler-Fensters wird der disassemblierte Code in Microchip Studio angezeigt. Der erste Teil dieses Codes ist im folgenden Listing für einen ATtiny13(A) dargestellt.

```
--- No source file -----------------------------------------------------------
00000000  RJMP PC+0x000A        Relative jump
00000001  RJMP PC+0x000F        Relative jump
00000002  RJMP PC+0x000E        Relative jump
00000003  RJMP PC+0x000D        Relative jump
00000004  RJMP PC+0x000C        Relative jump
00000005  RJMP PC+0x000B        Relative jump
00000006  RJMP PC+0x000A        Relative jump
00000007  RJMP PC+0x0009        Relative jump
00000008  RJMP PC+0x0008        Relative jump
00000009  RJMP PC+0x0007        Relative jump
--- ../../../../../crt1/gcrt1.S ----------------------------------------------
0000000A  CLR R1                Clear Register
0000000B  OUT 0x3F,R1           Out to I/O location
0000000C  LDI R28,0x9F          Load immediate
0000000D  OUT 0x3D,R28          Out to I/O location
0000000E  RCALL PC+0x0003       Relative call subroutine
0000000F  RJMP PC+0x0012        Relative jump
00000010  RJMP PC-0x0010        Relative jump
```

Das Disassembler-Fenster zeigt den disassemblierten Code aus dem Flash-Speicher an. Oben befindet sich die Interrupt-Vektortabelle, die von den C-Tools automatisch eingefügt wurde. Wir sehen uns die Interrupts hier nicht im Detail an. Für den Moment genügt es zu wissen, dass der erste Eintrag in der Interrupt-Vektortabelle der Reset-Vektor ist. Der Befehl an dieser Stelle bewirkt einfach einen Sprung zum Einstiegspunkt des C-Codes. Wenn der AVR eingeschaltet oder zurückgesetzt wird, wird dieser Befehl zuerst ausgeführt, was dazu führt, dass das Programm die restlichen Einträge in der Vektortabelle überspringt und den C-Code von Anfang an ausführt. Die anderen Einträge in der Vektortabelle veranlassen das Programm ebenfalls, zum Reset-Vektor zu springen, aber zuerst zu einer anderen Sprunganweisung. Das Code-Listing zeigt die ersten beiden Abschnitte der Disassemblierung. Beachten Sie, dass dieser Code für den ATtiny13(A) erstellt wurde, der eine kleinere Interrupt-Vektortabelle mit 10 Einträgen von Adresse 0 bis Adresse 9 hat. Wenn Sie den gleichen Code für den ATtiny25/45/85 erstellen, werden Sie feststellen, dass deren Vektortabelle 15 Einträge hat, von Adresse 0 bis 14 (0x000E). Links von jedem Assembler-Befehl steht die Adresse des Befehls im Flash-Programmspeicher. Betrachtet man den ersten Eintrag in der Disassemblierung, so findet man den Reset-Vektor an Adresse 0 und daneben einen RJMP-Befehl wie folgt:

```
00000000  RJMP PC+0x000A        Relative jump
```

Es ist zu erkennen, dass diese relative Sprunganweisung zur Adresse PC + 0x000A springt, was dem aktuellen Wert des Programmzählers (program counter, PC) plus 0x000A entspricht. Beim Zurücksetzen enthält der PC Null, und daher führt diese erste Sprunganweisung zur Adresse 0x000A. Im Disassembler-Protokoll befindet sich CLR R1 an Adresse 0x000A im Abschnitt gcrt1.S. Der Rest der Interrupt-Vektortabelle von Adresse 0x0001 bis 0x0009 enthält ebenfalls relative Sprungbefehle, die alle zur Adresse 0x0010 springen. An Adresse 0x0010 befindet sich ein weiterer RJMP-Befehl, der um 0x10 Adressen zurückspringt, was durch das negative Vorzeichen neben der Adresse wie folgt angezeigt wird:

```
00000010  RJMP PC-0x0010        Relative jump
```

0x10 ist 16 in dezimal, und 16 Adressen zurück von der aktuellen Adresse 0x10 ist 0, oder der Reset-Vektor an Adresse 0 der Vektortabelle. Das bedeutet, dass die Programmausführung im Falle einer Unterbrechung einfach an Adresse 0 neu beginnen würde. Im vorangegangenen Disassembler-Listing stammt der zweite Abschnitt des Codes aus gcrt1.S, wie im Listing angegeben. Dieser Code wird von den C-Tools automatisch eingebunden. Im Namen gcrt1.S, steht *crt* für *C Runtime*, d.h. für Code, der die vor dem Aufruf der C-Funktion main() erforderliche Initialisierung durchführt. Der C-Laufzeitcode beginnt mit dem Löschen des Statusregisters, indem er R1 zunächst löscht und dann wie folgt an die Adresse 0x3F lädt (wo das Statusregister ist):

```
0000000A  CLR R1            Clear Register
0000000B  OUT 0x3F,R1       Out to I/O location
```

In der *Registerübersicht* des ATtiny13(A) und ATtiny25/45/85 Datenblatts befindet sich das SREG (Statusregister) an der Adresse 0x3F ganz oben in der Tabelle. Nach dem Löschen des Statusregisters setzt der C-Laufzeitcode den Stack-Pointer so, dass er auf das Ende des SRAM-Datenspeichers zeigt. Für den ATtiny13(A) ist dies 0x9F - siehe Abbildung 5.3 in Kapitel 5 für die Speicherzuordnung. Wie im folgenden Code gezeigt, wird 0x9F in das Register R28 geladen. R28 wird dann an die Adresse 0x3D geladen, das SPL (Stack Pointer Low Register).

```
0000000C  LDI R28,0x9F          Load immediate
0000000D  OUT 0x3D,R28          Out to I/O location
```

Schließlich wird main() mit einem *Relative Call to Subroutine* RCALL-Befehl wie folgt aufgerufen.

```
0000000E  RCALL PC+0x0003         Relative call subroutine
```

Dadurch wird zur Adresse PC + 0x0003 gesprungen, was der aktuellen Adresse 0x000E + 3 entspricht, also Adresse 0x0011. Wie im folgenden Disassembler-Listing zu sehen ist, ist an Adresse 0x0011 der erste Befehl innerhalb von main(). Der Rest des Listings zeigt den C-Code gemischt mit der Assemblersprache, in die er konvertiert wurde.

```
--  C:\ ... ... ... /../main.c
{
      uint8_t count = 0;    // Clear count

      // Set up pins PB0 to PB4 as output pins
      DDRB = 0b00011111;
00000011  LDI R24,0x1F      Load immediate
00000012  OUT 0x17,R24      Out to I/O location
     uint8_t count = 0;     // Clear count
00000013  LDI R24,0x00      Load immediate
     PORTB = count;         // Display count on LEDs
00000014  OUT 0x18,R24      Out to I/O location
--- c:\ ... ... ... /delay.h
     __builtin_avr_delay_cycles(__ticks_dc);
00000015  LDI R18,0x7F      Load immediate
00000016  LDI R19,0xA9      Load immediate
00000017  LDI R25,0x03      Load immediate
00000018  SUBI R18,0x01     Subtract immediate
00000019  SBCI R19,0x00     Subtract immediate with carry
0000001A  SBCI R25,0x00     Subtract immediate with carry
0000001B  BRNE PC-0x03      Branch if not equal
0000001C  RJMP PC+0x0001    Relative jump
0000001D  NOP               No operation
--- C:\ ... ... ... /../main.c
      count++;              // Increment count
```

```
0000001E  SUBI R24,0xFF     Subtract immediate
        count &= 0b00011111; // Clear unused bits
0000001F  ANDI R24,0x1F     Logical AND with immediate
00000020  RJMP PC-0x000C    Relative jump
```

Ein Blick auf das obige Listing zeigt, dass der Code für die Delay-Bibliotheksfunktion aus delay.h in der Mitte des Codes aus main.c platziert wurde. Am Anfang des disassemblierten Codes ist zu erkennen, dass der Code dem led_count_asm-Projektcode ähnelt. 0x1F wird nach R24 geladen und dann mit dem OUT-Befehl wie folgt an die Adresse 0x17 gesendet, wobei die Zeile des C-Codes über den beiden Zeilen des Assembler-Codes angezeigt wird, in die er konvertiert wurde:`DDRB = 0b00011111;`

```
00000011  LDI R24,0x1F          Load immediate
00000012  OUT 0x17,R24          Out to I/O location
```

0x17 ist die Adresse des DDRB-Registers, wie aus dem Abschnitt "*Register Summary*" des Datenblatts hervorgeht. Diese beiden Codezeilen erfüllen dieselbe Funktion wie die ersten beiden Codezeilen im Projekt led_count_asm, mit der Ausnahme, dass der obige Code R24 und hexadezimale Schreibweise verwendet, während das Projekt led_count_asm R16 und binäre Schreibweise verwendet.

In der nächsten Codezeile an Adresse 0x0013 wird R24 als Zählvariable verwendet und auf einen Anfangswert von Null gesetzt, wie folgt:

```
uint8_t count = 0;              // Clear count
00000013  LDI R24,0x00          Load immediate
```

Die obige Codezeile wurde aus einer Zeile C-Code konvertiert, die darüber dargestellt ist. Beachten Sie, dass der C-Compiler diese Codezeile unterhalb der Initialisierung des DDRB-Registers platziert hat. Im ursprünglichen C-Quellcode wurde die Variable count vor der Initialisierung von DDRB deklariert und initialisiert. Wenn man die Reihenfolge dieser Codezeilen ändert, wird R24 zuerst zur Initialisierung von DDRB und dann erneut als Zählvariable verwendet.

An Adresse 0x0014 wird der Zählwert von R24 an die Adresse 0x18 geschrieben, die das PORTB-Register ist. Auch hier ist die Adresse von PORTB im Abschnitt "*Register Summary*" des Datenblatts zu finden. Diese Codezeile schreibt 0 (den Zählwert in R24) in die LEDs und schaltet sie aus. Sie wurde aus einer Zeile C-Code konvertiert, die darüber gezeigt wird.

```
PORTB = count;                  // Display count on LEDs
00000014  OUT 0x18,R24          Out to I/O location
```

Der Code von Adresse 0x0015 bis 0x001D, d.h. die Funktion _delay_ms() wird als nächstes ausgeführt und erzeugt die Verzögerung, durch die der aktuelle Zählwert eine Zeit lang auf den LEDs angezeigt wird.

Direkte Subtraktion (SUBI) wird verwendet, um das Zählregister R24 um eins zu erhöhen. Der Code tut dies, indem er -1 von R24 subtrahiert, was dasselbe ist wie das Addieren von 1 zu R24. Dies geschieht durch Subtraktion von -1, die im 2er-Komplement-Format, von R24. -1 im Zwei-Komplement-Format ist 0xFF, wie in der folgenden Code-Zeile zu sehen ist. Auch hier wurde eine Zeile C-Code in eine Zeile Assembler-Code umgewandelt. Die C-Code-Zeile ist oberhalb des Assembler-Codes zu sehen, in den sie umgewandelt wurde.

```
count++;                             // Increment count
0000001E  SUBI R24,0xFF              Subtract immediate
```

SUBI verwendet wie andere Befehle im Modus der direkten Registeradressierung einen unmittelbaren Wert, der als Teil des Befehls kodiert ist. SUBI arbeitet nur mit den Registern R16 bis R31. Im Projekt led_count_asm wurde der INC-Befehl auf R18 verwendet, um den Zählwert zu erhöhen.

Wie im Projekt led_count_asm, wird ANDI verwendet, um die obersten 3 Bits des Zählregisters zu löschen. Dies wird wieder aus einer Zeile C-Code umgesetzt, wie unten gezeigt.

```
count &= 0b00011111;                 // Clear unused bits
0000001F  ANDI R24,0x1F              Logical AND with immediate
```

Der letzte Befehl im Programm führt einen relativen Rücksprung zur Adresse 0x0014 aus, wie folgt:

```
00000020  RJMP PC-0x000C              Relative jump
```

Dieser Sprung verwendet einen negativen Wert relativ zum aktuellen Wert im PC. Zum Zeitpunkt der Ausführung dieses Befehls befindet sich 0x0020 im PC, also ergibt 0x0020 - 0x000C eine Adresse von 0x0014. Adresse 0x0014 ist der Anfang der while(1)-Schleife, wo der Zählwert über das PORTB-Register an Adresse 0x18 in die LEDs geschrieben wird. Der Grund dafür, dass wir in Assemblerprogrammen wie led_count_asm keine positiven oder negativen Adressen mit dem RJMP-Befehl verwenden, ist, dass wir in diesen Programmen Labels verwenden, damit der Assembler die Adressen richtig zuordnen kann, wenn er zur Build-Zeit ausgeführt wird.

Die obige Codezeile macht die while(1) Schleife aus dem C-Programm und befindet sich an der Position der schließenden Klammer der while(1)-Schleife im ursprünglichen C-Code.

Als Vergleich zwischen led_count_asm und dem disassemblierten Code von led_count_c zeigt das folgende Listing die beiden Programme nebeneinander, wobei die Verzögerungsroutinen entfernt wurden. Die Vektortabelle und der C-Laufzeitcode sind ebenfalls aus dem disassemblierten Code entfernt worden. Der ursprüngliche C-Code ist auf der rechten Seite zu sehen, aufgereiht mit dem Assembler-Code, den er erzeugt hat, auf der linken Seite.

```
led_count_asm code          led_count_c disassembly    C Code
   ldi   r16, 0b0001_1111      LDI R24,0x1F               DDRB = 0b00011111;
   out   DDRB, r16             OUT 0x17,R24
   clr   r18                   LDI R24,0x00               uint8_t count = 0;
loop:                                                     while (1) {
   out   PORTB, r18            OUT 0x18,R24               PORTB = count;
   rcall delay                 ; Delay code removed       _delay_ms(1000);
   inc   r18                   SUBI R24,0xFF              count++;
   andi  r18, 0b0001_1111      ANDI R24,0x1F              count &= 0b00011111;
   rjmp  loop                  RJMP PC-0x000C              }
```

Wie im obigen Listing zu sehen ist, hat der C-Compiler unser ursprüngliches Assemblerprogramm Zeile für Zeile übernommen, mit den einzigen Ausnahmen der verwendeten Register, dem Befehl zum Löschen des Zählregisters und dem Befehl zum Erhöhen des Zählwerts. Im handgeschriebenen Assemblercode des led_count_asm-Projekts haben wir natürlich den Vorteil, dass der Code durch die Verwendung von Registerdefinitionen und Bezeichnungen besser lesbar ist. Wenn wir diesen Code in einen AVR laden und dann aus dem Flash-Speicher disassemblieren würden, würde er auch Adressen für die Register enthalten, wie DDRB und PORTB, und eine relative Adresse mit dem RJMP-Befehl, anstatt eines Labels.

Der Grund dafür, dass die Funktion _delay_ms() in der ursprünglichen Disassemblierung nicht wie in der obigen Auflistung erscheint, liegt darin, dass diese Funktion eigentlich nur ein Wrapper um die Inline-Funktion __builtin_avr_delay_cycles() ist, die in der ursprünglichen Disassemblierung erscheint.

Abschließend betrachten wir in diesem Abschnitt den gleichen disassemblierten Code aus dem led_count_c-Projekt, der in den folgenden Auflistungen gezeigt wird, aber diesmal für den ATtiny45 kompiliert wurde, anstatt für den ATtiny13(A). Das folgende Code-Listing ist der vollständige disassemblierte Programmcode, der in zwei Teile aufgeteilt ist, die auf den nächsten beiden Seiten zu finden sind. Wenn Sie den Simulator in Microchip Studio verwenden, werden Sie - nachdem Sie über das Ende der Disassemblierung hinaus nach unten geblättert haben - feststellen, dass einige NOP-Befehle dem Code-Listing folgen.

Ein NOP-Befehl (No Operation) ist ein Befehl, der nichts tut, außer einen Taktzyklus zu verbrauchen, wenn er ausgeführt wird.

Wie man im disassemblierten Code sehen kann, hat die Vektortabelle für den ATtiny45 mehr Einträge als für den ATtiny13(A), wie bereits erwähnt. Das liegt daran, dass ATtiny25/45/85 Mikrocontroller mehr Interrupt-Quellen haben als der ATtiny13(A).

Da der ATtiny45 über einen SRAM-Datenspeicher verfügt, der an der Adresse 0x015F endet (siehe Abbildung 5.3 in Abschnitt 5.3.1 von Kapitel 5), muss das SPH-Register mit dem oberen Byte-Wert dieser Adresse (0x01) initialisiert werden, zusätzlich zu dem unteren Wert von 0x5F, der in das SPL geladen wird. Dies geschieht durch die Befehle an den Adressen 0x0011 bis 0x0014 im nachstehenden Code-Listing, die im Abschnitt gcrt1.S des Listings fett und blau dargestellt sind, wobei SPH an Adresse 0x3E und SPL an Adresse 0x3D liegt. Beim ATtiny13(A) endet das SRAM bei 0x9F, so dass nur das SPL initialisiert werden muss, da dieses 8-Bit-Register das gesamte SRAM in diesem Baustein adressieren kann.

```
led_count_c : main.c code disassembled - compiled for ATtiny45 - vector table and
CRT
--- No source file -------------------------------------------------------------
00000000  RJMP PC+0x000F        Relative jump
00000001  RJMP PC+0x0016        Relative jump
00000002  RJMP PC+0x0015        Relative jump
00000003  RJMP PC+0x0014        Relative jump
00000004  RJMP PC+0x0013        Relative jump
00000005  RJMP PC+0x0012        Relative jump
00000006  RJMP PC+0x0011        Relative jump
00000007  RJMP PC+0x0010        Relative jump
00000008  RJMP PC+0x000F        Relative jump
00000009  RJMP PC+0x000E        Relative jump
0000000A  RJMP PC+0x000D        Relative jump
0000000B  RJMP PC+0x000C        Relative jump
0000000C  RJMP PC+0x000B        Relative jump
0000000D  RJMP PC+0x000A        Relative jump
0000000E  RJMP PC+0x0009        Relative jump
--- ../../../../crt1/gcrt1.S ---------------------------------------------------
0000000F  CLR R1                Clear Register
00000010  OUT 0x3F,R1           Out to I/O location
00000011  LDI R28,0x5F          Load immediate
00000012  LDI R29,0x01          Load immediate
00000013  OUT 0x3E,R29          Out to I/O location
00000014  OUT 0x3D,R28          Out to I/O location
00000015  RCALL PC+0x0003       Relative call subroutine
00000016  RJMP PC+0x0012        Relative jump
00000017  RJMP PC-0x0017        Relative jump
```

Nach den ersten beiden Unterschieden im Code - der größeren Interrupt-Vektortabelle und dem High-Stack-Pointer-Byte - ist der Rest des Codes ziemlich identisch mit dem Code für den ATtiny13(A), außer dass der Rest des Codes an anderen Adressen erscheint, weil der zusätzliche Code in der Vektortabelle und gcrt1.S dazu führt, dass alles weiter nach unten im Speicher verschoben wird.

```
led_count_c : main.c code disassembled - compiled for ATtiny45, main.c and
delay.h code
--- C:\ ... ... ... /../../main.c
{
    uint8_t count = 0;       //Clear count

      // Set up pins PB0 to PB4 as output pins
```

```
        DDRB = 0b00011111;
00000018  LDI R24,0x1F          Load
immediate 00000019
OUT 0x17,R24                    Out to I/O location
        uint8_t count = 0;      // Clear count
0000001A  LDI R24,0x00          Load immediate
        PORTB = count;          // Display count on LEDs
0000001B  OUT 0x18,R24          Out to I/O location
--- c:\ ... ... ... /delay.h
    __builtin_avr_delay_cycles(__ticks_dc);
0000001C  LDI R18,0x3F          Load immediate
0000001D  LDI R19,0x0D          Load immediate
0000001E  LDI R25,0x03          Load immediate
0000001F  SUBI R18,0x01         Subtract immediate
00000020  SBCI R19,0x00         Subtract immediate with carry
00000021  SBCI R25,0x00         Subtract immediate with carry
00000022  BRNE PC-0x03          Branch if not equal
00000023  RJMP PC+0x0001        Relative jump
00000024  NOP                   No operation
--- C:\ ... ... ... /../main.c
    count++;                    // Increment count
00000025  SUBI R24,0xFF         Subtract immediate
    count &= 0b00011111;        // Clear unused bits
00000026  ANDI R24,0x1F         Logical AND with immediate
00000027  RJMP PC-0x000C        Relative jump
--- No source file -------------------------------------------------------------
00000028  CLI                   Global Interrupt Disable
00000029  RJMP PC-0x0000        Relative jump
```

Der einzige weitere Unterschied zwischen den beiden disassemblierten Codesätzen sind die in der Verzögerungsfunktion verwendeten Werte. Dies liegt daran, dass der Code mit unterschiedlichen Werten kompiliert wurde, die für F_CPU am Anfang des C-Codes für die beiden unterschiedlichen Standardtaktfrequenzen definiert wurden.

8.2.3 Begrenzung eines Zählwertes

Im folgenden Projektcode **led_count_limit_asm** wird die gleiche inkrementelle Zählung auf den LEDs angezeigt wie im Code led_count_asm, aber diesmal wird der maximale Zählwert durch eine Verzweigungsbefehl und einen Löschbefehl begrenzt, anstatt den ANDI-Befehl zu verwenden. Da der ANDI-Befehl nicht verwendet wird, können die Register R0 bis R15 als Zählregister eingesetzt werden. Für dieses Beispiel wurde R0 als Zählregister gewäh

lt.

```
led_count_limit_asm : main.asm
    ; Set up pins PB0 to PB4 as output pins
    ldi       r16, 0b0001_1111
    out       DDRB, r16
    clr       r0                    ; Count register
 loop:
    out       PORTB, r0             ; Display count on LEDs
    rcall     delay
    inc       r0                    ; Increment count
    sbrc      r0, 5
    clr       r0                    ; Reset count if R0 = 0x20
    rjmp      loop

; Delay subroutine
 delay:
    ldi       r16, 0xff
 delloop1:
    ldi       r17, 0xff
 delloop2:
    dec       r17
    brbc      SREG_Z, delloop2
    dec       r16
    brbc      SREG_Z, delloop1
    ret
```

Das gesamte Programm im obigen Listing funktioniert auf dieselbe Weise wie das Programm led_count_asm, mit Ausnahme des Befehls SBRC und dem darauf folgenden Befehl CLR:

```
    sbrc    r0, 5
    clr     r0                  ; Reset count if R0 = 0x20
```

Diese Befehle begrenzen den Wert, der in die LEDs geschrieben wird, auf 0x1F oder 0b0001_1111. SBRC bedeutet *"Skip if Bit in Register is Cleared"*. Im obigen Code prüft SBRC, ob Bit 5 im Register R0 gelöscht ist, und überspringt in diesem Fall den nächsten Befehl (den darauf folgenden CLR-Befehl). Bit 5 ist immer gelöscht, bis der Zählwert in R0 den Wert 0b0001_1111 erreicht. Wenn R0 diesen Wert enthält und das nächste Inkrement erfolgt, wird der Wert zu 0b0010_0000 oder 0x20, was bedeutet, dass Bit 5 in diesem Wert nun zum ersten Mal gesetzt ist. Erinnern Sie sich daran, dass die Bitnummerierung bei 0 am Bit ganz rechts beginnt, so dass Bit Nummer 5 das 6. Bit von rechts ist. Da nun Bit 5 in R0 gesetzt ist, wird bei der nächsten Ausführung des SBRC-Befehls der darunter liegende CLR-Befehl nicht mehr übersprungen, sondern ausgeführt. Dieser Befehl löscht R0, bevor es in das PORTB-Register geschrieben und auf die LEDs ausgegeben wird. So wird also niemals 0b00100_0000 in PORTB geschrieben wird, sondern stattdessen 0b0000_0000.

Wie aus diesem Beispiel ersichtlich ist, hat der SBRC-Befehl zwei Operanden: Der erste ist das zu prüfende Register, das R0 bis R31 sein kann. Der zweite Operand ist das zu prüfende Bit zwischen 0 und 7 in diesem Register.

8.2.4 Drei Möglichkeiten, eine LED mit einem AVR umzuschalten

Es gibt drei Möglichkeiten, eine an einen AVR-Pin angeschlossene LED umzuschalten:

1) Direktes Schreiben in das PORT-Register
2) Verwendung von exklusivem ODER und
3) Verwendung des PINB-Registers.

Diese drei Methoden werden in den folgenden Unterabschnitten erläutert. Eine LED umzuschalten, bedeutet natürlich, ihren logischen Zustand entweder von 0 auf 1 oder von 1 auf 0 zu ändern.

8.2.4.1 Umschalten einer LED nach Wert

SBI und CBI wurden verwendet, um im Projekt led_blink_asm aus Abschnitt 2.3.2 in Kapitel 2 eine LED wertweise umzuschalten. Bitweise OR- und AND-Befehle wurden auf die gleiche Weise im led_blink_c-Projekt aus Abschnitt 2.4.2 verwendet.

Wie wir im Projekt led_count_asm in Abschnitt 8.2.1.4 dieses Kapitels gesehen haben, kann der OUT-Befehl auch verwendet werden, um den Wert eines oder mehrerer Pins durch Schreiben in das PORT-Register zu ändern und könnte auf diese Weise zum Umschalten einer LED verwendet werden. Dasselbe gilt für das led_count_c-Projekt, bei dem ein Wert direkt in das PORTB-Register geschrieben wurde, um die Werte der LEDs zu ändern. Wenn man abwechselnd eine 1 und dann eine 0 in ein Bit in einem PORT-Register schreibt, wird eine LED umgeschaltet, wenn der entsprechende Pin als Ausgang gesetzt ist. Da wir bereits in früheren Kapiteln behandelt haben, wie man eine LED durch einen Wert umschaltet, werden wir uns in diesem Abschnitt keinen weiteren Code ansehen.

8.2.4.2 Umschalten einer LED durch Exklusiv-ODER

Eine LED kann mit Hilfe des Exklusiv-ODER-Operators umgeschaltet werden, der in Abschnitt 7.4.3 von Kapitel 7 behandelt wurde. Wenn ein einzelnes Bit immer mit einem logischen 1-Pegel Exklusiv-ODER-verknüpft wird, dann wird das Bit, wenn es mit dem Wert 1 beginnt, zu 0. Das bedeutet, dass bei der nächsten Exklusiv-ODER-Verknüpfung des Bits mit 1 das Bit nun von 0 auf 1 umschaltet. Wenn wir das Bit weiterhin mit 1 Exklusiv-ODER-verknüpfen, schaltet es immer wieder von 1 auf 0 und zurück auf 1 um. Wir haben dies im EOR-Beispielcode aus Abschnitt 7.4.3 gesehen. Eine LED kann auf die gleiche Weise umgeschaltet werden, wie im folgenden Projekt **led_eor_toggle_asm** gezeigt. Da EOR einen Pin nicht direkt umschalten kann, wird zunächst der gesamte Port mit IN in ein Register geschrieben. Nachdem das Bit im Register mit EOR umgeschaltet wurde, wird der neue Wert mit OUT auf den Port zurück geschrieben.

```
led_eor_toggle_asm : main.asm
    ; Set pin PB0 as an output
    ldi     r18, 0x01
    out     DDRB, r18 loop:
    in      r19, PORTB       ; Get the PORTB register
    eor     r19, r18         ; Exclusive OR with 0x01 to toggle
    out     PORTB, r19       ; Write back to PORTB
    rcall   delay            ; LED on/off delay
    rjmp    loop

; Delay subroutine
delay:
   ldi      r16, 0xff
delloop1:
   ldi      r17, 0xff
delloop2:
   dec      r17
    brbc    SREG_Z, delloop2
    dec     r16
    brbc    SREG_Z, delloop1
    ret
```

Im obigen Code-Listing wird 0x01 in R18 geladen, was bedeutet, dass das LSB dieses Registers gesetzt ist und alle anderen Bits gelöscht sind. R18 wird dann mit dem OUT-Befehl in das DDRB-Register geschrieben, wodurch der Pin PB0 als Ausgangspin aktiviert wird.

In der Hauptschleife wird der Wert von PORTB mit dem IN-Befehl in R19 eingesetzt. Der Wert 0x01, der ursprünglich R18 zugewiesen war, wird nun wieder verwendet, wenn R18 mit R19 exklusiv verODERt wird. R19 enthält nun das umgeschaltete Bit in seinem LSB, das durch den EOR-Befehl umgeschaltet wurde. R19 wird mit dem OUT-Befehl an PORTB zurückgeschrieben, wodurch das umgeschaltete Bit an die LED an Pin PB0 angelegt wird.

Es war notwendig, zuerst den Wert von PORTB in ein Mehrzweck-Arbeitsregister zu lesen, dann die Exklusiv-ODER-Verknüpfung durchzuführen und schließlich den neuen Wert zurück nach PORTB zu schreiben, da es keinen Exklusiv-ODER-Befehl gibt, der direkt auf PORTB wirkt. EOR kann nur auf zwei Register gleichzeitig wirken, die sich im Bereich R0 bis R31 befinden.

Es ist möglich, alle LEDs in der Schaltung aus Abbildung 8.2 in Abschnitt 8.2.1.1 unter Verwendung des vorherigen Codes umzuschalten, indem man einfach den in R18 geschriebenen Wert auf 0x1F ändert. Dadurch werden die Pins PB0 bis PB4 als Ausgangspins eingestellt. Wenn dieser Wert in R18 in der Hauptschleife wiederverwendet wird, werden alle 5 Bits von PORTB, von Bit 0 bis Bit 4, gleichzeitig durch den EOR-Befehl umgeschaltet. Exklusiv-ODER kann auch in der Programmiersprache C verwendet werden, um eine LED umzuschalten, wie im folgenden Code-Listing **led_eor_toggle_c** gezeigt wird.

```
led_eor_toggle_c : main.c
//#define F_CPU 1000000UL // 1MHz default clock for ATtiny25/45/85
#define F_CPU 1200000UL   // 1.2MHz default clock for ATtiny13(A)
#include <avr/io.h>
#include <util/delay.h>

int main(void)
{
    DDRB = (1 << DDB0);           // Set pin PB0 as an output

    while (1) {
        PORTB ^= (1 << PORTB0); // Exclusive OR to toggle LED
        _delay_ms(1000);        // LED on/off delay
    }
}
```

Im obigen Listing wird das Bit DDB0 im DDRB-Register gesetzt, wodurch der Pin PB0 als Ausgang konfiguriert wird. (1 << PORTB0) ergibt 0x01, daher wird eine bitweise Exklusiv-ODER-Verknüpfung zwischen PORTB und 0x01 durchgeführt und somit der Pin PB0 und die angeschlossene LED umgeschaltet. In C sieht es so aus, als ob PORTB direkt mit einem Wert Exklusiv-ODER-verknüpft wird, aber die Disassemblierung zeigt, dass PORTB gelesen wird, dann der PORTB-Wert Exklusiv-ODER-verknüpft wird und dann der neue Wert zurück in PORTB geschrieben wird. Werfen Sie einen Blick auf die Disassemblierung in Microchip Studio an, um sich selbst ein Bild zu machen.

8.2.4.3 Umschalten einer LED mit dem PINB-Register

Das PINB-Register, das unten in Abbildung 8.4 in Abschnitt 8.2.1.8 dargestellt ist, kann verwendet werden, um den Zustand von Pins umzuschalten, wenn diese Pins als Ausgänge gesetzt sind. Durch Schreiben einer logischen 1 in das entsprechende Bit im PINB-Register wird der Zustand des entsprechenden Pins umgeschaltet.

Der Code zum parallelen Umschalten von 5 LEDs ist im folgenden Code-Listing des Projekts **led_pinb_toggle_asm zu** sehen. Verwenden Sie die Schaltung aus Abbildung 8.2 erneut, um dieses Programm auszuführen. Wie beim Projekt led_eor_toggle_asm kann der Wert, der zu Beginn des Codes in R18 geschrieben wird, geändert werden, um auszuwählen, welche LEDs im Programm umgeschaltet werden sollen.

Inzwischen sollten Sie wissen, dass der Binärwert 0b0001_1111, der in R18 geschrieben wird, dem Wert 0x1F entspricht. Um die LED nur an PB0 einzuschalten, kann dieser Wert in 0x01 oder den Dezimalwert 1 oder 0b0000_0001 geändert werden. Wie in den vorangegangenen Codelisten wird das gleiche Unterprogramm zur Verzögerung in der Hauptschleife aufgerufen, um die LEDs für eine für das Auge sichtbare Zeit eingeschaltet zu lassen.

led_pinb_toggle_asm : main.asm

```
    ; Set up pins PB0 to PB4 as output pins
     ldi      r18, 0b0001_1111
     out      DDRB, r18
loop:
     rcall    delay
     out      PINB, r18               ; Toggle LEDs
     rjmp     loop

; Delay subroutine
delay:
     ldi      r16, 0xff
delloop1:
     ldi      r17, 0xff
delloop2:
     dec      r17
     brbc     SREG_Z, delloop2
     dec      r16
     brbc     SREG_Z, delloop1
     ret
```

Nach dem Schreiben von 0b0001_1111 in R18 wird R18 in DDRB geschrieben, um die Pins PB0 bis PB4 als Ausgänge einzurichten, wie wir es zuvor getan haben. R18 wird dann in der Hauptschleife verwendet, um denselben Wert an das PINB-Register zu senden und alle 5 LEDs gleichzeitig zu schalten. Jedes Mal, wenn die Schleife durchlaufen wird, wird der gleiche Wert in PINB geschrieben, wodurch die LEDs jedes Mal umgeschaltet werden. Dieses Programm verwendet nur drei Codezeilen in der Schleife und ist daher von den drei gezeigten Methoden die effizienteste Art, die LEDs umzuschalten.

Beachten Sie, dass das Schreiben von 0 in ein beliebiges Bit im PINB-Register, das einem Ausgangspin entspricht, den Zustand des Ausgangspins nicht beeinflusst. Wenn wir im obigen Programm die Pins PB0 bis PB4 wie zuvor als Ausgangspins festlegen und in der Hauptschleife 0b0001_1110 in PINB schreiben, so dass das LSB jedes Mal mit 0 beschrieben wird, dann würden nur die Pins PB1 bis PB4 umschalten. Pin PB0 wäre davon überhaupt nicht betroffen, da er jedes Mal beim Durchlaufen der Schleife mit 0 beschrieben würde.

Ein zu led_pinb_toggle_asm äquivalentes Programm kann leicht in C geschrieben werden. Dies wird im folgenden Code-Listing des Projekts **led_pinb_toggle_c** gezeigt. Wie schon oft zuvor wird DDRB verwendet, um die Pins PB0 bis PB4 als Ausgänge einzurichten, die mit der Schaltung in Abbildung 8.2 verwendet werden sollen. In der while(1)-Schleife wird die Delay-Funktion aufgerufen. Dabei spielt es keine Rolle, ob diese Funktion am Anfang oder am Ende der Schleife aufgerufen wird. PINB wird mit 0x1F beschrieben, um alle LEDs an den Pins PB0 bis PB4 gleichzeitig zu schalten.

```
led_pinb_toggle_c : main.c
//#define F_CPU 1000000UL    // 1MHz default clock for ATtiny25/45/85
#define F_CPU 1200000UL      // 1.2MHz default clock for ATtiny13(A)
#include <avr/io.h>
#include <util/delay.h>

int main(void)
{
    DDRB = 0x1F;             // Set up pins PB0 to PB4 as output pins

    while(1) {
        _delay_ms(1000);     // LED on/off delay time
        PINB = 0x1F;         // Toggle LEDs on pins PB0 to PB4
    }
}
```

8.2.5 Konfigurieren von I/O-Pins als Eingänge

Wenn ein Schalter an einen Mikrocontroller-Pin angeschlossen und der Pin als Eingang eingerichtet ist, kann der Zustand des Schalters gelesen werden, um festzustellen, ob er offen oder geschlossen ist. Die Schaltung in Abbildung 8.6 auf der nächsten Seite zeigt, wie man den Zustand eines Schalters ablesen kann. Bauen Sie die Schaltung auf einem Breadboard auf, wenn Sie die entsprechende Hardware haben. Obwohl die Abbildung zeigt, dass debugWIRE in der Schaltung verwendet wird, können Leser, die ein Hobby-Programmiergerät haben, dieses im ISP/SPI-Modus anschließen. Die Verwendung der Pins PB3 und PB4 für den Schalter und die LED lässt die anderen Pins frei für einen ISP/SPI-Programmer. Wenn Sie einen Atmel-ICE verwenden, dann belassen Sie ihn weiterhin im debugWIRE-Modus.

Der Schalter SW1 in der Schaltung in Abbildung 8.6 ist direkt mit PB3 an GND verbunden. Bei dieser Konfiguration wäre normalerweise ein Pull-up-Widerstand erforderlich, der PB3 mit +5V verbindet, wie der ausgegraute Widerstand R2 in der Abbildung zeigt, so dass der logische Pegel am Stift eine logische 1 wäre, wenn der Schalter offen ist. Wenn der Schalter geschlossen ist, ist der Pin mit GND verbunden, so dass eine logische 0 an dem Pin anliegt. Der Pull-up-Widerstand verhindert, dass +5V mit GND kurzgeschlossen wird, wenn der Schalter geschlossen ist, ermöglicht aber gleichzeitig, dass die beiden logischen Pegel am Pin erscheinen, wenn der Schalter geöffnet und wenn er geschlossen ist.

Da AVR-Mikrocontroller über interne Pull-up-Widerstände an jedem Pin verfügen, die einzeln aktiviert oder deaktiviert werden können, brauchen wir keinen externen Widerstand an Pin PB3 anzubringen. Ein Grund für die optionale Verwendung eines externen Pull-up-Widerstands liegt in der Verbesserung der Störfestigkeit durch einen niederohmigeren Pull-up-Widerstand, z.B. 4k7 oder 10k. Aus den Datenblättern des ATtiny13(A) und des ATtiny25/45/85 geht hervor, dass die internen Pull-up-Widerstände ziemlich hochohmig sind und eine große Toleranz aufweisen, die mit 20kΩ bis 50kΩ angegeben ist. Diese internen Pull-up-Widerstandswerte sind im Abschnitt "*Electrical Characteristics*" der Datenblätter zu finden.

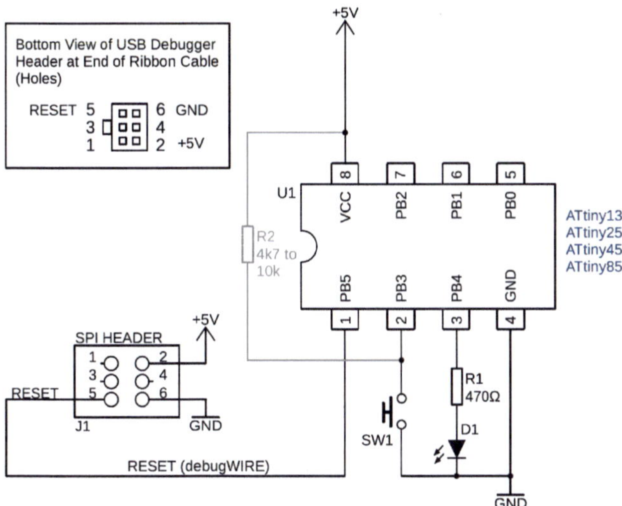

Abbildung 8.6: Schaltbild mit Taster und LED

Erstellen Sie das Assembler-Projekt **read_switch_asm** in Microchip Studio und geben Sie den Code in main.asm aus dem folgenden Listing ein. Dieses Programm schaltet lediglich die LED ein, wenn der Schalter geschlossen ist, und schaltet sie aus, wenn der Schalter offen ist. Da in der Schaltung ein Pull-up-Widerstand verwendet wird, ist die Logik umgekehrt. 0 wird gelesen, wenn der Schalter geschlossen ist, und 1, wenn er offen ist.

read_switch_asm : main.asm

```
  sbi     DDRB, DDB4               ; LED connected to PB4
  cbi     DDRB, DDB3               ; Switch connected to PB3
  sbi     PORTB, PORTB3            ; Enable pull-up on PB3
loop:
  sbic    PINB, PINB3              ; Skip if switch closed
  cbi     PORTB, PORTB4            ; Switch LED off
  sbis    PINB, PINB3              ; Skip if switch open
  sbi     PORTB, PORTB4            ; Switch LED on
  rjmp    loop
```

Zu Beginn des Programms wird der SBI-Befehl verwendet, um Pin PB4 als Ausgangspin zu setzen, wie es im LED-Blinkprogramm geschehen ist. CBI wird verwendet, um ein Bit im DDRB-Register zu löschen, das den Pin PB3 als Eingang einrichtet, wie im zweiten Befehl zu sehen ist. Obwohl Pins standardmäßig als Eingänge konfiguriert sind (Default-Einstellung), setzt dieser Befehl den Pin explizit als Eingang. Wir könnten diesen Befehl auch weglassen, und der Code würde trotzdem funktionieren. Da PB3 als Eingang eingerichtet ist, aktiviert das Setzen von Bit PORTB3 im Register PORTB mittels SBI-Befehl den entsprechenden internen Pull-up-Widerstand. Abbildung 8.4 in Abschnitt 8.2.1.8 dieses Kapitels zeigt die Register und Bits, die den I/O-Port steuern. Schauen Sie sich gegebenenfalls auch die Beschreibung im AVR-Datenblatt an.

In der Hauptschleife des Programms werden zwei Befehle verwendet, um den Zustand des Schalters an Pin PB3 zu testen, nämlich SBIC und SBIS. Diese beiden Befehle testen den logischen Zustand von Bit PINB3 im PINB-Register, wie im Code zu sehen ist. Bit PINB3 enthält den logischen Zustand von Pin PB3, da PB3 als Eingang eingerichtet wurde. Das Flussdiagramm in Abbildung 8.7 veranschaulicht den Code. Es folgt eine Erläuterung der Verwendung von SBIC und SBIS:

SBIC (Skip if Bit in I/O Register is Cleared) überspringt den nächsten Befehl, wenn der Pin PB3, an den der Schalter angeschlossen ist, auf logischem Pegel 0 liegt (der Schalter ist geschlossen). Wenn der Schalter offen ist, liegt PB3 aufgrund des aktivierten internen Pull-up-Widerstands auf dem logischen Pegel 1. In diesem Fall ist der nächste Befehl ein CBI-Befehl, der die LED ausschaltet und daher nicht übersprungen werden kann. Das heißt, wenn der Schalter offen ist, wird der auf SBIC folgende CBI-Befehl ausgeführt und die LED ausgeschaltet.

SBIS (Skip if Bit in I/O Register is Set) überspringt den nächsten Befehl, wenn an PB3 ein logischer 1-Pegel anliegt (der Schalter ist offen). Wenn der Schalter offen ist, liegt an PB3 wegen des Pull-up-Widerstands eine logische 1 an, wodurch der nächste Befehl übersprungen wird. Wenn der Schalter geschlossen ist, liegt an PB3 ein logischer 0-Pegel an, und der SBIS-Befehl überspringt nicht den nächsten Befehl. Der nächste Befehl (SBI) schaltet die LED ein.

Das Weglassen des SBIC-Befehls aus dem Programm scheint keinen Unterschied zu machen, wenn das Programm auf der Hardware mit voller Geschwindigkeit läuft. Die LED wird immer am Anfang der Schleife ausgeschaltet, unabhängig davon, ob der Schalter offen oder geschlossen ist. Wenn der Schalter offen ist, wird die LED nie eingeschaltet. Wenn der Schalter geschlossen ist, wird die LED am oberen Ende der Schleife ausgeschaltet und am unteren Ende wieder eingeschaltet. Da die LED beim Schließen des Schalters so kurz ausgeschaltet und dann wieder eingeschaltet wird, scheint sie für das Auge dauerhaft eingeschaltet zu sein.

Starten Sie das Programm und unterbrechen Sie es entweder mit einem Hardware-Debugger oder mit dem Simulator in Microchip Studio. Gehen Sie mit Step Over das Programm schrittweise durch und vollziehen Sie nach, wie die SBIC- und SBIS-Befehle verwendet werden, um Entscheidungen in Abhängigkeit vom Zustand des Schalters zu treffen. Schließen und öffnen Sie den Schalter, während Sie den Code durchgehen. Wenn Sie den Code mit geschlossenem Schalter testen, denken Sie daran, den Schalter geschlossen zu halten, während Sie durch den Code schreiten.

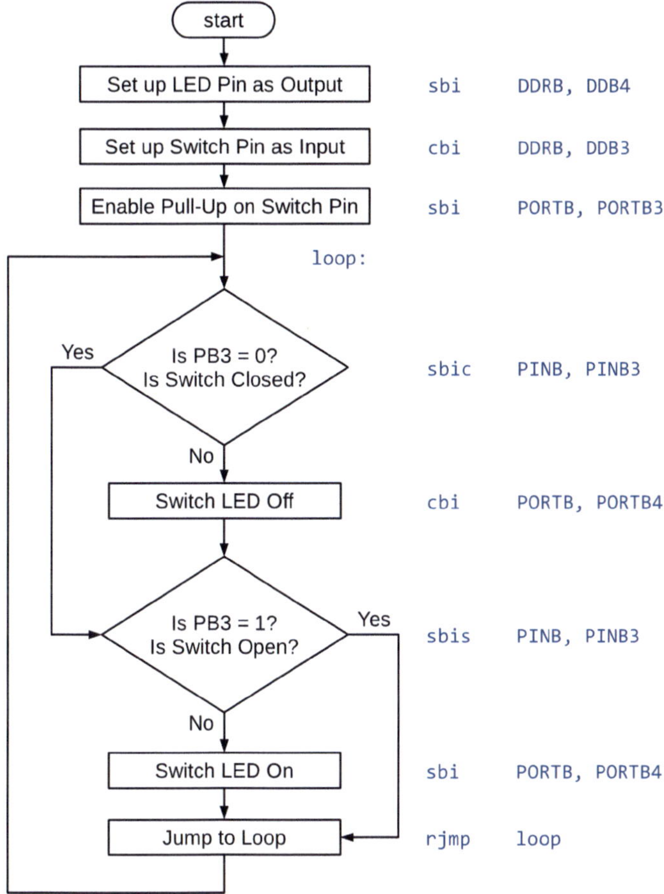

Abbildung 8.7: Flussdiagramm des read_switch_asm Projekts

Wenn Sie den Simulator verwenden, müssen Sie das Schließen und Öffnen des Schalters simulieren, indem Sie den Zustand des entsprechenden Bits im PINB-Register ändern. Starten Sie dazu den Debugger, öffnen Sie das I/O-Fenster mit Debug ▶ Window ▶ I/O aus dem oberen Menü und klicken Sie dann auf I/O PORT (PORTB) im I/O-Fenster, um die I/O-Port-Register anzuzeigen. Klicken Sie unten im I/O-Fenster auf Bit 3 im PINB-Register, um den Zustand des Bits zu ändern, was die Zustandsänderung des Schalters simuliert. Denken Sie daran, dass die Bitnummerierung bei 0 und nicht bei 1 beginnt, Bit 3 ist also das vierte Bit von rechts. Der Zustand der LED kann im PORTB-Register an Bit 4 (fünftes Bit von rechts) abgelesen werden. Beachten Sie, dass im Register PINB der Schalter offen ist, wenn Bit 3 high ist, und geschlossen, wenn es low ist. Diese umgekehrte Logik kann ein wenig verwirrend sein. Denken Sie genau darüber nach, was passiert, während Sie den Code durchgehen.

Ein C-Programm, das funktionell dem read_switch_asm-Projekt entspricht, wird im folgenden Code-Listing des read_switch_c-Projekts gezeigt. Dieses Programm ist im Grunde selbsterklärend. Die ersten drei Befehle richten den LED-Pin, den Schalter-Pin und den internen Pull-up ein, genau wie das Assemblerprogramm. Im if()-Befehl wird das Bit PINB3 im PINB-Register getestet, um festzustellen, ob der Schalter geschlossen oder geöffnet ist. Bitweise UND- und OR-Operatoren werden dann verwendet, um die LED aus- oder einzuschalten.

read_switch_c : main.c

```
#include <avr/io.h>
int main(void)
{
    DDRB  |= (1 << DDB4);                // Set PB4 pin as output for LED
    DDRB  &= ~(1 << DDB3);               // Set PB3 pin as input for switch
    PORTB |= (1 << PORTB3);              // Enable pull-up on PB3 pin

    while (1) {
        if (PINB & (1 << PINB3)) {       // If pin is high, switch is open
            PORTB &= ~(1 << PORTB4);     // Switch LED off
        }
        else {
            PORTB |= (1 << PORTB4);      // Switch LED on
        }
    }
}
```

Der ursprüngliche read_switch_asm-Code ist im folgenden Listing neben dem disassemblierten read_switch_c-Code aufgeführt. Die Registeradressen wurden durch Registernamen und die Befehlsadressen durch Labels im disassemblierten Code ersetzt, um ihn leichter lesbar zu machen.

Es ist interessant, dass der disassemblierte Code um einen Befehl länger ist als das handgeschriebene Assemblerprogramm. Anstelle von zwei Bit-Test- und Skip-Befehlen verwendet der disassemblierte Code einen einzigen SBIS-Befehl und setzt einen RJMP-Befehl darunter. Wenn also der Schalter geschlossen wird, erfolgt ein Sprung zum led_on-Label, wo die LED eingeschaltet wird. Dann wird das Ende der Schleife erreicht und ein Sprung zurück an den Anfang ausgeführt. Ist der Schalter offen, wird der erste RJMP-Befehl unterhalb von SBIS übersprungen und der CBI-Befehl, der die LED ausschaltet, ausgeführt. Der RJMP-Befehl unterhalb des CBI-Befehls wird nun ausgeführt, wodurch ein Sprung zurück an den Anfang der Schleife erfolgt.

```
read_switch_asm code                 read_switch_c disassembly code
    sbi    DDRB, DDB4                SBI DDRB, DDB4
    cbi    DDRB, DDB3                CBI DDRB, DDB3
    sbi    PORTB, PORTB3             SBI PORTB,PORTB3:
                                     loop:
    sbic   PINB, PINB3               SBIS PINB, PINB3  ; Skip if switch off
                                     RJMP led_on
    cbi    PORTB, PORTB4             CBI PORTB, PORTB4 ; Switch LED off
```

```
sbis    PINB, PINB3
sbi     PORTB, PORTB4
rjmp    loop
```

```
RJMP loop
led_on:
SBI PORTB, PORTB4 ; Switch LED on
RJMP loop
```

8.3 Zusammenfassung

- AVR-On-Chip-Peripheriekomponenten werden über I/O-Register gesteuert, die im Datenspeicher abgebildet werden.
- Informationen zu den AVR On-Chip-Peripheriekomponenten und ihren Registern finden Sie im Datenblatt des jeweiligen AVR-Bausteins.
- Die Befehle IN und OUT können zum Kopieren von Daten zwischen den I/O-Registern und den Arbeitsregistern (R0 bis R31) verwendet werden. Diese Befehle wirken nur auf I/O-Register im Adressbereich 0 bis 63 (0x00 bis 0x3F).
- SBI, CBI, SBIS und SBIC sind Befehle zum direkten Schreiben und Lesen einzelner Bits in den I/O-Registern.
- SBI und CBI können nur Einzelbits in I/O-Registern von Adresse 0 bis 31 (0x00 bis 0x1F) setzen und löschen.
    - SBIS und SBIC können nur prüfen, ob ein Bit in einem I/O-Register zwischen Adresse 0 und 31 (0x00 bis 0x1F) gesetzt oder gelöscht ist.Lade- und Speicherbefehle stehen für das Kopieren von Daten zwischen den Arbeitsregistern der Registerdatei und einem beliebigen Adressplatz im Datenspeicher, einschließlich der I/O-Register, zur Verfügung.

Kapitel 9 • Assembler Features

Bis jetzt haben wir sehr einfache Assemblerprogramme geschrieben, die viele der Assemblerprogrammmöglichkeiten oder Assembler-Funktionen nicht nutzen.

In diesem Kapitel werfen wir einen tieferen Blick auf die Struktur und die Syntax von Assemblerprogrammen, sowie auf die Features des AVR-Assemblers. Dies beinhaltet den Präprozessor, Assembler-Direktiven und Ausdrücke.

Alles in diesem Kapitel bezieht sich auf den AVR-Assembler AVRASM2, der mit Microchip Studio geliefert wird. Das ausführbare Assemblerprogramm avrasm2.exe wird von Microchip Studio dann ausgeführt, wenn ein Assemblerprogramm erstellt wird.

In diesem Kapitel

- Befehle und Labels in Assemblersprache
- Der Präprozessor und die Include-Dateien
- Assembler-Direktiven zur Angabe der Speicherbereiche für Code und Daten
- Wie man Speicher reserviert
- Definieren und Gleichsetzen von Namen
- Bedingte Assemblierung
- Andere Assembler-Elemente

9.1 Befehle und Labels

Eine Zeile Assembler-Code hat folgendes Grundformat:

[Label:] Befehl [Operanden] [Kommentar]

Eine Zeile Assemblersprache besteht mindestens aus einem einzigen Befehl. Ein Befehl kann einen oder mehrere Operanden erfordern, je nachdem, um welchen Befehl es sich handelt. Label (Bezeichnung) und Kommentar sind optional.

Ein Label steht für die Adresse eine Befehls oder für die Adresse der darauf folgenden Daten. Labels können links von Befehlen oder über ihnen stehen, wie im folgenden Beispielcode gezeigt.

```
loop:   rjmp    loop    ; Infinite loop
```

Der folgende Code bewirkt genau dasselbe wie der obige, die Position des Labels macht keinen Unterschied:

```
loop:
    rjmp loop           ; Infinite loop
```

Jede Zeile der Assemblersprache ist durch Tabulatorzeichen oder Leerzeichen in getrennte Spalten unterteilt. Labels erscheinen ganz links, gefolgt von einem Befehlsmnemonik. Falls Operanden vorhanden sind, erscheinen sie in der nächsten Spalte, gefolgt von einem optionalen Kommentar.

Es gibt ein Limit von 120 Zeichen pro Codezeile für den AVRASM2 Assembler. Wir haben bereits gesehen, dass Kommentare mit einem Semikolon beginnen, aber Kommentare im Stil von C und C++ können auch verwendet werden - siehe Abschnitt 3.4 in Kapitel 3 zur Erinnerung.

Labels können aus beliebigen alphanumerischen Zeichen bestehen, d.h. A bis Z, a bis z und 0 bis 9. Der Unterstrich kann auch verwendet werden (_). Labels dürfen nicht mit einer Zahl (0 bis 9) beginnen, sondern müssen mit einem Buchstaben oder einem Unterstrich beginnen.

9.2 Der Präprozessor und die Include-Dateien

Ein Präprozessor ist ein eigenständiges Programm bzw. Prozess, der von einem Softwaretool wie dem Compiler oder Assembler vor der eigentlichen Kompilierung oder Assemblierung ausgeführt wird. Der Präprozessor übernimmt Aufgaben wie die Übernahme von Code und Daten aus anderen Dateien, das Einsetzen von Werten anstelle von Text und die Makroexpansion.

Der AVRASM2 AVR Assembler unterstützt C-ähnliche Präprozessor-Direktiven, die mit einer Raute (#) beginnen, sowie Assembler-Direktiven, die mit einem Punkt (.) beginnen. Um z.B. eine externe Datei in ein Assemblerprogramm einzubinden, kann man schreiben:

```
#include <tn25def.inc>
```

Bei der obigen Codezeile sucht der Präprozessor nicht im aktuellen Verzeichnis nach der einzubindenden Datei, sondern erwartet, dass sich die Datei im Pfad befindet, der durch spitze Klammern angegeben ist. Die folgende Variante mit "" bewirkt, dass zunächst im aktuellen Verzeichnis nach der Datei gesucht wird. Diese beiden include Präprozessoranweisungen funktionieren genau wie in einem C-Programm.

```
#include "tn25def.inc"
```

In der Assembler-Notation gibt es auch zwei Formen der include-Anweisung. Bei der ersten, unten gezeigten, sucht der Assembler nicht im aktuellen Verzeichnis nach der einzubindenden Datei, sondern es erwartet, dass sie im Pfad enthalten ist.

```
.include <tn25def.inc>
```

Mit der folgenden Anweisung durchsucht der Assembler das aktuelle Verzeichnis nach der einzubindenden Datei.

```
.include "tn25def.inc"
```

Wenn Sie eine Datei mit der Include-Direktive einbinden, wird der Inhalt der eingebundenen Datei in der Datei ersetzt, die die Include-Direktive enthält.

In Microchip Studio muss die Include-Datei für den ausgewählten AVR nicht explizit eingebunden werden, da dies in den Projekteinstellungen geschieht, wenn der AVR-Typ bei der Erstellung eines neuen Projekts ausgewählt wird. Zum Beispiel enthält tn25def.inc Registerdefinitionen für den ATtiny25 und wird in das Projekt aufgenommen, wenn ein ATtiny25 Mikrocontroller ausgewählt wird. Diese Datei wird von Microchip Studio an den Assembler auf der Befehlszeile übergeben, wenn das Projekt erstellt wird - weitere Einzelheiten hierzu finden Sie in Kapitel 12.

Abbildung 9.1 zeigt ein Beispiel dafür, wie tn45def.inc automatisch in ein Projekt aufgenommen wird, das durch Auswahl des ATtiny45-Bauteils konfiguriert wurde. Das Bauteil wird beim Erstellen eines neuen Projekts ausgewählt, kann aber auch im Projekt geändert werden, indem man auf den Bauteilnamen in der Symbolleiste klickt, wie oben in der Abbildung zu sehen. Wenn statt ATtiny45 ein anderes Bauteil eingetragen wird, wird die korrekte Include-Datei für dieses Bauteil von Microchip Studio automatisch im Projekt aktualisiert.

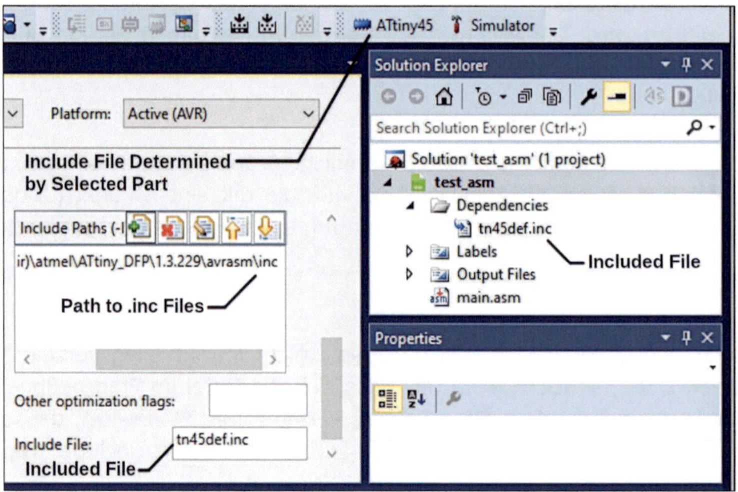

Abbildung 9.1: Automatisches Einbinden despassenden Definition Files

Links in Abbildung 9.1 ist ein Teil der Seite mit den Projekteigenschaften zu sehen. Um diese Seite anzuzeigen, öffnen Sie zunächst ein Assemblerprojekt und wählen dann im Top-Menü Project ▶ *<project name>* Properties... oder verwenden Sie die Tastenkombination Alt + F7. Klicken Sie auf Toolchain im linken Menü der Seite, die sich öffnet. Klicken Sie auf das Element General unter AVR Assembler im linken/mittleren Bereich der Seite. In Abbildung 9.1 ist nur ein Teil der Eigenschaften sichtbar, die nach dem Anklicken des Elements General erscheinen, da dieser sichtbare Bereich nach unten gescrollt wurde und die Elemente darüber ausgeblendet wurden. In Microchip Studio sind die Kontrollkästchen oberhalb des in der Abbildung gezeigten Teils des Fensters sichtbar. Es ist zu erkennen, dass der Bauteilname in der oberen Symbolleiste zur Auswahl der richtigen Include-Datei unten links in der Abbildung führt. Der Include-Pfad zu allen Include-Dateien ist darüber zu sehen. Dieser Pfad lautet für eine Standardinstallation von Microchip Studio wie folgt: **C:\Programme(x86)\Atmel\Studio\7.0\packs\atmel\ATtiny_DFP\1.8.332\avrasm\inc**. Wenn Sie mit dem Windows Datei-Explorer zu diesem Ordner navigieren, finden Sie alle Include-Dateien für die ATtiny-Mikrocontrollerreihe. Abbildung 9.1 zeigt, dass der letzte Teil des obigen Pfades \ATtiny_DFP\1**.3.229\avrasm\inc** ist, da das Bild mit einer älteren Version der installierten Header aufgenommen wurde. Die Versionsnummer des Ordners, der **avrasm** enthält, ist für verschiedene Versionen von Microchip Studio unterschiedlich.

Rechts in Abbildung 9.1 im Solution-Explorer erscheint die Include-Datei nur dann im Ordner Dependencies, wenn das Projekt erfolgreich, d.h. ohne Fehler, erstellt wurde. Wir haben diese Datei bereits in Abschnitt 8.1.1 in Kapitel 8 geöffnet, um uns die darin enthaltenen Register- und Bit-Definitionen, anzusehen.

9.3 Assembler-Direktiven

Für die Verwendung in Assemblerprogrammen stehen mehrere Direktiven zur Verfügung. Präprozessor-Direktiven beginnen mit #, und Assembler-Direktiven beginnen mit einem Punkt (.), wie wir am Beispiel der include-Direktive im vorherigen Abschnitt gesehen haben. Dieser Abschnitt befasst sich mit den nützlichsten Assembler-Direktiven. Präprozessor-Direktiven (beginnend mit #) und Makros unterscheiden Groß- und Kleinschreibung. Bei Assembler-Direktiven (beginnend mit .) wird nicht zwischen Groß- und Kleinschreibung unterschieden.

Assembler-Direktiven haben das folgende Grundformat:

[Label:] Anweisung [Operanden] [Kommentar]

Eine Assemblerdirektive besteht aus mindestens einer Anweisung, wie das folgende Beispiel mit der CSEG-Direktive zeigt.

```
.CSEG
```

Optional kann eine Assembler-Direktive darüber hinaus ein Label enthalten sowie einen oder mehrere Operanden, gefolgt von einem Kommentar. Ein Beispiel für eine Assembler-Direktive mit einem Operanden ist die ORG-Direktive, die in der folgenden Codezeile gezeigt wird und die wir im nächsten Abschnitt behandeln.

```
.ORG 0
```

Ein Beispiel für eine Assembler-Direktive mit einem Label und einem einzelnen Operanden ist die unten gezeigte BYTE-Direktive, die ebenfalls im nächsten Abschnitt behandelt wird.

```
count: .BYTE 1
```

9.3.1 Festlegen von Code- und Datenpositionen

AVRASM2 unterstützt eine Kombination von Direktiven, um Code und Daten an den gewünschten Adressen und im angegebenen Speichertyp zu platzieren. Dies sind die `ORG`, `CSEG`, `DSEG` und `ESEG` Direktiven, die im Folgenden näher beschrieben werden.

9.3.1.1 ORG-Assembler-Anweisung

Die Assembler-Direktive ORG (für *origin)* wird verwendet, um den Programm-Ursprung, also die Startadresse eines Speicherabschnitts, festzulegen. ORG kann in Groß- oder Kleinbuchstaben geschrieben werden, muss aber mit einem Punkt beginnen: `.ORG` und `.org` funktionieren beide. Der folgende einfache Codeschnipsel zeigt, wie ORG verwendet werden kann, um die Startadresse des Programms festzulegen.

```
.ORG 0
     sbi    DDRB, DDB4         ; LED on pin PB4
     sbi    PORTB, PORTB4      ; Switch LED on

loop:
     rjmp   loop               ; Infinite loop
```

Im Codeschnipsel ist .ORG - und damit die Startadresse des Programmcodes - auf 0 gesetzt. Dies entspricht der Standardeinstellung, weshalb bisher keines der Programme die ORG-Direktive verwenden musste.

Als weiteres Beispiel können wir unseren Code an Adresse 0x40 platzieren und den Flash-Speicher darüber frei lassen. Wir müssen einen RJMP-Befehl an Adresse 0 einfügen, der zu unserem Programmcode an Adresse 0x40 springt, da beim Reset die Ausführung des Codes an Adresse 0 beginnt. Der folgende Codeschnipsel zeigt, wie das geht.

```
.ORG 0
     rjmp   0x40

.ORG 0x40
     sbi    DDRB, DDB4         ; LED on pin PB4
     sbi    PORTB, PORTB4      ; Switch LED on

loop:
    rjmp   loop
```

Geben Sie den obigen Code in das test_asm-Projekt ein, das wir zuvor verwendet haben. Führen Sie ihn im Debugger aus, indem Sie entweder den Simulator oder echte Hardware mit einem USB-Debugger verwenden. Starten Sie das Debugging und unterbrechen dann; öffnen Sie das Disassembler-Fenster (Alt + 8). Beachten Sie im Disassembler-Fenster den ersten RJMP-Befehl ganz oben im Fenster an Adresse 0. Nachdem Sie den RJMP-Befehl mit F10 übersprungen haben, wird die Programmausführung an Adresse 0x40 fortgesetzt, und 0x40 ist im Programmzähler im Prozessorstatusfenster zu sehen. Der Flash-Speicher von Adresse 0x01 bis 0x3F ist unbenutzt.

Im obigen Codeschnipsel kann das erste `.ORG 0` weggelassen werden, da 0 die Standardstartadresse von Code in einem Assemblerprogramm ist. Die Anweisung `.ORG 0` ist also optional, informiert aber jeden, der den Code liest, dass der Programmierer absichtlich möchte, dass der folgende Code an der Adresse 0 beginnt. Beachten Sie, dass der RJMP-Befehl zu der angegebenen Adresse im Hexadezimalformat springt. Dies kann anstelle der Verwendung eines Labels geschehen. `.ORG 0x40` gibt an, dass der nachfolgende Code ab Adresse 0x40 im Speicher abgelegt werden soll.

ORG ist besonders nützlich, wenn es in Verbindung mit Segmentanweisungen (CSEG, DSEG und ESEG) verwendet wird. Segmentdirektiven werden verwendet, um anzugeben, in welchem Speicher entweder Code oder Daten platziert werden sollen. Die Verwendung von ORG mit Segmentdirektiven ermöglicht es, Code und Daten an bestimmten Adressen im gewünschten Speicher zu platzieren. Es gibt drei Arten von Segmentdirektiven in der AVR-Assemblersprache, nämlich CSEG (Code Segment), DSEG (Data Segment) und ESEG (EEPROM Segment). Alles, was in einem CSEG platziert wird, wird im Flash-Speicher abgelegt und kann Code oder Daten sein. Daten – und nur solche - die in einem DSEG platziert werden, werden im SRAM-Datenspeicher abgelegt. Programm-Code kann bei AVRs nicht aus dem SRAM heraus ausgeführt werden. Ein ESEG enthält Daten, die im EEPROM des AVRs abgelegt werden.

9.3.1.2 CSEG-Code-Segment-Anweisung

CSEG ist der Standardsegmenttyp und definiert den Beginn eines Codesegments im Flash-Speicher. Wie im folgenden Codeschnipsel zu sehen ist, hat die CSEG-Direktive keine Parameter, die ihr folgen.

```
.CSEG
.ORG 0
      sbi     DDRB, DDB4          ; LED on pin PB4
      sbi     PORTB, PORTB4       ; Switch LED on

loop:
      rjmp    loop                ; Infinite loop
```

Im obigen Codeschnipsel wird die ORG-Direktive in Verbindung mit der CSEG-Direktive verwendet, die den Assembler anweist, den folgenden Code ab Adresse 0 in den Flash-Programmspeicher zu schreiben. Natürlich sind diese beiden Anweisungen die Standardeinstellungen eines Assemblerprogramms, so dass sie im obigen Beispiel weggelassen werden können.

Die ORG- und CSEG-Direktiven sind besonders nützlich, wenn Code an einer anderen Stelle als Adresse 0 platziert wird oder wenn Daten aus anderen Segmenten über dem Programmcode platziert werden. Ein Assemblerprogramm kann aus mehr als einem Codesegment bestehen, wobei jedes Segment durch seine eigene CSEG-Anweisung spezifiziert und entweder mit oder ohne ORG-Anweisung verwendet wird.

9.3.1.3 DSEG-Datensegment und BYTE-Anweisungen

DSEG definiert den Beginn eines Datensegments, das im SRAM des AVR-Mikrocontrollers abgelegt wird. DSEG wird normalerweise gefolgt von einem Label, so dass auf die Daten einfach über den Label-Namen in einem Programm zugegriffen werden kann. DSEG wird normalerweise auch in Kombination mit der BYTE-Direktive verwendet, die Bytes im Speicher reserviert. Das Datensegment kann nicht automatisch mit Werten initialisiert werden, sondern reserviert Bytes im Speicher, auf die der Code zugreifen kann.

Im folgenden Codeschnipsel wird ein Byte Speicher im SRAM mittels DSEG und BYTE-Anweisungen reserviert. Dadurch wird gleichsam eine benannte Variable im SRAM angelegt, die im nachfolgenden Assembler-Code verwendet werden kann, was der Deklaration einer Variablen in der Sprache C entspricht.

```
.DSEG
count: .BYTE 1                    ; Reserve a byte for count variable

.CSEG
    ldi     r16, 0xAB             ; Byte to write to count variable
    sts     count, r16            ; Load R16 value to count variable
loop:
    rjmp    loop                  ; Infinite loop
```

Am Anfang des Codes im Listing wird die DSEG-Anweisung verwendet, um den Beginn eines Datensegments zu definieren. Darunter reserviert die BYTE-Anweisung ein Byte SRAM, indem sie als Operand eine 1 angibt. Vor der BYTE-Anweisung steht das Label `count`, das den Zugriff auf dieses eine Byte an Daten im SRAM unter diesem Namen im nachfolgenden Code ermöglicht.

Nach dem DSEG-Datensegment gibt die CSEG-Direktive an, dass der Code im Flash-Speicher platziert werden soll. Der Code lädt zunächst 0xAB mit LDI nach R16. Dann wird STS verwendet, um den Wert in R16 in die Zählvariable zu schreiben, oder mit anderen Worten, den Wert in R16 in das Byte mit der Bezeichnung `count zu` laden, das sich im SRAM befindet. Schauen Sie sich den Codeschnipsel in Abschnitt 5.4.1 von Kapitel 5 an, wo der STS-Befehl verwendet wird, um einen Wert aus R16 an Adresse 0x60 zu laden. Wir machen jetzt das Gleiche, verwenden aber eine benannte Variable. Wie bei dem Codeausschnitt aus Kapitel 5 können wir auch hier den LDS-Befehl verwenden, um den Wert aus dem SRAM in ein Register zu kopieren. Um zum Beispiel den Wert in `count` nach R0 zu laden, können wir Folgendes schreiben:

```
    lds     r0, count
```

Führen Sie den vorherigen Codeschnipsel im Simulator aus, so wie wir es in Abschnitt 5.4.2 in Kapitel 5 getan haben. Wählen Sie im Fenster Memory den Eintrag data-IRAM, um zu sehen, wie der Wert aus R16 in das SRAM geschrieben wird, wenn der STS-Befehl übersprungen wird. Wenn keine Adresse für das reservierte Zählbyte im SRAM mit der ORG-Anweisung angegeben wird, wird es an den Anfang des SRAM an Adresse 0x60 gesetzt. Diese Adresse sollte nach der Auswahl von Data-IRAM als Speicher, der im Debugger angezeigt werden soll, sichtbar sein; wenn sie nicht sichtbar ist, scrollen Sie, bis Sie sie finden. Fügen Sie die obige Codezeile in das Programm unterhalb des STS-Befehls ein, um zu sehen, dass der Zählwert aus dem SRAM in das Register R0 geschrieben wird.

Wie in diesem Beispiel zu sehen ist, ist es viel einfacher, den Assembler Speicher für uns reservieren zu lassen und ein Label als Namen für den Speicher zu verwenden, als auf den Speicher adressweise zuzugreifen und den Überblick darüber zu behalten, welche Adressen wir verwenden. Dies gilt besonders, wenn Assemblerprogramme größer werden.

9.3.1.4 ESEG EEPROM Segment Anweisung

ESEG ist eine Anweisung, die den Beginn eines EEPROM-Segments definiert. Daten, die in einem ESEG platziert werden, landen im internen EEPROM eines AVRs.

9.3.2 Speicher reservieren

Es gibt mehrere Assembler-Direktiven um Speicher zu reservieren, die in AVR-Assemblerprogrammen verwendet werden können. Wir haben bereits eine dieser Direktiven, die BYTE-Direktive, in Verbindung mit DSEG in Abschnitt 9.3.1.3 gesehen. Die folgenden Unterabschnitte fassen die Assembler-Direktiven zum Reservieren von Speicher zusammen, um zu zeigen, dass verschiedene Direktiven für diesen Zweck verfügbar sind.

9.3.2.1 BYTE

BYTE reserviert ein oder mehrere Bytes im SRAM oder EEPROM und wird daher in Verbindung mit den Direktiven DSEG und ESEG verwendet. Wir haben bereits in Abschnitt 9.3.1.3 ein Beispiel für die Reservierung eines Bytes im SRAM-Speicher gesehen.

9.3.2.2 DB - Konstantes Byte definieren

DB definiert ein oder mehrere konstante Bytes im Flash-Programmspeicher (CSEG) oder im EEPROM (ESEG).

Modifizierte Harvard-Architektur

Obwohl laut Microchip/Atmel Dokumentation die AVR-Mikrocontroller eine Harvard Architektur haben, ist es tatsächlich eine modifizierte Harvard Architektur. Während eine Harvard-Architektur, wie in Abbildung 6.5 in Abschnitt 6.3 in Kapitel 6 gezeigt, komplett getrennte Busse für Programm- und Datenspeicher hat, können bei AVRs tatsächlich konstante Daten im Flash-Programmspeicher abgelegt und vom Programm gelesen werden. Insofern handelt es sich um eine modifizierte Harvard-Architektur.

Beispielcode unter Verwendung der DB-Assembler-Direktive

Der folgende Codeschnipsel enthält vier verschiedene Beispiele für die Verwendung der DB-Assembler-Direktive. Geben Sie diesen Code in die Datei main.asm des Projekts **test_asm** ein, und führen Sie ihn im Simulator aus, während Sie den Erläuterungen zum Code folgen. Obwohl der eigentliche Arbeitscode in dem Ausschnitt sehr kurz ist, gibt es in diesem Programm eine Reihe von neuen Dingen zu entdecken.

CSEG-Anweisung und erster RJMP-Befehl

Im Code des folgenden Listings wurde die CSEG-Direktive dreimal verwendet. Dies ist nicht unbedingt notwendig, denn wie wir wissen, ist CSEG der Standard-Segmenttyp eines Assemblerprogramms. Die Verwendung von CSEG im Code soll lediglich zeigen, dass der Code aus drei Hauptteilen besteht. Am Anfang des Codes sorgt ein RJMP-Befehl dafür, dass die Programmausführung am Label `main:` nach den DB-Konstantenbyte-Daten beginnt. Würden die konstanten Daten am Anfang des Codes stehen, ohne dass ein RJMP-Befehl davor steht, dann würden diese Daten von Adresse 0 in den Flash-Programmspeicher geladen werden. Wenn der AVR-Mikrocontroller startet, würde er versuchen, diese Daten als Befehle auszuführen, was zu einem undefinierten Verhalten führen würde.

```
test_asm : main.asm    DB Example Code
.CSEG .ORG 0 rjmp main

.CSEG
message:    .DB "Hello", 0
message2:.   DB "Hi", 0, 0
numbers:.    DB 3, 2, 1, 0
letters:.    DB ‘A’, ‘B’, ‘C’, 0

.CSEG main:
    ldi     ZH, high(message << 1)  ; Initialize Z pointer (R31)
    ldi     ZL, low(message << 1)   ; Initialize Z pointer (R30)

check_0:
    lpm     r16, Z+                 ; Load byte from program memory
    subi    r16, 0                  ; Force status register update
    brbc    SREG_Z, check_0         ; Loop if result not zero

loop:
    rjmp    loop                    ; Infinite loop
```

Verwendung der DB-Assembler-Anweisung

Auf den ersten RJMP-Befehl im Code folgen vier Zeilen mit DB-Konstanten. Die DB-Daten haben das gleiche Format wie die BYTE-Daten. Dem DB-Befehl ist ein Label mit Doppelpunkt vorangestellt, das den folgenden Daten einen für den Menschen lesbaren Namen gibt. Dieser Name entspricht der Adresse des 16-Bit-Programmspeicherplatzes, an dem jede Datenzeile im Flash-Programmspeicher beginnt.

Datenformate und nullterminierende Zeichenketten

Die vier Datenzeilen zeigen die Daten in Form einer Zeichenkette zwischen doppelten Anführungszeichen, Zahlen, die durch Kommas getrennt sind, und Buchstaben zwischen einfachen Anführungszeichen, ebenfalls durch Kommas getrennt. Jede mittels DB definierte Datenzeile wurde in diesem Codebeispiel mit der Zahl Null abgeschlossen, um der Konvention der Sprache C zu folgen, wo dies üblich ist, um das Ende einer Zeichenkette identifizieren zu können. Um eine Null an das Ende einer Zeichenkette, einer Liste von Zahlen oder Buchstaben anzufügen, wird die Zahl Null einfach an das Ende der Zeile nach einem Komma gesetzt.

Lage der DB-Daten im Programmspeicher und Ausrichtung

Denken Sie daran, dass der Programmspeicher 16 Bit breit ist und dass jede 16 Bit breite Speicherstelle eine Adresse hat, die um eins größer ist als die vorherige Adresse. Das bedeutet, dass wir beim Zählen durch die aufeinanderfolgenden Programmspeicherplätze jeweils zwei Bytes nach oben gehen. Wenn bytebreite Daten in diesem Programmspeicher abgelegt werden, werden zwei Bytes an einer einzigen Adressstelle abgelegt, da jede Adressstelle eine 16-Bit- oder zwei Byte breite Speicherstelle adressiert. Wenn eine ungerade Anzahl von Bytes mit der DB-Anweisung im Programmspeicher abgelegt wird, füllt der Assembler die ungerade Anzahl von Bytes mit einem Null-Byte auf, um die Daten zu einer geraden Anzahl von Bytes zu machen und somit beide Bytes des letzten 16-Bit-Speicherplatzes, in dem die Daten abgelegt sind, zu verwenden. Dadurch wird sichergestellt, dass die nächste Daten- oder Programmanweisung an der nächsten 16-Bit-Befehlsadresse beginnt. Wenn DB verwendet wird, um eine ungerade Anzahl von Bytes in einem Microchip Studio Assembler-Projekt zu definieren, und das Projekt erstellt wird, wird eine Warnmeldung im unteren Fenster angezeigt. Diese Warnmeldung soll den Programmierer darauf hinweisen, dass die Bytes falsch ausgerichtet sind, weil sie nicht alle Bytes der zwei Byte breiten Programmspeicherplätze ausfüllen. Die folgende Warnmeldung wird angezeigt.

```
.cseg .db misalignment - padding zero byte
```

Versuchen Sie, die 0 am Ende einer der DB-Datenzeilen im Code aus dem vorherigen Listing zu entfernen, und erstellen Sie dann das Projekt in Microchip Studio, um die obige Meldung zu sehen. Achten Sie darauf, auch das Komma vor der Null zu entfernen, damit die Zeile nicht mit einem Komma endet, da sonst stattdessen ein Syntaxfehler gemeldet wird. Am Ende von `message2`, der `"Hi"`-Meldung, wurde eine zweite Null angefügt, um die Warnmeldung zu unterdrücken. Dies ist eine legitime Methode zur Unterdrückung der Warnmeldung.

16-Bit-Adresszeiger-Register (Pointer-Register)

Als wir uns die AVR-Register in Abschnitt 5.1 von Kapitel 5 angesehen haben, einschließlich des Diagramms in Abbildung 5.1 dieses Kapitels, haben wir keine Details zu den X-, Y- und Z-Registern betrachtet, außer dass sie in der Abbildung markiert sind. Der Code, den wir verwenden, um zu zeigen, wie die DB-Assembler-Direktive funktioniert, verwendet das Z-Register, also werden wir uns jetzt die Details dieses Registers ansehen. Obwohl die Register R30 und R31 als separate 8 Bit breite Register verwendet werden können, verwenden einige Befehle sie als ein einziges Z-Register, wie z.B. der LPM-Befehl in unserem aktuellen Beispiel. Dieses Z-Register ist effektiv zwei Bytes oder 16 Bits breit und besteht aus R30, dem LSB des Z-Registers, und R31, dem MSB.

Laden des Z-Registers

Im Beispielcode aus der vorherigen Auflistung haben wir folgendes:

```
main:
    ldi     ZH, high(message << 1)  ; Initialize Z pointer (R31)
    ldi     ZL, low(message << 1)   ; Initialize Z pointer (R30)
```

Am Anfang des Codes steht das Label `main:`, das lediglich einen Einstiegspunkt in den Hauptprogrammcode darstellt. Der erste RJMP-Befehl im Programm springt zu diesem Label, um die konstanten Daten zu überspringen, die mit DB im Programmspeicher abgelegt wurden. Der Name `main` wurde in diesem Beispiel gewählt, um die Funktion main() oder den Einstiegspunkt in einem C-Programm zu imitieren - den Punkt, an dem der Hauptprogrammcode zu laufen beginnt. Es ist nur ein Name, und wir hätten ihn auch anders nennen können, z.B. `start` oder `begin`. Nach diesem Label werden Daten in das High-Byte und Low-Byte des Z-Registers geladen. Beachten Sie, dass der Code ZH (Z-Register-High-Byte) und ZL (Z-Register-Low-Byte) als Zielregister verwendet, wenn LDI, der Befehl Load Immediate, verwendet wird. ZH bezieht sich auf das Register R31 und ZL auf das Register R30, also auf die beiden 8-Bit-Register, aus denen das 16-Bit-Z-Register besteht. Die Daten, die in die beiden Bytes des Z-Registers geladen werden, sind eigentlich die Adresse der Daten im Label `message:`. Da das Message-Label die Adresse eines 16-Bit-Worts im Programmspeicher ist, müssen wir es mit zwei multiplizieren, um eine Byte-Adresse anstelle einer 16-Bit-Wortadresse zu erhalten. Dies geschieht mit Hilfe des Linksschiebe-Operators `<<` , gefolgt von `1`, der die Bits, aus denen die Adresse besteht, um eine Bitposition nach links verschiebt - jedes Bit wird um eine Position nach links verschoben, und das LSB wird mit 0 aufgefüllt. Diese Linksverschiebung ist praktisch eine Multiplikation mit zwei. Da wir mit zwei 8-Bit-Registern in einem 8-Bit-AVR arbeiten, wird dies in zwei Schritten durchgeführt, zuerst für das High-Byte der Adresse, um das High-Byte nach der Verschiebung zu erhalten. Im zweiten Schritt wird die gleiche Verschiebung mit der bereits nach links verschobenen Adresse durchgeführt, aber das Low-Byte wird mit der Funktion low() ermittelt. Am Ende dieser beiden Codezeilen haben wir die Adresse des Beginns der Nachricht in das Z-Register geladen, aber umgewandelt in eine Byte-Adresse.

Lesen von Bytes aus dem Programmspeicher

Der Rest des Codes aus unserem Beispiel lautet wie folgt:

```
check_0:
    lpm     r16, Z+                 ; Load byte from program memory
    subi    r16, 0                  ; Force status register update
    brbc    SREG_Z, check_0         ; Loop if result not zero

loop:
    rjmp    loop                    ; Infinite loop
```

Der Befehl LPM (Load Program Memory) wird verwendet, um ein Byte aus derjenigen Programmspeicherzelle zu holen, deren Adresse das Z-Register gerade enthält. Das Z-Register zeigt effektiv auf diese Adresse und kann als Zeigerregister bezeichnet werden. Bei der Verwendung des Z-Registers mit LPM gibt es zwei Möglichkeiten. Die eine ist, einfach das Folgende zu tun:

```
    lpm     r16, Z
```

Dadurch wird das Byte, auf das das Z-Register zeigt, aus dem Programmspeicher geholt und in R16 abgelegt. Die andere Möglichkeit ist die folgende, wie sie in unserem Beispielprogramm verwendet wird:

```
    lpm     r16, Z+
```

Wenn auf Z ein + folgt, bedeutet dies: "Holen Sie das Byte, auf das Z zeigt, und inkrementieren Sie danach Z um 1", was bedeutet, dass Z nach Ausführung des Befehls auf das nächste Byte nach dem gerade gelesene Byte zeigt. Wenn man LPM auf diese Weise verwendet, kann man auf jedes DB-Byte der Reihe nach zugreifen, beginnend mit dem ersten Byte, ohne dass ein separater Befehl zum Inkrementieren des Z-Registers erforderlich ist. SUBI (Subtract Immediate) wird verwendet, um nach dem LPM-Befehl 0 von R16 zu subtrahieren. Dies geschieht, um das Statusregister und das Zero-Flag im Statusregister zu aktualisieren. Wir suchen nach dem Nullterminator am Ende der Datenkette, um festzustellen, wann das Ende der von DB definierten Daten erreicht ist. Wenn dieser Null-Terminator oder der Wert Null in R16 geladen wird, ändert sich das Statusregister nicht. Auch wenn R16 den Wert Null enthält, wird das Z-Flag im Statusregister nicht gesetzt, da sich dieses Flag nur nach einer arithmetischen oder logischen Operation ändert. Durch Subtraktion von 0 von R16 wird eine arithmetische Operation durchgeführt, wodurch das Statusregister aktualisiert wird. Die Subtraktion von 0 von R16 aktualisiert das Statusregister, ändert aber nicht die Daten in R16. Nach der Ausführung von SUBI wird das Z-Flag aus dem Statusregister mit dem BRBC-Befehl überprüft, um festzustellen, ob das Ende des konstanten Datenstrings erreicht ist. BRBC (Branch if Bit in SREG is Cleared) wird verwendet, um zum LPM-Befehl zurückzuspringen und das nächste konstante Datenbyte aus dem Programmspeicher zu holen, wenn das Zero-Flag des Statusregisters nicht gelöscht ist und R16 nicht 0 enthält. Wenn R16 Null enthält, verzweigt BRBC nicht, sondern führt den darunter liegenden Code aus, der eine Endlosschleife darstellt.

Ausführen des Beispielcodes

Wenn Sie es noch nicht getan haben, fügen Sie den DB-Beispielcode aus dem vorherigen Listing in die Datei main.asm des Projekts test_asm ein. Erstellen Sie das Projekt, starten Sie das Debugging und unterbrechen Sie es wie gewohnt. Verwenden Sie die Schaltfläche Step Over in der Symbolleiste oder die Taste F10, um den Code schrittweise zu durchlaufen.

Beachten Sie im Speicherfenster unten rechts in Microchip Studio bei Auswahl von prog FLASH in der Dropdown-Liste Memory, dass in der Spalte ganz rechts in diesem Fenster der Text der DB-Konstanten-Datenzeilen zu sehen ist (die Wörter "Hallo", "Hi" und die Buchstaben ABC). Das liegt daran, dass diese Spalte die ASCII-Darstellung der Zahlen im Flash-Programmspeicher enthält. Computer und Mikrocontroller arbeiten nur mit Zahlen, daher ist alles, was im Speicher gespeichert ist, eine Zahl. ASCII ist ein Standardverfahren, das Zeichen, wie Buchstaben des Alphabets, Satzzeichen und die Zahlen 0 bis 9, verschiedenen Zahlen zuordnet. Wenn ein Computer also die Zahl 0x48 erhält, weiß er, dass er den Buchstaben "H" anzeigen soll. Siehe die ASCII-Tabelle in Anhang C dieses Buchs. Da die mit DB definierten Zeichenketten mit Null-Terminatoren (Nullen), Zahlen neben dem Label `numbers:` und Programmbefehlen vermischt sind, wird lesbarer Text im Speicherfenster gemischt mit unlesbaren oder bedeutungslosen Zeichen dargestellt. In der rechten Spalte des Speicherfensters wird versucht, jede Zahl im Speicher in ein ASCII-Zeichen umzuwandeln. Einige Zeichen sind nicht druckbar (Die Zahlen 0 bis 31 und 127, oder 0x00 bis 0x1F und 0x7F) und werden durch einen Punkt dargestellt. Andere stammen aus der erweiterten ASCII-Tabelle und umfassen Zahlen über 127 oder 0x7F. Welche erweiterte ASCII-Zeichen erscheinen, hängt davon ab, welcher Zeichen- oder Zeichensatz zur Darstellung verwendet wird.

Öffnen Sie das Fenster Processor Status und gehen Sie die Befehle durch, die die Adresse in das Z-Register laden (die LDI-Befehle unter dem Label main). Die Adresse der Zeichenkette "Hello" am Label `message` ist eine sehr niedrige Adresse, daher ändert sich ZH oder R31 im Simulator nicht, sondern bleibt auf 0x00. Nach dem Überspringen des Befehls, der das Byte mit der niedrigen Adresse in ZL bzw. R30 lädt, ist zu erkennen, dass sowohl R30 unten im Prozessorstatusfenster als auch das Z-Register oben im Prozessorstatusfenster 0x02 enthalten. Das liegt natürlich daran, dass R30 Teil des Z-Registers ist. Der erste 16-Bit-Befehl an Speicherplatz 0x0000 enthält den ersten RJMP-Befehl des Programms. Die zweite 16-Bit-Befehlsstelle im Programmspeicher enthält den Beginn der Zeichenkette-Daten an der 16-Bit-Adresse 0x0001. Da wir den Programmspeicher mit Hilfe des Z-Registers byteweise adressieren und die Adresse 0x0001 beim Laden des Z-Registers nach links verschoben haben, lautet die Anfangs-Byteadresse der Zeichenkette 0x0002, wie im Z-Register zu sehen ist.

Es kann vorteilhaft sein, den Flash-Programmspeicher als eine einzelne Spalte von Bytes zu betrachten, indem man das Feld Columns im Speicherfenster ändert. Klicken Sie auf den Doppelpfeil auf der rechten Seite des Fensters, um die Anzahl der Spalten in der Dropdown-Liste Columns zu ändern. Schauen Sie in Abbildung 6.10 im Abschnitt 6.6.2 von Kapitel 6 nach, wie Sie dies tun können. Abbildung 9.2 zeigt, wie das Speicherfenster jetzt aussehen sollte (rechts in der Abbildung). Beachten Sie, dass die Adressen in diesem Fenster Byte-Adressen sind. Das Z-Register ist im Prozessorstatusfenster links in der Abbildung zu sehen.

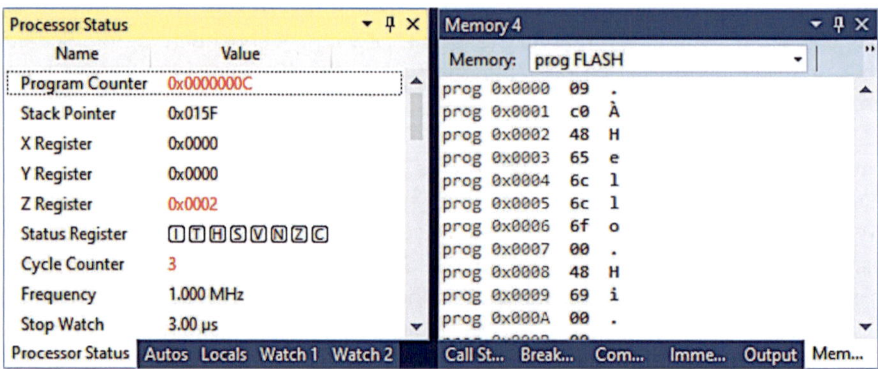

Abbildung 9.2: Z Register und konstante Daten im Programmspeicher

In diesem Stadium - also nachdem die beiden LDI-Befehle, die das Z-Register laden, übersprungen wurden - wird der LPM-Befehl im Debugger hervorgehoben, das Z-Register enthält 0x0002 und zeigt auf Byte 0x0002 im Programmspeicher. Diese Speicherstelle enthält den Wert 0x48, die ASCII-Zahl für den Buchstaben ‚H', den ersten Buchstaben unserer Nachricht "Hello". Das Speicherfenster zeigt sowohl die hexadezimale Zahl 48 als auch den Buchstaben H daneben, also die ASCII-Darstellung von 0x48 an Adresse 0x0002, wie in Abbildung 9.2 zu sehen.

Gehen Sie mit Step Over über den LPM-Befehl und beachten Sie, dass 0x48 aus unserer Zeichenkette in R16 geladen wird und gleichzeitig das Z-Register auf 0x0003 erhöht wird, wie oben im Prozessorstatusfenster zu sehen ist. Das bedeutet, dass das Z-Register jetzt auf das zweite Zeichen in unserer Zeichenkette zeigt, nämlich ‚e' oder 0x65.

Überspringen Sie den Befehl SUBI, die den unmittelbaren Wert 0 von R16 subtrahiert. Dieser Befehl hat keine Auswirkung auf die Statusregister-Flags, da R16 keine Null enthält und nichts passiert ist, was eine Änderung der anderen Flags verursacht hätte.

Überspringen Sie den BRBC-Befehl. Da das Zero-Flag, das der BRBC-Befehl prüft, gelöscht ist, verzweigt die Programmausführung zum Label `check_0`. Fahren Sie fort, den Code zu durchlaufen, bis R16 nur noch 0 enthält. Beachten Sie, dass das Zahlenäquivalent jedes Buchstabens unserer Zeichenkette "Hello" der Reihe nach in R16 abgelegt wird, während Sie den Code durchlaufen. Im Speicherfenster können Sie sehen, welche hexadezimale Zahl welchem ASCII-Zeichen der Zeichenkette entspricht.

Wenn der LPM-Befehl schließlich 0 aus dem Programmspeicher abruft, wird 0x00 in R16 eingetragen. Diesmal wird nach der Ausführung des SUBI-Befehls das Z-Flag gesetzt. BRBC prüft nun das Z-Flag und verzweigt nicht zum Label `check_0`, da das Z-Flag nicht mehr gelöscht, sondern gesetzt ist. Die Programmausführung wird unterhalb von BRBC, in der Endlosschleife, fortgesetzt.

Ändern Sie das Programm, um die anderen konstanten Daten zu lesen, und gehen Sie dann den Code durch, um sicherzustellen, dass Sie ihn richtig verstehen. Ändern Sie zum Beispiel die Adresse, auf die das Z-Register zeigt so, dass sie auf die Daten am Label `letters` zeigt, indem Sie die folgenden Codezeilen ändern:

```
ldi     ZH, high(message << 1)  ; Initialize Z pointer (R31)
ldi     ZL, low(message << 1)   ; Initialize Z pointer (R30)
```

Ändern Sie den obigen Code wie folgt, um die Daten bei `letters zu` adressieren:

```
ldi     ZH, high(letters << 1)  ; Initialize Z pointer (R31)
ldi     ZL, low(letters << 1)   ; Initialize Z pointer (R30)
```

Nachdem Sie die Änderungen vorgenommen haben, erstellen Sie das Projekt und gehen Sie den Code im Simulator erneut durch. Beachten Sie die unterschiedliche Adresse, die in das Z-Register geladen wird.

9.3.2.3 DW - Konstantes Wort definieren

DW, oder *define constant word*, ist wie DB, oder define constant byte, mit dem Unterschied, dass es 16-Bit-Speicherplätze im Flash-Programmspeicher oder EEPROM reserviert, anstatt 8-Bit-Speicherplätze.

9.3.2.4 DD - Konstante Doppelwort definieren

DD, oder *definieren Sie konstante* Doppelwort-Reserven für 32-Bit-Datenbereiche im Programmspeicher oder EEPROM.

9.3.2.5 DQ - Konstante Quad-Wort definieren

DQ, oder *define constant quad-word*, reserviert einen oder mehrere 64-Bit-Speicherplätze im Programmspeicher oder EEPROM.

9.3.3 Definition von Namen für Register mit DEF

DEF ist eine Anweisung, mit der man einem Register einen für Menschen lesbaren Namen geben kann. In dem folgenden Beispiel erhält R16 den Namen `count`. Nachdem R16 am Anfang des Codes mit DEF den Namen `count erhalten hat`, wird es im restlichen Programm als `count bezeichnet`. Geben Sie diesen Code in das Projekt test_asm ein und führen Sie ihn im Simulator aus, um zu sehen, dass R16 gelöscht wird, wenn `count gelöscht wird`, und R16 erhöht wird, wenn `count` mit dem INC-Befehl erhöht wird.

```
.DEF    count = R16
   ldi count, 0x00      ; Clear count register
loop:
   inc count            ; Increment count register
   rjmp loop
```

9.3.4 Ausdrücke mittels EQU und SET mit Namen versehen

EQU wird verwendet, um einem Ausdruck einen menschenlesbaren Namen zu geben. Der Ausdruck kann eine einfache Zahl sein, wie der folgende Beispielcode zeigt:

```
.DEF    count = R16
.EQU    count_start = 5
   ldi count, count_start  ; Value to start counting from loop:
   inc count               ; Increment count register
   rjmp loop
```

Der obige Code zeigt, dass EQU verwendet wird, um `count_start` gleich 5 zu setzen. Wo immer `count_start` in dem Code verwendet wird, wird 5 ersetzt. In diesem Beispielcode wird `count_start` verwendet, um einen Wert von 5 in R16 zu laden, indem R16 mit DEF als `count` definiert wird und `count_start` mit EQU gleich 5 gesetzt wird. Dies bewirkt, dass der Wert in R16 ab 5 statt ab 0 erhöht wird. Geben Sie diesen Code in das Projekt test_asm ein und führen Sie ihn im Simulator aus.

SET weist einem Label ähnlich wie EQU einen Wert zu, aber im Gegensatz zu EQU kann ein Label, das einem Wert durch SET zugewiesen wurde, später in einem Programm geändert oder neu definiert werden. Im vorherigen Codebeispiel kann SET direkt anstelle von EQU eingesetzt werden.

9.3.5 Bedingte Assemblierung

Bedingte Assemblierung beinhaltet die IF, IFDEF, IFNDEF, ELIF, ELSE und ENDIF Assembler-Direktiven. Bedingte Assemblerdirektiven werden zur Assemblerzeit ausgeführt und nicht zur Laufzeit, wenn der Code auf dem AVR läuft. Es folgt ein Beispiel, in dem nur zwei der oben genannten bedingten Assembler-Befehle verwendet werden, IFDEF und ENDIF. Dieser Code ist eine modifizierte Version des Codes aus dem Push- und Pop-Beispiel in Abschnitt 6.6.2 in Kapitel 6.

```
      ; Initialize the stack pointer
    ldi     r16, low(RAMEND)
    out     spl, r16
.IFDEF SPH
    ldi     r16, high(RAMEND)  ; Remove for ATtiny13(A) and ATtiny25
    out     sph, r16           ; Remove for ATtiny13(A) and ATtiny25
.ENDIF

    ldi     r16, 0x5A    ; Load a value to R16
    push    R16          ; Save R16 to the stack
    clr     r16          ; R16 gets modified
    pop     r16          ; Restore R16 from the stack

loop:
    rjmp    loop
```

In der ursprünglichen Version des obigen Codes mussten zwei Codezeilen entfernt werden, wenn der Code auf einem ATtiny13(A) oder ATtiny25 laufen sollte. Dies hat damit zu tun, dass es auf dem ATtiny13(A) und dem ATtiny25 keinen SPH gibt, weil auf diesen Bausteinen nicht genügend SRAM vorhanden ist, um den SPH zu benötigen. Der obige Code macht sich diese Tatsache zunutze und verwendet IFDEF (if defined), um zu prüfen, ob SPH definiert ist. Auf diese Weise wird der Code universell, so dass er für jeden ATtiny AVR erstellt werden kann, ohne dass bestimmte Codezeilen gelöscht werden müssen. So wird effektiv die Entfernung des Codes automatisiert, der das SPH für bestimmte Bausteine initialisiert, während diese Codezeilen für andere erhalten bleiben. Für einen ATtiny45 oder ATtiny85 ist SPH in der Datei tn45def.inc oder tn85def.inc definiert, die Sie unter Dependencies im Solution Explorer Fenster von Microchip Studio finden. Wir haben uns diese Datei bereits angesehen - siehe Abbildung 8.1 in Abschnitt 8.1.1 von Kapitel 8 oder Abbildung 9.1 in Abschnitt 9.2 des aktuellen Kapitels zur Erinnerung. SPH ist in den Include-Dateien für ATtiny13(A) und ATtiny25 Bausteine nicht definiert. Wenn der Assembler ausgeführt wird und `.IFDEF SPH` in der Datei findet, prüft es, ob SPH definiert ist. Wenn SPH definiert ist, werden die beiden Codezeilen zwischen IFDEF und ENDIF eingefügt. Wenn SPH nicht definiert ist, wird der Code zwischen IFDEF und ENDIF nicht in den Assembler-Prozess einbezogen und erscheint nicht in den endgültigen Maschinencode-Befehle.

Der Code aus dem vorherigen Listing kann in main.asm aus dem test_asm-Projekt eingegeben werden, um zu überprüfen, wie die IFDEF-Direktive funktioniert. Wenn Sie die Übungen in diesem Buch nachvollzogen haben, ist das test_asm-Projekt so eingerichtet, dass es den Simulator verwendet und den Code für den ATtiny45 zusammenstellt. Nachdem Sie das Projekt für den ATtiny45 erstellt haben, starten Sie das Debugging und brechen es ab, wie wir es bereits getan haben. Öffnen Sie das Disassembler-Fenster und stellen Sie fest, dass in diesem Fenster Code gefunden wird, der SPH wie folgt initialisiert:

```
     ldi       r16, low(RAMEND)
00000000  LDI R16,0x5F               Load immediate
     out       spl, r16
00000001  OUT 0x3D,R16               Out to I/O location
     ldi       r16, high(RAMEND)     ; Remove for ATtiny13(A) and ATtiny25
00000002  LDI R16,0x01               Load immediate
     out       sph, r16              ; Remove for ATtiny13(A) and ATtiny25
00000003  OUT 0x3E,R16               Out to I/O location
     ldi       r16, 0x5A             ; Load a value to R16
00000004  LDI R16,0x5A               Load immediate
```

Die Auflistung, wie sie oben im Disassembler-Fenster gezeigt wird, enthält eine Zeile des ursprünglichen Assembler-Codes, gefolgt von der Zeile, in die er disassembliert wurde. Die disassemblierte Zeile beginnt mit der Adressposition des 16-Bit-Befehls im Programmspeicher. Wir sehen den ersten LDI-Befehl und den OUT-Befehl, die SPL wie erwartet initialisieren. Da dieses Programm für den ATtiny45, der ein SPH-Register hat, assembliert wurde, erwarten wir den Code, der SPH initialisiert, vorzufinden. Diese beiden Zeilen befinden sich an den Adressen 2 und 3. Das Programm fährt mit dem LDI-Befehl fort, der 0x5A nach R16 lädt. Der darunter liegende Code wurde nicht in das obige Listing aufgenommen.

Beenden Sie das Debuggen des Codes für den ATtiny45. Wir werden nun das Projekt ändern, um es für den ATtiny13, ATtiny13A oder ATtiny25 zu erstellen, die alle nicht über das SPH-Register verfügen. Klicken Sie in der Symbolleiste von Microchip Studio auf ATtiny45, oder klicken Sie im Top-Menü auf Project ▶ test_asm Properties... und dann auf Device auf der linken Seite der sich öffnenden Seite. Klicken Sie auf dieser Seite auf die Schaltfläche Change Device... (Baustein ändern) in der Mitte des oberen Bereichs der Seite. Dadurch wird das Dialogfeld Device Selection geöffnet. Wählen Sie in diesem Dialogfeld entweder den ATtiny13, den ATtiny13A oder den ATtiny25 aus; in der folgenden Beschreibung wird davon ausgegangen, dass der ATtiny25 ausgewählt wurde. Verwenden Sie das Suchfeld oben rechts im Dialogfeld, um nach dem gewünschten Baustein zu suchen, und klicken Sie ihn dann im Hauptbereich des Dialogfelds an. Klicken Sie abschließend auf die Schaltfläche OK. Speichern Sie nach den Änderungen und erstellen Sie das Projekt. Falls erforderlich, wählen Sie den Simulator erneut als Werkzeug aus, indem Sie auf das Hammersymbol neben dem ATtiny-Baustein klicken, den wir gerade geändert haben.

Da das Projekt test_asm nun so geändert wurde, dass es für den ATtiny25 gebaut wird, ist SPH nicht mehr für das Projekt definiert. Das bedeutet, dass das Assemblerprogramm, wenn es die Zeile mit `.IFDEF SPH` erreicht, die beiden Codezeilen zwischen IFDEF und

ENDIF nicht enthält. Wir können dies mit der Schaltfläche Start Debug and Break in Microchip Studio überprüfen und dann das Disassembly-Fenster öffnen, wie wir es zuvor getan haben. Der disassemblierte Code sieht nun wie folgt aus:

```
   ldi      r16, low(RAMEND)
00000000  LDI R16,0xDF          Load immediate
   out      spl, r16
00000001  OUT 0x3D,R16          Out to I/O location
   ldi      r16, 0x5A           ; Load a value to R16
00000002  LDI R16,0x5A          Load immediate
   push     R16                 ; Save R16 to the stack
```

Vor dem LDI-Befehl, der 0x5A nach R16 lädt, erscheinen nur zwei Befehle, wie in dem disassemblierten Code oben zu sehen ist. Die ersten beiden Codezeilen initialisieren SPL, aber der Code, der SPH initialisiert, wurde weggelassen, wie aufgrund der bedingten Assembleranweisungen IFDEF und ENDIF zu erwarten war.

Stoppen Sie den Debugger und ändern Sie den Baustein für das test_asm-Projekt wieder in ATtiny45. Klicken Sie auf die Schaltfläche in der Symbolleiste, auf der nun ATtiny25 stehen sollte, und verwenden Sie dann die Schaltfläche Change Device..., um den ATtiny45 wieder auszuwählen. Speichern Sie das Projekt und erstellen Sie es neu.

9.4 Weitere Assembler-Elemente

Der AVR-Assembler enthält noch weitere Assembler-Direktiven und Features, wie Präprozessor-Direktiven, Funktionen und Operatoren. Wir haben den Linksschiebe-Operator (<<) bei der Betrachtung von DB kennengelernt. Wir haben auch die Funktionen high() und low() verwendet, um die High- und Low-Bytes von 16-Bit-Zahlen zu ermitteln. All diese Elemente dienen dazu, die Programmierung in Assembler zu erleichtern. Dieses Kapitel sollte zeigen, wie nützlich einige dieser Elemente sein können. Es hat keinen Sinn, alle möglichen Assembler-Elemente in diesem Buch zu behandeln, da dies nur zu einer Informationsüberlastung führen würde. Weitere Elemente der Assemblersprache werden in den übrigen Kapiteln behandelt und in praktischen Programmen verwendet. Das *AVR Assembler* Dokument von Microchip kann als Referenz bei der Verwendung des AVRASM2 Assemblers dienen - aber auch dazu, mehr über andere Assembler Elemente zu erfahren.

9.5 Weiterführende Literatur

Die Dokumentation zum AVRASM2-Assembler finden Sie auf der Microchip Website unter:

ww1.microchip.com/downloads/de/devicedoc/40001917a.pdf

Dieses *AVR Assembler* Dokument ist die primäre Quelle für jeden Nutzer des AVRASM2 Assemblers. Es enthält weitere Informationen über die Syntax, Assembler Direktiven, den Präprozessor und Ausdrücke, die in AVR Assembler Programmen benutzt werden.

9.6 Zusammenfassung

- AVRASM2 ist der Name des Standard-AVR-Assemblers, der von Microchip Studio verwendet wird.

- Der Präprozessor kann verwendet werden, um externe Dateien in ein Assemblerprogramm einzubinden.

- Die passende Header-Datei wird automatisch in ein Assembler-Projekt in Microchip Studio für den AVR-Baustein eingefügt, der beim Erstellen des Projekts ausgewählt wurde.

- Assembler-Direktiven stehen für die Verwendung in Assemblerprogrammen zur Verfügung und ermöglichen es dem Programmierer, Code- und Datenspeicher zu spezifizieren, die Art des Speichers auszuwählen, Bytes für Daten im Speicher zu reservieren, Register zu benennen und vieles mehr.

- Assembler-Direktiven beginnen immer mit einem Punkt (.), wenn sie in einem Assemblerprogramm verwendet werden.

- Im AVR Assembler Handbuch finden Sie alle technischen Informationen zum AVRASM2 Assembler.

Kapitel 10 • AVR Timing, Timer und Interrupts

In diesem Kapitel geht es um Befehls-Timing, Software-Zeitverzögerungs-Subroutinen, Hardware-Timer und Interrupts auf ATtiny-MCUs.

Neben den oben genannten Themen werden in diesem Kapitel auch zusätzliche Assembler-Befehle und Assembler-Direktiven behandelt, sowie die Aufteilung eines Assembler-Projekts in mehrere Dateien. Es wird untersucht, wie man eine Formel für die von einem Software-Verzögerungs-Unterprogramm benötigte Zeit ableitet, wie man einen Wert an ein Unterprogramm übergibt und wie man ein Assembler-Unterprogramm aus C-Code heraus aufruft.

In diesem Kapitel
- AVR-CPU-Versionen und Befehls-Timing
- Analyse eines Assembler-Unterprogramms zur Software-Zeitverzögerung
- Wie man ein zyklusgenaues Software-Verzögerungs-Unterprogramm schreibt
- Aufteilung eines Assemblerprogramms in mehrere Dateien
- Aufruf einer Assembler-Unterroutine aus einem C-Program
- Betrieb eines Hardware-Timers
- Unterbrechung eines laufenden Hardware-Timers

10.1 Zeitlicher Ablauf von Befehlen

Die Zeit, die ein Befehl zur Ausführung benötigt, wird durch die Anzahl der Taktzyklen, die jeder Befehl zur Ausführung benötigt bestimmt, sowie von der Frequenz, mit der der Mikrocontroller betrieben wird. Die Anzahl der Taktzyklen, die die Befehle zur Ausführung auf einem ATtiny oder einem anderen AVR-Mikrocontroller benötigen, finden Sie im *AVR Instruction Set Manual*. Diese Informationen können auch im Abschnitt *Instruction Set Summary* des Datenblatts für jeden AVR gefunden werden.

10.1.1 AVR CPU-Versionen

Laut dem *AVR Instruction Set Manual* gibt es sechs verschiedene Versionen der AVR 8-bit CPU, nämlich AVR, AVRe, AVRe+, AVRxm, AVRxt und AVRrc. Diese verschiedenen CPU-Versionen entstanden mit der Zeit aufgrund von Updates und Verbesserungen der CPU. Das Befehls-Timing für AVR, AVRe und AVRe+ CPU-Versionen ist identisch.

ATtiny25/45/85 und ATtiny13(A) Mikrocontroller fallen in die AVR, AVRe und AVRe+ Gruppe. Es ist zu beachten, dass es Unterschiede im Befehls-Timing gibt, wenn man Software für AVRs schreibt, die auf verschiedenen CPU-Versionen laufen muss, wenn die Software auf das Timing bestimmter Befehle angewiesen ist.

10.1.2 Beispiele für das Zeitverhalten von Befehlen

Es folgen Beispiele für das Timing einiger Befehle, um zu verdeutlichen, worum es bei der Zeitplanung von Befehle geht.

10.1.2.1 Der NOP-Befehl

Ein einfacher Befehl wie NOP (No Operation) benötigt einen Taktzyklus zur Ausführung auf allen AVR 8-Bit CPU Versionen. Ein NOP-Befehl tut nichts, außer einen Taktzyklus der CPU-Zeit zu verbrauchen. Mit anderen Worten, er verursacht keine Änderungen im Speicher oder in den Registern, einschließlich des Statusregisters.

Um herauszufinden, wie lange die Ausführung eines Befehls dauert, müssen wir wissen, mit welcher Frequenz der Mikrocontroller getaktet wird und wie viele Taktzyklen der jeweilige Befehl zur Ausführung benötigt. Für den NOP-Befehl wissen wir, dass ein Taktzyklus für seine Ausführung benötigt wird. Für den ATtiny25/45/85 wissen wir, dass die Standardtaktfrequenz 1 MHz beträgt und für den ATtiny13(A) 1,2 MHz.

Wie wir bereits in Abschnitt 6.1.2.5 von Kapitel 6 gesehen haben, entspricht die Periodendauer eines Taktzyklus "1 geteilt durch die Frequenz" der Taktquelle. Daraus ergibt sich eine Periode von 1 ÷ 1 MHz, also 1µS für den ATtiny25/45/85, und 1 ÷ 1,2 MHz, also 0,833µS für den ATtiny13(A). Ein NOP-Befehl benötigt also 1µS für die Ausführung auf einem ATtiny25/45/85, der mit der Standard-Taktfrequenz von 1 MHz läuft, und 0,833µS auf einem ATtiny13(A), der mit einer Standard-Taktfrequenz von 1,2 MHz läuft.

Sie fragen sich vielleicht, was der Zweck des NOP-Befehls ist, da sie keine Berechnungen durchführt und keine Daten verschiebt. Eine grundlegende Verwendung des NOP-Befehls besteht darin, ihn in einer Software-Zeitverzögerungsfunktion oder einem Unterprogramm zu verwenden, um einen Teil der CPU-Zeit zu verbrauchen, aber es gibt auch andere Verwendungsmöglichkeiten für den NOP-Befehl im AVR.

In den Datenblättern für die ATtiny-MCUs, die in diesem Buch behandelt werden, gibt es ein Beispiel für die Verwendung des NOP-Befehls im Abschnitt *I/O-Ports*. Dieses Beispiel zeigt, dass ein NOP-Befehl zwischen Schreib- und Lesevorgang eingefügt werden muss, wenn auf einen Schreibvorgang in ein Portregister unmittelbar ein Lesevorgang aus einem Portregister folgt. Aus Timing-Gründen muss in dieser Situation ein NOP-Befehl eingefügt werden, um den Wert, der einigen der Pins zuletzt zugewiesen wurde, zurücklesen zu können. (Anmerkung des Übersetzers: Es wird nicht direkt auf den Pin geschrieben, sondern in einen Puffer. Erst im nächsten Takt wird der Puffer-Inhalt auf den Pin ausgegeben. Dieses Vorgehen ermöglicht sauberes sogenanntes "Write-Modify-Read" bzw. "Read-Modify-Write", beispielsweise bei kapazitiven Lasten wie langen Busleitungen, die zusammen mit dem Innenwiderstand der Portausgänge den Pegelwechsel verzögern). Ein Teil dieses Codes aus den Datenblättern ist unten abgebildet, wo ein NOP zwischen den OUT- und IN-Befehlen eingefügt ist.

```
out     DDRB, r16       ; Port pin data direction setup
nop                     ; Insert NOP for synchronization
in      r17, PINB       ; Read port pins
```

Dasselbe muss auch in einem C-Programm gemacht werden, wie das folgende Codebeispiel zeigt.

```
DDRB = (1 << DDB0);      // Port pin data direction setup
_NOP();                  // Insert NOP for synchronization
i = PINB;                // Read port pins
```

Für die Verwendung von _NOP() (das ein Makro und keine Funktion ist und einfach ein NOP einfügt) in einem C-Programm, muss der `cpufunc.h`-Header wie folgt in das C-Programm aufgenommen werden:

```
#include <avr/cpufunc.h>
```

NOP wird auch verwendet, um sicherzustellen, dass es beim Debuggen von optimiertem C-Code überhaupt eine Codezeile gibt, an der ein Break-Point gesetzt werden kann. NOP kann auch in der Interrupt-Vektor-Tabelle an unbenutzten Vektorstellen verwendet werden, um sicherzustellen, dass die verwendeten Vektoreinträge an der richtigen Adresse auftreten, obwohl es auch andere Lösungen für unbenutzte Interrupt-Vektoren gibt.

10.1.2.2 16-Bit- und 32-Bit-Befehls-Timing

Die meisten AVR-Befehle sind, wie bereits erwähnt, 16 Bit breit. Diese Befehle werden normalerweise in einem Taktzyklus ausgeführt, aber es gibt einige Ausnahmen. Wir haben bereits den 16-Bit-NOP-Befehl gesehen, der in einem Taktzyklus ausgeführt wird. Ein weiteres Beispiel für einen 16-Bit-Befehl, der in einem Taktzyklus ausgeführt wird, ist der ADD-Befehl, der bei allen AVR-CPU-Versionen einen Taktzyklus benötigt.

Eine der Ausnahmen für einen 16-Bit-Befehl, der in zwei Taktzyklen ausgeführt wird, ist der ADIW-Befehl (Add Immediate to Word). Der 16-Bit CBI-Befehl benötigt zwei Taktzyklen zur Ausführung auf der AVRe CPU-Version, aber nur einen Taktzyklus auf den AVRxm, AVRxt und AVRrc CPU-Versionen. Ein Beispiel für einen 32-Bit-Befehl, der auf der AVRe-CPU-Version in zwei Taktzyklen ausgeführt wird, ist der LDS-Befehl. Der LPM-Befehl, obwohl 16 Bit breit, benötigt drei Taktzyklen zur Ausführung.

Der Punkt bei dieser Diskussion über Instruktions-Timing ist, dass man wirklich in das Datenblatt für den jeweiligen AVR-Typ und das Instruktionsset-Manual schauen muss, wenn die Ausführungszeit von Befehlen in einer bestimmten Anwendung wichtig ist.

10.1.2.3 Timing von Verzweigungsbefehlen

Einige Verzweigungsbefehle benötigen je nach dem Ergebnis des Tests, den der Befehl durchführt, eine unterschiedliche Anzahl von Taktzyklen zur Ausführung. Der RJMP-Befehl gehört zu den Verzweigungsbefehlen, die nicht in Abhängigkeit von einem Ergebnis, sondern immer an eine bestimmte Stelle springen. Der RJMP-Befehl wird daher immer in zwei Taktzyklen ausgeführt.

SBIC (Skip if Bit in I/O Register is Cleared) ist ein Verzweigungsbefehl, den wir bereits verwendet haben. Dieser Befehl wird entweder in einem Taktzyklus, in zwei Taktzyklen oder in drei Taktzyklen ausgeführt, je nachdem, ob 1) die Bedingung falsch ist (wird nicht übersprungen), 2) der übersprungene Befehl ein Wort (16 Bit) benötigt oder 3) der übersprungene Befehl zwei Worte (32 Bit) belegt. Das Timing des SBIS-Befehls (Skip if Bit in

I/O Register is Set) funktioniert genauso wie beim SBIC-Befehl, außer dass der Befehl übersprungen wird, wenn das getestete Bit im Register gesetzt ist.

Betrachtet man das Code-Listing von read_switch_asm aus Abschnitt 8.2.5 von Kapitel 8, das mit hinzugefügtem Befehls-Timing folgt, sieht man, dass die ersten drei Befehle jeweils zwei Taktzyklen zur Ausführung benötigen. Diese Zeiten gelten für die AVRe CPU-Version, die in ATtiny13 und ATtiny25/45/85 zu finden ist. Auf dem AVRxm, AVRxt und AVRrc werden die gleichen SBI- und CBI-Befehle jeweils einen Taktzyklus zur Ausführung benötigen. Der erste SBIC-Befehl, der sich unter dem loop-Label befindet, wird entweder in einem oder in zwei Taktzyklen ausgeführt. In diesem speziellen Fall dauert die Ausführung niemals 3 Taktzyklen, da ein CBI-Befehl folgt, bei dem es sich um einen Ein-Wort- oder 16-Bit-Befehl handelt.

read_switch_asm : main.asm

```
    sbi     DDRB, DDB4      ; 2 clock cycles ---------- LED connected to PB4
    cbi     DDRB, DDB3      ; 2 clock cycles ---------- Switch connected to PB3
    sbi     PORTB, PORTB3   ; 2 clock cycles ---------- Enable pull-up on PB3
loop:
    sbic    PINB, PINB3     ; 1 or 2 clock cycles ----- Skip if switch closed
    cbi     PORTB, PORTB4   ; 2 clock cycles, 16-bit -- Switch LED off
    sbis    PINB, PINB3     ; 1 or 2 clock cycles ----- Skip if switch open
    sbi     PORTB, PORTB4   ; 2 clock cycles, 16-bit -- Switch LED on
    rjmp    loop            ; 2 clock cycles
```

Wenn der Schalter geöffnet ist, funktioniert der obige Code wie folgt:

```
    sbi     DDRB, DDB4      ; 2 clock cycles ----------  LED connected to PB4
    cbi     DDRB, DDB3      ; 2 clock cycles ----------  Switch connected to PB3
    sbi     PORTB, PORTB3   ; 2 clock cycles ----------  Enable pull-up on PB3
loop:
    sbic    PINB, PINB3     ; 1 clock cycle, no skip ---  Skip if switch closed
    cbi     PORTB, PORTB4   ; 2 clock cycles, 16-bit ---  Switch LED off
    sbis    PINB, PINB3     ; 2 clock cycles, skip word  Skip if switch open
    sbi     PORTB, PORTB4   ; 0 clock cycles, skipped over
    rjmp    loop            ; 2 clock cycles
```

Es werden also 6 Taktzyklen vor dem Eintritt in die Schleife verbraucht, was 6 × 1µS = 6µS für den ATtiny25/45/85 und 6 × 0,833µS = 5µS für den ATtiny13(A) ergibt. Addieren Sie alle Taktzyklen der Schleife im obigen Listing, um die Gesamtzahl der Taktzyklen zu berechnen, die für die Ausführung benötigt werden. Dies ergibt 7 Taktzyklen. Die Ausführungszeit der Schleife beträgt also 7 × 1µs = 7µs für den ATtiny25/45/85 und 7 × 0,833µs = 5,833µs für den ATtiny13(A).

Bei geschlossenem Schalter funktioniert die Zeitsteuerung der Schleife wie folgt:

```
loop:
    sbic    PINB, PINB3      ; 2 clock cycles, skip ------- Skip if switch closed
    cbi     PORTB, PORTB4    ; 0 clock cycles, skipped over
    sbis    PINB, PINB3      ; 1 clock cycle, no skip ----- Skip if switch open
    sbi     PORTB, PORTB4    ; 2 clock cycles, 16-bit ----- Switch LED on
    rjmp    loop             ; 2 clock cycles
```

Wie im vorherigen Code zu sehen ist, wird die Schleife bei geschlossenem Schalter immer noch in 7 Taktzyklen ausgeführt, so dass das Timing der Schleife gleich bleibt. Die einzige Änderung besteht darin, dass der SBIC-Befehl am Anfang der Schleife nun den darauf folgenden CBI-Befehl überspringt und der SBIS-Befehl nicht den darauf folgenden SBI-Befehl überspringt. Denken Sie daran, dass dieser Code einen internen Pull-up-Widerstand an Pin PB3 einrichtet. Wenn der an PB3 angeschlossene Schalter offen ist, wird der logische Pegel 1 gelesen. Wenn der Schalter geschlossen ist, wird an Pin PB3 der logische Pegel 0 gelesen.

Die Gesamtzahl der Taktzyklen, die der Code zur Ausführung von oben nach unten benötigt, beträgt daher 6 Zyklen oberhalb der Schleife plus 7 Zyklen in der Schleife, was insgesamt 13 Zyklen ergibt. Die Ausführung vom Anfang des Codes bis zum Ende der Schleife dauert bei einem ATtiny25/45/85 13 µs und bei einem ATtiny13(A) 10,833 µs, wenn die Standardtaktfrequenzen verwendet werden.

Folgt auf einen SBIC- oder SBIS-Befehl ein Zweiwort- oder 32-Bit-Befehl, dauert die Ausführung 3 Taktzyklen, wenn die getestete Bedingung erfüllt ist, d.h. wenn der nachfolgende Befehl übersprungen wird. Wenn zum Beispiel der Schalter an PB3 offen ist und auf den SBIS-Befehl, der ihn testet, ein LDS-Befehl folgt, ergibt sich folgendes Bild.

```
sbis    PINB, PINB3      ; 3 clock cycles, if skip over next instruction
lds     r1, 0x60         ; 32-bit instruction
```

Im obigen Code wird bei offenem Schalter eine logische 1 in PINB3 gelesen, d.h. PINB3 ist gesetzt, SBIS überspringt also den LDS-Befehl. In diesem Fall benötigt SBIS 3 Taktzyklen zur Ausführung.

Wenn der Schalter geschlossen ist, überspringt der SBIS-Befehl den nächsten Befehl nicht und benötigt wie in den read_switch_asm-Beispielen nur einen Taktzyklus.

```
sbis    PINB, PINB3      ; 1 clock cycle, next instruction is executed
lds     r1, 0x60         ; 32-bit instruction
```

Der Simulator-Zykluszähler und die Stoppuhr

Bei der Ausführung des AVR-Simulators in Microchip Studio werden ein Zykluszähler und eine Stoppuhr in der Nähe des oberen Teils des Prozessor-Status-Fensters dargestellt, wie in Abbildung 10.1 gezeigt. Damit die Stoppuhr richtig funktioniert, muss die Frequenz im Feld Frequency oberhalb der Stoppuhr auf den richtigen Wert für den verwendeten Baustein eingestellt werden. Klicken Sie dazu auf den Wert im Feld Frequency, um ihn zu bearbeiten. Der Standard-Frequenzwert ist 1 MHz, links in Abbildung 10.1 als 1.000 MHz dargestellt, was für einen ATtiny25/45/85 mit den Standardeinstellungen in Ordnung ist, aber für einen ATtiny13(A) auf 1.2 MHz geändert werden muss, wie rechts in Abbildung 10.1 als 1.200 MHz dargestellt. Der Zykluszähler hält die Anzahl der Taktzyklen fest, die in dem zu debuggenden Code verbraucht werden. Wenn ein Befehl, der einen Taktzyklus benötigt, übersprungen wird, wird ein Taktzyklus zum Gesamtwert des Zykluszählers hinzugefügt. Beim Überspringen eines Befehls, die zwei Taktzyklen zur Ausführung benötigt, werden zwei zum Gesamtwert des Zykluszählers hinzugefügt usw.

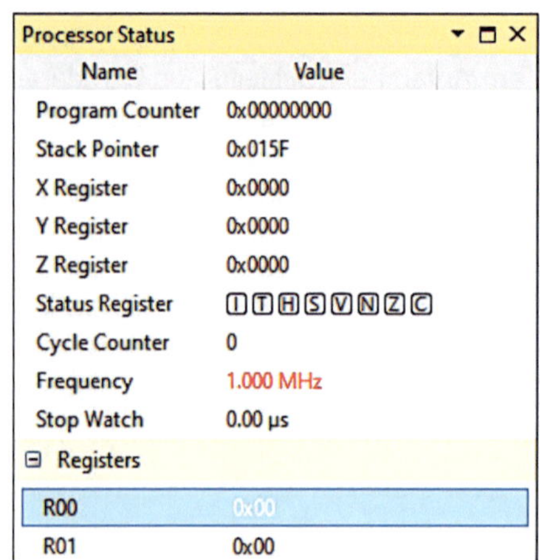

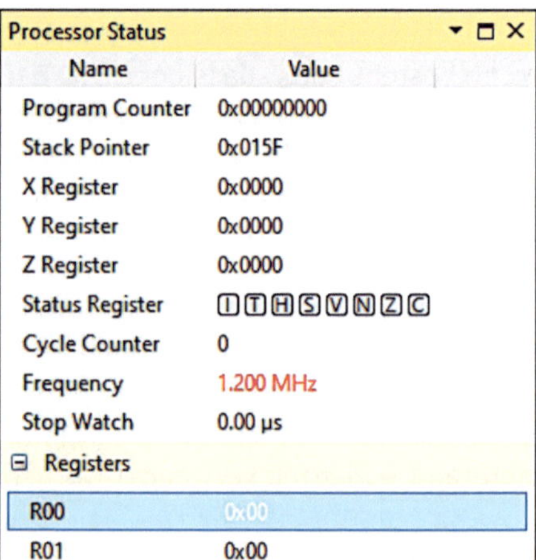

Abbildung 10.1 Zyklenzähler und Frequenz im Processor Status Window

Das Feld Stoppuhr enthält die Anzahl der Taktzyklen aus dem Zykluszähler multipliziert mit der Periode eines Taktzyklus. Das Feld "Stop Watch" kann während des Debuggens nicht bearbeitet werden, das Feld "Cycle Counter" kann jedoch bearbeitet werden. Dadurch kann der Zykluszähler während des Debuggens auf Null gesetzt werden, um die Anzahl der Taktzyklen zu messen, die ein bestimmter Teil des Codes zur Ausführung benötigt. Wenn der Zykluszähler auf Null gesetzt wird, wird auch die Stoppuhr automatisch auf Null gesetzt, da sie das Produkt aus dem Wert des Zykluszählers und der Taktperiode darstellt.

Beachten Sie, dass der Zykluszähler und die Stoppuhr **nur im Simulator** und nicht bei Verwendung eines Hardware-Debuggers wie dem Atmel-ICE **verfügbar** sind!

Simulator Zykluszähler-Fehler

Zum Zeitpunkt der Erstellung dieses Artikels hat der Simulator einen Fehler, der dazu führt, dass die Zählung des ersten Taktzyklus eines Programms übersprungen wird. Der Cycle Counter wird daher nicht mit diesem ersten Taktzyklus aktualisiert. Dieser Fehler tritt nicht bei allen AVR-Bauteilen auf, wohl aber beim ATtiny25/45/85 und ATtiny13(A). Das Ergebnis ist, dass, wenn der erste Befehl in einem Programm einen Taktzyklus zur Ausführung benötigt, der Zykluszähler nach dem Überspringen Null anzeigt, wie in Abbildung 10.2 gezeigt, wo der erste LDI-Befehl, der einen Taktzyklus zur Ausführung benötigt, übersprungen wurde. Wenn der erste Befehl in einem Programm zwei Taktzyklen zur Ausführung benötigt, wird der Zykluszähler nur um einen Zyklus aktualisiert, usw. Beachten Sie, dass es sich bei dem Code in den folgenden Abbildungen um Code aus dem vorigen Kapitel handelt, der so geändert wurde, dass der erste RJMP-Befehl entfernt und die CSEG-Daten unter den Hauptcode gesetzt wurden. Aus diesem Grund ist der erste ausgeführte Befehl der LDI-Befehl und nicht ein RJMP.

```
main:
    ldi     ZH, high(message << 1)  ; Initialize Z pointer (R31)
    ldi     ZL, low(message << 1)   ; Initialize Z pointer (R30)

check_0:
    lpm     r16, Z+                 ; Load byte from program memory
    subi    r16, 0                  ; Force status register update
    brbc    SREG_Z, check_0         ; Loop if result not zero

loop:
    rjmp    loop                    ; Infinite loop

.CSEG
message:   .DB "Hello", 0
message2:  .DB "Hi", 0, 0
numbers:   .DB 3, 2, 1, 0
letters:   .DB 'A', 'B', 'C', 0
```

Name	Value
Program Counter	0x00000001
Stack Pointer	0x015F
X Register	0x0000
Y Register	0x0000
Z Register	0x0000
Status Register	I T H S V N Z C
Cycle Counter	0
Frequency	1.000 MHz
Stop Watch	0.00 µs
Registers	
R00	0x00

Abbildung 10.2: Cycle Counter Bug nach Step Over am ersten Befehl

```
main:
    ldi     ZH, high(message << 1)  ; Initialize Z pointer (R31)
    ldi     ZL, low(message << 1)   ; Initialize Z pointer (R30)

check_0:
    lpm     r16, Z+                 ; Load byte from program memory
    subi    r16, 0                  ; Force status register update
    brbc    SREG_Z, check_0         ; Loop if result not zero

loop:
    rjmp    loop                    ; Infinite loop

.CSEG
message:   .DB "Hello", 0
message2:  .DB "Hi", 0, 0
numbers:   .DB 3, 2, 1, 0
letters:   .DB 'A', 'B', 'C', 0
```

Name	Value
Program Counter	0x00000002
Stack Pointer	0x015F
X Register	0x0000
Y Register	0x0000
Z Register	0x000C
Status Register	I T H S V N Z C
Cycle Counter	1
Frequency	1.000 MHz
Stop Watch	1.00 µs
Registers	
R00	0x00

Abbildung 10.3: Cycle Counter Bug nach Step Over am zweiten Befehl

In Abbildung 10.3 ist zu sehen, dass der Zykluszähler nach dem Überspringen des zweiten Einzelzyklus-LDI-Befehls jetzt 1 anzeigt. Er sollte zu diesem Zeitpunkt 2 anzeigen, da er die Summe der von den bisher übersprungenen Befehlen verbrauchten Zyklen enthalten sollte.

Der Fehler tritt erneut auf, wenn der Zykluszähler irgendwo im Programm auf Null gesetzt wird. In diesem Fall wird der erste Taktzyklus des nächsten Befehls, der nach dem Nullsetzen des Zykluszählers ausgeführt wird, nicht gezählt. Die Lösung für dieses Problem besteht darin, den Zykluszähler nicht auf Null zu setzen, sondern auf den Wert Eins. Dies kann auch beim Starten einer Debugging-Sitzung geschehen, indem Sie den Zykluszähler auf den Wert 1 setzen, nachdem Sie das Symbol Debug and Break in der Symbolleiste gestartet haben. Danach zeigt der Zykluszähler die korrekte Anzahl an, wenn Sie den Rest der Befehle durchgehen.

10.2 Assembler Zeitverzögerung

In einigen Assembler-Beispielen in diesem Buch haben wir ein einfaches Software Verzögerungs-Unterprogramm verwendet, das eine Schleife innerhalb einer Schleife verwendet, um eine einfache Verzögerung zu erzeugen. Das Timing für diese Subroutine wurde nie berechnet, weil sie eine ausreichend akzeptable Verzögerung lieferte. Wir berechnen nun die Dauer dieser Subroutine und schreiben dann eine neue Subroutine, die uns eine bestimmte Verzögerungszeit liefert.

10.2.1 Berechnung der Dauer eines Verzögerungs-Unterprogramms

Der Code für das Verzögerungs-Unterprogramm, das wir verwendet haben, ist unten aufgeführt, einschließlich der Anzahl an Taktzyklen, die von den einzelnen Befehlen verbraucht werden.

```
; Delay subroutine
delay:
    ldi     r16, 0xff           ; 1 clock cycle
delloop1:
    ldi     r17, 0xff           ; 1 clock cycle
delloop2:
    dec     r17                 ; 1 clock cycle
    brbc    SREG_Z, delloop2    ; 1 or 2 clock cycles, if false (1), if true (2)
    dec     r16                 ; 1 clock cycle
    brbc    SREG_Z, delloop1    ; 1 or 2 clock cycles, if false (1), if true (2)
    ret                         ; 4 clock cycles
```

Es gibt zwei Methoden zur Berechnung der Gesamtzahl der Taktzyklen für dieses Unterprogramm: 1) Debuggen des Codes mit dem in Microchip Studio ausgewählten Simulator und Verwendung des Zykluszählers, um die Anzahl der vom Code verwendeten Taktzyklen zu ermitteln, und 2) Ausarbeitung einer mathematischen Formel zur Berechnung der Anzahl der vom Code verwendeten Taktzyklen. Sobald die Anzahl der Taktzyklen für den Code bekannt ist, kann die von ihm erzeugte Zeitverzögerung durch Multiplikation der Anzahl der Taktzyklen mit der Taktperiode berechnet werden, wie wir bereits in einigen der vorangegangenen Beispiele dieses Kapitels gesehen haben. Im Folgenden werden wir diese beiden Methoden zur Berechnung Zyklenzahl des obigen Codes betrachten.

Es soll noch erwähnt werden, dass eine andere Methode zur Berechnung des Verzögerungs-Unterprogramms darin besteht, ein Instrument wie z.B. ein Oszilloskop zu verwenden, um die Ein- und Ausschaltzeiten der LED zu messen, wenn der vollständige Code des led_blink_asm-Projekts mit Verzögerungsroutine ausgeführt wird. Mit dem Standardtakt, der vom internen RC-Oszillator abgeleitet wird, ist diese Methode nicht genau. Diese Methode ist nur nützlich, wenn der AVR von einer genaueren Taktquelle getaktet wird, daher wird sie in diesem Kapitel nicht weiter betrachtet.

10.2.1.1 Messung des Zykluszählers des Unterprogramms Delay

Anstatt ein neues Programm zu schreiben, öffnen Sie einfach das Projekt led_blink_asm in Microchip Studio oder kopieren Sie den Code aus diesem Projekt in das Projekt test_asm, damit wir den Simulator verwenden können, der bereits in diesem Projekt eingerichtet ist. Wenn Sie das led_blink_asm Projekt direkt öffnen, stellen Sie sicher, dass Sie den Simulator anstelle des Hardware-Tools auswählen, das Sie möglicherweise verwendet haben.

Fügen Sie im Code led_blink_asm in Microchip Studio einen Break-Point am ersten LDI-Befehl des Unterprogramms delay ein. Diese Code-Zeile sieht wie folgt aus:

```
ldi     r16, 0xff
```

Setzen Sie einen zweiten Break-Point auf den RET-Befehl am Ende des Verzögerungs-Unterprogramms. Stellen Sie sicher, dass der Simulator als Werkzeug für das Projekt ausgewählt ist. Erstellen Sie das Projekt und klicken Sie dann auf das Symbol Start Debugging in der Symbolleiste oder drücken Sie die F5-Tastaturtaste, um den Debugger zu starten.

Nach dem Start des Debuggers wird der Code ausgeführt und am ersten Break-Point angehalten, und der Zykluszähler im Fenster Processor Status zeigt den Wert 6 an. Dieser Wert ist aufgrund des bereits in diesem Kapitel beschriebenen Zykluszählerfehlers falsch - der Wert sollte in dieser Phase der Programmausführung 7 betragen.

Um die Anzahl der Zyklen zu messen, die das Verzögerungs-Unterprogramm benötigt, müssen wir den Wert des Zykluszählers zurücksetzen. Aufgrund des Fehlers müssen wir den Zykluszähler auf 1 statt auf 0 zurücksetzen, um die Anzahl der von der Verzögerungs-Subroutine verwendeten Zyklen korrekt zu messen. Klicken Sie in das Feld mit der Zahl 6 neben dem Zykluszähler im Fenster Processor Status. Ändern Sie diese Zahl in 1 und drücken Sie dann die Eingabetaste. Klicken Sie an einer anderen Stelle im Fenster Processor Status, z.B. im Feld R00, um den Fokus vom Wert des Zykluszählers zu entfernen. Dadurch ist der Wert leichter zu lesen.

Nachdem der Wert des Zykluszählers zurückgesetzt wurde, klicken Sie erneut auf das Symbol Start Debugging oder drücken Sie die F5-Taste. Das Programm wird im Simulator ausgeführt und die Ausführung stoppt am zweiten Break-Point, der beim RET-Befehl liegt. Der Zykluszähler enthält nun den Wert **195840**, also die Anzahl der Zyklen, die der Rumpf des Verzögerungs-Unterprogramms zur Ausführung benötigt hat, ohne die Taktzyklen, die vom RET-Befehl verwendet werden würden. Die von der Delay-Subroutine erzeugten Zeitverzögerungen betragen also

195,84ms bei 1 MHz für einen Standard ATtiny25/45/85 (195840 × 1µs = 195840µs oder 195,84ms)

163,2ms bei 1,2 MHz für einen Standard-ATtiny13(A) (195840 × 0,833µs = 163200µs oder 163,2ms)

10.2.1.2 Mathematische Formel für das Unterprogramm Verzögerung

Für das Verzögerungs-Unterprogramm kann eine mathematische Formel abgeleitet werden, um die Anzahl der Taktzyklen zu berechnen, die es verbraucht. Die Formel kann dann verwendet werden, um die neue Zeitverzögerung zu berechnen, wenn die in die beiden Zählregister des Verzögerungs-Unterprogramms geladenen Werte geändert werden. Im Folgenden wird beschrieben, wie man eine Formel für das Verzögerungs-Unterprogramm herleitet. Wer nicht an Mathematik interessiert ist, kann diesen Abschnitt überspringen - obwohl ich jeden ermutigen möchte, weiterzulesen um sehen, wie nützlich Mathematik sein kann.

Um eine Formel aus dem Verzögerungs-Unterprogramm abzuleiten und es verständlicher zu machen, können die in die Register R16 und R17 geladenen Zählwerte wie folgt von 0xff auf 3 reduziert werden. Dies erleichtert auch das spätere Testen in Microchip Studio.

```
; Delay subroutine
delay:
    ldi     r16, 3              ; 1 clock cycle
delloop1:
    ldi     r17, 3              ; 1 clock cycle \
delloop2:
    dec     r17                 ; 1 clock cycle
    brbc    SREG_Z, delloop2    ; 1 or 2 clock cycles, if false (1), if true (2)
    dec     r16                 ; 1 clock cycle
    brbc    SREG_Z, delloop1    ; 1 or 2 clock cycles, if false (1), if true (2)
    ret                         ; 4 clock cycles
```

Wir können dann die Operanden aus jeder Codezeile entfernen, um einfacher zu sehen, wie viele Taktzyklen im Code verwendet werden, wie das nächste Listing zeigt.

```
    ldi     1 +             ; Clock cycle used up once upon entry
delloop1:
    ldi     1 +             ; Clock cycle used every pass through outer loop
delloop2:
    dec     1 +             ; Clock cycle used by inner loop
    brbc    (2 × 2) or 1 +  ; 2 clock cycles on inner loop, except for last pass
    dec     1 +             ; Clock cycle used by outer loop
    brbc    (2 × 2) or 1 +  ; 2 clock cycles on outer loop, except for last pass
    ret                     ; Not counted in this example
```

Am einfachsten ist es, mit der inneren Schleife zu beginnen, die nur aus zwei Befehlen besteht, wie folgt:

```
delloop2:
    dec     1 +             ; Clock cycle used by inner loop
    brbc    (2 × 2) or 1 +  ; 2 clock cycles on inner loop, except for last pass
```

In diesem Code springt der BRBC-Befehl zurück zum Label delloop2:, also zur Adresse des DEC-Befehls. Da wir 3 in R17 geladen haben und R17 mit dem DEC-Befehl dekrementieren, verbrauchen die ersten beiden Durchläufe durch die Schleife zwei Taktzyklen. Dies, weil BRBC den Wert true auswertet und zum DEC-Befehl verzweigt. BRBC testet das Z- oder Zero-Flag im Statusregister und verzweigt, wenn das Z-Flag 0 ist. Das Z-Flag ist immer 0, bis R17 auf 0 dekrementiert wird. Wenn R17 schließlich 0 enthält, wird das Z-Flag gesetzt, da die letzte mathematische Operation zu einem Wert von 0 geführt hat. Bei diesem letzten Durchlauf durch die Schleife verbraucht BRBC nur einen Taktzyklus, weil es zu false ausgewertet wird, d.h. es verzweigt nicht, sondern führt den Befehl darunter aus. Ausgehend vom Wert 3 in R17 ergibt sich also die folgende Anzahl an von der inneren Schleife verbrauchten Taktzyklen. Die Erklärung dieser Berechnung folgt.

$$((1 + 2) \times 2) + 1 + 1 = 8 \text{ Taktzyklen}$$

Dies lässt sich leichter veranschaulichen, wenn wir es wie folgt schreiben:

```
Passes through loop, except last   |  Last pass through loop   |  Result
((1 + 2) × 2)                      |  + 1 + 1                  |  = 8
                                   |                           |
  (1  +   2)  ×   (3 - 1)          |  +  1  +  1               |
((dec + brbc) × num_passes)        |  + dec + brbc             |
```

In der obigen Auflistung ist zu sehen, dass die Anzahl der vom Code verwendeten Zyklen in drei Teile aufgeteilt wurde - die Durchläufe durch die Schleife mit Ausnahme des letzten Durchlaufs, der letzte Durchlauf durch die Schleife und die daraus resultierende Anzahl der Taktzyklen. Die erste Zeile unter diesen Abschnitten zeigt die Teile der Berechnung, die zuvor abgeleitet wurden. Am Ende der Auflistung stehen die Befehle der inneren Schleife zusammen mit der Anzahl der Taktzyklen, die sie verbraucht haben.

Am unteren Ende der Auflistung steht num_passes, das ist die Anzahl der Durchläufe durch die Schleife. In unserem Beispiel wurde das Register R17 mit 3 geladen, dies ist also die Anzahl der Schleifendurchläufe. Da der letzte Schleifendurchlauf eine andere Anzahl von Taktzyklen erzeugt als alle anderen Durchläufe, müssen wir 1 von der Anzahl der Durchläufe abziehen, so dass num_passes zu 3 - 1 wird, was 2 ergibt. Es bleibt also 1 Taktzyklus für DEC plus 2 Taktzyklen für BRBC, was insgesamt 3 Taktzyklen für jeden Schleifendurchlauf ergibt. Für alle Schleifendurchläufe, außer dem letzten, haben wir 3 × num_passes, also 3 × 2 = 6 Taktzyklen für dieses Beispiel.

Betrachtet man den letzten Schleifendurchlauf getrennt von den vorangegangenen, so wird 1 Taktzyklus von DEC und 1 Taktzyklus von BRBC benötigt, was 2 ergibt. Addiert man diese beiden Taktzyklen zu den 6 Taktzyklen, die von den vorherigen Schleifendurchläufen verbraucht wurden, erhält man 8 Taktzyklen. Aus diesem Verständnis, wie die innere Schleife in Bezug auf die verwendeten Taktzyklen funktioniert, können wir nun eine Formel ableiten.

Bei der Berechnung $((1 + 2) \times 2) + 1 + 1 = 8)$ haben wir eine Variable und einen unbekannten Wert, den wir zu berechnen versuchen. Der unbekannte Wert, d.h. die Anzahl der von der inneren Schleife verwendeten Taktzyklen, beträgt in diesem Beispiel 8. Wir können diesen Wert CIL nennen, was für die Anzahl der Taktzyklen (C) der inneren Schleife (IL) steht, die mathematisch mit den letzten beiden Buchstaben als tiefgestelltes Zeichen geschrieben wird:

C_{IL} - Gesamttaktzyklen der inneren Schleife

Die Variable in der Berechnung ist die in R17 geladene Zahl minus 1, da wir, wie bereits erläutert, den letzten Durchlauf der Schleife trennen müssen. Von diesem Wert wurde in unserer Berechnung bereits 1 subtrahiert, wie unten dargestellt.

$$((1 + 2) \times \mathbf{2}) + 1 + 1 = 8$$

Dies sollte eigentlich wie folgt geschrieben werden:

$$((1 + 2) \times \mathbf{(3 - 1)}) + 1 + 1 = 8$$

Diese Variable kann VIL genannt werden, was für den Wert oder die Variable (V) der inneren Schleife (IL) steht, die mathematisch mit den letzten beiden Buchstaben als tiefgestellt geschrieben wird:

V_{IL} - Wert oder Variable der inneren Schleife

Setzt man die neuen Namen für den unbekannten Wert und die Variable in die Berechnung ein, erhält man folgendes Ergebnis.

$$((1 + 2) \times (\mathbf{3} - 1)) + 1 + 1 = \mathbf{8}$$

wird

$$((1 + 2) \times (\mathbf{V_{IL}} - 1)) + 1 + 1 = \mathbf{C_{IL}}$$

Wenn wir das auf die übliche Weise für eine mathematische Gleichung mit der Unbekannten auf der linken Seite schreiben, erhalten wir:

$$C_{IL} = ((1 + 2) \times (V_{IL} - 1)) + 1 + 1$$

Vereinfacht man die Gleichung durch Addition der bekannten Werte, erhält man:

$$C_{IL} = (3 \times (V_{IL} - 1)) + 2$$

Eine weitere Vereinfachung durch Multiplikation ergibt:

$$C_{IL} = (3V_{IL} - 3) + 2$$

Das ist dasselbe wie:

$$\mathbf{C_{IL} = 3V_{IL} - 1}$$

Wir können nun die Taktzyklen für die äußere Schleife berechnen, die die innere Schleife einschließt. Der Code ohne die Operanden wird der Einfachheit halber im Folgenden wiederholt:

```
    ldi     1 +             ; Clock cycle used up once upon entry
delloop1:
    ldi     1 +             ; Clock cycle used every pass through outer loop
    inner_loop              ; CIL - Clock cycles used by inner loop
    dec     1 +             ; Clock cycle used by outer loop
    brbc    (2 × 2) or 1 + ; 2 clock cycles on outer loop, except for last pass
    ret                     ; Not counted in this example
```

Mit einem in R16 geladenen Wert von 3, dem Zähler für die äußere Schleife, und dem Aufruf der inneren Schleifenberechnung **inner_loop** erhalten wir die folgende Berechnung.

$$1 + ((1 + \text{innere\_Schleife} + 1 + 2) \times 2) + (1 + \text{innere\_Schleife} + 1 + 1)$$

Hier wird die innere Schleife, die im Code-Listing fett markiert ist, zu inner_loop vereinfacht, in die das Ergebnis der Berechnung der inneren Schleife eingesetzt wird. Die obige Berechnung ist einfacher zu visualisieren, wenn wir sie wie folgt schreiben. Beachten Sie, dass inner_loop in diesem Listing zu CIL abgekürzt wird.

```
Once off | Passes through loop, except last       | Last pass through loop
   1 +   | ((1 + CIL + 1 + 2) × 2)                | + (1 + CIL + 1 + 1)
         |                                        |
   1 +   | ((1   + CIL + 1   + 2   ) × (3 - 1)   ) | + (1   + CIL +  1  +  1  )
   ldi   | ((ldi + CIL + dec + brbc) × num_passes) | + (ldi + CIL + dec + brbc)
```

Die obige Berechnung funktioniert ähnlich wie die innere Schleife, nur dass einige zusätzliche Taktzyklen in die Berechnung einbezogen werden müssen. Wenn das Verzögerungs-Unterprogramm mit der Ausführung beginnt, wird der erste LDI-Befehl nur einmal ausgeführt, um den Zählerstand für die äußere Schleife zu laden. Dies ist im obigen Listing im Abschnitt "once off" markiert. Die beiden anderen Abschnitte im Listing ergeben sich aus demselben Grund, aus dem die innere Schleife geteilt wurde. Dies liegt daran, dass der BRBC-Befehl in 2 Taktzyklen für alle Iterationen durch die Schleife ausgeführt wird, außer für die letzte. Im obigen Listing umfasst der mittlere Abschnitt alle Iterationen oder Durchläufe durch die Schleife, mit Ausnahme des letzten Durchlaufs. Der letzte Abschnitt in der Auflistung kümmert sich um den letzten Schleifendurchlauf.

Für den mittleren Abschnitt der obigen Auflistung ergibt sich die Anzahl der Schleifendurchläufe aus der Summe der Taktzyklen des zweiten LDI-Befehls, plus der Taktzyklen der inneren Schleife, plus einem Taktzyklus für den DEC-Befehl, plus zwei Taktzyklen für den BRBC-Befehl. Das Ergebnis dieser Summe wird dann mit der Anzahl der Durchläufe der Schleife multipliziert. In diesem Beispiel ist dies 3 - 1, weil der letzte Schleifendurchlauf anders behandelt wird, als alle anderen Schleifendurchläufe. Der letzte Schleifendurchlauf wird daher von der Gesamtzahl der Schleifendurchläufe abgezogen, genau wie bei der inneren Schleife. In diesem Beispiel wurde 3, der Zählwert für die äußere Schleife, in R16 geladen, so dass wir diese Berechnung 2-mal statt 3-mal durchführen müssen.

Beim letzten Durchlauf durch die Schleife haben wir einen Taktzyklus, der vom zweiten LDI-Befehl verwendet wird, plus die Taktzyklen, die von der inneren Schleife verwendet werden, plus die Taktzyklen, die vom DEC-Befehl verwendet werden, plus einen Taktzyklus, der von BRBC verwendet wird, anstatt der üblichen zwei Taktzyklen. Wir können nun eine Formel für die äußere Schleife wie folgt ableiten:

Auch hier haben wir ein unbekanntes Ergebnis der Berechnung und eine Variable, die die Anzahl der Durchläufe durch die Schleife angibt. Das unbekannte Ergebnis wird CT genannt, für Total Clock Cycles. Mit dem zweiten Buchstaben als tiefstehendes Zeichen geschrieben, haben wir:

C_T - Gesamttaktzyklen

Für die Zählvariable der äußeren Schleife, die in diesem Code im Register R16 steht, wird sie VOL für Wert oder Variable (V) der äußeren Schleife (OL) genannt. Geschrieben mit den beiden letzten Buchstaben tiefgestellt, erhalten wir:

V_{OL} - Wert oder Variable der äußeren Schleife

Anhand unserer Berechnung können wir Folgendes feststellen:

$$C_T = 1 + ((1 + \text{inner\_loop} + 1 + 2) \times \mathbf{2}) + (1 + \text{inner\_loop} + 1 + 1)$$

Die fettgedruckte 2 in der obigen Formel ist eigentlich 3 - 1, oder V_{OL} - 1, was die Formel in die folgende ändert, wenn sie eingesetzt wird:

$$C_T = 1 + ((1 + \text{inner\_loop} + 1 + 2) \times \mathbf{(V_{OL} - 1)}) + (1 + \text{inner\_loop} + 1 + 1)$$

Setzt man die Anzahl der Taktzyklen für die innere Schleife ein, die durch C_{IL} dargestellt wird, erhält man:

$$C_T = 1 + ((1 + C_{IL} + 1 + 2) \times (V_{OL} - 1)) + (1 + C_{IL} + 1 + 1)$$

Vereinfachung durch Addition bekannter Werte, wir erhalten nun:

$$C_T = 1 + ((C_{IL} + 4) \times (V_{OL} - 1)) + (C_{IL} + 3)$$

Eine weitere Vereinfachung führt zu:

$$C_T = ((C_{IL} + 4) \times (V_{OL} - 1)) + C_{IL} + 4$$

Die Berechnung der Multiplikation ergibt:

$$C_T = C_{IL}\ V_{OL} - C_{IL} + 4V_{OL} - 4 + C_{IL} + 4$$

Vereinfacht ausgedrückt bedeutet dies:

$$\mathbf{C_T = C_{IL}\ V_{OL} + 4V_{OL}}$$

Fasst man unsere Formeln zusammen, ergibt sich Folgendes:

Innere Schleife:

$$C_{IL} = 3V_{IL} - 1$$

mit

C_{IL} - Gesamttaktzyklen der inneren Schleife
V_{IL} - Wert oder Variable der inneren Schleife

Äußere Schleife:

$$C_T = C_{IL}\ V_{OL} + 4V_{OL}$$

mit

C_T - Gesamttaktzyklen
V_{OL} - Wert oder Variable der äußeren Schleife
C_{IL} - Gesamttaktzyklen der inneren Schleife

Die obigen Formeln können weiter vereinfacht werden, indem man die Formel für die innere Schleife in die Formel für die äußere Schleife einsetzt:

$$C_T = (\mathbf{3V_{IL} - 1})V_{OL} + 4V_{OL}$$

Das ergibt eine Multiplikation:

$$C_T = 3V_{IL}\ V_{OL} - V_{OL} + 4V_{OL}$$

Dies kann vereinfacht ausgedrückt werden:

$$C_T = 3V_{IL}\ V_{OL} + 3V_{OL}$$

Das wiederum kann geschrieben werden als

$$C_T = 3(V_{IL} V_{OL} + V_{OL})$$

Die Formel kann auch mit den Registernamen anstelle der bisher verwendeten Symbole geschrieben werden, was sie bei der Betrachtung des Codes etwas übersichtlicher macht:

$$C_T = 3 \times (R17 \times R16 + R16)$$

Wir können nun unsere neue Formel in Microchip Studio testen, indem wir die in R16 und R17 geschriebenen Werte ändern, und dann den Zykluszähler verwenden, um das Ergebnis der Formel zu überprüfen. Öffnen Sie Microchip Studio mit dem Code led_blink_asm in einem Projekt, z.B. eingefügt in das Projekt test_asm, so dass der Simulator einfach verwendet werden kann. Fügen Sie zwei Break-Points ein, wie in den Kommentaren im folgenden led_blink_asm Code gezeigt.

```
start:
    sbi     DDRB, DDB4
loop:
    sbi     PORTB, PORTB4
    rcall   delay
    cbi     PORTB, PORTB4
    rcall   delay
    rjmp    loop

; Delay subroutine delay:
    ldi     r16, 3              ; Insert first breakpoint, reset cycle counter
delloop1:
    ldi     r17, 3
delloop2:
    dec     r17
    brbc    SREG_Z, delloop2
    dec     r16
    brbc    SREG_Z, delloop1
    ret                         ; Insert second breakpoint
```

Um die Formel zu testen, werden im Code in den folgenden Abschnitten verschiedene Werte in R16 und R17 geladen, indem die Werte in den LDI-Befehlen geändert werden, wie oben angegeben, wo beide Werte 3 sind. Nach jeder Änderung muss das Projekt erstellt und dann der Code im Simulator ausgeführt werden. Der Code muss mit der Taste F5 oder der Schaltfläche Start Debugging in der Symbolleiste ausgeführt werden, damit die Ausführung am ersten Break-Point angehalten wird.

Setzen Sie am ersten Break-Point den Zykluszähler auf 1 statt auf 0 zurück, da der Simulator den beschriebenen Fehler hat. Nachdem Sie den Zykluszähler zurückgesetzt haben, führen Sie den Code erneut aus, indem Sie F5 oder die Schaltfläche Debugging starten in der Symbolleiste verwenden, so dass die Ausführung am zweiten Break-Point beim RET-Befehl stoppt. Der Zykluszähler enthält nun die Gesamtzahl der vom Delay-Unterprogramm verwendeten Taktzyklen, ohne die vom RET-Befehl verwendeten Taktzyklen. Dieser Wert sollte mit dem Wert übereinstimmen, der anhand der Formel mit den gleichen Werten für R16 und R17 berechnet wurde.

Es folgt eine Reihe von Testfällen, die die Formel testen und die Ergebnisse des Zykluszählers im Microchip Studio Simulator zeigen. Diese Tests werden durchgeführt, um zu überprüfen, ob die Formel korrekt funktioniert und um die Grenzen der möglichen Werte zu ermitteln, die mit der Formel verwendet werden können.

Da wir unsere Formel aus einem Beispiel abgeleitet haben, in dem ein Wert von 3 für R16 und R17 verwendet wird, beginnen wir im folgenden ersten Testfall mit diesen Werten.

```
R16 = R17 = 3
CT = 3 × (R17 × R16 + R16)
   = 3 × (3 × 3 + 3)
   = 36
```

Die Prüfung mit dem Microchip Studio Simulator ergibt das gleiche Ergebnis von 36.

Testen Sie nun die Formel mit den Originalwerten für R16 und R17, die in den Codebeispielen aus den vorherigen Kapiteln verwendet wurden. Dieser Wert ist 0xFF (kann auch 0xff geschrieben werden), was dezimal 255 entspricht und auch das obere Ende aller Werte darstellt, die mit R16 und R17 verwendet werden können.

```
R16 = R17 = 255
CT = 3 × (R17 × R16 + R16)
   = 3 × (255 × 255 + 255)
   = 195840
```

Wenn Sie mit dem Simulator in Microchip Studio testen, vergessen Sie nicht, die Werte für R16 und R17 zu ändern, die Änderungen zu speichern und das Projekt zu erstellen, bevor Sie den Code im Simulator ausführen. Denken Sie auch daran, den Zykluszähler am ersten Break-Point zurückzusetzen. Der oben berechnete Wert von 195840 stimmt mit dem Wert des Zykluszählers in Microchip Studio überein.

Bei der Untersuchung des Verzögerungs-Unterprogramms können wir sehen, dass die beiden Zählregister dekrementiert werden, bevor das Ergebnis der Dekrementierung getestet wird. Daraus können wir ersehen, dass das Laden von 0 in R16 oder R17 dazu führt, dass 1 von 0 subtrahiert wird, wenn eines dieser Register dekrementiert wird. Das Ergebnis ist -1 im Zweierkomplement-Format, was in einem 8-Bit-Register 0xFF ist. Aus diesem Grund werden wir den Testfall für 0 in einem der Zählregister bis zum Ende unserer Tests beibehalten.

Wir testen die Formel zunächst mit R16 und R17 gleich 1.

```
R16 = R17 = 1
CT = 3 × (R17 × R16 + R16)
   = 3 × (1 × 1 + 1)
   = 6
```

Testen wir den Code mit R16 und R17, die beide 1 enthalten, im Microchip Studio Simulator, erhalten wir 6 Zyklen, das gleiche Ergebnis wie in der Formel.

Beim nächsten Test werden R16 und R17 mit Werten belastet, die an den entgegengesetzten Extremen zwischen 1 und 255 liegen. Obwohl 0 der niedrigste Wert ist, wird er in dieser Testreihe als letztes getestet.

```
R16 = 1, R17 = 255
CT = 3 × (R17 × R16 + R16)
   = 3 × (255 × 1 + 1)
   = 768
```

Das Ergebnis des Microchip Studio Simulators liegt ebenfalls bei 768 Taktzyklen, die Formel schlägt sich in den Tests bisher gut.

Die Extremwerte von R16 und R17 aus dem vorherigen Test werden in diesem Test umgekehrt, wobei R16 nun mit 255 und R17 mit 1 geladen wird.

```
R16 = 255, R17 = 1
CT = 3 × (R17 × R16 + R16)
   = 3 × (1 × 255 + 255)
   = 1530
```

Der berechnete Wert von 1530 stimmt mit dem im Simulator gemessenen Wert überein.

Es werden nun einige zufällige Werte für R16 und R17 getestet.

```
R16 = 73, R17 = 123
CT = 3 × (R17 × R16 + R16)
   = 3 × (123 × 73 + 73)
   = 27156
```

Aucz hier stimmt der berechnete Wert mit dem gemessenen Wert im Simulator überein.

Indem wir die Werte aus dem vorherigen Beispiel umkehren, erhalten wir Folgendes.

```
R16 = 123, R17 = 73
CT = 3 × (R17 × R16 + R16)
   = 3 × (73 × 123 + 123)
   = 27306
```

Dieses Ergebnis stimmt wiederum mit dem vom Simulator gemessenen Ergebnis überein.

Wie bereits erwähnt, erwarten wir nicht, dass die Formel funktioniert, wenn entweder R16 oder R17 mit Null geladen werden. Es folgen drei Tests, bei denen der Wert Null sowohl in R16 als auch in R17, dann nur in R16 und schließlich nur in R17 geladen wird. Nach Abschluss dieser Testfälle haben wir alle Werte in R16 und R17 vom oberen und unteren Ende getestet.

```
R16 = R17 = 0
CT = 3 × (R17 × R16 + R16)
   = 3 × (0 × 0 + 0)
   = 0  -- FAIL, measured result is 197376
R16 = 0, R17 = 255
CT = 3 × (R17 × R16 + R16)
   = 3 × (255 × 0 + 0)
   = 0  -- FAIL, measured result is 196608
```

Die obigen Testfälle zeigen, dass es nicht möglich ist, 0 für R16 oder R17 in unserer Formel zu verwenden, da die Formel diese Extremfälle nicht berücksichtigt, die sich aus der Dekrementierung von 0 vor dem Test ergeben. Nach Berücksichtigung der vorherigen Testfälle können wir unsere Formel schließlich wie folgt zusammenfassen:

Für: $V_{IL} > 0$ und $V_{OL} > 0$

(Diese Werte müssen wegen der 8-Bit-Registergröße ebenfalls ≤ 255 sein)

$$\mathbf{C_T = 3(V_{IL}\, V_{OL} + V_{OL})}$$

mit

C_T - Gesamttaktzyklen
V_{IL} - Wert oder Variable der inneren Schleife
V_{OL} - Wert oder Variable der äußeren Schleife

Während in der vorangegangenen Zusammenfassung eine allgemeine Formel verwendet wurde, ergibt eine spezifischere Formel für den speziellen Code unter Verwendung von R16 für die äußere Schleife und R17 für die innere Schleife folgendes Ergebnis:

Für: R17 > 0 und R16 > 0

$$\mathbf{C_T = 3 \times (R17 \times R16 + R16)}$$

mit

C_T - Gesamttaktzyklen
R17 - Wert im Register R17, der für die innere Schleife verwendet wird
R16 - Wert im Register R16, der für die äußere Schleife verwendet wird

10.2.2 Ein besseres Software-Verzögerungs-Unterprogramm

Ein verbessertes Software-Verzögerungs-Unterprogramm ist im folgenden Listing als Teil des led_blink_asm-Codes enthalten. Dieses neue Programm heißt jetzt **wait_1s_asm** und enthält ein Unterprogramm namens wait_1s, das genau eine Sekunde lang verzögert. Am Anfang des Listings muss die Frequenz des AVR, auf dem der Code laufen soll, F_CPU zugewiesen werden. Wie man sieht, sind zwei Frequenzen angegeben, wobei eine auskommentiert ist. Dies ist den unterschiedlichen Standardfrequenzen von 1 MHz bzw. 1.2 MHz für die Familien ATtiny25/45/85 und ATtiny13(A) geschuldet. Wenn die Frequenz am Anfang des Codes korrekt eingesetzt ist, leuchtet die LED an Pin PB4 eine Sekunde lang auf und geht dann eine Sekunde lang aus, während der Code in der Hauptschleife läuft.

wait_1s_asm : main.asm

```
;.equ    F_CPU        = 1000000
.equ     F_CPU        = 1200000
start:
    sbi     DDRB, DDB4            ; Set pin PB4 as output
loop:
    sbi     PORTB, PORTB4         ; Set LED pin high
    rcall   wait_1s               ; LED on delay
    cbi     PORTB, PORTB4         ; Clear LED pin low
    rcall   wait_1s               ; LED off delay
    rjmp    loop

; 1 second delay subroutine
wait_1s:
    ldi     R16, low  ((F_CPU - 10) / 10)    ; Load number of loop cycles
    ldi     R17, byte2((F_CPU - 10) / 10)    ; to registers R16 to R19
    ldi     R18, byte3((F_CPU - 10) / 10)
    ldi     R19, byte4((F_CPU - 10) / 10)
wait_1s_loop:
    subi    R16, 1                           ; Perform decrement on 32-bit
    sbci    R17, 0                           ; number in R16 to R19
    sbci    R18, 0
    sbci    R19, 0
    mov     R20, R16                         ; Determine if 32-bit number is
    or      R20, R17                         ; zero using OR and BRBC
    or      R20, R18
    or      R20, R19
    brbc    SREG_Z, wait_1s_loop
    nop                                      ; Balance BRBC to 2 clock cycles
    nop                                      ; Balance instructions outside of
    nop                                      ; loop to 10 clock cycles
    ret
```

10.2.2.1 Funktionsprinzip

Das Funktionsprinzip des Unterprogramms wait_1s besteht darin, eine 32-Bit-Zahl zu dekrementieren, bis sie Null ist, um so viel Zeit zu verschwenden, dass die gewünschte Verzögerung von 1 Sekunde entsteht. Wenn die Frequenz des Mikrocontrollers 1 MHz beträgt, muss das Unterprogramm eine Million Taktzyklen verwenden, um eine Verzögerung von 1s zu erzeugen. Das liegt daran, dass 1 MHz 1 Million Zyklen pro Sekunde entspricht, was bedeutet, dass bei dieser Frequenz 1 Million Zyklen eine Sekunde benötigen, um abgeschlossen zu werden.

Einige der in diesem Buch verwendeten ATtiny-MCUs können bis zu einer maximalen Taktfrequenz von 20 MHz arbeiten. Weil die Frequenz in Hertz (Hz), also in Taktzyklen pro Sekunde, und das Unterprogramm wait_1s eine Sekunde lang verzögern soll, entspricht die Anzahl der Taktzyklen, die für eine Verzögerung von 1s verbraucht werden, der Frequenz, mit der der Mikrocontroller arbeitet. Bei der maximalen Frequenz von 20 MHz müssen 20 Millionen Taktzyklen durchlaufen werden, um 1s zu verbrauchen. Wenn der Mikrocontroller mit 1,2 MHz arbeitet, müssen 1,2 Millionen Zyklen abgeschlossen werden, um eine Sekunde zu verbrauchen, und so weiter. F_CPU am Anfang des Codes muss also auf die Frequenz geändert werden, mit der der Mikrocontroller arbeitet, damit die Unterroutine wait_1s die Verzögerung von 1s korrekt ausführt.

10.2.2.2 32-Bit-Subtraktion mit 8-Bit-Registern

Um eine Subtraktion von einer 32-Bit-Zahl auf einem 8-Bit-Prozessor durchzuführen, werden zur Speicherung der 32-Bit-Zahl vier 8-Bit-Register benötigt. Im Unterprogramm wait_1s werden die Register R16, R17, R18 und R19 verwendet, um die 32-Bit-Zahl zu speichern, von der subtrahiert werden soll. Wenn der Subtraktionsprozess nur einen Taktzyklus dauern würde, müssten wir nur den Wert der Frequenz, mit der der Mikrocontroller arbeitet, in diese Register laden, wie folgt:

```
ldi R16, low (F_CPU)
ldi R17, byte2(F_CPU)
ldi R18, byte3(F_CPU)
ldi R19, byte4(F_CPU)
```

Im obigen Code haben wir die bekannte low() Assembler-Funktion, die das untere Byte des F_CPU-Werts abruft. Neu in diesem Code ist byte2(), byte3() und byte4(), die auf die gleiche Weise wie low() arbeiten, aber das zweite, dritte und vierte Byte einer 32-Bit-Zahl abrufen. Diese Funktionen sind im *AVR Assembler* Dokument zu finden. Der obige Code lädt also den Wert von F_CPU in R16, R17, R18 und R19, Byte für Byte, beginnend mit dem niedrigstwertigen Byte bis zum höchstwertigen Byte. Wie sich herausstellt, dauert der Subtraktionsprozess mehr als einen Taktzyklus. Der Code im wait_1s_asm-Listing lädt daher den Wert von F_CPU nicht direkt in die Register, sondern führt einen mathematischen Ausgleich durch, der im nächsten Abschnitt erläutert wird.

Die eigentliche Subtraktion erfolgt durch einen SUBI (Subtract Immediate)-Befehl und drei SBCI-Befehlen (Subtract Immediate with Carry), wie im folgenden Code dargestellt.

```
subi R16, 1        ; Perform decrement on 32-bit
sbci R17, 0        ; number in R16 to R19
sbci R18, 0
sbci R19, 0
```

Der obige Code ist das Gegenstück zur Addition aus Abschnitt 7.2.2 in Kapitel 7, wo ein ADD-Befehl (Addieren ohne Übertrag) und ein ADC-Befehl (Addieren mit Übertrag) verwendet werden, um zwei 16-Bit-Zahlen unter Berücksichtigung des Übertrags zu addieren. In der oben gezeigten negativen Version dieses Codes wird die Subtraktion einfach erweitert, um mit vier Registern zu arbeiten. In diesem Code subtrahiert der SUBI-Befehl 1 von R16, dem LSB. Der SBCI-Befehl wird dann verwendet, um 0 von R17, R18 und R19 zu subtrahieren. Da dieser Befehl jeden Übertrag berücksichtigt, der bei der Subtraktion entsteht, werden R17, R18 und R19 nur dekrementiert, wenn ein Übertrag auftritt. Auf diese Weise kann eine 32-Bit-Zahl, die sich auf vier Register verteilt, bei jedem Schleifendurchlauf um eins dekrementiert werden.

Der letzte Teil des Codes in der Schleife ermittelt, ob die 32-Bit-Zahl in R16 bis R19 Null ist. Dies geschieht mit Hilfe einer logischen ODER-Operation, bei der R16, R17, R18 und R19 miteinander verknüpft werden, wie im folgenden Listing dargestellt. Wenn eines dieser Register eine andere Zahl als Null enthält, ist das Ergebnis der ODER-Verknüpfung ungleich Null, was den BRBC-Befehl veranlasst, an den Anfang der Schleife zurückzuspringen und eine weitere Dekrementierung durchzuführen.

```
mov     R20, R16                    ; Determine if 32-bit number is
or      R20, R17                    ; zero using OR and BRBC
or      R20, R18
or      R20, R19
brbc    SREG_Z, wait_1s_loop
```

Da der AVR-ODER-Befehl destruktiv ist, indem er das Ergebnis der ODER-Operation in das erste Register legt und dessen Inhalt überschreibt, wird ein zusätzliches Register benötigt, um das Ergebnis der ODER-Operationen zu speichern. R20 ist das Register, das im obigen Code zum Speichern des Ergebnisses der ODER-Operationen verwendet wird. Zunächst wird der Wert in R16 mit dem MOV-Befehl (Register kopieren) nach R20 kopiert. Danach werden R17, R18 und R19 nacheinander mit R20 verODERt, das das laufende Ergebnis der ODER-Verknüpfungen enthält. Da R20 zur Speicherung jedes Ergebnisses verwendet wird, werden die Werte in R16 bis R19 niemals verändert oder überschrieben. Nach Abschluss der OR-Operationen wird das Null-Bit im Statusregister nur dann gesetzt, wenn R16 bis R19 alle Null enthalten. Dadurch wird die Programmausführung unterhalb des BRBC-Befehls fortgesetzt. Wenn eines dieser Register nicht Null enthält, springt BRBC an den Anfang der Schleife.

10.2.2.3 Zeitlicher Ablauf des Codes

Nachdem wir nun die grundlegende Funktionsweise des Unterprogramms wait_1s verstanden haben, können wir das Timing der in diesem Unterprogramm verwendeten Befehle untersuchen. Im Folgenden wird der Code wiederholt, wobei die Anzahl der Taktzyklen für jeden Befehl angegeben ist:

```
wait_1s:
    ldi     R16, low  ((F_CPU - 10) / 10)     ; 1 clock cycle
    ldi     R17, byte2((F_CPU - 10) / 10)     ; 1 clock cycle
    ldi     R18, byte3((F_CPU - 10) / 10)     ; 1 clock cycle
    ldi     R19, byte4((F_CPU - 10) / 10)     ; 1 clock cycle
wait_1s_loop:
    subi    R16, 1                            ; 1 clock cycle
    sbci    R17, 0                            ; 1 clock cycle
    sbci    R18, 0                            ; 1 clock cycle
    sbci    R19, 0                            ; 1 clock cycle
    mov     R20, R16                          ; 1 clock cycle
    or      R20, R17                          ; 1 clock cycle
    or      R20, R18                          ; 1 clock cycle
    or      R20, R19                          ; 1 clock cycle
    brbc    SREG_Z, wait_1s_loop              ; 2 clock cycles
    nop                                       ; Effectively 0
    nop                                       ; 1 clock cycle
    nop                                       ; 1 clock cycle
    ret                                       ; 4 clock cycles
```

Wie im Code zu sehen ist, benötigt jeder Befehl nur einen Taktzyklus, mit Ausnahme des BRBC-Befehls und des RET-Befehls. Wie wir wissen, benötigt der BRBC-Befehl zwei Taktzyklen, wenn er an den Anfang der Schleife verzweigt, und einen Taktzyklus, wenn er nicht verzweigt. Um zu erreichen, dass dieser Befehl immer zwei Taktzyklen benötigt, wird ein einzelner NOP-Befehl darunter platziert. Das bedeutet, dass BRBC, wenn er nicht verzweigt, den darunter liegenden NOP-Befehl ausführt und somit zwei Taktzyklen statt einem verbraucht.

Die Befehle in der Schleife, die in der obigen Auflistung fett gedruckt sind, ergeben insgesamt 10 Taktzyklen. Der NOP-Befehl direkt unter BRBC ist in dieser Summe enthalten, da er bewirkt, dass die abschließende Ausführung von BRBC noch zwei Taktzyklen in Anspruch nimmt. F_CPU muss durch diese 10 Taktzyklen geteilt werden, bevor es in R16 bis R19 am Anfang des Unterprogramms geladen wird. Der Grund dafür ist, dass der Subtraktionsprozess in der Schleife diese 10 Taktzyklen verbraucht und das Unterprogramm daher 10-mal länger dauern würde, wenn wir diese 10 Taktzyklen nicht kompensieren würden.

Neben den Taktzyklen, die in der Schleife verwendet werden, gibt es auch Taktzyklen, die vor und nach der Schleife verwendet werden. Vier Taktzyklen werden von den LDI-Befehlen am Anfang des Unterprogramms wait_1s verbraucht. Lässt man die NOP-Befehle außer Acht, so fügt der RET-Befehl dem Unterprogramm vier weitere Taktzyklen hinzu. Dies ergibt insgesamt acht Taktzyklen, die außerhalb der Schleife verbraucht werden. Diese zusätzlichen Taktzyklen müssen von F_CPU subtrahiert werden, bevor es durch 10 geteilt wird, damit das Unterprogramm genau die richtige Anzahl von Taktzyklen verzögert. Ein Problem tritt auf, wenn von einem F_CPU-Wert, der ein Vielfaches von 10 ist, 8 subtrahiert wird und das Ergebnis dann durch 10 geteilt wird. Wenn wir zum Beispiel 1 MHz für F_CPU verwenden, erhalten wir (1.000.000 - 8) ÷ 10 = 99.999,2, was einen Bruchwert darstellt. Damit das Unterprogramm wait_1s genau die Anzahl von Taktzyklen verbraucht, die wir benötigen, wenn F_CPU ein Vielfaches von 10 ist, werden zwei zusätzliche Taktzyklen vom RET-Befehl hinzugefügt, indem zwei NOP-Befehle ergänzt werden. Dies führt dazu, dass sich die Gesamtzahl der Taktzyklen vor und nach der Schleife auf 10 summiert. Daher müssen wir 10 von F_CPU abziehen, bevor wir es durch 10 dividieren. Bei einer Frequenz von 1 MHz ergibt sich nun (1.000.000 - 10) ÷ 10 = 99.999, was eine ganze Zahl ist. Wenn diese Zahl in R16 bis R19 geladen wird, verbraucht die Unterroutine wait_1s genau 1 Million Taktzyklen.

10.2.2.4 Testen des Codes in Microchip Studio

Microchip Studio und der AVR-Simulator können verwendet werden, um das Unterprogramm wait_1s zu testen und so zu überprüfen, ob es die richtige Anzahl von Taktzyklen für die gegebene Frequenz verwendet. Verwenden Sie den wait_1s_asm Code in einem Microchip Studio Projekt mit dem Simulator für Testzwecke. Nachdem Sie den Code eingegeben haben, stellen Sie den gewünschten Wert für F_CPU am Anfang des Codes ein, z.B. 1000000 für einen AVR, der mit 1 MHz läuft. Erstellen Sie den Code und wählen Sie den Simulator als das zu verwendende Werkzeug, wie wir es zuvor getan haben. Setzen Sie einen Break-Point beim ersten Befehl in der Unterroutine wait_1s und beim RET-Befehl am Ende. Verwenden Sie Start Debugging (F5), um den Code laufen zu lassen, der dann am ersten Break-Point stoppt.

Wenn der Simulator am ersten Break-Point anhält, setzen Sie den Zykluszähler im Fenster Processor Status auf 1, um den Fehler zu kompensieren, wie zuvor beschrieben. Setzen Sie das Feld Frequenz im Fenster Processor Status auf die Frequenz, auf die F_CPU gesetzt wurde. Führen Sie den Code erneut aus, so dass die Ausführung am zweiten Break-Point beim RET-Befehl stoppt. Da der RET-Befehl noch nicht ausgeführt wurde, steht der Zykluszähler jetzt auf dem richtigen Wert minus vier, z.B. bei einer Frequenz von 1 MHz auf 999996. Überspringen Sie den RET-Befehl mit dem Symbol Step Over oder F10. Der Zykluszähler enthält nun den korrekten Wert für die gewählte Frequenz, 1000000 für 1 MHz. Das bedeutet, dass bei einem echten ATtiny eine Sekunde Zeit verbraucht wird. Dies ist zyklusgenau, aber möglicherweise nicht zeitgenau bei Bausteinen, die den internen RC-Oszillator verwenden, da dieser Oszillator hohe Fertigungs-Toleranzen und eine deutliche Temperaturabhängigkeit aufweist. Beachten Sie auch, dass der AVR-Simulator nicht in Echtzeit läuft und daher tatsächlich mehr Zeit für die Ausführung von wait_1s benötigt, wenn Sie eine höhere F_CPU verwenden.

10.2.3 Ein variables Software-Zeitverzögerungs-Unterprogramm

Da wir nun ein Software-Zeitverzögerungs-Unterprogramm haben, das die Frequenz kompensiert, mit der der Mikrocontroller läuft, ist es nicht allzu schwierig, das Zeitverzögerungs-Unterprogramm so zu ändern, dass seine Verzögerungszeit variabel ist. Zusätzlich zur Änderung des vorherigen Zeitverzögerungs-Unterprogramms wird im nächsten Projekt der Code in zwei Dateien aufgeteilt, wobei das neue Zeitverzögerungs-Unterprogramm in eine eigene Datei aufgenommen wird. Es folgen die Codelisten für die beiden Dateien.

```
wait_ms_asm : main.asm
.equ    F_CPU       = 1000000        ; Frequency of CPU
.equ    MS_TIME_DEL = 500            ; Time delay in milliseconds

start:
    sbi     DDRB, DDB4               ; Set pin PB4 as output
loop:
    sbi     PORTB, PORTB4            ; Set LED pin high
    call   wait_ms                   ; LED on delay
    cbi     PORTB, PORTB4            ; Clear LED pin low
    rcall   wait_ms                  ; LED off delay
    rjmp    loop
.include "wait_ms.asm"
; Must put newline here
```

```
wait_ms_asm : wait_ms.asm
; Millisecond delay subroutine - time set by MS_TIME_DEL
wait_ms:
    ldi     R16, low  ((((F_CPU * MS_TIME_DEL) / 1000) - 10) / 10)
    ldi     R17, byte2((((F_CPU * MS_TIME_DEL) / 1000) - 10) / 10)
    ldi     R18, byte3((((F_CPU * MS_TIME_DEL) / 1000) - 10) / 10)
    ldi     R19, byte4((((F_CPU * MS_TIME_DEL) / 1000) - 10) / 10)
wait_ms_loop:
    subi    R16, 1
    sbci    R17, 0
    sbci    R18, 0
    sbci    R19, 0
    mov     R20, R16
    or      R20, R17
    or      R20, R18
    or      R20, R19
    brbc    SREG_Z,wait_ms_loop
    nop
    nop
    nop
    ret
```

Um ein AVR Assembler Projekt in Microchip Studio zu erstellen, das aus mehr als einer Datei besteht, erstellen Sie zunächst wie gewohnt ein neues AVR Assembler Projekt. Erstellen Sie nun ein neues AVR Assembler Projekt in Microchip Studio, und nennen Sie es **wait_ms_asm**.

Geben Sie den Code aus dem vorherigen **wait_ms_asm : main.asm** Listing in die Datei main.asm ein, die automatisch mit dem neuen Projekt erstellt wird, und ersetzen Sie das Code-Gerüst in dieser Datei.

Um dem Projekt eine zweite Assemblerdatei hinzuzufügen, klicken Sie mit der rechten Maustaste auf den Projektnamen wait_ms_asm oben rechts im Solution-Explorer in Microchip Studio. Wählen Sie in dem sich öffnenden Menü Add ► New Item..., wie in Abbildung 10.4. gezeigt, um das entsprechende Dialogfeld zu öffnen. Dieses Dialogfeld dient zum Hinzufügen mehrere Dateien zu einem beliebigen Projekt.

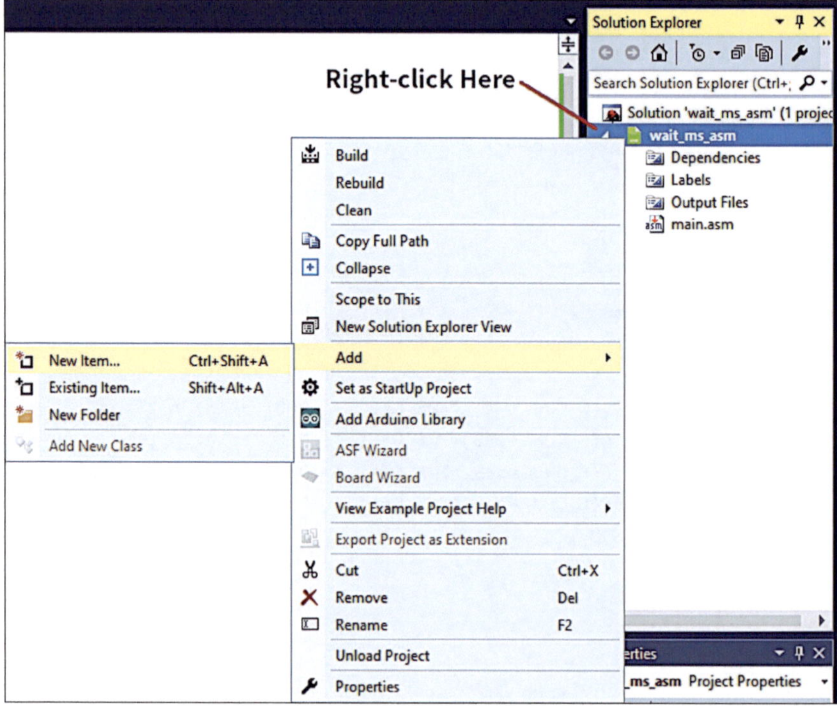

Abbildung 10.4: Dem Projekt eine weitere Datei hinzufügen

Klicken Sie im Dialogfeld Add New Item auf das Element Assembler File und geben Sie dann wait_ms.asm in das untere Feld Name: des Dialogfelds ein, wie in Abbildung 10.5 gezeigt. Klicken Sie auf die Schaltfläche Add unten rechts im Dialogfeld, um die neue Assemblerdatei dem Projekt hinzuzufügen.

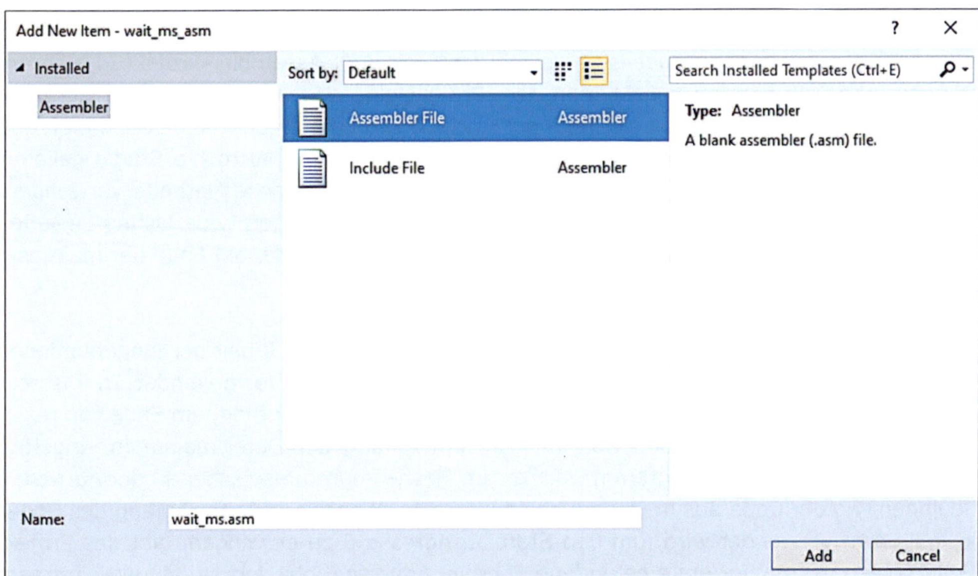

Abbildung 10.5: Die Dialogbox "Add New Item"

Nachdem Sie die neue Assemblerdatei wait_ms.asm zum Projekt hinzugefügt haben, wird sie automatisch in Microchip Studio geöffnet und ist im rechten Fenster des Solution Explorer zu sehen. Ersetzen Sie die Kommentare in dieser neuen Datei durch den Code aus dem Listing **wait_ms_asm : wait_ms.asm**, das Sie am Anfang dieses Abschnitts finden.

Erstellen Sie das Projekt und prüfen Sie, ob es zwei Fehlermeldungen erzeugt: **Undefined Symbol: wait_ms**. Wenn diese Meldungen auftreten, werden sie in der Fehlerliste am unteren Rand von Microchip Studio angezeigt. Um diesen Fehler zu beheben, müssen Sie die Eingabetaste drücken, wenn sich der Cursor am Ende der letzten Codezeile in main.asm befindet, um einen Zeilenumbruch am Ende der Datei hinzuzufügen. Ein Kommentar wird an dieser Stelle im Code-Listing wie folgt angezeigt:

```
.include "wait_ms.asm"
; Must put newline here
```

Nachdem Sie einen Zeilenumbruch nach der .include-Direktive einfügen, erstellen Sie das Projekt erneut. Diesmal wird es ohne Fehler erstellt, vorausgesetzt, es wurden keine Tippfehler bei der Eingabe des Codes in die Dateien hinzugefügt. Beachten Sie, dass der Hauptcode in diesem neuen Projekt wieder eine LED an Pin PB4 blinken lässt, aber diesmal eine modifizierte Version der vorherigen Verzögerungs-Subroutine verwendet. Bevor Sie den Code im Simulator oder auf echter Hardware testen, passen Sie bitte den der F_CPU zugewiesenen Wert oben in der Datei main.asm entsprechend der Taktfrequenz des von Ihnen verwendeten Mikrocontrollers an. Erstellen Sie das Projekt erneut, wenn Sie die Änderungen an F_CPU vorgenommen haben. Am Anfang der Datei main.asm legt der Wert, der MS_TIME_DEL zugewiesen ist, die Zeitverzögerung für das Unterprogramm wait_ms in Millisekunden fest. Er ist im Beispielcode auf 500 ms eingestellt.

10.2.3.1 Aufteilung eines Assemblerprojekts in Dateien

Wie die vorangegangenen Codelisten zeigen, kann ein AVR-Assembler-Projekt in mehrere Dateien aufgeteilt werden, indem man dem Projekt eine neue Datei hinzufügt. Die neue Datei wird dann in das Projekt mit Hilfe der .include Direktive in der main-Assemblerdatei eingebunden. Da das AVRASM2 Assembler Programm, das mit Microchip Studio geliefert wird, keinen Linker hat, müssen Assembler Projekte diese einfache Methode verwenden, um zusätzliche Assembler Dateien einzubinden. Wie im vorherigen Code-Listing zu sehen ist, ist die wait_ms.asm Datei, die dem Projekt hinzugefügt wurde, am Ende der main.asm Datei enthalten.

Beim Einbinden von Dateien mit der .include-Direktive wird der Inhalt der eingebundenen Datei an der Stelle in die Datei eingefügt, die die .include-Direktive verwendet. In unserem Beispielcode wurde die Datei, die das Unterprogramm wait_ms enthält, am Ende von main. asm eingefügt. Wäre die Datei wait_ms.asm am Anfang der Datei main.asm eingefügt worden, würde das Unterprogramm wait_ms im Flash-Programmspeicher an der Adresse 0 beginnen, wo der Code aus main.asm beginnen sollte. Wenn `.org 0` am Anfang des Codes in main.asm verwendet wird, um den Start an Adresse 0 zu erzwingen, gibt das Projekt Build-Fehler aus, da der erste gefundene Code an Adresse 0 platziert ist. Mit wait_ms.asm am Anfang von main.asm ist die delay Subroutine der erste Code und wird zugewiesen, um an Adresse 0 zu beginnen, bevor der AVRASM2 Assembler`.org 0` in der Haupt-Assembler Datei findet. Das bedeutet, dass wir den Assembler auffordern, zwei verschiedene Teile des Codes in den Speicher zu legen, beginnend bei Adresse 0. Das Ergebnis ist, dass der Assembler während des Erstellungsprozesses Überlappungsfehler anzeigt. Die Lösung für die Einbindung der externen Assembler-Datei am Anfang der Haupt-Assembler-Datei ist die Verwendung einer Sprunganweisung wie folgt:

```
rjmp        start
.include "wait_ms.asm"
start:
sbi         DDRB, DDB4              ; Set pin PB4 as output
```

Im obigen Code steht ein RJMP-Befehl am Anfang der Datei main.asm, d.h. er befindet sich an Adresse 0 und ist der erste Befehl, der auf dem Mikrocontroller ausgeführt wird. Dieser Befehl springt zum Start-Label und überspringt jeden Code, der sich zwischen ihr und dem Start-Label befindet.

10.2.3.2 Funktionsweise der Unterroutine wait_ms

Das neue Unterprogramm wait_ms basiert auf dem Code des vorherigen Unterprogramms wait_1s. Der einzige Unterschied zwischen diesen beiden Unterprogrammen ist die Zahl, die in die Register R16 bis R19 zu Beginn dieser Unterprogramme eingegeben wird. Der Code zu Beginn des Unterprogramms wait_1s ist unten dargestellt.

```
wait_1s:
    ldi     R16, low  ((F_CPU - 10) / 10)
    ldi     R17, byte2((F_CPU - 10) / 10)
    ldi     R18, byte3((F_CPU - 10) / 10)
    ldi     R19, byte4((F_CPU - 10) / 10)
```

Da das Unterprogramm wait_1s auf eine Verzögerung von einer Sekunde festgelegt ist, ist die Anzahl der Taktzyklen, die das Unterprogramm verbrauchen muss, gleich der Frequenz, mit der die AVR-CPU getaktet ist. Eine gewisse Mathematik kompensiert die Taktzyklen, die vor und nach der Schleife in der Subroutine verbraucht werden (- 10 oben), sowie die Zyklen, die in der Schleife verbraucht werden (/ 10 oben).

Wie der obige Code für das Unterprogramm wait_ms geändert wird, erklärt die Funktionsweise von wait_ms und wird in den folgenden Abschnitten beschrieben. Um den obigen Code für einstellbare Millisekunden-Verzögerungswerte zu modifizieren, fragen uns zuerst, wie wir mit diesem Code eine Verzögerung von 1 ms erzeugen können. Der Code verbraucht einfach eine bestimmte Anzahl von Taktzyklen, und wir müssen nur herausfinden, wie viele Taktzyklen für 1 ms benötigt werden. Wir wissen, dass die Zeitdauer eines Taktzyklus 1 ÷ Frequenz ist, mathematisch geschrieben wie unten gezeigt, wobei f die Frequenz der AVR CPU ist.

$$t = \frac{1}{f}$$

Sobald wir die Dauer eines Taktzyklus kennen, teilen wir 1 ms durch diese Zyklusdauer und erhalten so die Anzahl der benötigten Taktzyklen für eine Millisekunde Gesamtverzögerung:

$$C_T = \frac{1\,\text{ms}}{t}$$

Dabei ist C_T die Gesamtzahl der Taktzyklen.

Setzt man die Formel für die Zeitspanne eines Taktzyklus (1 ÷ f) anstelle von t in die vorherige Formel ein und verwendet die Regeln der Mathematik, so kann man 1 ÷ f umkehren und multiplizieren und erhält folgendes Ergebnis:

$$C_T = 1\,\text{ms} \times \frac{f}{1}$$

Eine Millisekunde, oder 1 ms, ist ein Tausendstel einer Sekunde, oder 1 ÷ 1000, was wir in die obige Formel einsetzen können, um folgendes zu erhalten

$$C_T = \frac{1}{1000} \times \frac{f}{1} = \frac{f}{1000}$$

Aus der obigen Berechnung geht hervor, dass wir die CPU-Frequenz durch 1000 teilen müssen, damit unser Unterprogramm eine Verzögerung von 1 ms erfährt. Daher wird die Formel in der folgenden Code-Zeile wie in der nachfolgenden Code-Zeile gezeigt geändert.

```
    ldi     R16, low  ((F_CPU - 10) / 10)
```

Bei einer Verzögerung von 1 ms ergibt sich

```
    ldi     R16, low  (((F_CPU / 1000) - 10) / 10)
```

Da diese Formel eine auf vier 8-Bit-Register verteilt gespeicherte 32-Bit-Zahl erzeugt, muss obige Formel natürlich auf jedes einzelne Register angewendet werden. Dies hier darzustellen, ersparen wir uns.

Wir können nun die Anzahl der Taktzyklen für eine Verzögerung von 1 ms berechnen und dies leicht auf eine vorgegebene Anzahl von Millisekunden erweitern. Dazu multiplizieren wir einfach die Anzahl der Taktzyklen für 1 ms mit der Anzahl der erforderlichen Millisekunden, die wir als t_{ms} bezeichnen. Unsere Formel lautet also wie folgt:

$$C_T = \frac{f}{1000} \times t_{ms} = \frac{f \times t_{ms}}{1000}$$

Im Code wird die Anzahl der Millisekunden (t_{ms} in der Formel) als MS_TIME_DEL bezeichnet. Mit der auf den Code angewandten Formel sieht der dieser nun wie folgt aus:

```
    ldi     R16, low  ((((F_CPU * MS_TIME_DEL) / 1000) - 10) / 10)
```

F_CPU bestimmt die verwendete AVR-CPU-Frequenz, MS_TIME_DEL die zu erzeugende Zeitverzögerung in Millisekunden. Diese Werte werden zu Beginn des Codes wie folgt eingestellt, wobei eine CPU-Frequenz von 1 MHz und eine Verzögerung von 500 ms als Beispiel dienen:

```
.equ    F_CPU       = 1000000        ; Frequency of CPU
.equ    MS_TIME_DEL = 500            ; Time delay in milliseconds
```

Mit dieser neuen Berechnung für das Unterprogramm wait_ms sieht der vollständig geänderte Teil des Codes aus dem Unterprogramm wait_1s nun wie folgt aus:

```
wait_ms:
    ldi     R16, low  ((((F_CPU * MS_TIME_DEL) / 1000) - 10) / 10)
    ldi     R17, byte2((((F_CPU * MS_TIME_DEL) / 1000) - 10) / 10)
    ldi     R18, byte3((((F_CPU * MS_TIME_DEL) / 1000) - 10) / 10)
    ldi     R19, byte4((((F_CPU * MS_TIME_DEL) / 1000) - 10) / 10)
```

Denken Sie daran, dass die mathematischen Operatoren in den obigen Ausdrücken vom AVRASM2-Assembler ausgeführt werden, wenn er sie während des Build-Prozesses in der Quellcodedatei findet. Der Assembler generiert also eine Zahl, die auf den Werten von F_CPU, MS_TIME_DELAY und den mathematischen Ausdrücken basiert. Diese berechnete Zahl wird dann mit den Funktionen low(), byte2() byte3() und byte4() in vier Teile zerlegt. Diese Funktionen werden auch vom Assemblerprogramm während des Erstellungsprozesses ausgeführt, was schließlich zu vier Zahlen führt, die in R16 bis R19 in den generierten Maschinencode geladen werden. Diese Zahlen werden in den endgültigen Maschinencode "hart kodiert", und das Unterprogramm wait_ms erzeugt immer dieselbe Zeitverzögerung, die zuvor durch F_CPU und MS_TIME_DEL festgelegt wurde. Dieser Wert kann zur Laufzeit, also während der Code auf dem Ziel-AVR ausgeführt wird, nicht geändert werden. Er kann nur zur Erstellungszeit im Quellcode geändert und auf einen neuen Wert gesetzt werden. Die mathematischen Operatoren und Funktionen, die im obigen Code verwendet werden, finden Sie im Abschnitt *Expressions* des *AVR Assembler* Dokuments von Microchip.

10.2.3.3 Grenzen der Unterroutine wait_ms

Für das Unterprogramm wait_ms gelten bestimmte Ober- und Untergrenzen, was CPU-Frequenz und Millisekunden-Zeitverzögerung betrifft. Wenn die Anzahl der Zyklen, die die Berechnung erzeugt und in die in R16 bis R19 gespeicherte 32-Bit-Zahl einsetzt zu hoch oder zu niedrig ist, dann stimmt die erzeugte Zeitverzögerung nicht. Es ist am besten, diese Grenzwerte so zu berechnen, dass jeder, der dieses Unterprogramm wait_ms verwendet, es mit Parametern versorgen kann, die innerhalb der Grenzen liegen.

Vereinfachung der Formel

Die Formel im Code der Unterroutine wait_ms, die im folgenden Codeschnipsel dargestellt ist, kann vereinfacht werden. Die 10 Zyklen, die in der Schleife verwendet werden, und die zehn Zyklen, die vor und nach der Schleife verwendet werden, sind leicht zu erkennen, da sie in diesem Codeschnipsel nicht vereinfacht erscheinen. Für die Berechnung der Ober- und Untergrenzen des Unterprogramms wait_ms ist es besser, zunächst die folgende Formel zu vereinfachen. Nehmen Sie zunächst die Formel aus dem unten gezeigten Code und schreiben Sie sie in normaler mathematischer Notation.

```
    ldi     R16, low  ((((F_CPU * MS_TIME_DEL) / 1000) - 10) / 10)
```

In normaler mathematischer Schreibweise lautet die Formel:

$$C_T = \left(\frac{f_{CPU} \times t_{ms}}{1000} - 10\right) \div 10$$

Anstatt am Ende der Formel durch 10 zu dividieren, können wir invertieren und multiplizieren:

$$C_T = \left(\frac{f_{CPU} \times t_{ms}}{1000} - 10\right) \times \frac{1}{10}$$

Nach der Multiplikation erhalten wir:

$$\begin{aligned} C_T &= \frac{f_{CPU} \times t_{ms}}{1000 \times 10} - \frac{10}{10} \\ &= \frac{f_{CPU} \times t_{ms}}{10000} - 1 \end{aligned}$$

Aus der obigen vereinfachten Formel geht hervor, dass es für die Kombination f_{CPU} t_{ms} einen Maximalwert geben muss, der dazu führt, dass C_T zu groß ist, um in eine 32-Bit-Zahl und damit in R16 bis R19 zu passen.

Berechnung der maximalen Verzögerungszeit der Unterroutine

Da die Kombination f_{CPU} t_{ms} aus zwei unbekannten Werten besteht, ist es sinnvoll, einen dieser Werte auf eine bekannte Größe zu setzen, so dass wir nur noch einen unbekannten Wert haben. Wenn wir f_{CPU} auf die maximale Taktfrequenz der von uns verwendeten ATtiny-e setzen, bleibt t_{ms} als einziger unbekannter Wert übrig, den wir berechnen wollen. Diese maximale Frequenz beträgt 20 MHz. Der maximale Wert für C_T wird mit 2^{32} - 1 berechnet, da C_T eine 32-Bit-Zahl ist und diese Berechnung den größten Wert ergibt, den eine 32-Bit-Zahl enthalten kann. Wir können die Formel C_T so manipulieren, dass sie t_{ms} berechnet und dann die Werte für f_{CPU} und C_T in die manipulierte Formel einsetzen. Das Ergebnis der Berechnung ermöglicht es uns, die Kombination f_{CPU} t_{ms} zu ermitteln, die den größtmöglichen Wert für C_T ergibt. Dieser Wert kann dann verwendet werden, um die Obergrenze des Wertes zu testen, der im Code des Unterprogramms wait_ms verwendet wird. Wir beginnen damit, die vereinfachte Formel aus dem vorherigen Abschnitt auszuschreiben und sie dann zu manipulieren.

$$C_T = \frac{f_{CPU} \times t_{ms}}{10000} - 1$$

Entfernen Sie zunächst die -1, indem Sie zu beiden Seiten der Gleichung 1 addieren.

$$C_T + 1 = \frac{f_{CPU} \times t_{ms}}{10000}$$

Entfernen Sie nun die 10000 unter der rechten Seite der Gleichung, indem Sie beide Seiten mit 10000 multiplizieren, und vertauschen Sie die linke und die rechte Seite, denn wir wollen t_{ms} auf der linken Seite haben.

$$f_{CPU} \times t_{ms} = 10000(C_T + 1)$$

Um f_{CPU} auf der linken Seite loszuwerden, teilen Sie beide Seiten durch f_{CPU} .

$$t_{ms} = \frac{10000(C_T + 1)}{f_{CPU}}$$

Wir haben uns entschieden, den Wert 2^{32} - 1 für C_T und 20 MHz für f_{CPU} zu verwenden, so dass wir diese Werte in die Formel einsetzen und den maximalen Wert von t_{ms} berechnen können.

$$t_{ms} = \frac{10000(2^{32} - 1 + 1)}{20 \times 10^6}$$
$$= 2,147,483.648$$

Das Endergebnis hat einen Nachkommaanteil, der entfernt werden muss, da unsere 32-Bit-Zahl eine ganze Zahl sein muss. **2.147.483** ist also der größte Millisekundenwert, der bei einer CPU-Frequenz von 20 MHz verwendet werden kann. Wenn wir diese Werte wieder in die Formel zur Berechnung der Gesamttaktzyklen C_T einsetzen, erhalten wir 4.294.965.999, was **1296 weniger als 2^{32} - 1** ist. Wenn wir den Maximalwert von t_{ms} um 1 erhöhen, d.h. auf 2.147.484, und ihn in die Formel C_T einsetzen, erhalten wir einen Wert von 4.294.967.999, der **um 704 größer ist als 2^{32} - 1**. Wir können also einen Wert von 20 MHz und 2.147.483 Millisekunden mit unserem Unterprogramm wait_ms verwenden, aber wenn ein Wert von 20 MHz und 2.147.484 oder größer verwendet wird, wird unser Unterprogramm wait_ms fehlschlagen.

Setzen von Wertgrenzen in der Assemblersprache

Ein üblicher Weg, feste Werte in Assembler-Code zu begrenzen, ist die Verwendung von Assembler-Direktiven zur Erkennung der Grenzen und um eine Fehlermeldung oder eine Warnung zu erzeugen, wenn die Grenzwerte außerhalb des Bereichs liegen. Der folgende Code, der am Anfang der Datei wait_ms.asm aus dem Projekt wait_ms_asm eingefügt wurde, zeigt, wie dies gemacht wird.

```
wait_ms_asm : wait_ms.asm - top part of code
; Millisecond delay subroutine - time set by MS_TIME_DEL
.equ WAIT_MS_CYCLES = ((((F_CPU * MS_TIME_DEL) / 1000) - 10) / 10)
.if (WAIT_MS_CYCLES > (exp2(32) - 1))
   .error "F_CPU MS_TIME_DEL combination out of range in wait_ms subroutine."
.endif
wait_ms:
   ldi      R16, low  (WAIT_MS_CYCLES)
   ldi      R17, byte2(WAIT_MS_CYCLES)
   ldi      R18, byte3(WAIT_MS_CYCLES)
```

```
    ldi      R19, byte4(WAIT_MS_CYCLES)
    ...
```

Die erste Änderung, die am Anfang des wait_ms.asm-Codes vorgenommen wurde, bestand darin, der Formel, mit der die Anzahl der Zyklen berechnet wird, die die Funktion wait_ms erzeugen soll, einen Namen zu geben. Dieser Name lautet WAIT_MS_CYCLES und wird am Anfang des Codes wie unten gezeigt gesetzt:

```
.equ WAIT_MS_CYCLES = ((((F_CPU * MS_TIME_DEL) / 1000) - 10) / 10)
```

Das bedeutet einfach, dass überall, wo WAIT_MS_CYCLES verwendet wird, das Ergebnis der Formel ersetzt wird. Aus diesem Grund wird WAIT_MS_CYCLES an den Anfang des Unterprogramms wait_ms gesetzt, und zwar an jeder Stelle, an der die Formel zuvor platziert war, wie folgt:

```
wait_ms:
    ldi      R16, low  (WAIT_MS_CYCLES)
    ldi      R17, byte2(WAIT_MS_CYCLES)
    ldi      R18, byte3(WAIT_MS_CYCLES)
    ldi      R19, byte4(WAIT_MS_CYCLES)
```

Da nun das Ergebnis der Formel als WAIT_MS_CYCLES leicht verfügbar ist, werden Assembler-Direktiven verwendet, um zu erkennen, ob dieser Wert außerhalb des Bereichs liegt oder nicht. Dies geschieht mit folgendem Code.

```
.if (WAIT_MS_CYCLES > (exp2(32) - 1))
    .error "F_CPU MS_TIME_DEL combination out of range in wait_ms subroutine."
.endif
```

In dem obigen Code wird die .if-Anweisung verwendet, um festzustellen, ob der von der Formel berechnete und mit WAIT_MS_CYCLES gleichgesetzte 32-Bit-Wert innerhalb des Bereichs liegt. Wir wissen, dass der maximale Wert, den eine 32-Bit-Zahl haben kann, 2^{32} - 1 ist. Der AVR-Assembler unterstützt eine Funktion namens exp2(), die den Wert 2 hoch der übergebenen Zahl berechnet. Im Code wird exp2() verwendet, um den größten 32-Bit-Wert zu berechnen, indem 32 übergeben wird. Von dem Ergebnis wird dann 1 abgezogen, was uns die größte Zahl liefert, die eine 32-Bit-Zahl enthalten kann. Mit anderen Worten: Der folgende Code berechnet 2^{32} - 1.

```
(exp2(32) - 1)
```

Innerhalb der Klammern nach der .if-Anweisung wird der größer-als-Operator (>) verwendet, um festzustellen, ob der Wert von WAIT_MS_CYCLES größer ist als das Ergebnis der obigen Berechnung:

```
.if (WAIT_MS_CYCLES > (exp2(32) - 1))
```

Wenn in der obigen Codezeile WAIT_MS_CYCLES kleiner ist als 2^{32} - 1, dann wird der Code zwischen der .if-Direktive und der abschließenden .endif-Anweisung ignoriert. Ist der Wert von WAIT_MS_CYCLES hingegen größer als 2^{32} - 1, dann wird der Code zwischen der .if-Direktive und der .endif-Direktive ausgeführt. Dieser Code enthält die .error-Direktive, gefolgt von einer Zeichenkette. Die .error-Direktive kennzeichnet einen Fehler in Microchip Studio und gibt die Textzeichenfolge aus, die auf die .error-Direktive folgt. Diese Meldung ist unsere eigene Meldung, die das Problem beschreibt. Wie man sieht, besagt die Meldung, dass die Kombination F_CPU MS_TIME_DEL im Unterprogramm wait_ms außerhalb des zulässigen Bereichs liegt, was eine gute Beschreibung des Problems ist. Wir können diesen Code mit den von uns berechneten Grenzwerten testen. Um jegliche Verwirrung zu vermeiden, folgt der vollständige geänderte Code aus dem wait_ms_asm-Projekt.

wait_ms_asm : main.asm

```
.equ    F_CPU       = 20000000
.equ    MS_TIME_DEL = 2147483    ; upper limit ;.equ
MS_TIME_DEL = 2147484    ; upper limit + 1

start:
   sbi     DDRB, DDB4                ; Set pin PB4 as output
loop:
   sbi     PORTB, PORTB4             ; Set LED pin high
   rcall   wait_ms                   ; LED on delay
   cbi     PORTB, PORTB4             ; Clear LED pin low
   rcall   wait_ms                   ; LED off delay
   rjmp    loop

.include "wait_ms.asm"
```

wait_ms_asm : wait_ms.asm

```
; Millisecond delay subroutine - time set by MS_TIME_DEL
.equ WAIT_MS_CYCLES = ((((F_CPU * MS_TIME_DEL) / 1000) - 10) / 10)
.if (WAIT_MS_CYCLES > (exp2(32) - 1))
   .error "F_CPU MS_TIME_DEL combination out of range in wait_ms subroutine."
.endif
wait_ms:
   ldi     R16, low  (WAIT_MS_CYCLES)
   ldi     R17, byte2(WAIT_MS_CYCLES)
   ldi     R18, byte3(WAIT_MS_CYCLES)
   ldi     R19, byte4(WAIT_MS_CYCLES)
wait_ms_loop:
   subi    R16, 1
   sbci    R17, 0
   sbci    R18, 0
   sbci    R19, 0
   mov     R20, R16
   or      R20, R17
```

```
    or      R20, R18
    or      R20, R19
    brbc    SREG_Z, wait_ms_loop
    nop
    nop
    nop
    ret
```

Im Code main.asm wurde für F_CPU ein Wert von 20 MHz und für MS_TIME_DEL der von uns berechnete Maximalwert von 2.147.483 eingesetzt. Wenn diese Werte verwendet werden, erwarten wir, dass die .if-Direktive in der Datei wait_ms.asm als false ausgewertet und keine Fehlermeldung angezeigt wird. Wenn Sie den Code im wait_ms_asm-Projekt wie in den vorangegangenen Auflistungen geändert haben, erstellen Sie das Projekt und es sollte keine Fehlermeldung in Microchip Studio erscheinen.

Wenn der Wert von MS_TIME_DEL aber über den Wert von 2.147.483 hinaus erhöht wird, z.B. auf 2.147.484, dann erwarten wir, dass Microchip Studio einen Fehler anzeigt. Kommentieren Sie die erste Instanz aus, in der MS_TIME_DEL oben in main.asm mit 2.147.483 gleichgesetzt wird, und entfernen Sie die Kommentierung der zweiten Instanz von MS_TIME_DEL darunter, die einem Wert von 2.147.484 entspricht, der um eins höher ist als die Höchstgrenze. Speichern Sie die Änderungen und erstellen Sie das Projekt. Microchip Studio meldet nun den Fehler, weil die .if-Direktive zu true ausgewertet wird und die .error-Direktive den Fehler meldet. Ein Doppelklick auf die Fehlermeldung am unteren Rand von Microchip Studio öffnet die Datei wait_ms.asm und setzt den Cursor auf die Zeile, die die .error-Direktive und die Meldung enthält.

Zahlenbereichsgrenzen im Assemblerprogramm

Mit den vorangegangenen Erläuterungen und in einer idealen Welt scheint der Mechanismus, um einen Fehler im Code für Werte außerhalb der Grenzen zu markieren, intuitiv und solide zu sein. In der realen Welt sind die Werte begrenzt, und daher ist es wichtig, den gesamten Code gründlich zu testen, wenn Werte verwendet werden, die über die bisher verwendeten grundlegenden Testwerte hinausgehen. Weitere Tests des bisherigen Codes haben ergeben, dass die Fehlermeldung an der .if-Direktive nicht zum richtigen Zeitpunkt ausgelöst wird, wenn bestimmte Werte MS_TIME_DEL zugewiesen werden. Wird WAIT_MS_CYCLES beispielsweise der Wert 3221225 zugewiesen, wird die Fehlermeldung wie erwartet ausgelöst. Weist man WAIT_MS_CYCLES den Wert 3221226 zu, der um 1 größer ist als der vorherige, wird bei Erstellung des Codes die Fehlermeldung jedoch nicht ausgelöst! Es stellt sich heraus, dass die Ursache für dieses Problem in der Begrenzung der Integer-Größe im AVRASM2-Assemblerprogramm liegt. Es gibt mehr als eine Grenze, die das oben beschriebene Problem verursacht. Erstens funktioniert die Funktion exp2() nicht richtig, wenn ein Wert von 32 übergeben wird. Wir erwarten, dass exp2(32), was 2^{32} ist, 0x100000000 ergibt, aber es ergibt stattdessen 1, wie der folgende Code beweist.

```
.if (1 == exp2(32))
    .warning "Numbers are equal: 1 == exp2(32)."
 .endif
```

Fügt man obigen Code in den Quellcode ein, wird bei Erstellung des Projekts die Warnmeldung erzeugt. Dies zeigt, dass exp2(32) den Wert 1 ausgibt. Der == Operator im Code funktioniert wie in C und testet, ob der Wert auf der linken Seite gleich dem Wert auf der rechten Seite ist, und wenn sie gleich sind, wird die Warnmeldung ausgegeben.

Darüber hinaus werden Integer-Werte (ganze Zahlen) auf 32-Bit abgeschnitten, wenn man die .equ oder #define-Direktiven auf 32 Bits kürzt, wie der folgende Code beweist.

```
.equ NUM1 = 0x0000000F       ; 32-bit number (15)
.equ NUM2 = 0x100000000      ; 33-bit number (4,294,967,296)
.if (NUM1 > NUM2)
   .warning "NUM1 is greater than NUM2."
.endif
```

Im obigen Code wird NUM1 mit .equ ein kleiner Wert zugewiesen, und NUM2 wird auf die gleiche Weise ein sehr großer Wert zugewiesen, wobei die Dezimalwerte in den Kommentaren angegeben sind. Der Vergleich in der .if-Direktive sollte niemals als wahr ausgewertet werden, weil NUM2 größer als NUM1 ist, und nicht umgekehrt. Der Grund dafür, dass der Vergleich wahr ergibt, liegt darin, dass NUM2 auf eine 32-Bit-Zahl abgeschnitten wird, was bedeutet, dass das höchstwertige Bit verloren geht. Dies führt dazu, dass sie den Wert 0 (Null) hat. 15 ist größer als 0, und deshalb wird der Ausdruck als wahr ausgewertet. Wir können beweisen, dass NUM2 auf 0 abgeschnitten wurde, indem wir den folgenden Code verwenden.

```
.if (NUM2 == 0)
   .warning "NUM2 is equal to 0."
.endif
```

Im obigen Code, in dem NUM2 derselbe Wert zugewiesen wurde wie im Code davor, wird der Ausdruck in der .if-Direktive als wahr ausgewertet und damit die Warnmeldung beim Erstellen des Projekts ausgegeben. Dies beweist, dass NUM2 auf 32-Bit abgeschnitten wurde und der resultierende Wert gleich 0 ist.

Wenn man die gleichen Werte wie im vorherigen Code verwendet, aber die Werte direkt in den Vergleich einfügt, anstatt einen Namen mit .equ oder #define zuzuweisen, funktioniert der Vergleich wie erwartet. Der direkte Vergleich der Werte, die NUM1 und NUM2 im folgenden Code zugewiesen wurden, führt erwartungsgemäß zu einem falschen Ergebnis, und die Warnmeldung wird nicht ausgelöst.

```
.if (0x0000000F > 0x100000000)
   .warning "0x0000000F is greater than 0x100000000."
.endif
```

Nach der Erkundung der Trunkierungsgrenzen für Zahlen ist der nächste naheliegende Schritt, zu testen, ob diese 32-Bit-Zahlen auch dadurch begrenzt sind, dass sie vorzeichenbehaftete und nicht vorzeichenlose Zahlen sind.

```
.equ NUM1 = 0xFFFFFFFF
.equ NUM2 = 0x00000001

.if (NUM1 < NUM2)
   .warning "NUM1 is less than NUM2."
.endif

.if (0xFFFFFFFF < 0x00000001)
   .warning "0xFFFFFFFF is less than 0x00000001."
endif
```

Im obigen Code hat NUM1 den Wert 0xFFFFFFFF, was 4.294.967.295 oder 2^{32} - 1 entspricht, wenn die Zahl als vorzeichenlose 32-Bit-Ganzzahl behandelt wird. Wenn NUM1 stattdessen als vorzeichenbehaftete 32-Bit-Ganzzahl behandelt wird, erhält sie durch den ihr zugewiesenen Wert 0xFFFFFFFF den Wert -1 im 2er-Komplement-Format. Wenn der obige Code in den Quellcode eines Microchip Studio AVR-Assemblerprojekts eingefügt und das Projekt erstellt wird, wird der erste Vergleich als wahr ausgewertet, und die Warnmeldung erscheint am unteren Rand von Microchip Studio. Beachten Sie, dass dieser Vergleich den Kleiner-als-Operator (<) verwendet, um festzustellen, ob NUM1 kleiner als NUM2 ist. NUM1 kann nur dann kleiner als NUM2 sein, wenn NUM1 Null oder eine negative Zahl ist. Dies beweist, dass die gleichgesetzten Zahlen als vorzeichenbehaftete 32-Bit-Ganzzahlen und nicht als vorzeichenlose 32-Bit-Ganzzahlen behandelt werden. Beim zweiten Vergleich im obigen Code werden die gleichen Werte, die NUM1 und NUM2 zugewiesen wurden, direkt verglichen. Dieser Vergleich ergibt false, was bedeutet, dass die Warnmeldung am unteren Rand des Microchip Studio-Fensters für den zweiten Vergleich nicht erscheint.

Ein abschließender Test für vorzeichenbehaftete Zahlen ist im folgenden Code dargestellt.

```
.equ NUM1 = 0x7FFFFFFF
;.equ NUM1 = 0x80000000
.equ NUM2 = 0x00000001
.if (NUM1 < NUM2)
   .warning "NUM1 is less than NUM2"
.endif
```

Im obigen Code wird NUM1 ein Wert von 0x7FFFFFFF zugewiesen - der maximale positive Wert, den eine vorzeichenbehaftete 32-Bit-Zahl haben kann. Bei dieser Zahl sind alle Bits gesetzt, mit Ausnahme des höchstwertigen Bits, das als Vorzeichenbit verwendet wird.

Daher ist die Zahl effektiv eine 31-Bit-Zahl, da das höchstwertige Bit nicht verwendet wird. Der Höchstwert dieser Zahl wird daher zu 2^{31} - 1 berechnet, was 2.147.483.647 oder 0x7FFFFFFF entspricht. Im Code wird die Warnmeldung nicht ausgelöst, da dieser positive Wert größer ist als der Wert von NUM2, der 1 ist. Wenn für NUM1 ein Wert von 0x80000000 verwendet wird, indem die erste Codezeile auskommentiert und die zweite Codezeile entkommentiert wird, wird die Warnmeldung ausgelöst. Addiert man 1 zu 0x7FFFFFFF, erhält man einen Wert von 0x80000000. Bei dieser 32-Bit-Zahl ist das höchstwertige Bit gesetzt, so dass es sich um eine negative Zahl handelt, wenn sie als 32-Bit-Zahl mit 2er-Komplement und Vorzeichen behandelt wird. Sie hat einen Dezimalwert von -2.147.483.648 und ist somit eine negative Zahl mit einem Wert kleiner als 1, dem Wert von NUM2 im Code. Dies ist der Grund, warum die Warnmeldung bei diesem Wert ausgelöst wird.

Lösung für die Kennzeichnung von oberen Werten außerhalb des Bereichs

Da wir nun die ganzzahligen Größenbeschränkungen des Assemblerprogramms kennen, können wir eine Lösung für die Kennzeichnung von Werten entwickeln, die außerhalb des Bereichs liegen und mit dem Zeitverzögerungs-Unterprogramm verwendet werden. Eine Möglichkeit besteht darin, den Wert von MS_TIME_DEL zu prüfen, um sicherzustellen, dass er unter dem von uns berechneten Höchstwert von 2.147.483 liegt. Dieser Wert liegt weit unter dem maximalen positiven Wert, den eine 32-Bit-Ganzzahl mit Vorzeichen enthalten kann, und wird daher nie als negative Zahl behandelt. Selbst Werte, die viel größer als 2.147.483 sind, werden nicht als negative Zahlen behandelt. Wenn man also versucht, einen MS_TIME_DEL-Wert zu verwenden, der sogar das 1000-fache dieses Wertes beträgt, kann er ohne Nebenwirkungen getestet werden. Das einzige Problem bei dieser Lösung ist, dass der Maximalwert von MS_TIME_DEL mit einer F_CPU von 20 MHz berechnet wurde. Das bedeutet, dass bei Verwendung einer 1 MHz F_CPU der Wert von MS_TIME_DEL ebenfalls auf 2.147.483 begrenzt ist, während MS_TIME_DEL in Wirklichkeit bei Verwendung einer 1 MHz F_CPU viel höher sein könnte.

Eine andere Lösung besteht darin, sich die Tatsache zunutze zu machen, dass der Assembler Werte, denen kein Name mittels .equ oder #define zugewiesen wurde, nicht als 32-Bit-Ganzzahlen mit Vorzeichen behandelt. Der folgende Code am Anfang der Datei wait_ms.asm zeigt, wie die direkte Platzierung der Berechnung in den Vergleich es vermeidet, dass das Ergebnis der Berechnung eine ganze Zahl mit 32-Bit-Vorzeichen wird. Der Wert 2^{32} - 1 oder 0xFFFFFFFF wird ebenfalls direkt im Vergleich verwendet.

```
; Millisecond delay subroutine - time set by MS_TIME_DEL
.if (((((F_CPU * MS_TIME_DEL) / 1000) - 10) / 10) > 0xFFFFFFFF)
   .error "F_CPU MS_TIME_DEL combination out of range in wait_ms subroutine."
.endif

.equ WAIT_MS_CYCLES = ((((F_CPU * MS_TIME_DEL) / 1000) - 10) / 10)
```

Kennzeichnung zu hoher und zu tiefer Werte außerhalb des Gültigkeitsbereichs
Neben der Ergebnis-Prüfung der WAIT_MS_CYCLES-Berechnung ist es notwendig, den Mindestwert für MS_TIME_DEL und den Mindestwert für F_CPU zu ermitteln. Wir wissen, dass das Unterprogramm auf die folgenden Werte beschränkt ist:

F_CPU Maximalwert von 20 MHz, gewählt als maximale ATtiny-Frequenz.
MS_TIME_DEL Maximalwert berechnet als 2.147.483ms @ 20MHz.
MS_TIME_DEL Mindestwert von 1ms. Alles unter 1 ms ist bedeutungslos. Das Testen des Codes mit MS_TIME_DEL auf 1 führt zu einer Zeitverzögerung von 1 ms.
Das Einzige, was wir berechnen müssen, ist der minimale F_CPU-Wert, der mit der Unterroutine wait_ms verwendet werden kann. Bei der Bearbeitung der Formel sind wir auf die folgende Zwischenformel gekommen.

$$f_{CPU} \times t_{ms} = 10000(C_T+1)$$

Diese Formel kann leicht manipuliert werden, um den Wert von f_{CPU} zu berechnen, indem jede Seite durch t_{ms} geteilt wird, um t_{ms} auf der linken Seite loszuwerden. Das Ergebnis ist das folgende.

$$f_{CPU} = \frac{10000(C_T+1)}{t_{ms}}$$

Wir wissen, dass der Mindestwert für t_{ms} 1ms beträgt. Der Mindestwert, den C_T annehmen kann, entspricht einem Durchlauf des Unterprogramms wait_ms und beträgt 20 Taktzyklen. Setzt man diese Werte in die obige Formel ein, erhält man folgendes Ergebnis:

$$\begin{aligned} f_{CPU} &= \frac{10000(20+1)}{1} \\ &= 210000 \end{aligned}$$

Der berechnete Wert von 210.000 ist 210 kHz. Wir können nun mit den folgenden Werten arbeiten:

F_CPU max. 20 MHz
F_CPU min. 210 kHz
MS_TIME_DEL max 2,147,483ms @20MHz
MS_TIME_DEL min1ms

Nur die minimale F_CPU und die minimale MS_TIME_DEL müssen zusätzlich zur maximalen Anzahl der berechneten Zyklen überprüft werden. Der Grund dafür ist, dass, wenn F_CPU und/oder MS_TIME_DEL zu groß sind, die maximale Anzahl der berechneten Zyklen zu hoch ist. Dies wird vom vorherigen Code erkannt, den wir geändert haben, um zu prüfen, ob der berechnete Wert größer als 0xFFFFFFFF ist. Indem wir auf einen maximalen F_CPU-Wert testen, geben wir dem Benutzer unseres Unterprogramms mehr Anhaltspunkte dafür, was das Problem sein könnte, wenn diesen Elementen ein zu großer Wert zugewiesen wird, der einen Fehler auslöst.

Wir müssen prüfen, ob der Wert von MS_TIME_DEL mindestens 1 beträgt. MS_TIME_DEL kann höher sein als der Wert, den wir mit 20 MHz für F_CPU berechnet haben, wenn eine niedrigere Taktfrequenz verwendet wird. Der höchste Wert, den MS_TIME_DEL annehmen kann, gilt für die niedrigste F_CPU. Er wird wie folgt berechnet: 210 kHz für f_{CPU} und 2^{32} - 1 für C_T :

$$
\begin{aligned}
t_{ms} &= \frac{10000(C_T+1)}{f_{CPU}} \\
&= \frac{10000(2^{32}-1+1)}{210\times 10^3} \\
&= 204{,}522{,}252
\end{aligned}
$$

Der für t_{ms} berechnete Maximalwert bei 20 MHz ist beim Testen des Codes nützlich. Auch wenn das Unterprogramm wait_ms mit höheren Frequenzen als 20 MHz verwendet werden kann, wurde es doch für die Verwendung auf ATtiny-Bausteinen mit der AVRe-CPU und dem Befehls-Timing entwickelt. Wenn die Subroutine mit anderen AVRs verwendet werden soll, muss sie möglicherweise modifiziert werden, indem die obere Frequenzgrenze angepasst wird und je nach verwendetem AVR-Baustein selektiv Taktzyklen zur Subroutine hinzugefügt werden. In der vorliegenden Übung nehmen wir diese Modifikationen nicht vor und überprüfen die maximale CPU-Frequenz von 20 MHz.

- Zusammengefasst:
- Überprüfen Sie, dass der angegebene F_CPU-Wert 20 MHz nicht überschreitet: Dies gibt dem Benutzer einen Hinweis darauf, welcher Parameter überschritten wurde, falls eine Fehlermeldung ausgelöst wird. Außerdem wird damit der Eingabewert, der in die Formel für den Gesamttaktzyklus eingesetzt werden soll, festgehalten.
- Test auf F_CPU kleiner als 210kHz.
- Test auf MS_TIME_DEL kleiner als 1ms.
- Prüfen, dass WAIT_MS_CYCLES 2^{32} - 1 nicht überschreitet: dadurch werden zu hohe MS_TIME_DEL-Werte abgefangen.

Es folgt der geänderte wait_ms.asm-Code, dem die zuvor aufgeführten Änderungen hinzugefügt wurden.

```
wait_ms_asm : wait_ms.asm
; Millisecond delay subroutine - delay time set by MS_TIME_DEL
; F_CPU must be set to the frequency that the AVR is operating at
.if (F_CPU > 20000000)
    .error "F_CPU too high for wait_ms subroutine. Maximum 20MHz"
.elif (F_CPU < 210000)
    .error "F_CPU too low for wait_ms subroutine. Minimum 210kHz"
.elif (MS_TIME_DEL < 1)
    .error "MS_TIME_DEL too low for wait_ms subroutine. Minimum 1ms"
.elif ((((F_CPU * MS_TIME_DEL) / 1000) - 10) / 10) > 0xFFFFFFFF)
    // Maximum MS_TIME_DEL is 2,147,483ms @ 20MHz and 204,522,252 @ 210kHz
    // Maximum MS_TIME_DEL calculated by: (10,000 * 2^32) / F_CPU
    .error "MS_TIME_DEL too big for wait_ms subroutine."
.endif

.equ WAIT_MS_CYCLES = ((((F_CPU * MS_TIME_DEL) / 1000) - 10) / 10)
wait_ms:
   ldi     R16, low  (WAIT_MS_CYCLES)
   ldi     R17, byte2(WAIT_MS_CYCLES)
   ldi     R18, byte3(WAIT_MS_CYCLES)
   ldi     R19, byte4(WAIT_MS_CYCLES)
wait_ms_loop:
   subi    R16, 1
   sbci    R17, 0
   sbci    R18, 0
   sbci    R19, 0
   mov     R20, R16
   or      R20, R17
   or      R20, R18
   or      R20, R19
   brbc    SREG_Z, wait_ms_loop
   nop
   nop
   nop
   ret
```

Im obigen Code werden die Tests für hohe und niedrige Grenzwerte mit der .if-Direktive ausgeführt, gefolgt von einer Reihe von .elif-Direktiven. Die .elif-Anweisung bedeutet "else if". Am Anfang des Codes lauten die Tests: 1) wenn F_CPU größer als 20 MHz ist, wird ein Fehler angezeigt, 2) wenn F_CPU kleiner als 210 kHz ist, wird ein Fehler angezeigt, 3) wenn MS_TIME_DEL kleiner als 1 ms ist, wird ein Fehler angezeigt, 4) wenn die Berechnung von WAIT_MS_CYCLES einen zu großen Wert ergibt, wird ein Fehler angezeigt. Da die .elif-Direktive auf diese Weise verwendet wird, hält der erste Fehler, der gefunden wird, den Erstellungsprozess an. Nachdem der Fehler behoben ist, kann der Programmierer das Projekt erneut erstellen. Wenn ein weiterer Fehler auftritt, wird er nach dem zweiten Build des Projekts abgefangen, und so weiter, bis alle Grenzwertfehler behoben sind.

Das Unterprogramm wait_ms aus der Datei wait_ms.asm kann mit folgendem Code aus main.asm des Projekts getestet werden. Eine Reihe von Testwerten wurde in den Code eingefügt, um die oberen und unteren Grenzen zu testen, indem diese Werte auskommentiert werden. Die maximalen und minimalen F_CPU-Werte können in Verbindung mit verschiedenen MS_TIME_DEL-Werten verwendet werden. Es kann immer nur ein Wert jedes Typs auskommentiert werden. Achten Sie also darauf, dass Sie den aktuellen Wert auskommentieren, wenn Sie einen neuen Wert testen.

wait_ms_asm : main.asm

```
.equ     F_CPU        = 20000000        ; Maximum frequency
;.equ     F_CPU        = 20000001        ; Above maximum frequency
;.equ     F_CPU        = 210000          ; Minimum frequency
;.equ     F_CPU        = 209999          ; Below minimum frequency
;.equ     MS_TIME_DEL = 0                ; Below minimum millisecond value
.equ      MS_TIME_DEL = 1                ; Minimum millisecond value
;.equ     MS_TIME_DEL = 2147483          ; Upper millisecond limit @ 20MHz
;.equ     MS_TIME_DEL = 2147484          ; Upper millisecond limit + 1 @ 20MHz
;.equ     MS_TIME_DEL = 204522252        ; Upper millisecond limit @ 210kHz
;.equ     MS_TIME_DEL = 204522253        ; Upper millisecond limit + 1 @ 210kHz
;.equ     MS_TIME_DEL = 0x7FFFFFFF       ; Highest positive value in ms
;.equ     MS_TIME_DEL = 0x80000000       ; Negative value after 1 added to above
;.equ     MS_TIME_DEL = 0xFFFFFFFF       ; -1
start:
    sbi      DDRB, DDB4                  ; Set pin PB4 as output
loop:
    sbi      PORTB, PORTB4               ; Set LED pin high
    call     wait_ms                      ; LED on delay
    cbi      PORTB, PORTB4               ; Clear LED pin low
    rcall    wait_ms                     ; LED off delay
    rjmp     loop

include "wait_ms.asm"
```

Testen Sie den Code mit den Werten, die Sie am Beginn der obigen Liste finden, und probieren Sie auch einige Ihrer eigenen Werte aus. Speichern Sie die Datei, nachdem Sie Änderungen vorgenommen haben, erstellen Sie das Projekt und prüfen Sie nach, ob ein Fehler angezeigt wird, wenn Sie ihn erwarten, und kein Fehler, wenn auch keiner zu erwarten ist. Das Testen der oberen und unteren F_CPU-Werte mit einem MS_TIME_DEL von 0 führt in beiden Fällen zu einem Fehler, wie erwartet. Die Verwendung eines F_CPU-Wertes über 20 MHz oder unter 210 kHz führt ebenfalls zu einem Fehler. Die Verwendung von 1 plus dem maximalen MS_TIME_DEL-Wert für 20 MHz mit einer F_CPU von 20 MHz führt zu einem Fehler, aber die Verwendung desselben MS_TIME_DEL-Werts mit einer F_CPU von 210 kHz führt nicht zu einem Fehler, da bei niedrigeren Frequenzen die Zeitverzögerung viel größer sein kann. Sie werden die oberen MS_TIME_DEL-Testwerte im Code bemerken, die wir berechnet haben, sowie die Werte, die negativ werden, sobald sie über 0x7FFFFFFF liegen.

10.2.4 Übergabe eines Wertes an eine Unterroutine

Das im vorigen Abschnitt entwickelte Unterprogramm wait_ms ist nützlicher als das Unterprogramm mit der festen Zeitvorgabe von 1 Sekunde, aber es hat immer noch seine Grenzen. Die Verzögerungsdauer ist fest im Codeabgelegt. Jedes Mal, wenn sie im Code verwendet wird, verzögert sie um denselben Zeitraum.

Es ist nicht allzu schwierig, den Code des Unterprogramms wait_ms so zu ändern, dass ihm ein Wert in Millisekunden übergeben werden kann, um die es dann verzögert. Jedes Mal, wenn das Unterprogramm im Code verwendet wird, kann ihm ein anderer Wert übergeben werden und es verzögert dann für diese Dauer.

10.2.4.1 Der einfachste Weg, einen Wert zu übergeben

Der Mechanismus zur Übergabe eines Wertes an ein Unterprogramm besteht darin, den zu übergebenden Wert an einer bekannten Stelle abzulegen, entweder im Speicher oder in einem Register. Es folgt eine modifizierte Version des Projekts wait_ms_asm mit der Bezeichnung **wait_pass_val_asm**, die die einfachste Methode zur Übergabe eines Werts an ein Unterprogramm zeigt.

wait_pass_val_asm : wait_pass_val.asm

```
wait_pass_val:
    subi    R16, 1
    sbci    R17, 0
    sbci    R18, 0
    sbci    R19, 0
    mov     R20, R16
    or      R20, R17
    or      R20, R18
    or      R20, R19
    brbc    SREG_Z, wait_pass_val
    nop
    nop
    nop
    ret
```

Im obigen Code wurde die Unterroutine wait_ms geändert. Erstens wurde sie in wait_pass_val umbenannt. Der Code, der hinzugefügt wurde, um die Grenzen der mit dem Unterprogramm verwendeten Werte zu testen, wurde aus Gründen der Übersichtlichkeit entfernt, da wir die Methode zur Übergabe eines Wertes an dieses Unterprogramm untersuchen. Während früher die Register, die die Anzahl der im Unterprogramm zu verwendenden Zyklen enthielten, am Anfang des Unterprogramms mit Werten geladen wurden, sind sie jetzt entfernt worden. Durch das Entfernen der Register wird nur noch ein einziges Label benötigt, zu dem gesprungen werden muss und das gleichzeitig der Einstiegspunkt des Unterprogramms ist. Die Idee, das Laden der Register aus dem Unterprogramm zu entfernen, besteht darin, die Werte in den Code zu laden, bevor das Unterprogramm aufgerufen wird. Auf diese Weise kann der Unterroutine bei jedem Aufruf ein neuer Wert übergeben werden. Dies wird im Folgenden main.asm-Listing des Projekts wait_pass_val_asm gezeigt.

```
wait_pass_val_asm : main.asm
.equ     F_CPU       = 1000000
.equ     MS_DELAY_1  = ((((F_CPU * 200) / 1000) - 10) / 10)  ; 200ms
.equ     MS_DELAY_2  = ((((F_CPU * 500) / 1000) - 10) / 10)  ; 500ms

start:
    sbi      DDRB, DDB4                ; Set pin PB4 as output
loop:
    sbi      PORTB, PORTB4             ; Set LED pin high
    ldi      R16, low  (MS_DELAY_1)    ; Pass 32-bit value
    ldi      R17, byte2(MS_DELAY_1)    ; to the wait_pass_val
    ldi      R18, byte3(MS_DELAY_1)    ; subroutine
    ldi      R19, byte4(MS_DELAY_1)
    rcall    wait_pass_val             ; LED on delay
    cbi      PORTB, PORTB4             ; Clear LED pin low
    ldi      R16, low  (MS_DELAY_2)    ; Pass 32-bit value
    ldi      R17, byte2(MS_DELAY_2)    ; to the wait_pass_val
    ldi      R18, byte3(MS_DELAY_2)    ; subroutine
    ldi      R19, byte4(MS_DELAY_2)
    rcall    wait_pass_val             ; LED off delay
    rjmp     loop

.include "wait_pass_val.asm"
```

Am Anfang des Codes werden zwei Namen mit Werten gleichgesetzt, die mit der uns nun bekannten Formel berechnet werden. Der erste Wert berechnet die Anzahl der Zyklen, die das Unterprogramm warten muss, um eine Verzögerung von 200 ms zu erzeugen, und der zweite das gleiche für eine Verzögerung von 500 ms. Diese Werte werden dann in die Register R16 bis R19 geladen, bevor wait_pass_val aufgerufen wird. Auf diese Weise wurden die Werte an das Unterprogramm wait_pass_val übergeben, das sie anschließend zur Erzeugung der Zeitverzögerungen verwendet.

Beachten Sie, dass im obigen Code bei der Messung der Anzahl der vom Unterprogramm im Simulator verwendeten Zyklen die Zyklen ab dem Punkt gemessen werden müssen, an dem der erste Teil der 32-Bit-Zahl in R16 geladen wird. Der Grund dafür ist, dass die Formel zur Berechnung der Anzahl der zu erzeugenden Zyklen nicht geändert wurde, um die Zyklen zu entfernen, die zur Übergabe des Wertes an das Unterprogramm verwendet werden. In jedem Fall ist dies das Verhalten, das wir bevorzugen, da diese Befehle immer noch Zyklen verbrauchen, die als Teil der Verzögerung, die wir erzeugen, betrachtet werden können. Beachten Sie, dass 3 zusätzliche Zyklen zu der Gesamtzahl hinzukommen, weil der RCALL-Befehl nun Teil der Messung ist. Beachten Sie auch, dass RCALL eine unterschiedliche Anzahl von Zyklen verbraucht, abhängig vom CPU-Typ und auch von der Anzahl der Bits, aus denen der Programmzähler oder PC besteht. Siehe RCALL im *AVR Instruction Set Manual* für diese Details. Beim ATtiny13(A) und ATtiny25/45/85 verbraucht der RCALL-Befehl drei Taktzyklen.

10.2.4.2 Verbesserte Art der Wertübergabe

Aus dem vorherigen Listing geht hervor, dass der Code ziemlich unübersichtlich und sperrig ist, hauptsächlich weil wir einen 32-Bit-Wert an ein Unterprogramm übergeben, so dass vor jedem Unterprogrammaufruf vier 8-Bit-Register geladen werden müssen, um den 32-Bit-Wert zu speichern. Eine Möglichkeit, die Lesbarkeit des Codes zu verbessern, ist die Verwendung eines Makros. Informationen über Makros für das AVRASM2 Assembler Programm finden Sie im *AVR Assembler* Dokument von Microchip.

Erstellen Sie ein neues AVR Assembler Projekt in Microchip Studio mit dem Namen **wait_ms_macro_asm**. Fügen Sie dem Projekt eine neue Assembler-Datei mit dem Namen **wait_ms_macro.asm** hinzu. Siehe Abschnitt 10.2.3, Abbildung 10.4 und Abbildung 10.5 zur Erinnerung, wie man eine neue Assembler-Quellcode-Datei zu einem Microchip Studio Projekt hinzufügt. Fügen Sie eine neue Include-Datei (.inc-Datei) zum Projekt hinzu, indem Sie die gleiche Methode wie beim Hinzufügen einer neuen Assembler-Datei verwenden, außer dass Sie im Dialogfeld in Abbildung 10.5 von Abschnitt 10.2.3 auf Include File klicken. Nennen Sie die neue Datei **wait_ms_macro.inc**. Fügen Sie den Code zu den drei Dateien aus den folgenden Auflistungen hinzu.

wait_ms_macro_asm : main.asm

```
.include "wait_ms_macro.inc"
.equ    F_CPU = 1000000

start:
    sbi     DDRB, DDB4          ; Set pin PB4 as output
loop:
    sbi     PORTB, PORTB4       ; Set LED pin high
M_WAIT_MS 200                   ; LED on delay
    cbi     PORTB, PORTB4       ; Clear LED pin low
M_WAIT_MS 500                   ; LED off delay
    rjmp    loop

.include "wait_ms_macro.asm"
```

Im obigen Code muss die Frequenz, mit der der Mikrocontroller betrieben wird, wie zuvor mit F_CPU gleichgesetzt werden. Wiederum wird die über einen Vorwiderstand an Pin PB4 angeschlossene LED ein- und ausgeschaltet. Der Unterschied im neuen Code besteht darin, dass zunächst eine .inc-Datei am Anfang des Codes eingefügt wird und das in dieser Datei implementierte Makro namens M_WAIT_MS aufgerufen wird, um die beiden Zeitverzögerungen im Code zu implementieren. Diesem Makro wird bei der ersten Verwendung der Wert 200 und bei der zweiten Verwendung der Wert 500 übergeben, um Verzögerungen von 200 ms und 500 ms zu erzeugen.

wait_ms_macro_asm : wait_ms_macro.asm
```
wait_ms_macro:
    subi    R16, 1
    sbci    R17, 0
    sbci    R18, 0
    sbci    R19, 0
    mov     R20, R16
    or      R20, R17
    or      R20, R18
    or      R20, R19
    brbc    SREG_Z, wait_ms_macro
    ret
```

wait_ms_macro_asm : wait_ms_macro.inc
```
; The M_WAIT_MS macro generates a millisecond delay time
.macro M_WAIT_MS
; Do limit checks on F_CPU and millisecond delay value passed to macro
.if (F_CPU > 20000000)
    .error "F_CPU too high for M_WAIT_MS macro. Maximum 20MHz"
.elif (F_CPU < 410000)
    .error "F_CPU too low for M_WAIT_MS macro. Minimum 410kHz"
.elif (@0 < 1)
    .error "Time delay too low for M_WAIT_MS macro. Minimum 1ms"
.elif (((((F_CPU * @0) / 1000) - 30) / 10) > 0xFFFFFFFF)
    .error "Time delay too big for M_WAIT_MS macro."
.endif
; Save the registers that are to be used by the delay subroutine
    push    R16
    push    R17
    push    R18
    push    R19
    push    R20
; Pass calculated cycle value to wait_ms_macro subroutine
    ldi     R16, low   (((((F_CPU * @0) / 1000) - 30) /10))
    ldi     R17, byte2(((((F_CPU * @0) / 1000) - 30) / 10))
    ldi     R18, byte3(((((F_CPU * @0) / 1000) - 30) / 10))
    ldi     R19, byte4(((((F_CPU * @0) / 1000) - 30) / 10))
; Now call the wait_ms_macro subroutine
    rcall   wait_ms_macro
; Restore registers used by the subroutine
    pop     R20
    pop     R19
    pop     R18
    pop     R17
    pop     R16
.endmacro
```

Der einzige Unterschied zwischen dem Code von wait_ms_macro.asm und dem gleichen Code aus dem vorherigen Projekt besteht darin, dass die NOP-Befehle entfernt wurden und der Name des Unterprogramms geändert wurde, um dem Projektnamen zu entsprechen. Die NOP-Befehle wurden entfernt, um das Timing zu ändern, wie kurz erläutert werden soll:

In der Datei wait_ms_macro.inc befindet sich der Code für das in diesem Projekt verwendete Makro. Wie im Code zu sehen ist, beginnt das Makro mit der .macro-Direktive, gefolgt von dem für das Makro gewählten Namen, nämlich M_WAIT_MS. Die .endmacro-Direktive markiert das Ende des Makros.

Unmittelbar nach dem Makronamen am Anfang der Datei befindet sich der Code, den wir zuvor zur Überprüfung der Grenzen von F_CPU und der Zeitverzögerung in Millisekunden verwendet haben. Einige Formulierungen der Fehlermeldungen in diesem Code wurden geändert, um auf das Makro M_WAIT_MS zu verweisen, damit der Benutzer weiß, woher die Fehlermeldungen kommen, falls sie ausgelöst werden. Der Ausdruck neben der letzten .elif-Direktive wurde dahingehend geändert, dass ein Wert von 30 subtrahiert wird, anstatt von 10 wie im vorherigen Code. Dies hat mit dem geänderten Timing des Codes zu tun, wie später noch erläutert wird. Die letzte Änderung in diesem Teil des Codes besteht darin, dass @0 an zwei Stellen ersetzt wurde, die vorher MS_TIME_DEL enthielten. Wie das *AVR Assembler* Dokument erklärt, können einem Makro bis zu 10 Parameter übergeben werden, die @0 bis @9 heißen. Da wir nur einen Parameter an das Makro übergeben, verwenden wir @0. Wenn das Makro im Code von main.asm, wie unten gezeigt, verwendet wird, wird ihm erst der Wert 200, dann 500 übergeben. In dem Makro nimmt @0 beim ersten Mal den Wert 200 und beim zweiten Mal den Wert 500 an. Dieser Wert stellt die gewünschte Verzögerungszeit in Millisekunden dar.

```
sbi       PORTB, PORTB4             ; Set LED pin high
M_WAIT_MS 200                       ; LED on delay
cbi       PORTB, PORTB4             ; Clear LED pin low
M_WAIT_MS 500                       ; LED off delay
rjmp      loop
```

Im Makro aus wait_ms_macro.inc werden nach den Direktiven, die die Frequenz- und Verzögerungszeitgrenzen prüfen, die von der Verzögerungsunterroutine, die das Makro aufruft, verwendeten Register auf den Stack geschoben. Dies sind die Register R16 bis R20. Dieselben Register werden vor dem Ende des Makros in umgekehrter Reihenfolge wieder vom Stapel genommen. Auf diese Weise muss bei der Verwendung des Makros nicht darauf geachtet werden, ob ein für den Hauptcode wichtiger Wert gelöscht wird, weil das Makro und das von ihm aufgerufene Unterprogramm dasselbe Register verwenden, in dem der wichtige Wert gespeichert ist.

Nach dem Schieben der Register auf den Stack werden die Register R16 bis R19 mit dem 32-Bit-Wert geladen, der berechnet wurde, um die richtige Anzahl von Zyklen für die gewünschte Zeitverzögerung zu erzeugen. Der Code hierfür ist derselbe wie für das vorherige Projekt, außer dass der Berechnungsteil die geänderte Anzahl der vom neuen Code verwendeten Taktzyklen berücksichtigt und daher 30 statt wie im vorherigen Code 10 subtrahiert. Nach dem Laden des berechneten Wertes in R16 bis R19 wird das Unterprogramm wait_ms_macro aufgerufen, wodurch der berechnete Wert an dieses Unterprogramm übergeben wird.

Das Unterprogramm wait_ms_macro funktioniert auf die gleiche Weise wie das entsprechende Unterprogramm im vorherigen Projekt. Der einzige Unterschied besteht darin, dass die NOP-Befehle entfernt wurden, um die zusätzlichen Taktzyklen, die durch den Code vor und nach der Hauptschleife des Unterprogramms erzeugt werden, zu einem Vielfachen von 10 zu machen.

In der folgenden Code-Zeile ist zu sehen, dass 30 subtrahiert wird, anstatt 10, wie es im vorherigen Code der Fall war.

```
    ldi      R16, low  ((((F_CPU * @0) / 1000) - 30) / 10))
```

Die 30 Takte, die oben abgezogen werden, werden wie folgt berechnet - sie umfassen alle von dem Makro und dem Unterprogramm, das es aufruft, verwendeten Befehle:

```
; Save the registers that are to be used by the delay subroutine
   push     R16     ; 2 clock cycles
   push     R17     ; 2 clock cycles
   push     R18     ; 2 clock cycles
   push     R19     ; 2 clock cycles
   push     R20     ; 2 clock cycles
; Pass calculated cycle value to wait_ms_macro subroutine
   ldi      R16, low  ((((F_CPU * @0) / 1000) - 30) / 10))     ; 1 clock cycle
   ldi      R17, byte2((((F_CPU * @0) / 1000) - 30) / 10))     ; 1 clock cycle
   ldi      R18, byte3((((F_CPU * @0) / 1000) - 30) / 10))     ; 1 clock cycle
   ldi      R19, byte4((((F_CPU * @0) / 1000) - 30) / 10))     ; 1 clock cycle
; Now call the wait_ms_macro subroutine
   rcall    wait_ms_macro                                       ; 3 clock cycles
; Restore the registers used by subroutine
   pop      R20     ; 2 clock cycles
   pop      R19     ; 2 clock cycles
   pop      R18     ; 2 clock cycles
   pop      R17     ; 2 clock cycles
   pop      R16     ; 2 clock cycles
```

Im obigen Code beanspruchen die Befehle PUSH und POP zusammen 20 Taktzyklen und die Befehle LDI und RCALL 7 Taktzyklen. Dies ergibt insgesamt 27 Taktzyklen. Nun müssen wir uns die Taktzyklen im Unterprogramm wait_ms_macro wie folgt ansehen:

```
wait_ms_macro:
   subi     R16, 1
   sbci     R17, 0
   sbci     R18, 0
```

```
    sbci    R19, 0
    mov     R20, R16
    or      R20, R17
    or      R20, R18
    or      R20, R19
    brbc    SREG_Z, wait_ms_macro
    ret    ; 4 clock cycles, but is effectively 3 clock cycles
```

Im obigen Code ist der einzige Befehl, der außerhalb der Schleife liegt, der RET-Befehl. Die Ausführung dieses Befehls erfolgt in 4 Taktzyklen auf einer AVRe-CPU mit einem Programmzähler von weniger als 22 Bit Breite. BRBC verbraucht 2 Taktzyklen, außer bei der letzten Ausführung mit nur 1 Taktzyklus. Aus diesem Grund wird einer der außerhalb der Schleife verbrauchten Taktzyklen abgezogen, damit die letzte Ausführung von BRBC auch 2 Taktzyklen dauert. Aus diesem Grund subtrahieren wir 1 Taktzyklus von RET, was dann effektiv 3 statt 4 Taktzyklen verbraucht. Addieren wir diese 3 Taktzyklen zu den 27 Taktzyklen aus dem Rumpf des Makros, so erhalten wir insgesamt 30 Taktzyklen, die außerhalb der Schleife von wait_ms_macro verbraucht werden. Im vorherigen Projektcode wurden nur 10 Taktzyklen außerhalb der Schleife des Delay-Unterprogramms verbraucht. Da wir die Gleichung zur Berechnung der Anzahl der Schleifen durch das Verzögerungs-Unterprogramm nicht vereinfacht haben, können wir die 10 Zyklen in der Berechnung direkt durch 30 ersetzen, wie im folgenden Code gezeigt:

```
    ldi     R16, low  (((((F_CPU * @0) / 1000) - 30) / 10))
```

Da die Taktzyklen außerhalb der Schleife 30 ergeben, was ein Vielfaches von 10 ist, besteht keine Notwendigkeit, die zuvor hinzugefügten NOP-Befehle im Code zu behalten. Diese NOP-Befehle wurden zuvor hinzugefügt, damit sich die Taktzyklen außerhalb der Schleife zu einem Wert von 10 addieren.

Weil sich ein Wert in der obigen Berechnung geändert hat, müssen wir die minimale CPU-Frequenz neu berechnen, mit der unser Zeitverzögerungs-Makro und -Unterprogramm arbeiten wird. Wir verwenden die bereits bekannte Formel

$$f_{CPU} = \frac{10000\,(C_T + 1)}{t_{ms}}$$

Wir wissen, dass für t_{ms} der Mindestwert 1 ms beträgt. Der minimale Wert, den C_T annehmen kann, liegt vor, wenn wir das Verzögerungs-Unterprogramm einmal durchlaufen. Dieser Wert beträgt nun 40 Taktzyklen, die sich aus 30 Zyklen außerhalb der Schleife des Unterprogramms und 10 Zyklen aus einem Durchlauf durch die Schleife zusammensetzen. Setzt man diese Werte in die Formel ein, ergibt sich folgendes Bild:

$$\begin{aligned} f_{CPU} &= \frac{10000(40+1)}{1} \\ &= 410000 \end{aligned}$$

Der Wert aus der Berechnung ergibt 410kHz, der im Code am Anfang des Makros, das die F_CPU-Grenzwerte prüft, wie folgt verwendet wird:

```
.elif (F_CPU < 410000)
   .error "F_CPU too low for M_WAIT_MS macro. Minimum 410kHz"
.elif (@0 < 1)
   .error "Time delay too low for M_WAIT_MS macro. Minimum 1ms"
```

Ein Blick zurück auf die Datei main.asm, die wir unten wiederholen, zeigt, dass wait_ms_macro.inc am Anfang des Codes, in dem das Makro verwendet wird, enthalten ist. Dadurch wird das Makro in der Datei main.asm verfügbar. Obwohl F_CPU in wait_ms_macro.inc verwendet wird, wird es unterhalb der Datei wait_ms_macro.inc definiert. Der Grund, warum dies keinen Fehler verursacht, liegt darin, dass der Assembler mit mehreren Durchläufen arbeitet. Das bedeutet, dass der Assembler beim ersten Durchlauf durch die Datei eine Symboltabelle erstellt. Auf diese Weise weiß er über F_CPU Bescheid, wenn er den Quellcode erneut durchläuft. Dies wird gewöhnlich als Vorwärtsreferenzierung bezeichnet.

```
wait_ms_macro_asm : main.asm
.include "wait_ms_macro.inc"
.equ        F_CPU        = 1000000
start:
   sbi      DDRB, DDB4              ; Set pin PB4 as output
loop:
   sbi      PORTB, PORTB4           ; Set LED pin high
            M_WAIT_MS 200           ; LED on delay
   cbi      PORTB, PORTB4           ; Clear LED pin low
            M_WAIT_MS 500           ; LED off delay
   rjmp     loop

.include "wait_ms_macro.asm"
```

Da unser Makro M_WAIT_MS das Unterprogramm wait_ms_macro aufruft, muss die Datei, in der sich dieses Unterprogramm befindet, am Ende der Datei, in der das Makro M_WAIT_MS verwendet wird, eingefügt werden.

Wenn ein Makro in einem Programm verwendet wird, wird es erweitert. Makroerweiterung bedeutet, dass der Code, aus dem das Makro besteht, effektiv an der Stelle eingefügt wird, an der das Makro verwendet wird. Der folgende Code zeigt, wie die im vorherigen Code verwendeten Makros expandiert wurden.

```
00000000  sbi      DDRB, DDB4           ; Set pin PB4 as output loop:
00000001  sbi      PORTB, PORTB4        ; Set LED pin high
          M_WAIT_MS 200                 ; LED on delay
00000002  push     R16
00000003  push     R17
00000004  push     R18
```

```
00000005 push   R19
00000006 push   R20
00000007 ldi    R16, 0x1D
00000008 ldi    R17, 0x4E
00000009 ldi    R18, 0x00
0000000A ldi    R19, 0x00
0000000B rcall  wait_ms_macro
0000000C pop    R20
0000000D pop    R19
0000000E pop    R18
0000000F pop    R17
00000010 pop    R16

00000011 cbi    PORTB, PORTB4          ; Clear LED pin low
         M_WAIT_MS 500                 ; LED off delay
00000012 push   R16
00000013 push   R17
00000014 push   R18
00000015 push   R19
00000016 push   R20
00000017 ldi    R16, 0x4D
00000018 ldi    R17, 0xC3
00000019 ldi    R18, 0x00
0000001A ldi    R19, 0x00
0000001B rcall  wait_ms_macro
0000001C pop    R20
0000001D pop    R19
0000001E pop    R18
0000001F pop    R17
00000020 pop    R16
00000021 rjmp   loop
```

Wie im obigen Listing zu sehen ist, wurden die Makros an den beiden Stellen, an denen sie verwendet wurden, erweitert. Der Code des Makros wird im Wesentlichen an den beiden Stellen eingefügt, an denen das Makro verwendet wurde. Dieser Code umfasst die Zwischenspeicherung der verwendeten Register auf dem Stapel durch PUSH und POP, die LDI-Befehle zum Laden des Verzögerungszählwerts in die Register und den Aufruf des Unterprogramms wait_ms_macro. Jedes Mal, wenn das Makro verwendet wird, wird der vollständige Makrocode an seine Stelle gesetzt. Es gibt nur eine Instanz des Unterprogramms wait_ms_macro, die von beiden erweiterten Makros aufgerufen wird. Der Code für das Unterprogramm wait_ms_macro ist im folgenden Listing dargestellt. Durch den Aufruf von wait_ms_macro, anstatt diesen Code direkt in das Makro aufzunehmen, sparen wir etwas Platz im Speicher. Wäre der wait_ms_macro-Code im Makro platziert, anstatt ihn als Unterprogramm aufzurufen, würde er bei jeder Verwendung vollständig expandiert werden. Dies würde zusätzlichen Speicherplatz verbrauchen.

```
wait_ms_macro:
00000022 subi    R16, 1
00000023 sbci    R17, 0
00000024 sbci    R18, 0
00000025 sbci    R19, 0
00000026 mov     R20, R16
00000027 or      R20, R17
00000028 or      R20, R18
00000029 or      R20, R19
0000002A brbc    SREG_Z, wait_ms_macro
0000002B ret
```

Der Grund dafür, dass wir die PUSH und POP-Befehle nicht in das Unterprogramm wait_ms_macro einfügen können, liegt daran, dass die gepushten Register im Makro mit Werten geladen werden müssen, da wir sonst nur ein weiteres Unterprogramm mit fester Zeit hätten. Das bedeutet, dass diese Register im Makro geändert werden, also vor der Änderung gepusht werden müssen.Es mag so aussehen, als ob die POP-Befehle in das Unterprogramm eingefügt werden könnten, anstatt sie im Makro zu belassen, aber das ist nicht möglich. Die Register werden zunächst auf den Stack geschoben und dann durch Laden des Wertes geändert, der an das Unterprogramm übergeben werden soll. Wenn das Unterprogramm danach aufgerufen wird, wird die Rücksprungadresse des Unterprogramms automatisch auf den Stapel geschoben. Würde man versuchen, die Register vor der Rückkehr aus dem Unterprogramm zu entladen, würde man die Rücksprungadresse des Unterprogramms zuerst entladen, da sie das letzte ist, was auf den Stack gelegt wird. Wenn das Unterprogramm zurückkehrt und automatisch seine Rücksprungadresse vom Stack löscht, würde es die Werte der ersten beiden Register, die gepusht wurden, löschen. Dadurch würde das Unterprogramm an die falsche Adresse zurückkehren und zu einer Fehlfunktion des Programms führen.

Schließlich ist zu beachten, dass das Makro M_WAIT_MS für Werte, die ein Vielfaches von 10 sind, eine zyklusgenaue Verzögerung erzeugt. Dies kann wiederum mit dem Simulator in Microchip Studio überprüft werden.

10.3 Aufruf einer Assembler-Unterroutine aus C-Code

Es ist einfach, ein Assembler-Unterprogramm aus einem C-Programm aufzurufen. Die wichtigsten Informationen für den Aufruf eines Unterprogramms aus C-Code sind die Register, die zur Übergabe von Werten an das Unterprogramm verwendet werden und die Register zur Rückgabe von Werten aus dem Unterprogramm. Die Verwendung von Registern durch C-Compiler kann von Compiler zu Compiler unterschiedlich sein, selbst bei ein und demselben Mikrocontroller. Diese Informationen sind für den avr-gcc Compiler in einer Application Note namens *Atmel AT1886* verfügbar: *Mixing Assembler and C with AVRGCC* verfügbar unter:

ww1.microchip.com/downloads/en/appnotes/doc42055.pdf

In dem im nächsten Abschnitt folgenden Beispiel wird ein Assembler-Unterprogramm von C-Code aus aufgerufen und ein 32-Bit-Wert übergeben. Im übernächsten Abschnitt gibt ein Assembler-Unterprogramm, das aus C-Code aufgerufen wird, einen Wert zurück.

10.3.1 Wert-Übergabe an ein Assembler-Unterprogramm aus C

Der folgende Unterprogrammcode stammt aus dem Projekt wait_ms_macro_asm in Abschnitt 10.2.4.2 dieses Kapitels. Es wurden einige Änderungen am Code vorgenommen, um ein C-Programm in die Lage zu versetzen, die Assembler-Subroutine aufzurufen. Die Subroutine ist der Code, den wir in ein Makro einfügen und der eine variable Zeitverzögerung von einer Millisekunde erzeugt. In dem geänderten Code heißt das Unterprogramm wait_ms, weil dieser Name kurz und anschaulich ist. Verwechseln Sie diese Subroutine nicht mit einer früheren Subroutine, die denselben Namen trug. Das Projekt besteht aus drei Dateien. Erstellen Sie in Microchip Studio ein neues *GCC C Executable Project* mit dem Namen **wait_ms_c**. Ersetzen Sie den Code in main.c des Projekts durch den folgenden Code.

```
wait_ms_c : main.c
#define F_CPU   1200000
#include <avr/io.h>
#include "wait_ms.h"

int main(void)
{
    DDRB |= (1 << DDB4);                    // Set up pin PB4 as an output

    while (1) {
        PORTB |= (1 << PORTB4);             // Set pin high (LED on)
        wait_ms(WAIT_MS_TIME(200));         // LED on delay
        PORTB &= ~(1 << PORTB4);            // Set pin low (LED off)
        wait_ms(WAIT_MS_TIME(1000));        // LED off delay
    }
}
```

Ändern Sie im main.c Listing den Wert von F_CPU auf die Frequenz, mit der Ihr AVR ATtiny Baustein arbeitet. Wie im Listing zu sehen ist, ist F_CPU auf eine Standard ATtiny13(A) Taktfrequenz eingestellt. Nach der F_CPU-Definition wird die Datei io.h eingebunden, um die Namen der I/O-Ports im Code verwenden zu können. Die danach eingefügte Datei wait_ms.h ist eine Datei, die wir in Kürze erstellen werden. Wieder lässt der Code eine LED an Pin PB4 blinken, aber diesmal wird unser Unterprogramm wait_ms aufgerufen, um eine Verzögerung im Code zu erzeugen. Das an wait_ms übergebene Makro WAIT_MS_TIME() wird verwendet, um den Millisekundenwert in den richtigen Wert umzuwandeln, damit wait_ms die richtige Anzahl von Taktzyklen für den gewählten Millisekundenwert verwendet.

Klicken Sie in Microchip Studio mit der rechten Maustaste auf wait_ms_c oben rechts im Solution-Explorer und wählen Sie im daraufhin angezeigten Menü Add ► New Item... aus. Wählen Sie in dem sich öffnenden Dialogfeld Add ► New Item die Option **Preprocessing**

Assembler File (.S). Geben Sie in das untere Feld Name: des Dialogfelds wait_ms.S mit einer S-Dateierweiterung ein. Klicken Sie auf die Schaltfläche Add unten rechts im Dialogfeld, um diese neue Assemblerdatei dem Projekt hinzuzufügen.

Nachdem Sie die neue Assemblerdatei zum C-Projekt hinzugefügt haben, wird sie automatisch in Microchip Studio geöffnet. Ersetzen Sie die Kommentare in dieser Datei durch den folgenden Code.

```
wait_ms_c : wait_ms.S
#include <avr/io.h>

.global wait_ms

wait_ms:
   push    R20
wait_ms_loop:
   subi    R22, 1
   sbci    R23, 0
   sbci    R24, 0
   sbci    R25, 0
   mov     R20, R22
   or      R20, R23
   or      R20, R24
   or      R20, R25
   brbc    SREG_Z, wait_ms_loop
   pop     R20      ; Restore saved register
   push    R20      ; Extra clock cycles for balance
   pop     R20      ; Extra clock cycles for balance
   nop              ; Extra clock cycle for balance
   nop              ; Extra clock cycle for balance
   ret
```

Wie im Code-Listing von wait_ms.S zu sehen ist, ist die gleiche Datei io.h enthalten wie im C-Code von main.c. Damit das Unterprogramm wait_ms für den Rest des Codes sichtbar ist, wird die Direktive .global vor dem Namen des Unterprogramms wait_ms verwendet. Der Code für das Unterprogramm wait_ms folgt auf die global-Deklaration.

Um die Verwendung der Unterroutine wait_ms in C-Code zu erleichtern, wird dem Projekt eine Header-Datei namens wait_ms.h hinzugefügt. Wenn die Header-Datei in eine C-Code-Datei eingebunden wird, kann das Unterprogramm wait_ms wie eine C-Funktion aufgerufen werden.

Klicken Sie erneut mit der rechten Maustaste auf wait_ms_c oben im Solution-Explorer-Fenster in Microchip Studio. Wählen Sie in dem sich öffnenden Menü Add ▶ New Element... aus. Klicken Sie auf das Element Include File im mittleren Bereich des Dialogfelds Add New Item, das sich öffnet. Geben Sie in das untere Feld Name: des Dialogfelds wait_ms.h ein und klicken Sie dann auf die Schaltfläche Add. Dadurch wird dem Projekt eine neue Header-Datei hinzugefügt. Geben Sie den folgenden Code in die Datei wait_ms.h ein, die nach dem Hinzufügen automatisch geöffnet wird.

```
wait_ms_c : wait_ms.h
#ifndef WAIT_MS_H_
#define WAIT_MS_H_
#define WAIT_MS_TIME(MS_TIME)((((F_CPU * MS_TIME) / 1000) - 20) / 10)
extern void wait_ms(uint32_t);
#endif /* WAIT_MS_H_ */
```

10.3.1.1 Testen des wait_ms_c-Codes

Nachdem Sie die Dateien und den Code wie oben beschrieben zum Projekt hinzugefügt haben, kann das Projekt erstellt und auf der Hardware ausgeführt oder im Simulator getestet werden. Wenn Sie den Simulator verwenden, setzen Sie Break-Points an den beiden Codezeilen, die mit PORTB in der while(1)-Schleife beginnen. Führen Sie den Code mit dem Symbol Debugging starten oder der Taste F5 aus. Verwenden Sie am ersten Break-Point die Taste F10, um über die erste PORTB-Zeile zu springen. Setzen Sie nun den Zykluszähler auf 1 zurück, um den Fehler auszugleichen. Vergewissern Sie sich, dass die Frequenzeinstellung unter dem Zykluszähler im Fenster Processor Status auf dieselbe Frequenz eingestellt ist, die für F_CPU verwendet wird. Verwenden Sie die Taste F5, um das Unterprogramm wait_ms auszuführen. Die Codeausführung wird am Break-Point in der zweiten PORTB-Codezeile angehalten. Beachten Sie, dass die Stoppuhr im Fenster Processor Status 200.000,00 µs anzeigt, was 200ms entspricht. Dies zeigt, dass unser Unterprogramm wie erwartet funktioniert und genau 200 ms lang verzögert. Wenn Sie den zweiten Aufruf von wait_ms testen, Gehen Sie mit Step Over zuerst über die PORTB-Zeile und setzen dann den Zykluszähler wieder auf 1 zurück. Wenn in dieser Phase F5 gedrückt wird, um automatisch bis zum nächsten Break-Point zu laufen, wird der Wert im Zykluszähler falsch sein. Dies liegt daran, dass die Gesamtzahl der Zyklen den RJMP-Befehl enthält, der nach dem Unterprogramm wait_ms ausgeführt wird, um an den Anfang der while(1)-Schleife zurückzukehren, wodurch die Gesamtzahl um 2 Zyklen erhöht wird. Um die Taktzyklen richtig zu messen, muss ein Break-Point auf den RJMP-Befehl im Disassembler-Fenster gesetzt werden.

Öffnen Sie das Disassembler-Fenster und suchen Sie nach dedem RJMP-Befehl. Er befindet sich direkt über der Zeile mit der Aufschrift "No source file". Klicken Sie auf den vertikalen grauen Balken links neben dem RJMP-Befehl, um einen Break-Point zu setzen. Verwenden Sie nun die Taste F5, um den Code des Unterprogramms auszuführen und am RJMP-Befehl anzuhalten. Beachten Sie, dass beim Anhalten der Ausführung am Break-Point die Stoppuhr im Fenster Processor Status den Wert 1.000.000 µs anzeigt, d.h. 1000ms oder 1s, wie wir es nach der Übergabe von 1000 an wait_ms erwarten würden.

10.3.1.2 Die Funktionsweise des wait_ms_c-Projektcodes

Der Code in main.c sollte selbsterklärend sein und die bereits gegebene Beschreibung ausreichen. Am wichtigsten ist die Einbindung von wait_ms.h in main.c. Diese Datei ermöglicht den Aufruf der Unterroutine wait_ms und die Verwendung des Makros WAIT_MS_TIME.

In wait_ms.h ist das C-Makro WAIT_MS_TIME definiert. Mit diesem Makro wird die Zahl berechnet, die von der Unterroutine wait_ms verwendet wird, um die richtige Anzahl von Verzögerungszyklen für die gegebene Millisekunde Verzögerung zu erzeugen. Diesem Makro wird die Anzahl der Millisekunden übergeben und es verwendet diesen Wert zusammen mit F_CPU, um die Anzahl zu berechnen, die wait_ms als Parameter verwenden soll. Es handelt sich um dieselbe Berechnung wie zuvor, nur dass jetzt 20 abgezogen wird, weil sich die Anzahl der Taktzyklen vor und nach der Schleife in wait_ms geändert hat.

Die Unterroutine wait_ms wird als extern deklariert, indem das C-Schlüsselwort `extern` vor den Funktionsprototyp des Unterprogramms wait_ms gesetzt wird. Diese Deklaration zusammen mit .global in der Datei wait_ms.S macht das Unterprogramm wait_ms für jede C-Datei verfügbar und sichtbar, die die Header-Datei wait_ms.h enthält.

Die Datei wait_ms.S enthält den Code für die Unterroutine wait_ms. Bei diesem Code handelt es sich im Wesentlichen um denselben Code, den wir in den vorangegangenen Projekten zur Erzeugung von Software-Zeitverzögerungen verwendet haben, jedoch mit einigen Änderungen. Es wird immer noch eine 32-Bit-Zahl in der Schleife dekrementiert, aber diesmal werden andere Register verwendet, um die 32-Bit-Zahl zu speichern. Der Grund dafür ist, dass diese Register vom C-Code automatisch verwendet, um die 32-Bit-Zahl an die Unterroutine zu übergeben. Der uint32_t-Wert, der im Funktionsprototyp in wait_ms.h zu sehen ist, wird an das Unterprogramm wait_ms übergeben, wobei eine bestimmte Register-Konvention gilt. Dieser Wert ist der Wert, der im Code in main.c mit dem Makro WAIT_MS_TIME() an wait_ms() übergeben wird. Abschnitt 6 des *Atmel AT1886: Mixing Assembly and C with AVRGCC* Dokuments heißt *Parameter passing* und enthält die Informationen darüber, welche Register verwendet werden, um Parameter an eine Funktion zu übergeben. Das Folgende wird in diesem Abschnitt erklärt:

" Die Argumente in der Argumentliste werden von links nach rechts den Registern r25 bis r8 zugewiesen. "

Das bedeutet, dass bei der Übergabe einer 32-Bit-Zahl an eine Funktion oder ein Unterprogramm das ganz linke Byte der Zahl, also Byte 3, R25 zugewiesen wird. Byte 2 bzw. das Byte rechts von Byte 3 wird R24 zugewiesen. Byte 1 wird R23 zugewiesen. Schließlich wird Byte 0, also das ganz rechte Byte der 32-Bit-Zahl, R22 zugewiesen. Diese Register ersetzen also R19 bis R16, die in früheren Versionen der Verzögerungsschleife im Unterprogramm wait_ms verwendet wurden. Das einzige Register, das von der Subroutine noch verwendet wird, ist R20, welches das Ergebnis der ODER-Operationen enthält.

Zu Beginn des Unterprogramms wait_ms wird R20 auf den Stack geschoben, um seinen Wert zu erhalten. Nach dem BRBC-Befehl am Ende der Schleife wird R20 vom Stack geholt, um seinen ursprünglichen Wert wiederherzustellen. Um die Anzahl der Taktzyklen, die außerhalb der Schleife in wait_ms verbraucht werden, auszugleichen, wird der Wert in R20 zurück auf den Stack geschoben und dann wieder vom Stack geholt. Dadurch werden vier Taktzyklen verbraucht, was auch mit vier NOP-Befehlen hätte erreicht werden können.

Um die Gesamtzahl der außerhalb der Schleife verwendeten Taktzyklen auf 20 zu bringen, werden vor dem RET-Befehl zwei NOP-Befehle ausgeführt. Der PUSH-Befehl am Anfang von wait_ms benötigt zusammen mit den Befehlen unterhalb von BRBC 13 Taktzyklen, wenn man 1 abzieht, um zu kompensieren, dass BRBC bei seiner letzten Ausführung nur 1 Taktzyklus anstelle von 2 dauerte. Hinzu kommen die 4 Taktzyklen der vier LDI-Befehle, die vom C-Code hinzugefügt wurden, um den 32-Bit-Wert an das Unterprogramm zu übergeben, und die 4 Taktzyklen, die vom C-Code hinzugefügt wurden, um das Unterprogramm aufzurufen. Somit haben wir insgesamt 20 Taktzyklen außerhalb der Schleife des wait_ms-Unterprogramms. Werfen Sie einen Blick auf den disassemblierten Code im Disassembler-Fenster des Projekts, wenn es im Simulator ausgeführt wird. Sie sehen dort den Code, der hinzugefügt wurde, um den 32-Bit-Wert an das Unterprogramm zu übergeben und das Unterprogramm aufzurufen.

10.3.2 Wert-Rückgabe aus einem Assembler-Unterprogramm in C

Noch einmal verweisen wir auf Abschnitt 6 des *Atmel AT1886: Mixing Assembly and C with AVRGCC* mit dem Titel *Parameter passing,* um Informationen darüber zu finden, wie man einen Wert aus einem Assembler-Unterprogramm zurückgibt, das von einem C-Programm aufgerufen wird. Das Dokument sagt das Folgende über Rückgabe eines Wertes: "*Rückgabewerte verwenden die Register r25 bis r18, abhängig von der Größe des Rückgabewertes.*" Zur Übergabe von Char-Argumenten an eine Subroutine heißt es außerdem "*Alle Argumente verwenden eine gerade Anzahl von Registern. Dies führt dazu, dass char-Argumente zwei Register verbrauchen.*" Im nächsten Projekt mit dem Namen **asm_add_c werden** zwei char-Argumente von C-Code an ein Assembler-Unterprogramm übergeben, vom Unterprogramm addiert und ein char-Ergebnis vom Unterprogramm zurückgegeben. Erstellen Sie das Projekt in Microchip Studio und fügen Sie die Dateien add8bit.S und add8bit.h zum Projekt hinzu, so wie die zusätzlichen Dateien zum vorherigen Projekt hinzugefügt wurden. Geben Sie den Code aus den folgenden Listings in die Projektdateien ein.

```
asm_add_c : main.c
#include <avr/io.h>
#include "add8bit.h"

int main(void)
{
    volatile char sum;

    sum add8bit(34,91);
}
```

```
asm_add_c : add8bit.h
#ifndef ADD8BIT_H_
#define ADD8BIT_H_

extern char add8bit(char, char);

#endif /* ADD8BIT_H_ */
```

```
asm_add_c : add8bit.S
.global add8bit

add8bit:
   add     r24, r22     ; arg1: r25 and r24, arg2: r23 and r22
   ret                  ; return registers are r25 and r24
```

Obwohl Timer und Timing nicht das eigentliche Thema dieses Kapitels sind, werfen wir einen Blick darauf im Zusammenhang mit dem Aufruf von Unterprogrammen aus C.

Wie in der Datei add8bit.S zu sehen ist, werden R24 und R22 als die beiden char-Argumente des Unterprogramms add8bit verwendet. Der C-Prototyp für die Subroutine ist in add8bit.h zu sehen. Da char-Argumente vom GCC-C-Compiler paarweise zugewiesen werden, stellen R25 und R24 das erste char-Argument dar, aber nur R24 wird verwendet. Für das zweite Argument werden R23 und R22 zugewiesen, aber nur R22 wird verwendet. R25 und R24 werden vom C-Compiler zur Aufnahme des Rückgabewerts zugewiesen, aber nur R24 wird verwendet. In main.c wird die Variable `sum als flüchtig deklariert`, damit der C-Compiler sie nicht wegoptimiert. Schauen Sie sich den Disassembler-Code an, um zu sehen, was wirklich passiert. Das folgende Disassembler-Listing stammt aus dem Projekt, das für den ATtiny45 erstellt wurde.

```
asm_add_c : disassembly
--- add8bit.S ------------------------------------------------------------
    add     r24, r22             ; arg1: r25 and r24, arg2: r23 and r22
00000018  ADD R24,R22            Add without carry
    ret                          ; return registers are r25 and r24
00000019  RET                    Subroutine return
--- main.c ---------------------------------------------------------------
{
0000001A  PUSH R28               Push register on stack
0000001B  PUSH R29               Push register on stack
0000001C  PUSH R1                Push register on stack
0000001D  IN R28,0x3D            In from I/O location
--- main.c ---------------------------------------------------------------
0000001E  IN R29,0x3E            In from I/O location
    sum = add8bit(34, 91);
0000001F  LDI R22,0x5B           Load immediate
00000020  LDI R24,0x22           Load immediate
00000021  RCALL PC-0x0009        Relative call subroutine
00000022  STD Y+1,R24            Store indirect with displacement
}
00000023  LDI R24,0x00           Load immediate
00000024  LDI R25,0x00           Load immediate
00000025  POP R0                 Pop register from stack
00000026  POP R29                Pop register from stack
00000027  POP R28                Pop register from stack
```

```
00000028  RET                   Subroutine return
--- No source file -------------------------------------------------------------
00000029  CLI                   Global Interrupt Disable
0000002A  RJMP PC-0x0000        Relative jump
```

Im obigen Disassembler-Code werden die Interrupt-Vektortabelle und der C-Laufzeitcode nicht angezeigt. Die Werte werden an das Unterprogramm add8bit an den Adressen 0000001F und 00000020 übergeben. Diese Werte sind 0x5B oder 91 in R22 und 0x22 oder 34 in R24. Danach folgt ein Aufruf des add8bit-Unterprogramms in Form von `RCALL PC-0x0009`. Diese Subroutine befindet sich am Anfang des Listings an der Adresse 00000018. RCALL ruft einfach das Unterprogramm auf, das dann die Addition von R24 und R22 durchführt und das Ergebnis in R24 ablegt. Wir wissen, dass R24 eines der Register ist, die den Rückgabewert enthalten, und da es sich um einen Rückgabewert in Form eines einzelnen Bytes oder Zeichens handelt, wird das andere Register (R25) ignoriert. Wenn das Unterprogramm zurückkehrt, wird die Ausführung an der Adresse 00000022 fortgesetzt. Zu diesem Zeitpunkt enthält R24 das Ergebnis der Addition, das 0x7D oder 125 beträgt. Der nächste Befehl, `STD Y+1,R24,` weist den in R24 gefundenen Rückgabewert der Summenvariablen zu, die sich im SRAM befindet. STD ist ein indirekter Speicherbefehl mit Verschiebung, der ein Register an einem SRAM-Speicherplatz speichert, aber das Y-Register als Index oder Zeiger in das SRAM verwendet. Das Y-Register enthält derzeit den Wert 0x015A auf einem ATtiny45, aber der STD-Befehl spezifiziert Y+1, so dass der Wert in R24 in 0x015A+1 gespeichert wird, was der SRAM-Adresse 0x015B entspricht. Somit befindet sich das Ergebnis der Addition, 0x7D, jetzt in der Speicherzelle mit der Adresse 0x015B des SRAM, also der Variablen Sum.

10.4 Timer-Verzögerung aufrufen

Sowohl der ATtiny13(A) als auch der ATtiny25/45/85 Mikrocontroller verfügen über einen "8-Bit Timer/Counter 0". Diese Timer/Counter-Peripheriekomponenten sind in vielerlei Hinsicht konfigurierbar. In diesem Abschnitt sehen wir uns an, wie man mit diesem Timer eine einfache Zeitverzögerung erzeugen kann, im nächsten Abschnitt erzeugen wir einen entsprechenden Interrupt. Zunächst wird der Timer eingerichtet, um die Zeitmessung zu starten, und der Code überprüft kontinuierlich, ob der Timer abgelaufen ist. Diese kontinuierliche Überprüfung des Timers im Code bezeichnet man als "Polling" (Abfrage) des Zeitgebers.

Die ATtiny25/45/85-Mikrocontroller verfügen über zwei 8-Bit-Timer/Counter-Module, nämlich Timer/Counter0 und Timer/Counter1. Da die ATtiny13(A)-Mikrocontroller nur den Timer/Counter0 haben, verwenden wir diesen, der beiden 8-Pin-Mikrocontrollern gemeinsam ist.

10.4.1 Timer/Counter0-Register

I/O-Register zur Steuerung von Timer- und Zählermodulen liegen alle im Adressbereich oberhalb von 0x1F (31), was bedeutet, dass die direkten Bitmanipulationsbefehle SBI und CBI für diese Register nicht verwendet werden können. Die Befehle zum direkten Testen der Bitzustände in den I/O-Registern, nämlich SBIS und SBIC, arbeiten ebenfalls nur an den Adressen 0x00 bis 0x1F und können daher nicht mit Timer-/Zählerregistern verwendet werden. Um ein beliebiges Register eines Zeitgebers/Zählers verwenden zu können, muss dessen Inhalt also zunächst in ein Arbeitsregister R0 bis R31 eingelesen werden. Abbildung 10.6 zeigt die zur Steuerung von Timer/Counter0 verwendeten Register.

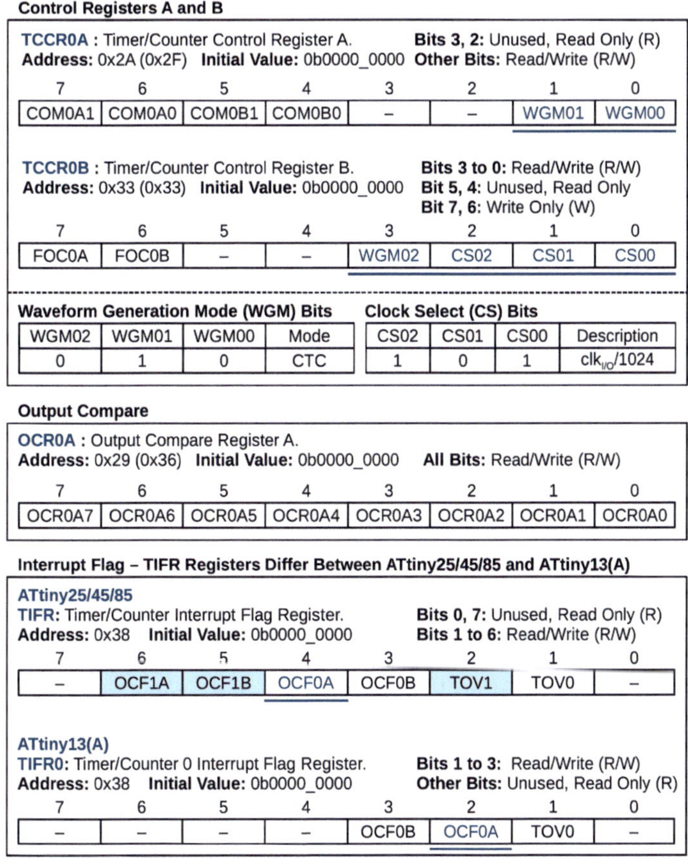

Abbildung 10.6: Timer/Counter0 Register

10.4.1.1 Timer/Counter0 Register Addressen

In Abbildung 10.6 fällt zunächst einmal auf, dass einige der Registeradressen bei den ATtiny25/45/85 und den ATtiny13(A) unterschiedlich sind. In der Abbildung steht die Adresse des ATtiny25/45/85-Registers an erster Stelle steht, gefolgt von der Adresse des ATtiny13(A) in Klammern. Oben in Abbildung 10.6 ist zum Beispiel das TCCR0A-Register zu sehen, das beim ATtiny25/45/85 eine Adresse von 0x2A hat, auf dem ATtiny13(A) jedoch 0x2F - überprüfen Sie dies im Abschnitt *Register Summary* der Datenblätter. Adressunterschiede wie diese spielen keine große Rolle, da die Namen der Register in einer Header-Datei definiert sind, die dem Namen die richtige Adresse für den ausgewählten ATtiny-Baustein zuweist. Wir müssen jedoch wissen, dass es einen Adressunterschied gibt, wenn wir uns disassemblierten Code ansehen. In diesem Fall wird die Adresse natürlich unterschiedlich sein, je nachdem, von welchem AVR der Code disassembliert wurde. Abbildung 10.6 zeigt, dass im unteren Teil der Abbildung das TIFR-Register auf dem ATtiny25/45/85 und dem ATtiny13(A) die gleiche Adresse hat, aber auf den beiden verschiedenen Mikrocontroller-Baureihen einen anderen Namen trägt. Dieses Register heißt beim ATtiny25/45/85-Bausteinen TIFR, beim ATtiny13(A) jedoch TIFR0. Aus diesem Grund und weil auch die Bits in diesen Registern unterschiedlich sind, werden sie in der Abbildung als zwei separate Register dargestellt. Die anderen Registerbits sind den beiden Mikrocontroller-Baureihen gemeinsam.

10.4.1.2 Counter/Timer0 als Zeitgeber verwenden

Um Counter/Timer0 als einfachen Timer zu verwenden, kann er in den CTC-Modus versetzt werden, was für *Clear Timer on Compare* steht. Counter/Timer0 wird im weiteren Text als Timer0 bezeichnet, da er als Timer verwendet wird und dies seinen Namen vereinfacht. Die WGM-Bits werden verwendet, um Timer0 in den CTC-Modus zu versetzen; sie sind auf die Register TCCR0A und TCCR0B-Register verteilt. WGM steht für *Waveform Generation Mode*. Die Bits WGM[2:0], d.h. die WGM-Bits 2, 1 und 0, müssen auf den Binärwert 010 gesetzt werden, um den Timer in den CTC-Modus zu versetzen. Dies ist in der Nähe des oberen Randes von Abbildung 10.6 unterhalb der horizontalen gestrichelten Linie angegeben. Die gleichen Informationen sind auch im Datenblatt des verwendeten Mikrocontrollers zu finden. Im CTC-Modus muss zunächst ein Wert in das OCR0A-Register geschrieben werden. Nach dem Start des Timers steht der tatsächliche Zählwert in dem Register TCNT0. Dieses Register ist in Abbildung 10.6 nicht dargestellt, da es sich lediglich um ein 8-Bit-Register handelt, das den Zählwert enthält. Es befindet sich an Adresse 0x32, sowohl beim ATtiny25/45/85 als auch beim ATtiny13(A). Wenn TCNT0 den gleichen Wert erreicht, der in OCR0A geschrieben wurde, erfolgt eine Aktion, abhängig von der Konfiguration. Hier im CTC-Modus wird TCNT0 automatisch gelöscht und der Timer beginnt wieder bei 0 zu zählen. Gleichzeitig wird das OCF0A-Bit im TIFR- oder TIFR0-Register gesetzt, um den Timer-Compare-Match (Übereinstimmung) zu kennzeichnen. Durch kontinuierliches Lesen oder Abfragen dieses Bits können wir überprüfen, ob der Timer abgelaufen ist.

Um den Timer0 zu starten, wird ein Wert in die CS-Bits (Clock Select) in TCCR0B geschrieben. Dieser Wert wählt die Taktquelle für den Timer0 aus, die entweder der Systemtakt, der durch einen Vorteiler heruntergeteilte Systemtakt oder eine externe Taktquelle sein kann. Diese Optionen sind im Datenblatt des verwendeten Mikrocontrollers zu finden. Für die folgenden Projekte wird der Systemtakt, geteilt durch den Vorteilerwert 1024, gewählt. Dieser Wert ist in Abbildung 10.6 unter der gestrichelten horizontalen Linie auf der rechten Seite dargestellt. Wie in der Abbildung zu sehen ist, wird der Binärwert 101 in die CS[2:0]-Bits im Register TCCR0B geschrieben.

10.4.2 Timer-Assemblerprogramm mit Polling

Es folgt ein Assemblerprogramm, das mit Hilfe des Timer0 eine Zeitverzögerung erzeugt, indem es diesen abfragt. Dieses Programm lässt die an Pin PB4 angeschlossene LED erneut blinken, erzeugt aber die Zeitverzögerung zwischen den Blinksignalen mittels Timer0. Erstellen Sie das Assembler-Projekt **timer0_poll_asm** in Microchip Studio und geben Sie den Code aus dem folgenden Listing in main.asm ein.

```
timer0_poll_asm : main.asm
.ifndef TIFR
    .equ TIFR = TIFR0
.endif

    ldi     r17, (1 << DDB4)              ; Pin PB4 as output pin
    out     DDRB, r17
    ldi     r16, (1 << WGM01)             ; CTC mode for timer
    out     TCCR0A, r16
    ldi     r16, 0x7F                     ; Output compare value
    out     OCR0A, r16
    ldi     r16, (1 << CS02) | (1 << CS00) ; Prescaler CLK/1024 and start timer
    out     TCCR0B, r16
    ldi     r18, (1 << OCF0A)             ; For clearing OCF0A flag

loop:
    in      r16, TIFR                     ; Read the TIFR register
    sbrs    r16, OCF0A                    ; Skip next instruction if timeout
    rjmp    loop                          ; Loop if not timed out
    out     PINB, r17                     ; Toggle LED
    out     TIFR, r18                     ; Clear OCF0A flag
    rjmp    loop
```

10.4.2.1 Die IFNDEF-Anweisung

Um die unterschiedlichen Namen des TIFR-Registers auszugleichen, das beim ATtiny25/45/85 TIFR und beim ATtiny13(A) TIFR0 heißt, wird die Direktive .ifndef am Anfang des obigen Code-Listings verwendet. Die Anweisung .ifndef bedeutet "if not defined", was bedeutet, dass der Code `.ifndef TIFR` zwischen den Direktiven .ifndef und .endif nur ausgeführt wird, wenn TIFR nicht definiert ist. Wenn der ATtiny13(A) in einem Microchip Studio Projekt ausgewählt wird, dann ist TIFR nicht definiert. Das bedeutet, dass dem Namen TIFR dann der Wert TIFR0 zugewiesen wird. Da TIFR0 für den ATtiny13(A) definiert ist, nimmt TIFR den Wert von TIFR0 an, so dass wir für den ATtiny13(A) und den ATtiny25/45/85 denselben Code verwenden können, der nur das TIFR-Register referenziert. Wenn in Microchip Studio ein ATtiny25/45/85 ausgewählt wird, dann ist TIFR definiert, so dass der Code zwischen den Direktiven .ifndef und .endif nie ausgeführt wird und TIFR nicht mit TIFR0 gleichgesetzt wird. Beachten Sie, dass diese Art der Überprüfung und Zuweisung nur bis zu einem gewissen Punkt funktioniert. Das TIFR-Register hat zum Beispiel einige Bits, die in TIFR0 nicht vorkommen! Code, der auf diese Bits zugreift, kann auf ATtiny13(A)-Mikrocontrollern nicht funktionieren, da sie auf diesen Bausteinen nicht vorhanden sind.

10.4.2.2 Links-Verschiebungs-Operator (Left Sfift)

Zu Beginn des Codes des timer0_poll_asm-Projekts wird das DDB4-Bit im DDRB-Register gesetzt, um den Pin PB4 als Ausgangspin einzurichten, wie unten dargestellt.

```
ldi     r17, (1 << DDB4)                ; Pin PB4 as output pin
out     DDRB, r17
```

In diesem Code wird der Wert, der in DDRB geschrieben werden soll, zuerst in R17 geschrieben und dann wird R17 nach DDRB kopiert. Der in R17 geschriebene Wert ist `(1 << DDB4)`, der auf die gleiche Weise wie im C-Code funktioniert, wie im Folgenden erklärt wird. DDB4 ist in der Include-Datei .inc des Projekts wie folgt definiert:

```
.equ   DDB4 = 4 ;
```

Der Code `(1 << DDB4)` bedeutet "*DDB4 vier*mal nach links schieben". Da DDB4 mit 4 gleichgesetzt wird, bedeutet dies, dass 1 viermal nach links verschoben wird. 1 in Binärform kann als 0b0000_0001 geschrieben werden. Wenn diese Zahl um 4 Stellen nach links verschoben wird, bedeutet dies, dass die 1 um vier Bits nach links rutscht. Dies ergibt den Wert 0b0001_0000, was bedeutet, dass Bit Nummer 4 gesetzt ist. Bit Nummer 4 ist das Bit DDB4 im DDRB-Register. Es ist Bit Nummer 4, wenn man die Bits von rechts beginnend mit 0 zählt. Diese Linksverschiebung ermöglicht es, den Namen des gesetzten Bits im Code zu verwenden, wodurch es für jeden, der den Code liest, einfacher wird, zu erkennen, welches Bit gesetzt wird.

Wir hätten das Bit DDB4 auch direkt mit dem SBI-Befehl setzen können, wie wir es in früheren Projekten getan haben (siehe unten).

```
sbi     DDRB, DDB4              ; Set pin PB4 as output
```

Dieser Code ist nützlich, wenn ein einzelnes Bit gesetzt werden soll. Wenn mehr als ein Bit im DDRB-Register gesetzt werden muss, sind mehrere SBI-Befehle erforderlich - eine für jedes zu setzende Bit. Eine Kombination aus LDI-Befehl und OUT-Befehl ist effizienter, wenn mehr als ein Bit in einem Register gesetzt werden soll, oder um in Register zu schreiben, die außerhalb des Bereichs des SBI-Befehls liegen, d.h. in Registern mit Adressen über 0x1F. Wir haben die LDI- und OUT-Kombination beim Einrichten des DDRB-Registers zur Ansteuerung von mehr als einer LED in Kapitel 8 verwendet. In diesen Projekten haben wir nicht den Linksschiebeoperator verwendet, sondern stattdessen einen Wert eingeschrieben. Wenn Register viele unterschiedlich benannte Bits haben, ist es oft besser, die Linksschiebeoperatoren zu verwenden. Wenn Bits ähnlich sind, wie in DDRB, sollte man entweder nach links schieben oder einen Wert hinein schreiben. Der Hauptgrund für die Nichtverwendung von SBI in diesem Projekt ist, dass der Wert in R17 später wiederverwendet wird.

10.4.2.3 In Register schreiben oder lesen-ändern-schreiben (read-modify-write)

Ein Unterschied zwischen der Verwendung von SBI und der LDI/OUT-Kombination besteht darin, dass SBI nur ein Bit setzt, während die LDI/OUT-Kombination alles im DDRB-Register überschreibt. Dies kann, muss aber nicht, erforderlich sein. In Fällen, in denen ein oder mehrere Bits in einem Register gesetzt werden müssen, ohne andere Bits im Register zu ändern, muss eine Read-Modify-Write-Operation durchgeführt werden. Im timer0_poll_ asm-Projekt schreiben die ersten beiden Codezeilen, die unten noch einmal wiederholt werden, tatsächlich 0b0001_0000 oder 0x10 in R17. Dieser Wert wird dann mit dem OUT-Befehl von R17 nach DDRB geschrieben, wodurch Bit 4 gesetzt, aber auch alle anderen Bits gelöscht werden. In diesem Projekt macht es keinen Unterschied, dass die anderen Bits gelöscht werden.

```
ldi     r17, (1 << DDB4)    ; Write 0b0001_0000 to R17
out     DDRB, r17           ; Set bit DDB4 and clear all other bits
```

Wenn die anderen Bits nicht geändert werden sollen, muss das DDRB-Register zunächst mit dem IN-Befehl gelesen, dann mit dem OR-Operator geändert werden, um das gewünschte Bit oder die gewünschten Bits zu setzen, und anschließend nach DDRB zurückgeschrieben werden. Dies geschieht auf die folgende Weise:

```
in      r17, DDRB            ; Read   -- read DDRB register
ori     r17, (1 << DDB4)     ; Modify -- set desired bit or bits
out     DDRB, r17            ; Write  -- write value back to DDRB
```

Im obigen Code wird der Wert in DDRB gelesen und mit dem IN-Befehl, dem READ-Teil der Read-Modify-Write-Operation, in R17 übertragen. ORI wird verwendet, um DDB4 in R17 zu setzen, ohne eines der anderen Bits zu ändern, was den MODIFY-Teil der Read-Modify-Write-Operation darstellt. Schließlich wird der geänderte Wert in R17 in DDRB zurückgeschrieben, dies ist der WRITE-Teil der Operation.

10.4.2.4 Initialisierung von Timer 0

Nach dem Einrichten von Pin PB4 als Ausgangspin beginnt die Initialisierung von Timer0 mit dem folgenden Code.

```
ldi     r16, (1 << WGM01)                ; CTC mode for timer
out     TCCR0A, r16
```

Erstens wird R16 in diesem Code verwendet, weil der bereits in R17 geschriebene Wert später noch im Code zum Umschalten der LED an Pin PB4 benötigt wird. Der obige Code setzt das Bit WGM01 im TCCR0A-Register. In diesem Code haben wir nicht die Möglichkeit, den SBI-Befehl zum Setzen von WGM01 zu verwenden, da die Timer-Register, wie bereits erwähnt, außerhalb des Adressbereichs des SBI-Befehls liegen. Um den Timer0 in den CTC-Modus zu versetzen, muss das Bit WGM01 gesetzt werden, während WGM00 und WGM02 gelöscht werden müssen. WGM02 befindet sich im Register TCCR0B und hat den Standardwert 0. Da wir `(1 << WGM01)` über R16 in TCCR0A schreiben, setzen wir effektiv WGM01 und löschen alle anderen Bits. Dadurch wird auch WGM00 gelöscht, das ohnehin auf 0 voreingestellt war. Tatsächlich haben alle anderen Bits in diesem Register den Standardwert 0, so dass wir in diesem Fall kein Lesen-Ändern-Schreiben durchführen müssen. Da WGM01 gesetzt und WGM00 gelöscht ist und WGM02 in TCCR0B bereits gelöscht oder 0 ist, befindet sich der Timer0 jetzt im CTC-Modus, wurde aber noch nicht gestartet.

In den nächsten beiden Codezeilen wird ein Wert in OCR0A geschrieben, wiederum unter Verwendung der Befehlskombination LDI/OUT. Dadurch wird ein Wert in OCR0A eingegeben, der mit dem inkrementellen Zählwert in TCNT0 verglichen wird.

```
ldi     r16, 0x7F                       ; Output compare value
out     OCR0A, r16
```

Der in OCR0A geschriebene Wert plus 1 ist die Anzahl der Zeitgeber-Taktzyklen, die vergehen, bevor der Zeitgeber eine Vergleichsübereinstimmung (Compare Match) anzeigt. 1 muss addiert werden, weil der Zeitgeber einen zusätzlichen Taktzyklus benötigt, um von der Zahl, bis zu der er hochzählt, wieder auf 0 überzugehen, wenn er automatisch zurückgesetzt wird.

In den nächsten beiden Codezeilen werden die Bits CS00 und CS02 gesetzt, während das Bit CS01 gelöscht wird. Damit wird als Taktgeber für den Timer der Systemtakt geteilt durch 1024 gewählt. Durch die Auswahl dieses Taktes wird auch der Timer gestartet.

```
ldi     r16, (1 << CS02) | (1 << CS00) ; Prescaler CLK/1024 and start timer
out     TCCR0B, r16
```

In TCCR0B wird ein Wert geschrieben, der alle Bits des Registers wieder überschreibt. In diesem Fall werden die beiden Bits, die mit dem linken Schiebeoperator gesetzt wurden, mit dem bitweisen OR-Operator verbunden. `(1 << CS02)` wird zu `(1 << 2)` ausgewertet, was zu einem Binärwert von 0b0000_0100 führt, da CS02 in der Header-Datei mit 2 gleichgesetzt wird. Dies führt dazu, dass 1 um 2 nach links verschoben wird. Im Fall von `(1 << CS00)` wird CS00 mit 0 gleichgesetzt. Das Ergebnis ist `(1 << 0)`, was "1 um 0 Bitpositionen nach links verschieben" bedeutet und 0b0000_0001 ergibt. Wenn diese beiden Werte mit dem bitweisen ODER-Operator `|` verknüpft werden, ergibt sich folgendes:

```
   0b0000_0100
OR 0b0000_0001
=  0b0000_0101
```

Wenn der resultierende Wert 0b0000_0101 in TCCR0B geschrieben wird, werden CS00 (Bit 0) und CS02 (Bit 2) gesetzt, während alle anderen Bits gelöscht werden, und die Taktquelle von Timer0 wird als Systemtakt geteilt durch 1024 über den Vorteiler ausgewählt.

Vor dem Eintritt in die Endlosschleife des Programms wird ein Wert in R18 geschrieben, wie unten gezeigt.

```
    ldi     r18, (1 << OCF0A)           ; For clearing OCF0A flag
```

Dieser Wert setzt das Bit OCF0A in R18, das später in das TIFR-Register geschrieben wird, um dieses Flag nach jeder Timer-Vergleichsübereinstimmung zu löschen. Der Grund dafür, dass dies sowohl bei ATtiny25/45/85 als auch bei ATtiny13(A) Mikrocontrollern funktioniert, obwohl dieses Bit an unterschiedlichen Stellen im TIFR-Register zu finden ist, liegt darin, dass im obigen Code der Name OCF0A verwendet wird. Dieser Name ist für den gewählten Mikrocontroller in der .inc Include-Datei des Microchip Studio Projekts korrekt definiert, z.B. In der ATtiny13-Include-Datei namens tn13def.inc wie folgt:

```
.equ   OCF0A   = 2     ; Timer/Counter0 Output Compare Flag 0A
```

In der ATtiny45-Include-Datei tn45def.inc ist OCF0A dagegen so definiert:

```
.equ   OCF0A   = 4     ; Timer/Counter0 Output Compare Flag 0A
```

10.4.2.5 Polling (Abfrage) des Timer0

Schließlich kommen wir zur Hauptschleife des Programms, die unten dargestellt ist.

```
loop:
   in      r16, TIFR                ; Read the TIFR register
   sbrs    r16, OCF0A               ; Skip next instruction if timeout
   rjmp    loop                     ; Loop if not timed out
   out     PINB, r17                ; Toggle LED
   out     TIFR, r18                ; Clear OCF0A flag
   rjmp    loop
```

Zu Beginn der Hauptschleife wird der Wert aus dem TIFR-Register ins R16 eingelesen, um das OCF0A-Flag in diesem Register zu überprüfen. SBRS (Skip if Bit in Register is Set) prüft, ob das OCF0A-Bit gesetzt ist. Dieses Bit wird nur gesetzt, wenn der Timer abgelaufen ist, d.h. wenn ein Compare-Match zwischen dem TCNT0-Register und dem OCR0A-Register stattgefunden hat. Wenn der Timer nicht abgelaufen ist, wird OCF0A nicht gesetzt und SBRS überspringt nicht den nächsten Befehl. Der nächste Befehl ist ein RJMP-Befehl, der an den Anfang der Hauptschleife zurückspringt. Dies bedeutet, dass das TIFR-Register erneut gelesen und das OCF0A-Bit erneut geprüft wird.

Wenn der Timer abläuft, wird OCF0A gesetzt. SBRS erkennt nun, dass OCF0A gesetzt ist, und überspringt den nächsten Befehl, nämlich den RJMP-Befehl. Der nächste Befehl, der ausgeführt wird, ist daher der OUT-Befehl unterhalb des RJMP-Befehls. Dieser Befehl schreibt R17 in das PINB-Register, was dazu führt, dass die LED an Pin PB4 umschaltet. Der Grund dafür ist, dass der Wert in R17 das dem Pin PB4 entsprechende Bit gesetzt hat, was dadurch erreicht wurde, dass zu Beginn des Codes der Wert von `(1 << DDB4)` in R17 belassen wurde. Obwohl der Bitname, der dem Pin PB4 in PINB entspricht, PINB4 lautet, sind DDB4 und PINB4 in der Header-Datei beide mit dem Wert 4 gleichgesetzt, so dass `(1 << DDB4)` und `(1 << PINB4)` beide denselben Wert ergeben, der das fünfte Bit (Bit Nummer 4) in einem Register setzt.

Der zweite OUT-Befehl schreibt den Wert in R18 in das TIFR-Register. Der Wert in R18, der vor dem Eintritt in die Hauptschleife in R18 geschrieben wurde, ist `(1 << OCF0A)`. Dadurch wird der Wert 1 in das Bit OCF0A geschrieben. Er bewirkt gemäß Datenblatt, dass dieses Bit gelöscht wird!

Schließlich wird der RJMP-Befehl am Ende der Schleife ausgeführt, wodurch die Programmausführung wieder am Anfang der Schleife beginnt. Dies veranlasst den Code, das OCF0A-Flag im TIFR-Register erneut abzufragen, um den nächsten Timer-Timeout zu testen. Beachten Sie, dass der SBRS-Befehl, der prüft, ob das OCF0A-Flag gesetzt ist, das Gegenstück zum SBRC-Befehl ist, den wir zuvor verwendet haben. Der Unterschied besteht darin, dass der SBRC-Befehl prüft, ob ein Bit in einem Register nicht gesetzt, sondern gelöscht ist.

10.4.2.6 Ausführen des Codes im Simulator

Timer0 funktioniert im Simulator von Microchip Studio. Setzen Sie einen Break-Point auf den RJMP-Befehl am Ende der Schleife, wenn Sie den Simulator verwenden. Führen Sie den Code mit der Taste F5 aus. Öffnen Sie das I/O-Fenster und klicken Sie auf das Element I/O-Port (PORTB) im I/O-Fenster, um die PORTB-Register anzuzeigen. Die Ausführung wird am Break-Point angehalten, nachdem der Pin PB4 umgeschaltet wurde. Drücken Sie weiterhin die Taste F5 und beobachten Sie, wie Bit 4 in den Registern PINB und PORTB nach jedem Stopp am Break-Point umgeschaltet wird.

10.4.3 Polling des Timer0 in einem C-Programm

Es folgt ein äquivalentes C-Programm zum vorherigen timer0_poll_asm-Programm. Erstellen Sie in Microchip Studio ein neues ausführbares GCC-C-Projekt mit dem Namen **timer0_poll_c** und fügen Sie den Code aus dem folgenden Listing in die Datei main.c des Projekts ein.

Das C-Code-Projekt verwendet die gleichen Timer0-Register wie das Assembler-Projekt und steuert den Timer und die LED auf genau die gleiche Weise. Dieser Code ist selbsterklärend und jeder C-Programmierer, der den Code des timer0_poll_asm-Projekts versteht, sollte keine Probleme haben, den C-Code zu verstehen. Am Anfang des Codes befinden sich äquivalente Präprozessoranweisungen, die die unterschiedlichen Namen für das TIFR-Register auf ATtiny25/45/85 und ATtiny13(A) Mikrocontrollern berücksichtigen, so dass der Code auf allen Bausteinen verwendet werden kann.

```
timer0_poll_c : main.c
#include <avr/io.h>

#ifndef TIFR
    #define TIFR TIFR0
#endif

int main(void)
{
    DDRB = (1 << DDB4);                         // Pin PB4 as output pin
    TCCR0A = (1 << WGM01);                      // CTC mode
    OCR0A  = 0xFF;                              // Output compare value
    TCCR0B = (1 << CS02) | (1 << CS00);         // Prescaler CLK/1024 and start timer

while(1) {
        if (TIFR & (1 << OCF0A)) {              // Check for timer compare match
```

```
            PINB = (1 << PORTB4);           // Toggle pin PB4
            TIFR = (1 << OCF0A);            // Clear OCF0A flag
        }
    }
}
```

Obwohl der obige Code genauso funktioniert wie der Assembler-Code im vorherigen Abschnitt, wird ein größerer Wert in das Register OCR0A geschrieben. Dies geschieht, damit die LED langsamer blinkt als im Assemblerprogramm. Wenn der Code auf Hardware geladen wird, auf der bereits die Assembler-Version des Codes läuft, kann man auf diese Weise erkennen, dass das neue Programm tatsächlich geladen wurde, da die LED dann langsamer blinkt.

10.5 Timer-Verzögerung mit Interrupt

Das Interrupt-System (Unterbrechungssystem) eines Mikrocontrollers ist durch den Hersteller in der Hardware vorgegeben. Interrupts werden vom Programmierer per Software konfiguriert und aktiviert.

Ein Interrupt-System ermöglicht es, dass ein Ereignis, wie z.B. ein Timer-Timeout, den aktuellen Programmablauf unterbricht. Wenn eine Unterbrechung ausgelöst wird, springt der Programmfluss automatisch zu einem speziellen Unterprogramm, der so genannten Interrupt Service Routine oder ISR. Der Code in der ISR kann alles sein, was der Programmierer will. Um das folgende Timer-Beispiel zu verwenden, richtet das Hauptprogramm den Timer und einen Interrupt ein und tritt dann in eine Endlosschleife ein, die nichts tut. Wenn die Zeit abgelaufen ist, unterbricht es die Endlosschleife und ruft die ISR auf. In diesem Projekt schaltet die ISR die LED um. Dann kehrt sie zurück und die Hauptschleife läuft weiter.

10.5.1 Wie Unterbrechungen funktionieren

AVR-Mikrocontroller haben alle eine Reihe von Interrupt-Quellen, wie z.B. Timer-Vergleich, externen Interrupt, Timer/Counter-Überlauf und andere. Jede Interrupt-Quelle hat ihr eigenes Freigabe-Bit, das sich in einem der Peripherie-Register eben dieser Interrupt-Quelle befindet. Die Timer/Counter0-Peripherie verfügt beispielsweise über ein Timer/Counter-Interrupt-Maskenregister namens TIMSK, das Interrupt-Freigabebits für den Timer-Überlauf und den Compare-Match enthält. Um einen der Compare-Match-Interrupts zu aktivieren, wird das entsprechende Bit in TIMSK gesetzt. Zusätzlich zur Freigabe eines einzelnen Interrupts muss auch das globale Interrupt-Enable-Bit (Unterbrechungs-Freigabebit) im Statusregister gesetzt sein, damit jeder einzelne Interrupt funktionieren kann.

Wenn eine Unterbrechung auftritt, z.B. bei einem Timer-Vergleich, wird das globale Interrupt-Enable-Bit automatisch gelöscht, wodurch die Unterbrechungen deaktiviert werden. Die Interrupt-Service-Routine für den jeweiligen Interrupt wird dann aufgerufen. Eine Interrupt-Service-Routine ist genau wie ein Unterprogramm, nur dass für die Rückkehr aus ihr der Befehl RETI (Return from Interrupt) anstelle des RET-Befehls verwendet werden muss. Wenn der RETI-Befehl am Ende einer ISR ausgeführt wird, wird die Rücksprungadresse vom Stack geladen und das globale Interrupt-Freigabebit gesetzt, wodurch die Unterbrechungen wieder freigegeben werden.

10.5.2 Die Interrupt-Vektor-Tabelle

Eine Unterbrechungsvektortabelle ermöglicht es, die richtige Interrupt-Service-Routine (ISR) aufzurufen, wenn eine Unterbrechung eintritt. So muss beispielsweise die ISR, die für einen bestimmten Timer-Compare-Match geschrieben wurde, aufgerufen werden, wenn die entsprechende Zähler-Übereinstimmung auftritt.

Unterbrechungen werden so zugewiesen, dass sie bei ihrem Auftreten an feste Programmspeicherplätze ab Adresse 0 springen. Die Interrupt-Vektor-Tabelle befindet sich an diesen festen Programmspeicherplätzen und enthält Sprungbefehle, um zum richtigen ISR-Code zu springen. Die Interrupt-Vektortabellen sind im Abschnitt 9 des Datenblatts für ATtiny13(A) und ATtiny25/45/85 Bausteine zu finden.

Die Interrupt-Vektor-Tabellen für den ATtiny13(A) und den ATtiny25/45/85 sind unterschiedlich, daher folgen im nächsten Unterabschnitt zwei verschiedene Code-Beispiele. Zu Lernzwecken sind zwei Beispiele enthalten, da der Code so leichter zu lesen und zu verstehen ist. Zwei separate Projekte für die beiden unterschiedlichen Interrupt-Vektor-Tabellen zeigen, woraus diese bestehen und wie sie sich unterscheiden. Ein drittes Projekt zeigt, wie man denselben Code so schreibt, dass er sowohl auf dem ATtiny13(A) als auch auf dem ATtiny25/45/85 verwendet werden kann.

10.5.3 Assemblerprogramm Timer-Interrupt

Es folgen zwei Assemblerprogramme, die mit Hilfe eines Interrupts eine LED an Pin PB4 umschalten. Das erste Programm ist für einen ATtiny13(A) und das zweite ist für einen ATtiny25/45/85 geschrieben.

10.5.3.1 ATtiny13(A) Timer-Interrupt-Projekt

Erstellen Sie ein neues AVR-Assemblerprogramm namens **timer0_interrupt13_asm** in Microchip Studio für den ATtiny13 oder ATtiny13A und fügen Sie den folgenden Code in main.asm ein.

timer0_interrupt13_asm : main.asm

```
.org 0
   rjmp    main             ; 0 - Reset vector
   rjmp    ISR_unused       ; 1 - External interrupt 0 vector
   rjmp    ISR_unused       ; 2 - Pin change interrupt 0 vector
   rjmp    ISR_unused       ; 3 - Timer 0 overflow interrupt vector
   rjmp    ISR_unused       ; 4 - EEPROM ready interrupt vector
   rjmp    ISR_unused       ; 5 - Analog comparator interrupt vector
   rjmp    ISR_tim0_compA   ; 6 - Timer 0 compare match A interrupt vector
   rjmp    ISR_unused       ; 7 - Timer 0 compare match B interrupt vector
   rjmp    ISR_unused       ; 8 - Watchdog timer timeout interrupt vector
   rjmp    ISR_unused       ; 9 - ADC conversion complete interrupt vector

main:
   sbi   DDRB,DDB4          ; Pin PB4 as output pin
   ldi   r16, (1 << WGM01)  ; CTC mode for timer
```

```
    out     TCCR0A, r16
    ldi     r16, 0x7F             ; Output compare value
    out     OCR0A, r16
    ldi     r16, (1 << OCIE0A)    ; Enable T0A compare match interrupt
    out     TIMSK0, r16
    sei                           ; Set global interrupt enable bit
    ldi     r16, (1 << CS02) | (1 << CS00)   ; Prescaler CLK/1024 and start timer
    out     TCCR0B, r16
loop:
    rjmp    loop

; Timer 0 compare match A interrupt service routine or handler
ISR_tim0_compA:
    sbi     PINB, PINB4             ; Toggle LED
    reti

; Dummy interrupt handler to catch all unused interrupts
ISR_unused:
     nop
     rjmp ISR_unused
```

Die Unterbrechungsvektortabelle
Am Anfang des Codes befindet sich die vollständige Interrupt-Vektortabelle, wie unten dargestellt.

```
.org 0
    rjmp    main                  ; 0 - Reset vector
    rjmp    ISR_unused            ; 1 - External interrupt 0 vector
    rjmp    ISR_unused            ; 2 - Pin change interrupt 0 vector
    rjmp    ISR_unused            ; 3 - Timer 0 overflow interrupt vector
    rjmp    ISR_unused            ; 4 - EEPROM ready interrupt vector
    rjmp    ISR_unused            ; 5 - Analog comparator interrupt vector
    rjmp    ISR_tim0_compA        ; 6 - Timer 0 compare match A interrupt vector
    rjmp    ISR_unused            ; 7 - Timer 0 compare match B interrupt vector
    rjmp    ISR_unused            ; 8 - Watchdog timer timeout interrupt vector
    rjmp    ISR_unused            ; 9 - ADC conversion complete interrupt vector
```

Die RJMP-Befehle in der obigen Unterbrechungsvektortabelle sind in einer bestimmten Reihenfolge angeordnet, beginnend mit Adresse 0, so dass bei Auftreten einer Unterbrechung die Programmausführung den richtigen RJMP-Befehl ausführt, um zur richtigen Unterbrechungsroutine zu springen. Wenn zum Beispiel der Interrupt für Timer 0 compare match A aktiviert und der Timer gestartet ist, wird der Interrupt ausgelöst, wenn der Timer bis zu einem Wert zählt, der mit dem in TCCR0A eingesetzten Wert übereinstimmt. Dies bedeutet, dass die Rücksprungadresse auf den Stack geschoben wird und die Programmausführung zur Programmspeicheradresse 6 oder 0x0006 auf einem ATtiny13(A) springt. Dies ist eine feste Vektorposition für den Timer-0-Compare Interrupt und kann im Datenblatt des ATtiny13 oder ATtiny13(A) nachgelesen werden. Im obigen Code gibt es einen RJMP-Befehl an Adresse 6, der zu ISR_tim0_compA springt, was die Bezeichnung der Interrupt-Service-Routine oder des Interrupt-Handlers ist, der ausgeführt werden muss, wenn dieser Interrupt ausgelöst wird. Dieser RJMP-Befehl befindet sich an Adresse 0x0006, weil der erste RJMP-Befehl, der zum main-label springt, an Adresse 0 liegt. Zählt man die auf den ersten RJMP-Befehl folgenden RJMP-Befehle durch, gelangt man zu Adresse 0x0006.

Da andere Unterbrechungen in diesem Projekt nicht verwendet werden, wurden alle anderen Einträge in der Unterbrechungsvektortabelle so vorgenommen, dass sie zu einer Dummy-Interrupt-Routine namens ISR_unused springen. So wird sichergestellt, dass die Programmausführung an einer bekannten Stelle fortgesetzt wird, falls versehentlich eine andere Unterbrechung aktiviert wird und diese Unterbrechung auftritt. Der Code der Dummy-ISR ist unten dargestellt.

```
; Dummy interrupt handler to catch all unused interrupts
ISR_unused:
    Nop
    rjmp ISR_unused
```

Im Dummy-ISR-Code könnte während des Programmtests ein Break-Point auf den NOP-Befehl gesetzt werden, um zu sehen, ob die Ausführung jemals den Dummy-ISR erreicht. Wie im Dummy-ISR zu sehen ist, läuft der Code einfach in einer Schleife und kehrt nie zurück. Wenn der Watchdog-Timer auf dem Mikrocontroller aktiviert wäre, würde dies dazu führen, dass dieser eine Zeitüberschreitung auslöst und den Mikrocontroller zurücksetzt. Dies könnte sinnvoll sein, wenn die Programmausführung jemals bei einem unbenutzten Unterbrechungsvektor landet.

Die vollständige Interrupt-Vektor-Tabelle wurde zwar in diesem Projekt implementiert, aber dies geschah zu Lernzwecken und ist hier eigentlich nicht notwendig. Die Adresse jedes Interrupt-Vektors ist am Ende der Include-Datei für den ausgewählten Mikrocontroller definiert. Zum Beispiel befinden sich am Ende der automatisch eingebundenen Datei tn13def.inc die folgenden Definitionen für die ATtiny13-Interrupt-Vektoren.

```
; ***** INTERRUPT VECTORS ************************************************
.equ    INT0addr    = 0x0001    ; External Interrupt 0
.equ    PCI0addr    = 0x0002    ; External Interrupt Request 0
.equ    OVF0addr    = 0x0003    ; Timer/Counter0 Overflow
.equ    ERDYaddr    = 0x0004    ; EEPROM Ready
.equ    ACIaddr     = 0x0005    ; Analog Comparator
.equ    OC0Aaddr    = 0x0006    ; Timer/Counter Compare Match A
.equ    OC0Baddr    = 0x0007    ; Timer/Counter Compare Match B
.equ    WDTaddr     = 0x0008    ; Watchdog Time-out
.equ    ADCCaddr    = 0x0009    ; ADC Conversion Complete
.equ    INT_VECTORS_SIZE  = 10  ; size in words
```

Anstatt die vollständige Interrupt-Vektortabelle in diesem Projekt zu verwenden, könnten wir die obige Definition für den Timer 0-Compare-Match A Vektor wie folgt verwenden:

```
.org 0
    rjmp    main                ; Reset vector
.org  OC0Aaddr
    rjmp    ISR_tim0_compA      ; Timer 0 compare match A
main:
    sbi     DDRB, DDB4          ; Pin PB4 as output pin
...
...
```

Der obige Code beginnt wie zuvor mit einem RJMP an main, da dies der Reset-Vektor ist, an dem die Programmausführung beginnt. Der erste RJMP-Befehl ist notwendig, um nach dem Einschalten des Mikrocontrollers oder nach einem Reset über die Vektortabelle zum Hauptprogrammcode zu springen. Nach dem ersten RJMP-Befehl wird der Ursprung nun zu `OC0Aaddr` geändert, dem Interrupt-Vektor für den in der Include-Datei definierten Timer 0 Compare Match A Interrupt. Der RJMP-Befehl für den Interrupt-Handler oder ISR für diesen Interrupt wird unterhalb dieser Ursprungsänderung platziert, so dass er sich an Adresse 0x0006 im Speicher befindet. In diesem Code gibt es keine Vektortabelleneinträge für andere Interrupts, so dass diese niemals aktiviert werden dürfen. Der Dummy-Interrupt-Handler-Code kann mit dieser Anordnung aus dem Projekt entfernt werden, da er nie verwendet wird.

Hauptprogramm-Code

Nach der Interrupt-Vektor-Tabelle folgt der folgende Code.

```
main:
    sbi     DDRB, DDB4                      ; Pin PB4 as output pin
    ldi     r16, (1 << WGM01)               ; CTC mode for timer
    out     TCCR0A, r16
    ldi     r16, 0x7F                       ; Output compare value
    out     OCR0A, r16
    ldi     r16, (1 << OCIE0A)              ; Enable T0A compare match interrupt
    out     TIMSK0, r16
    sei                                     ; Set global interrupt enable bit
    ldi     r16, (1 << CS02) | (1 << CS00)  ; Prescaler CLK/1024 and start timer
    out     TCCR0B, r16
loop:
    rjmp    loop
```

In diesem Code wird Pin PB4 mit dem SBI-Befehl als Ausgangspin eingerichtet. Danach wird der Timer 0 auf die gleiche Weise eingerichtet wie bei den vorherigen Projekten, die den Timer abfragten. Der Timer wird zunächst in den CTC-Modus versetzt, dann wird ein Vergleichswert nach OCR0A geladen. Danach folgt der oben fett gedruckte neue Code, der den Timer-0-Compare-Match-A-Interrupt und das globale Interrupt-Enable-Bit aktiviert.

Das Bit OCIE0A wird im TIMSK0-Register gesetzt, um den Timer/Counter-Compare-Match-A-Interrupt zu aktivieren. Es folgt der SEI-Befehl (Set Global Interrupt Enable Bit), der das I-Bit im Statusregister setzt. Siehe Abbildung 6.8 in Abschnitt 6.5 von Kapitel 6, Statusregister. Im Statusregister ist das erste Bit auf der linken Seite, also Bit Nummer 7, das Global Interrupt Enable Bit, oder I-Bit. Sobald dieses Bit gesetzt ist, werden alle einzelnen Interrupts, die aktiviert sind, wie z.B. der Timer/Counter 0 Compare Match A Interrupt, ausgelöst. Schließlich wird der Timer wie zuvor durch Auswahl des Systemtakts geteilt durch 1024 gestartet. Die Programmausführung tritt dann in eine Endlosschleife ein.

Unterbrechungs-Service-Routine Code

Schließlich haben wir den Interrupt-Service-Routine für den Timer-0-Vergleichsinterrupt A, der im folgenden Codeausschnitt gezeigt wird. Der Code in dieser ISR schaltet einfach die an Pin PB4 angeschlossene LED mit Hilfe des PINB-Registers um. Der Unterschied zwischen diesem Projekt und dem Polling-Projekt ist, dass jetzt der Timer-Interrupt und die ISR alles erledigen.

```
; Timer 0 compare match A interrupt service routine or handler
ISR_tim0_compA:
    sbi     PINB, PINB4     ; Toggle LED
    reti
```

Da die Hauptprogrammausführung in einer Endlosschleife nichts tut, kann nur der ISR die LED umschalten. Wenn eine Vergleichsübereinstimmung zwischen dem Timer-Zählerregister TCNT0 und dem Ausgangs-Vergleichsregister OCR0A vorliegt, wird der Interrupt Timer/Counter compare match A ausgelöst. Die Programmausführung springt zur Vektorstelle für diesen Interrupt in der Interrupt-Vektortabelle, die auf dem ATtiny13(A) die Adresse 0x0006 hat. An dieser Stelle befindet sich der RJMP-Befehl, der zur Interrupt-Service-Routine ISR_tim0_compA springt. In dieser ISR wird das PINB4-Bit im PINB-Register gesetzt, wodurch die LED umgeschaltet wird. Die ISR kehrt zur Hauptschleife zurück, nachdem sie den Befehl RETI-Anweisung. Es ist wichtig, dass Sie aus einer ISR immer mit RETI und nicht mit RET zurückkehren.

Ausführen des Timer-Unterbrechungscodes

Führen Sie den Code mit einem Debugger/Programmiergerät oder mit dem Simulator in Microchip Studio aus. Gehen Sie mit Step Over den Code durch und sehen Sie, wie der erste RJMP-Befehl an Adresse 0 zum `main` Label springt. Bevor Sie den SEI-Befehl durchgehen, vergewissern Sie sich, dass das Fenster Processor Status geöffnet ist. Schauen Sie sich das Flag im Status Register I an, das sich in der Nähe des oberen Randes des Prozessorstatusfensters befindet. Nach dem Überspringen des SEI-Befehls färbt es sich durchgehend rot und zeigt damit an, dass es gerade seinen Zustand geändert hat und nun gesetzt ist. Setzen Sie einen Break-Point auf den RETI-Befehl am Ende der ISR_tim0_compA ISR. Führen Sie nun den Code mit der Taste F5 aus. Wenn die Codeausführung am Break-Point stoppt, stellen Sie fest, dass das I-Flag im Statusregister jetzt gelöscht ist. Gehen Sie mit Step Over über den RETI-Befehl und beachten Sie, dass das I-Flag automatisch gesetzt wird und wieder durchgehend rot ist. Denken Sie daran, dass Elemente im Prozessorstatusfenster rot werden, wenn sich ihr Zustand gerade geändert hat. Elemente wie die Bits im

Statusregister werden blau, wenn sie noch gesetzt sind, sich aber seit dem letzten Schritt durch den Code nicht geändert haben. Öffnen Sie das I/O-Fenster und klicken Sie auf das Element I/O Port (PORTB), damit die Register von Anschluss B unten im I/O-Fenster angezeigt werden. Wenn Sie den Code mit der F5-Tastaturtaste ausführen, während der Break-Point noch auf dem RETI-Befehl liegt, wird die Ausführung angehalten, nachdem Pin PB4 umgeschaltet wurde. Das Bit, das dem Pin PB4 entspricht, kann bei jeder Unterbrechung im PORTB-Register am unteren Rand des I/O-Fensters umgeschaltet werden.

10.5.3.2 ATtiny25/45/85 Timer-Interrupt-Projekt

Da sich die Interrupt-Vektortabelle zwischen dem ATtiny13(A) und dem ATtiny25/45/85 unterscheidet, ist das nächste Projekt das gleiche wie das vorherige, wurde aber für einen ATtiny25/45/85 angepasst. Erstellen Sie das Projekt **timer0_interrupt_asm** in Microchip Studio für einen ATtiny25, ATtiny45 oder ATtiny85. Geben Sie den Code aus dem folgenden Listing in die Datei main.c des Projekts ein.

timer0_interrupt_asm : main.asm

```
.org 0
    rjmp    main            ; 0 - Reset vector
    rjmp    ISR_unused      ; 1 - External interrupt 0 vector
    rjmp    ISR_unused      ; 2 - Pin change interrupt 0 vector
    rjmp    ISR_unused      ; 3 - Timer 1 compare match A interrupt vector
    rjmp    ISR_unused      ; 4 - Timer 1 overflow interrupt vector
    rjmp    ISR_unused      ; 5 - Timer 0 overflow interrupt vector
    rjmp    ISR_unused      ; 6 - EEPROM ready interrupt vector
    rjmp    ISR_unused      ; 7 - Analog comparator interrupt vector
    rjmp    ISR_unused      ; 8 - ADC conversion complete interrupt vector
    rjmp    ISR_unused      ; 9 - Timer 1 compare match B interrupt vector
    rjmp    ISR_tim0_compA  ; A - Timer 0 compare match A interrupt vector
    rjmp    ISR_unused      ; B - Timer 0 compare match B interrupt vector
    rjmp    ISR_unused      ; C - Watchdog timer timeout interrupt vector
    rjmp    ISR_unused      ; D - USI start interrupt vector
    rjmp    ISR_unused      ; E - USI overflow interrupt vector

main:
    sbi     DDRB, DDB4                      ; Pin PB4 as output pin
    ldi     r16, (1 << WGM01)               ; CTC mode for timer
    out     TCCR0A, r16
    ldi     r16, 0x7F                       ; Output compare value
    out     OCR0A, r16
    ldi     r16, (1 << OCIE0A)              ; Enable T0A compare match interrupt
    out     TIMSK, r16
    sei                                     ; Set global interrupt enable bit
    ldi     r16, (1 << CS02) | (1 << CS00) ; Prescaler CLK/1024 and start timer
    out     TCCR0B, r16
loop:
    rjmp    loop
```

```
; Timer 0 compare match A interrupt service routine or handler
 ISR_tim0_compA:
   sbi      PINB, PINB4        ; Toggle LED
   reti

; Dummy interrupt handler to catch all unused interrupts
ISR_unused:
  nop
  rjmp ISR_usued
```

Die erste und offensichtlichste Änderung im obigen Programm im Vergleich zum vorherigen ist die größere Interrupt-Vektortabelle. ATtiny25/45/85-Bausteine haben mehr On-Chip-Peripheriekomponenten als ATtiny13(A)-Bausteine, und diese zusätzlichen Peripheriekomponenten haben Interrupt-Fähigkeiten. Das bedeutet, dass zusätzliche Interrupt-Vektoren für diese zusätzlichen Interrupt-Quellen benötigt werden. Zusätzlich zu einer größeren Interrupt-Vektor-Tabelle befindet sich der Interrupt-Vektor für den Timer 0 Compare Match A an einer anderen Stelle. Bei einem ATtiny13(A) befindet sich dieser Interruptvektor an Adresse 0x0006, bei einem ATtiny25/45/85 jedoch an Adresse 0x000A. Tatsächlich befinden sich nur die ersten drei Interrupt-Vektoren, einschließlich des Reset-Vektors, an denselben Adressen, wenn man die beiden ATtinys vergleicht. Der Rest des Programms ist derselbe wie beim ATtiny13(A), mit der Ausnahme, dass das TIMSK-Register beim ATtiny13(A) TIMSK0 und beim ATtiny25/45/85 TIMSK heißt.

10.5.3.3 Universal Timer Interrupt Projekt

Da die ATtiny-Header-Dateien die Namen für Interrupt-Vektor-Adressen definieren, ist es möglich, die vorherigen Projekte so zu ändern, dass sie sowohl mit dem ATtiny13(A) als auch dem ATtiny25/45/85 funktionieren. Erstellen Sie das Assembler-Projekt **timer0_uni_int_asm** in Microchip Studio und fügen Sie den folgenden Code in main.asm ein. Dieser Code funktioniert sowohl auf ATtiny13(A) als auch auf ATtiny25/45/85-Bausteinen, ohne dass Sie etwas ändern müssen.

```
timer0_uni_int_asm : main.c
.ifndef TIMSK
  .equ TIMSK = TIMSK0
.endif

.org 0
  rjmp    main              ; Reset vector
.org OC0Aaddr
  rjmp    ISR_tim0_compA    ; Timer 0 compare match A interrupt vector

main:
  sbi     DDRB, DDB4        ; Pin PB4 as output pin
  ldi     r16, (1 << WGM01)          ; CTC mode for timer
```

```
    out     TCCR0A, r16
    ldi     r16, 0x7F                       ; Output compare value
    out     OCR0A, r16
    ldi     r16, (1 << OCIE0A)              ; Enable T0A compare match interrupt
    out     TIMSK, r16
    sei                                     ; Set global interrupt enable bit
    ldi     r16, (1 << CS02) | (1 << CS00)  ; Prescaler CLK/1024 and start timer
    out     TCCR0B, r16
loop:
    rjmp    loop

; Timer 0 compare match A interrupt service routine or handler
ISR_tim0_compA:
    sbi     PINB, PINB4           ; Toggle LED
    reti
```

In den Polled-Timer-Projekten wurde TIFR direkt verwendet und ist mit einem anderen Namen definiert für den ATtiny13(A) und ATtiny25/45/85 definiert. Wir haben die Direktive .ifndef verwendet, damit der Code für beide ATtiny-Bausteine funktioniert. Im timer0_uni_int_asm-Projekt wird TIFR nicht direkt verwendet, sondern TIMSK. Dieses Register heißt TIMSK0 für einen ATtiny13(A), aber TIMSK für einen ATtiny25/45/85, also wird derselbe .ifndef-Code verwendet, aber diesmal für das TIMSK-Register und nicht für das TIFR-Register, wie oben im Code-Listing zu sehen ist. Wenn das OCIE0A-Bit im TIMSK-Register im Code gesetzt wird, funktioniert es sowohl für ATtiny13(A) als auch für ATtiny25/35/85, obwohl sich dieses Bit in den Registern der beiden ATtiny-Bausteine an unterschiedlichen Positionen der beiden ATtiny-Bausteine befindet, wie in den Datenblättern zu sehen ist. Auch dies funktioniert, weil es korrekt in der Header-Datei für den gewählten Baustein in Microchip Studio definiert ist.

Ungenutzte Vektortabelleneinträge wurden aus dem Code entfernt. Timer 0 Vergleichsmatch A Interrupt-Vektor ist im Code enthalten, der den Namen OC0Aaddr trägt, der für diese Adresse in den ATtiny-Include-Dateien definiert ist. Wie bereits erläutert, wird dieser Name mit der .org-Direktive verwendet, um die korrekte Adresse für den Interruptvektor Timer 0 compare match A festzulegen. OC0Aaddr ist in den ATtiny13(A) Include-Dateien als 0x0006 definiert, in den ATtiny25/45/85-Dateien jedoch als 0x000A, was dazu führt, dass der Vektor an der richtigen Adresse für das gewählte Gerät platziert wird. Da die unbenutzten Vektortabelleneinträge entfernt wurden, besteht keine Notwendigkeit

10.5.3.4 C-Programm Timer Interrupt

Es folgt ein C-Programm, das den vorherigen Timer-0-Interrupt-Programmen in Assembler entspricht. Erstellen Sie ein neues GCC C Executable Project mit dem Namen **timer0_interrupt_c** und fügen Sie den Code aus dem folgenden Listing in main.c ein. Das Projekt kann für einen ATtiny13(A) oder ATtiny25/45/85 eingerichtet werden.

Am Anfang des Codes wird die Datei interrupt.h unterhalb der üblichen Datei io.h eingefügt. Dies ermöglicht Interrupts im C-Code implementiert werden, da die Datei die notwendigen Definitionen und Funktionen und Funktionen für die Interrupt-Behandlung enthält. Wie im vorherigen Assembler-Programm Match-Interrupt. Danach muss der SEI-Befehl ausgeführt werden. Da es sich um C-Code handelt, kann SEI nicht direkt in den Code eingefügt werden. Das Makro sei() wird durch Einbindung der Datei interrupt.h zur Verfügung gestellt, damit das globale Interrupt-Freigabebit (I-Bit) im Statusregister gesetzt wird. Wie zuvor wird der Timer gestartet, indem der Systemtakt geteilt durch 1024 als Timer 0 als Taktquelle gewählt.

```
timer0_interrupt_c : main.c
#include <avr/io.h>
#include <avr/interrupt.h>

#ifndef TIMSK
  #define TIMSK TIMSK0
#endif

int main(void)
{
  DDRB = (1 << DDB4);                    // Pin PB4 as output pin
  TCCR0A = (1 << WGM01);                 // CTC mode
  OCR0A  = 0xFF;                         // Output compare value
  TIMSK = (1 << OCIE0A);                 // Enable T0A compare match interrupt
  sei();                                 // Set global interrupt enable bit
  TCCR0B = (1 << CS02) | (1 << CS00);    // Prescaler CLK/1024 and start timer

  while(1) {
  }
}

ISR(TIM0_COMPA_vect)
{
  PINB = (1 << PORTB4);                  // Toggle pin 4/LED
}
```

Da C keine Standardmethode zur Behandlung von Unterbrechungen hat, implementieren die Compilerhersteller ihr eigenes ISR-Schema. Im AVR GCC C-Compiler, der von Microchip Studio verwendet wird, muss eine Interrupt-Service-Routine das ISR()-Makro verwenden, das in der Datei interrupt.h definiert ist, wie am Ende des obigen Code-Listings zu sehen ist. Der Name des zu implementierenden Interrupts muss an das ISR()-Makro übergeben werden. Die Interrupt-Namen sind in der Header-Datei für den in Microchip Studio ausgewählten AVR-Baustein zu finden, z.B. in der Datei iotn13.h für den ATtiny13(A) oder in der Datei iotn45.h für den ATtiny45. Die richtige Datei für das gewählte Bauteil wird automatisch in das Projekt aufgenommen, indem die Datei io.h in das Projekt eingefügt wird. Diese Datei kann gefunden und geöffnet werden, indem man den Ordner Dependencies im

Solution Explorer auf der rechten Seite von Microchip Studio erweitert. Der Definitionsname für den Timer 0 compare match A-Interrupt, der an das Makro ISR()-Makro übergeben werden muss, befindet sich hier und heißt TIM0_COMPA_vect.

Das C-Code-Projekt funktioniert genau so wie die Assembler-Version des Projekts, indem es die LED an Pin PB4 umschaltet, wenn Timer 0 einen Interrupt mit Vergleichswert A auslöst. Schauen Sie sich die Disassemblierung des Codes an, um zu sehen, dass der RETI-Befehl automatisch am Ende der Interrupt-Service-Routine eingefügt wird, so dass die Programmausführung korrekt aus der ISR zurückkehrt. Sie können einen Break-Point an der schließenden Klammer der ISR setzen und den Code im Simulator ausführen lassen. Das sich ändernde Bit im PORTB-Register ist dann zu sehen, genau wie bei dem Assemblerprogramm.

10.6 Zusammenfassung

Dieses Kapitel war zwar recht lang, hat aber eine Menge wichtiger und interessanter Informationen über das Timing von Befehlen, Timern und Interrupts enthalten. Die folgende Liste fasst zusammen, was wir behandelt haben.

- 8-Bit AVR-Mikrocontroller haben verschiedene CPU-Versionen, wobei die ATtiny13(A) und ATtiny25/45/85 CPU-Version die AVRe.

- Die Befehlszeit kann je nach AVR CPU Version für den gleichen Befehl unterschiedlich sein. Die tatsächliche Befehlsausführungszeit in Taktzyklen finden Sie im *AVR Instruction Set Manual*.

- Eine Software-Zeitverzögerung kann durch das Schreiben eines Unterprogramms, das eine exakte Anzahl von Taktzyklen verwendet, genau erzeugt werden.

- Assemblerprogramme können in mehrere Dateien aufgeteilt werden, indem man externe Dateien in eine Hauptdatei einfügt.

- Assembler-Unterprogramme können von C-Code aus aufgerufen werden.

- Hardware-Timer auf dem AVR-Mikrocontroller können abgefragt oder durch Interrupts gesteuert werden.

- Jeder AVR-Mikrocontroller hat seine eigene Interrupt-Vektortabelle, die davon abhängt, wie viele Interrupt-Quellen der Baustein eingebaut hat.

- Eine Interrupt-Service-Routine (ISR) ist eine Art Unterprogramm, das zur Behandlung einer Unterbrechung geschrieben wurde. Um aus einer ISR zurückzukehren, muss der Befehl RETI verwendet werden.

Kapitel 11 • Der AVR-Befehlssatz

Nachdem nun viele der AVR-Befehle aus dem AVR-Befehlssatz in den vorangegangenen Kapiteln verwendet wurden und die AVR-Architektur behandelt wurde, ist es an der Zeit, sich die restlichen AVR-Befehle anzusehen.

Dieses Kapitel fasst die Befehle des AVR-Befehlssatzes zusammen, die bereits verwendet wurden, und befasst sich mit den restlichen Befehlen, die noch nicht behandelt wurden.

In diesem Kapitel

- AVR-Befehlssatzübersicht und Kategorien
- Eine geführte Tour durch den ATtiny AVR-Befehlssatz
- Implementierung eines LED-Lauflichts oder einer "Knight Rider"-Anzeige mit Hilfe von Schiebebefehlen
- Ein Blick auf AVR-Befehle, die in ATtiny-Bauteilen nicht verfügbar sind

11.1 AVR-Befehlssatz Übersicht und Kategorien

In Bezug auf den AVR-Befehlssatz gibt es zwei wichtige Dinge zu beachten: Erstens sind nicht alle Befehle im Befehlssatz aller Bausteine enthalten, da nicht alle AVRs den gleichen Speicher, die gleiche Hardware und die gleiche Peripherie haben. Zweitens wurde die AVR-CPU seit ihrer Einführung mehrmals überarbeitet, so dass es mehrere verschiedene Versionen der AVR 8-Bit-CPU gibt, wie im vorherigen Kapitel beschrieben. Die Folge ist, dass es in einigen neueren CPU-Versionen zusätzliche Befehle gibt.

Im Abschnitt *Instruction Set Summary* in den Datenblättern für AVR-Mikrocontroller werden die Befehle in fünf Kategorien eingeteilt, nämlich 1) arithmetische und logische Befehle, 2) Verzweigungsbefehle, 3) Bit- und Bit-Testbefehle, 4) Datenübertragungsbefehle und 5) MCU-Steuerbefehle. In der Führung durch den gesamten Befehlssatz, die im nächsten Abschnitt folgt, werden die Befehle in den gleichen Kategorien wie im Datenblatt behandelt, wobei die gleichen Überschriften verwendet werden, um Querverweise zu erleichtern. Jede Hauptkategorie wurde gegebenenfalls weiter untergliedert.

11.2 Ein geführter Rundgang durch den ATtiny AVR-Befehlssatz

Dieser Abschnitt befasst sich mit dem Teil des AVR-Befehlssatzes, der auf ATtiny-Bausteinen implementiert ist, mit einer Zusammenfassung der Befehle, die bisher in diesem Buch verwendet wurden und Kommentaren zu Befehlen, die nicht verwendet wurden. Wo es angebracht ist, ist Beispielcode enthalten.

11.2.1 Arithmetische und logische Befehle

Die Kategorie der arithmetischen und logischen Befehle umfasst Addition, Subtraktion und die logischen Befehle AND, OR und EOR. Sie umfasst auch die Befehle Inkrement, Dekrement, Vorzeichenwechsel, Bit setzen, Bit löschen, Register setzen, Register löschen und Registertest. Die arithmetischen und logischen Befehle wurden in den folgenden Unterabschnitten weiter in genauere Unterkategorien unterteilt.

11.2.1.1 Befehle zum Addieren und Subtrahieren

ATtiny25/45/85 und ATtiny13(A) Mikrocontroller implementieren drei Additions- und fünf Subtraktionsbefehle, die in den folgenden Abschnitten zusammengefasst sind.

Befehle zur Addition

ADD (Hinzufügen ohne Übertragen)

ADC (Addieren mit Übertrag)

ADD und ADC sind bereits im Haupttext ausreichend behandelt worden. Siehe Abschnitt 7.2.1 für ADD-Beispiele und Abschnitt 7.2.2 für ein ADC-Beispiel.

ADIW (Add Immediate to Word)

ADIW addiert einen unmittelbaren Wert, der nur zwischen 0 und 63 liegen kann, zu einem von vier Registerpaaren. Das Ergebnis der Addition wird in dem gewählten Registerpaar abgelegt. In der Befehlskodierung von ADIW stehen 6 Bits zur Verfügung, um die im Befehl kodierten unmittelbaren Daten darzustellen, was bedeutet, dass $2^6 = 64$ verschiedene Werte verwendet werden können: 0 bis 63. Zwei Bits stehen für das gewählte Registerpaar zur Verfügung, was $2^2 = 4$ mögliche Registerpaare ergibt.

ADIW kann verwendet werden, um eine 16-Bit-Zahl in einer einzigen Code-Zeile zu inkrementieren. Da ADIW mit den Registerpaaren arbeitet, kann es zur Inkrementierung eines Zeigers verwendet werden, wenn eines der Registerpaare als Zeiger verwendet wird.

Der folgende Code zeigt, wie der Befehl ADIW verwendet wird, um das Z-Register zu erhöhen.

```
.equ     NUM = 2048              ; Number > 8 bits
    ldi      ZL, low(NUM)        ; Load number to Z register
    ldi      ZH, high(NUM)
loop:
    adiw     ZH:ZL, 1            ; Increment 16-bit number by 1
    rjmp     loop
```

Im obigen Code wird eine Zahl, die mehr als 8 Bits verwendet, mit dem Namen NUM gleichgesetzt. NUM wird dann in das Z-Register in zwei Teilen geladen, jeweils 8 Bits auf einmal. In der Schleife wird der Wert von NUM, der 2048 beträgt und im Z-Register gespeichert ist, mit ADIW um 1 inkrementiert. Die Schreibweise ZH:ZL bezieht sich auf die oberen und unteren Bytes des Z-Registers. Diese Notation erleichtert die Lesbarkeit des Codes, lässt sich aber wie folgt zerlegen:

```
    adiw     ZH:ZL, 1            ; Increment 16-bit number by 1
00000002  ADIW R30,0x01           Add immediate to word
```

Wie im obigen Code zu sehen ist, wird der erste Operand des ADIW-Befehls, d.h. das Registerpaar, zu R30 für ZH:ZL disassembliert. Der zweite Operand ist der zum ausgewählten Registerpaar hinzuzufügende Wert und wird in der Disassemblierung einfach in hexadezimaler Form angezeigt. R30 ist ZL und stellt das Z-Register dar, wenn es mit ADIW verwendet wird. Damit ist es möglich, das Z-Register auf vier verschiedene Arten zu spezifizieren. ZH:ZL kann verwendet werden, wie im Beispielcode, oder R31:R30. ZL könnte anstelle von ZH:ZL verwendet werden. Alternativ könnte auch R30 verwendet werden. Von den vier Möglichkeiten gibt ZH:ZL wahrscheinlich die klarste Bedeutung, wenn es mit ADIW verwendet wird.

Obwohl es zwei Bits im ADIW-Befehl gibt, die die vier möglichen Registerpaare darstellen, ist es nicht möglich, diese Bits beim Schreiben von Assembler direkt zu verwenden. Wäre dies der Fall, dann wäre Folgendes möglich.

```
adiw    3, 1    ; Not valid code!
```

Die obige Codezeile soll das Z-Register um 1 inkrementieren, führt aber zu einem ungültigen Registerfehler. Obwohl 3 oder 11 binär im Befehl kodiert ist, um das Z-Register darzustellen, kann es nicht auf diese Weise in Assembler-Code verwendet werden.

Die vier Registerpaare, die mit ADIW verwendet werden können, sind wie folgt:

Registerpaar-Kodierung	Register-Paar	Alternative Notation	Einzelregister-Notation	Register-Paar
0	R25:R24	keine	R24	keine
1	R27:R26	XH:XL	R26 oder XL	X-Register
2	R29:R28	YH:YL	R28 oder YL	Y-Register
3	R31:R30	ZH:ZL	R30 oder ZL	Z-Register

In der obigen Tabelle zeigt *Registerpaar-Kodierung* den Wert, der im ADIW-Befehl kodiert ist, um ein Registerpaar darzustellen. Die Spalte *Register-Paar* zeigt die Notation, die mit ADIW verwendet werden kann, um das Registerpaar in der Reihenfolge MSB:LSB darzustellen. *Alternative Notation* zeigt eine Alternative zur Notation des *Registerpaares*. Das erste Registerpaar hat keinen Registerpaar-Namen und steht daher auch *nicht* in der Spalte "*Alternative Notation*". Das LSB des Registerpaares kann mit ADIW, wie in der Spalte *Einzelregister-Notation* gezeigt, anstelle des Registerpaares oder der alternativen Notation zur Darstellung des Registerpaares verwendet werden. Die letzte Spalte zeigt die Namen der Registerpaare, wenn sie in Kombination als 16-Bit-Register verwendet werden. Auch hier hat das erste Registerpaar keinen Namen.

Aus der obigen Tabelle ist ersichtlich, dass alle folgenden Codezeilen das Gleiche tun und das Z-Register um 1 erhöhen.

```
adiw    R31:R30, 1    ; Increment Z register by 1
adiw    ZH:ZL, 1      ; Increment Z register by 1
adiw    R30, 1        ; Increment Z register by 1
adiw    ZL, 1         ; Increment Z register by 1
```

Jede der oben genannten Codezeilen lässt sich in die folgende Codezeile zerlegen:

```
ADIW R30,0x01
```

Subtraktionsbefehle

SUB (Subtraktion ohne Übertrag)
SUB wird in Abschnitt 7.3 von Kapitel 7 behandelt.

SUBI (Direkte Subtraktion)
Wir sind zum ersten Mal auf SUBI gestoßen, als wir uns den disassemblierten Code in Abschnitt 8.2.2.4 von Kapitel 8 angesehen haben. Es wurde auch in Abschnitt 9.3.2.2 von Kapitel 9 verwendet, um die Aktualisierung des Statusregisters zu erzwingen.

SBCI (Direkte Subtraktion mit Übertrag)
SBCI wurde in Kombination mit SUBI zur Dekrementierung einer 32-Bit-Zahl in Abschnitt 10.2.2 von Kapitel 10 verwendet und wurde anschließend in Kapitel 10 durchgehend verwendet. Es erschien auch in dem disassemblierten Code in Abschnitt 8.2.2.4 von Kapitel 8.

SBC (Subtrahieren mit Übertrag)
SBC ist wie SBCI, aber statt eines unmittelbaren Wertes als zweiten Operanden wird ein zweites Register verwendet. Mit anderen Worten, es werden zwei Register subtrahiert und das Übertragsflag im Statusregister wird berücksichtigt. SBC ist einfach genug zu verstehen und wird daher nicht weiter erläutert. Weitere Informationen zu SBC finden Sie im *AVR Instruction Set Manual*.

SBIW (Direkte Subtraktion von Wort)
SBIW ist das Subtraktions-Gegenstück zu ADIW. Es funktioniert genauso wie ADIW, aber anstatt einen Wert zwischen 0 und 63 zu einem Registerpaar zu addieren, wird der Wert subtrahiert. Es werden die gleichen vier Registerpaare verwendet. Ein Beispiel wird im folgenden Code gezeigt:

```
.equ    NUM = 2048              ; Number > 8 bits

   ldi     ZL, low(NUM)         ; Load number to Z register
   ldi     ZH, high(NUM)
loop:
   sbiw    R31:R30, 1           ; Decrement Z register by 1
   sbiw    ZH:ZL, 1             ; Decrement Z register by 1
   sbiw    R30, 1               ; Decrement Z register by 1
   sbiw    ZL, 1                ; Decrement Z register by 1
   rjmp    loop
```

Wie im obigen Code zu sehen ist, können für den Zugriff auf das Registerpaar für SBIW die gleichen unterschiedlichen Notationen verwendet werden wie für ADIW. Die gleichen Registerpaare aus der Tabelle unter dem Abschnitt ADIW können auch für SBIW verwendet werden. Im obigen Code wird bei jedem SBIW-Befehl 1 vom Z-Register subtrahiert.

11.2.1.2 Logische Befehle

Die fünf logischen Befehle, die in den ATtiny25/45/85 und ATtiny13(A) implementiert sind, sind in Kapitel 7 ausführlich beschrieben, so dass sie hier mit Querverweisen versehen leicht in Kapitel 7 gefunden werden.

Logisches UND
AND (Logisches UND)
ANDI (Logisches UND mit sofortiger Wirkung)
AND und ANDI werden in Abschnitt 7.4.1 von Kapitel 7 behandelt.

Logisches ODER
OR (Logisches OR)
ORI (Logisches ODER mit Immediate)
OR und ORI werden in Abschnitt 7.4.2 von Kapitel 7 behandelt.

Logisches Exklusiv-ODER
EOR (Exklusiv-ODER)
EOR wird in Abschnitt 7.4.3 von Kapitel 7 behandelt. In Abschnitt 8.2.4.2 von Kapitel 8 wird EOR verwendet, um eine LED umzuschalten.

11.2.1.3 Inkrement- und Dekrementbefehle

INC (Inkrement)
Der INC-Befehl erhöht einfach einen Registerinhalt um 1 und wird in Kapitel 5, Abschnitt 5.2.2, demonstriert. Er wird auch in Abschnitt 8.2.1.4 von Kapitel 8 und in den Abschnitten 9.3.3 und 9.3.4 von Kapitel 9 verwendet.

DEC (Dekrement)
DEC dekrementiert einen Registerinhalt um 1 und wurde zum ersten Mal im LED-Blink-Assemblercode in Abschnitt 2.3.2 in Kapitel 2 verwendet, um Register im Software-Zeitverzögerungs-Unterprogramm zu dekrementieren. DEC wurde auch zur Demonstration des Z-Flags in Abschnitt 6.5.1 in Kapitel 6 verwendet.

11.2.1.4 Befehle zur Vorzeichenänderung

COM (Komplement)
COM konvertiert die Binärzahl in einem Register in ihr Einser-Komplement, d.h. jedes Bit im Register wird invertiert, wie der folgende Code zeigt, der die Binärzahl 1001_0011 in ihr 1er-Komplement 0110_1100 umwandelt.

```
ldi     R16, 0b1001_0011     ; Load 0x93 to R16
com     R16                  ; R16 now contains 0b0110_1100 (0x6C)
```

NEG (Zweierkomplement)
NEG wandelt die Zahl in einem Register in die Zweier-Komplement-Form der Zahl um. Im folgenden Code wird 1 in R16 geladen und dann in -1 im 2er-Komplement-Format umgewandelt, was einem Wert von 0xFF entspricht. Das N-Flag sowie weitere Flags im Statusregister sind von der Operation betroffen.

```
    ldi     R16, 1        ; Load +1 to R16
    neg     R16           ; Change value in R16 to -1 in 2's compliment format
```

11.2.1.5 Bits setzen und löschen

SBR (Bits in Register setzen)

SBR führt eine ODER-Operation zwischen unmittelbaren Daten und einem Register durch, um Bits im Register zu setzen. SBR ist dasselbe wie ORI und hat dieselbe Befehlskodierung. Im folgenden Codebeispiel bewirken die Befehle SBR und ORI genau dasselbe, nämlich das Setzen der oberen vier Bits in R16, während die unteren vier Bits unverändert bleiben.

```
ldi     R16, 0x02
sbr     R16, 0xF0
ldi     R16, 0x02
ori     R16, 0xF0
```

Bei der Disassemblierung des obigen Codes ist es interessant festzustellen, dass sowohl die SBR- als auch die ORI-Befehle zum selben Code disassembliert werden, wie unten gezeigt.

```
    ldi R16, 0x02
00000000 LDI R16,0x02 Load immediate
    sbr R16, 0xF0
00000001 ORI R16,0xF0 Logical OR with immediate
    ldi R16, 0x02
00000002 LDI R16,0x02 Load immediate
    ori R16, 0xF0
00000003 ORI R16,0xF0 Logical OR with immediate
```

Beide Befehle werden zu `ORI R16,0xF0`, wie man oben sehen kann. Ein Blick auf beide Befehle im *AVR Instruction Set Manual* zeigt, dass sie beide die gleiche Kodierung haben, wie unten gezeigt:

```
0110 KKKK dddd KKKK
```

Dies bedeutet, dass SBR ein Synonym oder ein anderer Name für ORI ist.

Anmerkung des Übersetzers: Dies ist ein Beispiel für "redundante Befehle", d.h. Befehle, die im selben Maschinencode münden, aber auf Assemblerebene verschiedene Namen haben. Hauptgrund dafür ist die bessere Lesbarkeit des Assembler-Quelltextes. Es gibt je nach AVR bis zu 39 redundante Befehle.

CBR (Bits im Register löschen)

CBR löscht Bits in einem Register, indem es eine logische UND-Verknüpfung zwischen dem Register und dem Komplement der unmittelbaren Daten vornimmt. Dies bedeutet, dass alle Bits in den unmittelbaren Daten, die gesetzt werden, dazu führen, dass die gleichen Bits im Zielregister gelöscht werden, wie die ersten beiden Zeilen des folgenden Codes zeigen:

```
    ldi     R16, 0xA5
    cbr     R16, 0x0F        ; Mask is 0x0F

    ldi     R16, 0xA5
    andi    R16, 0xF0        ; Compliment the mask value: 0xF0
```

In der ersten Zeile des obigen Codes wird 0xA5 in R16 geladen. In der zweiten Codezeile wird CBR auf R16 mit einem Maskenwert von 0x0F verwendet. Dies ist nicht das Äquivalent zu `ANDI R16, 0x0F`, da das Komplement des Maskenwerts verwendet wird, was bedeutet, dass alle Bits im Maskenwert von 0x0F invertiert werden, wodurch der Maskenwert zu 0xF0 wird, bevor das ANDI durchgeführt wird. Als Ergebnis steht im obigen Beispiel nach der Ausführung des CBR-Befehls der Wert 0xA0 in R16.

Die nächsten beiden Zeilen zeigen den entsprechenden Code unter Verwendung von ANDI. Bei ANDI wird 0xF0 verwendet, also das Komplement von 0x0F. Sowohl CBR als auch ANDI im obigen Code werden zu `ANDI R16,0xF0`, was bedeutet, dass der Assembler den Maskenwert invertieren muss, wenn er auf den CBR-Befehl stößt und dann CBR in ANDI ändert.

11.2.1.6 Register setzen, löschen und Testbefehle

TST (Test auf Null oder Minus)

TST prüft, ob ein Register Null oder einen negativen Wert enthält, indem es eine logische UND-Verknüpfung zwischen dem Register und sich selbst vornimmt. Dadurch werden die Statusregister-Flags S, V, N und Z entsprechend dem Inhalt des Registers aktualisiert. In dem Code, der die Verwendung von konstanten Daten im Flash-Speicher in Abschnitt 9.3.2.2 von Kapitel 9 demonstriert, haben wir einen Trick angewandt, um das Flag Z des Statusregisters zu aktualisieren, indem wir 0 von R16 subtrahierten, um herauszufinden, ob R16 Null enthielt. In diesem Code hätten wir stattdessen den Befehl TST verwenden können, wie folgt:

```
check_0:
   lpm     r16, Z+              ; Load byte from program memory
   tst     r16
   brbc    SREG_Z, check_0      ; Loop if result not zero
```

Dieser Code wurde dem Beispielcode in Abschnitt 9.3.2.2 entnommen, der sich am Ende des Listings befindet. TST bewirkt, dass das Z-Flag aktualisiert wird, genau wie `subi r16, 0` im Originalcode.

TST ist ein weiteres Beispiel für einen Befehl, der ein Synonym für einen anderen Befehl ist, ebenso wie die folgenden CLR und SER. Die nachstehende Kodierung zeigt, dass TST einer UND-Verknüpfung mit demselben Register als Quelle und Ziel entspricht. Bei dieser Operation wird der Inhalt des Zielregisters nicht verändert.

```
TST 0b 0010 00dd dddd dddd    TST Rd
AND 0b 0010 00rd dddd rrrr    AND Rd, Rr
```

Im folgenden Code ist zu sehen, dass ein AND-Befehl mit demselben Quell- und Zielregister in einen TST-Befehl disassembliert wird, während ein TST-Befehl in denselben TST-Befehl disassembliert wird.

```
    tst     r16
0000000D  TST R16       Test for Zero or Minus
     and    r16, r16
0000000E  TST R16       Test for Zero or Minus
```

CLR (Register löschen)
CLR löscht ein Register, indem es ein Exklusiv-ODER zwischen dem Register und sich selbst ausführt. `CLR Rd` ist dasselbe wie `EOR Rd,Rd`.

SER (Setzen aller Bits im Register)
SER setzt alle Bits in einem Register. `SER Rd` ist dasselbe wie `LDI Rd,0xFF`.

11.2.2 Verzweigungsbefehle

Zu den Verzweigungsbefehlen gehören Sprungbefehle, Unterprogrammaufrufe, Rücksprung aus einem Unterprogramm, Rücksprung aus einer Unterbrechung, Vergleichsbefehle, Sprungbefehle und schließlich Befehle, deren Namen mit dem Wort *branch* beginnen. Jede dieser Typen von Verzweigungsbefehlen wird in eigenen Unterabschnitten behandelt.

11.2.2.1 Sprungbefehle

RJMP (Relativer Sprung)
RJMP kann im Adressbereich PC - 2K +1 und PC + 2K Worte springen (PC = Program Counter). Beachten Sie, dass dieser Adressbereich in 16-Bit-Worten angegeben ist. In Tabelle 1.1 aus Abschnitt 1.3 in Kapitel 1 ist die größte Flash-Speichergröße der dort aufgeführten Mikrocontroller 8KB. Denken Sie daran, dass diese Werte in Bytes angegeben sind und daher durch 2 geteilt werden müssen, um die Anzahl der Wörter zu erhalten. Ein 8K-Byte-Speicher entspricht 4K Wörtern. Selbst bei einem 4K-Wort-Speicher kann der RJMP-Befehl nur zum Anfang und zum Ende des Speichers springen, wenn der PC auf die Mitte des Speichers zeigt. Wie kann RJMP an das Ende eines 4K-Wort-Speichers springen, wenn er nur zu PC + 2K-Worte springen kann und der PC auf 0 steht? Das Springen zu PC + 2K-Worte ist leicht zu verstehen. Wenn der PC die Adresse 0 enthält und ein RJMP-Befehl zur Adresse 2048 springt, die 2K-Wörter weiter vorne liegt, gibt es kein Problem - der Befehl hat das folgende Format: `RJMP PC+0x0800`.

Was passiert, wenn der PC Null enthält und der Befehl an Adresse 0 zu 2K + 1 oder 2049 (0x801) springt? In diesem Fall endet der Befehl wie folgt: `RJMP PC-0x07FF` Wenn diese Anweisung ausgeführt wird, wird der PC mit 0x801, also 2049, geladen. Der Grund dafür ist, dass -0x07FF als negative 2er-Zahl endet. Um minus 0x07FF in seine 2er-Komplement-Darstellung umzuwandeln, invertieren Sie zunächst alle Bits, so dass die Zahl 0xF800 entsteht, also das 1er-Komplement der Zahl. Addieren Sie 1, um dieses zum 2er-Komplement zu machen und wir erhalten 0xF801. Da ein ATtiny mit 4K-Worten Speicher einen 12-Bit-PC hat, wird die Zahl auf 0x801 abgeschnitten, was der Adresse entspricht, zu der wir springen wollen.

Beachten Sie, dass die *Wörter PC - 2K +1 und PC + 2K den* Bereich des Speichers beschreiben, in dem RJMP arbeiten kann. Die eigentliche Operation von RJMP ist *PC □ PC + k + 1*, was bedeutet, dass der Befehl zu der Adresse springt, die der Summe aus dem aktuellen Wert in PC und der im Befehl k kodierten konstanten Adresse plus 1 entspricht.

Der folgende Code zeigt, wie man von Adresse 0 nach 2049 und wieder zurück nach 0 springt:

```
.org 0
main:
   rjmp  loop

.org  2049
loop:
   rjmp   main
```

Der obige Code im Disassembler:

```
   rjmp loop
00000000  RJMP PC-0x07FF                    Relative jump
00000001  NOP  Undefined
...
...
000007FF  NOP  Undefined
00000800  NOP  Undefined
    rjmp    main
00000801  RJMP PC+0x07FF                    Relative jump
```

Die tatsächliche Kodierung der beiden RJMP-Befehle ist wie folgt:

```
RJMP PC-0x07FF  is encoded as  0xC800
RJMP PC+0x07FF  is encoded as  0xC7FE
```

Die ersten vier Bits eines RJMP-Befehls sind immer 1100 binär bzw. C hexadezimal. Somit ist die erste Adresse, zu der gesprungen werden soll, als 0x800 kodiert, wird aber in der Disassemblierung als -0x07FF angezeigt. Der erste RJMP-Befehl springt also zu *PC + k + 1*, was 0 + 0x800 + 1 = 0x801 ist.

Wenn der zweite RJMP-Befehl von Adresse 0x801 zurück nach 0 springt, verwendet er die im Befehl kodierte Adresse 0x7FE. *PC + k + 1* ist jetzt 0x801 + 0x7FE + 1 = 0x1000. Da ATtiny-MCUs mit 8K Bytes Flash-Speicher (4K-Worte) einen 12-Bit-PC haben, wird das Ergebnis auf 0x000 abgeschnitten, und der zweite RJMP-Befehl springt zurück zur Adresse 0.

Um von Adresse 0 zum letzten Wort in einem 4K-Wort-Speicher zu springen, wird `RJMP PC-0x0001` verwendet. Dies ist als 0xCFFE kodiert und ergibt somit 0 + 0xFFE + 1 = 0xFFF. 0xFFF oder 4095 ist die letzte Adresse in einem 4K-Speicher. Um von der letzten Adresse in einem 4K-Wortspeicher zur Adresse 0 zurückzuspringen, wird `RJMP PC+0x0001` verwendet. Dies ist als 0xC000 kodiert, endet also als 0xFFF + 0 + 1 = 0x1000, abgeschnitten auf 0x000.

IJMP (Indirekter Sprung)
Das Z-Register wird bei der Verwendung des Befehls IJMP als Zeigerregister verwendet. IJMP springt zu der Adresse, die das Z-Register enthält. Das bedeutet, dass die Adresse, zu der gesprungen werden soll, vor dem Aufruf von IJMP in das Z-Register geladen werden muss, und IJMP hat keine Operanden.

11.2.2.2 Befehle zum Aufruf von Unterroutinen

RCALL (Relativer Aufruf eines Unterprogramms)
RCALL hat denselben Adressbereich und dieselbe Wirkung auf den PC wie der Befehl RJMP, außer dass er die Adresse des nächsten Befehls auf den Stack schiebt, bevor er zum Unterprogramm springt oder dieses aufruft. RCALL wurde bereits mehrfach in Codebeispielen in diesem Buch verwendet, so dass hier keine weiteren Beispiele aufgeführt werden. Zum ersten Mal wurde der Befehl für den Aufruf des Delay-Unterprogramms in Abschnitt 2.3.2 von Kapitel 2 im LED-Blinkprogramm verwendet. Der Aufruf eines Unterprogramms mit RCALL wird in Abschnitt 6.6.3 von Kapitel 6 demonstriert, wo gezeigt wird, wie RCALL die Rücksprungadresse auf den Stack schiebt. Der Stack und der Stack-Pointer werden in Abschnitt 6.6 erklärt.

ICALL (Indirekter Aufruf eines Unterprogramms)
ICALL funktioniert auf die gleiche Weise wie IJMP, wobei das Z-Register als Zeiger verwendet wird, mit dem Unterschied, dass ICALL die nächste Programmspeicheradresse auf den Stack schiebt. ICALL wird verwendet, um ein Unterprogramm an der Adresse aufzurufen, die das Z-Register enthält.

11.2.2.3 Rückkehr aus Unterprogramm und Unterbrechungsbefehl

RET (Return from Subroutine)
RET muss verwendet werden, um aus einem Unterprogramm zurückzukehren, das mit RCALL oder ICALL aufgerufen wurde. Die Rücksprungadresse wird vom Stack geladen, wenn RET am Ende einer Subroutine ausgeführt wird.

RETI (Rückkehr von der Unterbrechung)
RETI muss der letzte Befehl in einer Unterbrechungsroutine sein, damit die Programmausführung dort fortgesetzt wird, wo der Hauptcode unterbrochen wurde, und damit das globale Unterbrechungsfreigabebit im Statusregister automatisch wieder gesetzt wird. Die Verwendung des RETI-Befehls wird in Kapitel 10, ab Abschnitt 10.5.1, erläutert.

11.2.2.4 Vergleichsbefehle

Von den vier folgenden Vergleichsbefehlen verzweigt nur CPSE. Die anderen Vergleichsbefehle verzweigen nicht, werden aber normalerweise in Kombination mit Verzweigungsbefehlen verwendet.

CPSE (Compare Skip if Equal)
CPSE vergleicht zwei Register und überspringt den nächsten Befehl, wenn die Werte in den Registern gleich sind. Er hat das Format `CPSE Rd,Rr`, wobei Rd und Rr beliebige Register von R0 bis R31 sein können. Dieser Befehl verändert das Statusregister nicht.

CP (Compare)
CP vergleicht zwei Register im Bereich R0 bis R31, was bedeutet, dass es sich auf Flags im Statusregister auswirkt. Sie hat die Form `CP Rd,Rr`, wobei Rd und Rr jedes der Register R0 bis R31 sein kann. Das folgende Beispiel demonstriert die Verwendung von CP.

```
    ldi     R16, 0x05
    ldi     R17, 0x05
    cp      R16, R17
    breq    equal
    nop      ; Values are not equal
equal:
    nop      ; Values are equal
```

Im Codebeispiel werden die Werte in den Registern R16 und R17 mit CP verglichen. Der Befehl BREQ (Branch if Equal) wird nach CP verwendet, um festzustellen, ob die verglichenen Werte gleich waren oder nicht. Wenn die Werte gleich sind, verzweigt die Programmausführung zum zweiten NOP-Befehl am equal-Label. Wenn die Werte nicht gleich sind, wird die Programmausführung beim ersten NOP-Befehl unterhalb von BREQ fortgesetzt. Nach CP können weitere bedingte Verzweigungsbefehle verwendet werden, um das Ergebnis des Vergleichs zu bestimmen. Bedingte Verzweigungsbefehle finden Sie in Abschnitt 11.2.2.6.

CPC (Compare with Carry)
CPC entspricht dem CP-Befehl, berücksichtigt aber zusätzlich das Carry-Flag im Statusregister. Wie bei CP folgt auf CPC in der Regel eine bedingte Verzweigungsanweisung.

CPI (Compare with Immediate)
CPI ist wie der CP-Befehl, vergleicht aber nicht zwei Register, sondern ein Register mit einem unmittelbaren Wert. Er hat die Form `CPI Rd,K`, wobei K eine 8-Bit-Konstante ist.

11.2.2.5 Befehle überspringen

SBRC (Skip if Bit in Register is Cleared)
SBRC prüft ein Bit (0 bis 7) in einem Register (R0 bis R31), um festzustellen, ob es gelöscht ist. Wenn das Bit 0 ist, wird der nächste Befehl übersprungen. Er hat die Form `SBRC Rr,b`, wobei Rr das zu prüfende Register und b das zu prüfende Bit im Register ist. SBRC wurde in Abschnitt 8.2.3 von Kapitel 8 verwendet, um einen Zählwert zu begrenzen. Jedes I/O-Register, das in ein Arbeitsregister eingelesen wird, kann seine Bits mit SBRC testen lassen.

SBRS (Skip if Bit in Register is Set)
SBRS funktioniert auf die gleiche Weise wie SBRC, prüft jedoch, ob ein Bit in einem Register gesetzt ist, anstatt es zu löschen. Wenn das Bit gesetzt ist, wird der nächste Befehl übersprungen. SBRS wurde im Timer-Abfragecode aus Abschnitt 10.4.2 in Kapitel 10 ver-

wendet, um das OCF0A-Bit im TIFR-Register zu testen. Das TIFR-Register wurde zunächst in ein Arbeitsregister eingelesen, bevor das OCF0A-Bit getestet wurde.

SBIC (Skip if Bit in I/O-Register is Cleared)
SBIS (Skip if Bit in I/O-Register is Set)
SBIC und SBIS funktionieren auf die gleiche Weise wie SBRC und SBIS, arbeiten aber mit den I/O-Registern 0 bis 31 und nicht mit den Arbeitsregistern. Beide Befehle haben die Form `SBIC A,b`, wobei A die Adresse des I/O-Registers und b das zu testende Bit ist. SBIC und SBIS wurden beide in Abschnitt 8.2.5 von Kapitel 8 verwendet, um den Zustand eines mit einem Pin verbundenen Schalters zu testen. Um das Bit in einem I/O-Register zu testen, dessen Adresse größer als 31 ist, muss zuerst der Wert aus dem I/O-Register in ein Arbeitsregister gelesen werden, und dann wird SBRC oder SBRS verwendet, um das Bit im Arbeitsregister zu testen.

11.2.2.6 Verzweigungsbefehle

Verzweigungsbefehle verzweigen abhängig davon, ob ein Bit im Statusregister SREG gesetzt oder gelöscht ist. BRBS und BRBC, die unmittelbar folgen, prüfen ein bestimmtes Bit im Statusregister. Alle anderen Verzweigungsbefehle sind Synonyme für BRBS und BRBC, die bestimmte Statusregisterbits prüfen. BRBS und BRBC benötigen zwei Operanden - die Bitnummer des zu prüfenden Statusregisters und die Adresse, zu der verzweigt werden soll. Alle anderen Verzweigungsbefehle benötigen nur einen Operanden - die Adresse, zu der verzweigt werden soll, da das zu prüfende Bit im Statusregister bei diesen Befehlen festgelegt ist. Alle Verzweigungsbefehle sind darauf beschränkt, zu einer relativen Adresse zu verzweigen, die relativ zum PC zwischen -64 und +63 liegen kann.

Nach BRBS und BRBC gibt es 9 Paare von Verzweigungsbefehlen, die die 8 Flags im Statusregister daraufhin prüfen, ob sie gesetzt oder gelöscht sind. Der Grund dafür, dass es 9 statt 8 Befehlspaare gibt, ist, dass zwei der Paare den Status des C-Flags prüfen.

Verzweigung, wenn Bit im SREG gesetzt bzw. gelöscht
BRBS (Branch if Bit in SREG is Set)
BRBC ((Branch if Bit in SREG is Cleared)
Von den beiden Befehlen BRBS und BRBC wurde BRBC verwendet, um den Status des Z-Flags im Statusregister für das Basisverzögerungsunterprogramm zu prüfen, beginnend mit dem Code in Abschnitt 2.3.2 von Kapitel 2. BRBC wurde verwendet, um zu prüfen, ob das Z-Bit gelöscht war, d.h. ob der Inhalt eines Registers nicht Null war. BRBC verzweigte zu einem DEC-Befehl, der das Register dekrementierte. Solange das Register nicht Null enthielt, verzweigte BRBC zu DEC. Wenn DEC schließlich das Register auf Null dekrementiert, wird automatisch das Z-Flag gesetzt, um anzuzeigen, dass die letzte arithmetische Operation zu Null führte. BRBC verzweigt dann nicht, sondern führt den Befehl direkt darunter aus. Dieser Teil des Codes des Verzögerungs-Unterprogramms sieht wie folgt aus:

```
...
deloop2:
    dec     r17
    brbc    SREG_Z, delloop2
...
```

Bits, die sich im Statusregister SREG befinden sind in der Header-Datei für den verwendeten AVR definiert. Diese Namen können mit den BRBS- und BRBC-Befehlen verwendet werden und werden unten in der Header-Datei angezeigt.

```
; SREG - Status Register
.equ SREG_C = 0         ; Carry Flag
.equ SREG_Z = 1         ; Zero Flag
.equ SREG_N = 2         ; Negative Flag
.equ SREG_V = 3         ; Two's Complement Overflow Flag
.equ SREG_S = 4         ; Sign Bit
.equ SREG_H = 5         ; Half Carry Flag
.equ SREG_T = 6         ; Bit Copy Storage
.equ SREG_I = 7         ; Global Interrupt Enable
```

BRBS ist das Gegenstück zu BRBC. Während BRBC prüft, ob ein Statusregisterbit gelöscht ist, prüft BRBS, ob es gesetzt ist. Die anderen folgenden Verzweigungsbefehle sind Synonyme für BRBS und BRBC und werden normalerweise nach einem der Vergleichsbefehle verwendet.

Verzweigung bei Gleichheit bzw. Ungleichheit - SREG Z Flag

BREQ (Branch if Equal)

Äquivalent zu `BRBS SREG_Z,k`, wobei k die konstante relative Adresse ist, zu der verzweigt werden soll.

BRNE (Branch if Not Equal)

Äquivalent zu `BRBC SREG_Z,k`, wobei k die konstante relative Adresse ist, zu der verzweigt werden soll.

Verzweigung bei gesetztem bzw. gelöschtem Übertrag - SREG C Flag

BRCS (Branch if Carry Set)

Äquivalent zu `BRBS SREG_C,k`, wobei k die konstante relative Adresse ist, zu der verzweigt werden soll.

BRCC (Branch if Carry Cleared)

Äquivalent zu `BRBC SREG_C,k`, wobei k die konstante relative Adresse ist, zu der verzweigt werden soll.

Verzweigung, wenn gleich oder höher bzw. niedriger - SREG C Flag
BRSH (Branch if Same or Higher (ohne Vorzeichen))
Äquivalent zu `BRBC SREG_C,k`, wobei k die konstante relative Adresse ist, zu der verzweigt werden soll.

BRLO (Branch if Lower (Unsigned))
Äquivalent zu `BRBS SREG_C,k`, wobei k die konstante relative Adresse ist, zu der verzweigt werden soll.

Verzweigung wenn Minus bzw. Plus - SREG N Flag
BRMI (Branch if Minus)
Äquivalent zu `BRBS SREG_N,k`, wobei k die konstante relative Adresse ist, zu der verzweigt werden soll.

BRPL (Branch if Plus)
Äquivalent zu `BRBC SREG_N,k`, wobei k die konstante relative Adresse ist, zu der verzweigt werden soll.

Verzweigung, wenn größer oder gleich bzw. wenn kleiner (vorzeichenbehaftet) - SREG S Flag
BRGE (Branch if Greater or Equal (Signed))
Äquivalent zu `BRBC SREG_S,k`, wobei k die konstante relative Adresse ist, zu der verzweigt werden soll.

BRLT (Branch if Less Than (Signed))
Äquivalent zu `BRBS SREG_S,k`, wobei k die konstante relative Adresse ist, zu der verzweigt werden soll.

Verzweigung bei gesetztem bzw. gelöschtem Half Carry Flag - SREG H Flag
BRHS (Branch if Half Carry Flag is Set)
Äquivalent zu `BRBS SREG_H,k`, wobei k die konstante relative Adresse ist, zu der verzweigt werden soll.

BRHC (Branch if Half Carry Flag is Cleared)
Äquivalent zu `BRBC SREG_H,k`, wobei k die konstante relative Adresse ist, zu der verzweigt werden soll.

Verzweigung bei gesetztem bzw. gelöschtem T-Bit - SREG T Flag
BRTS (Verzweigung, wenn das T-Bit gesetzt ist)
Äquivalent zu `BRBS SREG_T,k`, wobei k die konstante relative Adresse ist, zu der verzweigt werden soll.

BRTC (Verzweigung, wenn das T-Bit gelöscht ist)
Äquivalent zu `BRBC SREG_T,k`, wobei k die konstante relative Adresse ist, zu der verzweigt werden soll.

Verzweigung bei gesetztem bzw. gelöschtem Überlaufflag - SREG V Flag

BRVS (Verzweigung bei Überlauf gesetzt)

Äquivalent zu `BRBS SREG_V,k`, wobei k die konstante relative Adresse ist, zu der verzweigt werden soll.

BRVC (Verzweigung, wenn Überlauf beseitigt)

Äquivalent zu `BRBC SREG_V,k`, wobei k die konstante relative Adresse ist, zu der verzweigt werden soll.

Verzweigung bei aktivierter bzw. deaktivierter Unterbrechung - SREG I Flag

BRIE (Branch if Global Interrupt is Enabled)

Äquivalent zu `BRBS SREG_I,k`, wobei k die konstante relative Adresse ist, zu der verzweigt werden soll.

BRID (Branch if Global Interrupt is Disabled)

Äquivalent zu `BRBC SREG_I,k`, wobei k die konstante relative Adresse ist, zu der verzweigt werden soll.

11.2.3 Bit- und Bit-Test-Befehle

Befehle, die mit Bits arbeiten und den Status von Bits testen, folgen in mehreren Unterkategorien.

11.2.3.1 Bits setzen und löschen

SBI (Bit im I/O-Register setzen)

CBI (Bit im I/O-Register löschen)

SBI und CBI sollten jedem, der dieses Buch durchgearbeitet hat, sehr vertraut sein. Diese Befehle wurden im allerersten Assemblerprogrammcode in Abschnitt 2.3.2 von Kapitel 2 verwendet. Denken Sie daran, dass diese Befehle nur auf I/O-Register mit Adressen zwischen 0 und 31 funktionieren.

11.2.3.2 Befehle zum Verschieben, Rotieren und Tauschen

Logische Verschiebebefehle

LSL (Logische Linksverschiebung)

LSL hat die Form `LSL Rd` und schiebt jedes Bit im Zielregister um eine Bitstelle nach links. Das MSB oder Bit 7 des Zielregisters wird in das Carry-Flag verschoben, und das LSB (Bit 0) wird während der Linksverschiebung gelöscht.

LSR (Logische Verschiebung nach rechts)

LSR ist das Gegenstück zu LSL und verschiebt jedes Bit im Zielregister um eine Bitstelle nach rechts. Das LSB (Bit 0) wird in das Carry-Flag des Statusregisters verschoben, das MSB (Bit 7) wird gelöscht.

Befehle zum Rotieren durch das Carry Flag hindurch

ROL (Rotate Left through Carry)

ROL hat die Form `ROL Rd` und rotiert jedes Bit im Zielregister durch das Carry-Flag um eine Bitstelle nach links. Das bedeutet, dass Bit 7 in das C-Flag und der ursprüngliche Inhalt des C-Flags in das Bit 0 des Zielregisters verschoben wird.

ROR (Rotate Right through Carry)

ROR ist das Gegenstück zu ROL und rotiert jedes Bit im Zielregister durch das C-Flag hindurch, wobei Bit 0 in das C-Flag und das C-Flag in das Bit 7 gesetzt wird.

Logisches Verschieben und Rotieren - Codebeispiel

Der folgende Code hilft, die Befehle LSL, LSR, ROL und ROR zu verstehen.

```
    ldi     r16, 0x01       ; For demonstrating LSL 0000 0001
    ldi     r17, 0x80       ; For demonstrating LSR 1000 0000
    ldi     r18, 0x01       ; For demonstrating ROL 0000 0001
    ldi     r19, 0x80       ; For demonstrating ROR 1000 0000

loop:
    ;lsl    r16             ; LSL (Logical Shift Left)
    ;lsr    r17             ; LSR (Logical Shift Right)
    rol     r18             ; ROL (Rotate Left through Carry)
    ;ror    r19             ; ROR (Rotate Right through Carry)
    rjmp    loop
```

Entkommentieren Sie einen der Befehle in der Schleife und erstellen Sie das Projekt, um diesen Befehl zu testen. Führen Sie den Code im Simulator aus und sehen Sie sich das Register an, das im Fenster "Prozessor Status" verschoben oder rotiert wird. Ändern Sie das Format des Registers im Fenster Processor Status in "Binary", um das verschobene oder rotierte Bit zu sehen.

Es wurden Werte gewählt, die das LSB des Registers für eine Links-Verschiebung oder Rotation und das MSB für eine Rechts-Verschiebung oder Rotation setzen. Bei der Betrachtung des Registers in binärer Form kann man leicht erkennen, wie das Register verschoben oder Rotiert wird, indem man sich das einzelne gesetzte Bit ansieht und wohin es sich bewegt. Wenn das einzelne gesetzte Bit in den Registern mit LSL oder LSR nach links oder rechts verschoben wird, ist zu beachten, dass die Register von nun an 0 enthalten, sobald das gesetzte Bit aus Bit 7 oder 0 herausgeschoben wurde. Bei den Rotationsbefehlen ROL und ROR wird das gesetzte Bit in das C-Flag und bei der nächsten Rotation in das gegenüberliegende Ende des Registers verschoben.

LED Chaser Logical Shift Code Beispiel

Ein LED-Lauflicht ("Knight Rider"-Anzeige) kann mit der Schaltung aus Abbildung 8.2 und Abbildung 8.3 in Abschnitt 8.2.1 erstellt werden. Diese Schaltung hat fünf LEDs, die an einen 8-poligen ATtiny-Mikrocontroller angeschlossen sind, und zwar in der Reihenfolge von Pin PB0 bis Pin PB4. Wenn die Schaltung als LED-Lauflicht betrieben wird, schaltet sie eine einzelne LED auf der rechten Seite der LED-Reihe ein. Die LED bleibt eine Zeit lang an, dann wird sie ausgeschaltet und die LED links von ihr wird eingeschaltet. Nach Ablauf der Zeitspanne wird diese LED ausgeschaltet und die LED links daneben eingeschaltet, und so weiter, bis die LED ganz links leuchtet. Nachdem die linke LED entsprechend lange eingeschaltet war, wird die Sequenz diesmal von links nach rechts wiederholt, wobei die linke LED ausgeschaltet und die LED rechts davon eingeschaltet wird. In dem folgenden Assembler-Projekt **chaser_asm wird** das LED-Lauflicht mit Hilfe von Links- und Rechtsverschiebungsbefehlen implementiert. Erstellen Sie dieses Projekt in Microchip Studio, und testen Sie es mit der Schaltung aus Abbildung 8.2.

```
chaser_asm : main.asm
.def    s_value = r8            ; Shift value register - stores value to shift
.def    dir     = r1            ; Direction register - direction to shift
.equ    s_left  = 0             ; Left shift flag
.equ    s_right = 1             ; Right shift flag

   ldi     r16, 0x1F            ; Pins PB0 to PB4 as output pins
   out     DDRB, r16
   ldi     s_value, 0x01        ; Load shift register with initial value
   ldi     dir, s_left          ; Flag initial shift direction as left

loop:
   out     PORTB, s_value       ; Display shift value on LEDs
   rcall   delay
   cpi     dir, s_left          ; Check which direction to shift
   brne    shift_right
   lsl     s_value              ; Rotate the register left
   sbrs    s_value, 5           ; Skip if bit 5 is set
   rjmp    loop
   lsr     s_value              ; Shift the set bit to bit 4
   ldi     dir, s_right         ; Change shift direction to right
shift_right:
   lsr     s_value              ; Rotate the register right
   sbrc    s_value, 0           ; Skip if bit 0 is clear
   ldi     dir, s_left          ; Change shift direction to left
   rjmp    loop

; Delay subroutine
delay:
   ldi     r16, 0xff
delloop1:
   ldi     r17, 0xff
delloop2:
   dec     r17                  ; Delay by decrementing
   brbc    SREG_Z, delloop2
   dec     r16                  ; Delay by decrementing
```

```
    brbc    SREG_Z, delloop1
    ret
```

Der Code aus dem chaser_asm-Projekt ist garantiert nicht der effizienteste LED-Lauflicht-code, enthält aber die Links- und Rechtsverschiebungsbefehle und einige der Befehle von weiter oben in diesem Kapitel, die in früheren Kapiteln nicht verwendet wurden.

Zu Beginn werden zwei Register mit der Direktive .def definiert. Das Register `s_value speichert` den verschobenen Wert, der in die LEDs geschrieben wird. Das dir-Register wird verwendet, um sich zu merken, in welche Richtung das Bitmuster verschoben werden soll, das auf den LEDs angezeigt wird. Die Flags `s_left` und `s_right` werden im dir-Register gespeichert, um die Richtung zu markieren, in die das s_value-Register verschoben werden soll. Der Code beginnt mit 0b0000_0001 im s_value-Register. Dieser Wert wird dann in die LEDs geschrieben, so dass die ganz rechte LED aufleuchtet. Zu Beginn gibt das dir-Register vor, dass der Wert im s_value-Register nach links zu verschieben ist. Nach jeder Verschiebung wird der neue Wert im s_value-Register in die LEDs geschrieben, und dann wird das Delay-Unterprogramm aufgerufen, um den neuen Wert eine Zeit lang anzuzeigen. An den Pins PB0 bis PB4 befinden sich 5 LEDs, was bedeutet, dass nach der Linksverschiebung des gesetzten Bits in s_value in Bit 5 lauter Nullen an die LEDs geschickt werden, sobald s_value an die LEDs ausgegeben wird. Bit 5 in s_value wird verwendet, um zu erkennen, dass der Wert an das linke Ende der LEDs verschoben wurde und die Richtung geändert werden muss, um ihn nach rechts zu verschieben. Das dir-Register wird mit dem s_right-Flag aktualisiert, um zu signalisieren, dass nun eine Verschiebung nach rechts erfolgen muss. Nachdem der Wert in s_value so weit wie möglich nach rechts verschoben wurde, wird Bit 0 gesetzt, das bei einem Test anzeigt, dass eine Richtungsänderung erforderlich ist.

Der Code beginnt mit dem Schreiben von 0x1F in das DDRB-Register über R16, um die Pins PB0 bis PB4 als Ausgangspins zur Ansteuerung der 5 LEDs zu aktivieren, wie unten gezeigt:

```
    ldi     r16, 0x1F           ; Pins PB0 to PB4 as output pins
    out     DDRB, r16
```

In den nächsten beiden Codezeilen wird s_value zunächst mit 0x01 geladen, also 0b0000_0001, so dass die LED ganz rechts eingeschaltet wird, sobald s_value in der Schleife in das PORTB-Register geschrieben wird. Dann wird dir mit dem s_left-Flag geladen und das Programm erkennt, dass s_value nach links zu schieben ist.

```
    ldi     s_value, 0x01       ; Load shift register with initial value
    ldi     dir, s_left         ; Flag initial shift direction as left
```

Die Schleife beginnt mit dem Schreiben von s_value an PORTB. s_value enthält zunächst 0x01, so dass die LSB-LED eingeschaltet wird. Dann wird die Verzögerungsroutine aufgerufen, um die LED eine Zeit lang eingeschaltet zu lassen. Jedes Mal, wenn das Programm an den Anfang der Schleife zurückspringt, wird der neue Wert in s_value in die LEDs geschrieben und die Verzögerung erneut aufgerufen.

```
loop:
   out     PORTB, s_value      ; Display shift value on LEDs
   rcall   delay
```

Es folgt eine Auflistung des restlichen Codes der Schleife mit einer Erläuterung. Nach der Aktualisierung der LEDs und der Verzögerung am Anfang der Schleife wird der Befehl CPI verwendet, um das Register dir mit dem Flag s_left zu vergleichen. Mit BRNE verzweigt dann das Programm, sobald der Wert in dir nicht mit dem Wert des s_left-Flag übereinstimmt. Da dir mit einem Anfangswert von s_left geladen wurde, kommt es aber zunächst nicht zu einer Verzweigung. Stattdessen verschiebt der LSL-Befehl den Wert in s_value nach links. Mittels SBRS wird geprüft, ob das einzelne gesetzte Bit in s_value in die Bit-5-Position verschoben wurde, so dass die Verschiebungsrichtung geändert werden muss. SBRS überspringt nur, wenn Bit 5 gesetzt ist. Ist es noch nicht gesetzt, wird der RJMP-Befehl nach SBRS nicht übersprungen, sondern die Programmausführung wird am Anfang der Schleife fortgesetzt, wo die LEDs mit dem neuen s_Wert aktualisiert werden und die Verzögerung gefolgt von der nächsten Linksverschiebung erfolgt.

```
   cpi     dir, s_left         ; Check which direction to shift
   brne    shift_right
   lsl     s_value             ; Rotate the register left
   sbrs    s_value, 5          ; Skip if bit 5 is set
   rjmp    loop
   lsr     s_value             ; Shift the set bit to bit 4
   ldi     dir, s_right        ; Change shift direction to right
shift_right:
   lsr     s_value             ; Rotate the register right
   sbrc    s_value, 0          ; Skip if bit 0 is clear
   ldi     dir, s_left         ; Change shift direction to left
   rjmp    loop
```

Wenn genügend Linksverschiebungen stattgefunden haben und Bit 5 in s_value gesetzt ist, überspringt SBRS den darunter liegenden RJMP-Befehl, damit dieser neue linksverschobene Wert nicht mehr an die LEDs weitergegeben wird. Vielmehr verschiebt LSR den Wert in s_value nun nach rechts, so dass das gesetzte Bit in diesem Register mit der am weitesten links stehenden LED (Bit 4) übereinstimmt. Mit anderen Worten: es synchronisiert den Wert in s_value mit dem aktuellen Zustand der LEDs, da die letzte Linksverschiebung das Set-Bit zu weit nach links verschoben hat. s_right wird nun in das dir-Register geladen und zeigt damit an, dass die Rechtsverschiebung nun beginnen muss. LSR verschiebt s_value erneut nach rechts. Da die am weitesten links liegende LED (Bit 4) bereits für die Verzögerungszeit eingeschaltet war, wird die Rechtsverschiebung durchgeführt, um die nächste LED rechts (Bit 3) zu setzen. Mit SBRC wird dann Bit 0 darauf überprüft, ob es Zeit für eine Richtungsumkehr ist. Da die Richtung gerade geändert wurde, ist Bit 0 in diesem Stadium gelöscht, und SBRC überspringt den nächsten Befehl, der den Richtungswechsel nach links sonst anzeigen würde. Schließlich wird der unterste RJMP-Befehl ausgeführt, und der neue rechtsverschobene Wert in s_value wird an die LEDs ausgegeben.

Da sich das Rechtsschiebeflag s_right nun im dir-Register befindet, verzweigt BRNE bei der Ausführung der Befehle CPI und BRNE zum Label shift_right, denn der Vergleich ergibt, dass der Wert in dir nicht gleich s_left ist. Bei shift_right verschiebt LSR den Wert in s_value wieder nach rechts. Dies geschieht jedes Mal, wenn die Schleife durchlaufen wird, bis das einzelne gesetzte Bit in s_value die Bitposition 0 erreicht. Dies löst den Richtungswechsel unter SBRC aus.

Arithmetische Verschiebe- und Vertauschungsbefehle

ASR (Arithmetic Shift Right)

ASR hat die Form `ASR Rd` und verschiebt die Bits im Zielregister um eine Bitstelle nach rechts, mit Ausnahme des MSB oder Bit 7. Das Bit Null wird in das C-Flag geschoben. Sie sollten an dieser Stelle des Buchs genug Erfahrung haben, um Ihren eigenen Code zu schreiben, um diesen Befehl zu testen.

SWAP (Swap Nibbles)

SWAP hat die Form `SWAP Rd` und vertauscht die oberen und unteren Nibbles (Byte-Hälften) des Zielregisters. Schreiben Sie Ihr eigenes Programm, um den SWAP-Befehl zu testen. Testen Sie das Programm im Simulator.

11.2.3.3 Befehle zum Setzen und Löschen der Statusregister-Bits

Weiter oben in diesem Kapitel haben wir gesehen, dass die Befehle BRBS und BRBC zur Verzweigung verwendet wurden, abhängig vom Wert der Bits im Statusregister. Auf diese Befehle folgten Paare von Befehlen, die Synonyme für BRBS und BRBC waren. In gleicher Weise gibt es zwei Befehle zum Setzen und Löschen von Bits im Statusregister namens BSET und BCLR, gefolgt von einer Reihe von Befehlspaaren, die Synonyme für das Setzen und Löschen von Statusregisterbits sind. Eine Ausnahme von diesen Synonymen bilden die Befehle BST und BLD, die unmittelbar auf die unten beschriebenen Befehle BSET und BCLR folgen. BST und BLD funktionieren anders als BSET und BCLR und sind auch anders kodiert.

SREG-Bit setzen oder löschen

BSET (Bit Set in SREG)

BSET hat die Form `BSET s`, wobei s die Nummer des zu setzenden Bits im Statusregister ist, von 0 bis 7. Zum Beispiel setzt `BSET 1` das Z-Flag im Statusregister. Dies kann unter Verwendung eines der für Bit 1 im Statusregister definierten Namen wie folgt geschrieben werden: `BSET SREG_Z`

BCLR (Bit Clear in SREG)

BCLR ist das Gegenstück zu BSET und löscht das angegebene Bit im Statusregister.

Speichern bzw. Laden des T-Bits im SREG in bzw. aus einem Register

BST (Bit Store from Bit in Register to T Bit in SREG)

BLD (Bit Load from T-Bit in SREG to a Bit in Register)

BST und BLD sind die beiden Befehle, die ausnahmsweise nicht als Synonyme für die Befehle BSET und BCLR gelten. BST speichert das angegebene Bit aus dem angegebenen Register in das T-Bit des Statusregisters. Dieser Befehl hat die Form `BST Rd,b`, wobei Rd das zu bearbeitende Register (R0 bis R31) ist, und b das Bit innerhalb des Registers (0 bis 7). Zum Beispiel speichert `BST R16,7 das` Bit 7 von R16 im T bit Bit des Statusregisters.

Mit den Verzweigungsbefehlen BRTS oder BRTC kann geprüft werden, ob das Bit gesetzt oder gelöscht ist. BLD lädt das T-Bit aus dem Statusregister in das angegebene Bit im angegebenen Register. BLD hat die Form `BLD Rd,b`, wobei Rd das Zielregister und b das angegebene Bit ist. Zum Beispiel lädt der Befehl `BLD R16,1` das Bit T aus dem Statusregister in das Bit 1 in R16. Es folgen 8 Befehlspaare, die Synonyme für die vorherigen Befehle BSET und BCLR sind.

Übertragsflag setzen bzw. löschen - SREG C Bit

SEC (Set Carry-Flag)
Setzt das C-Flag im Statusregister. Äquivalent zu `BSET SREG_C`.
CLC (Clear Carry-Flag)
Löscht das C-Flag im Statusregister. Äquivalent zu `BCLR SREG_C`.

Negative-Flag setzen bzw. löschen - SREG N Bit

SEN (Set Negative Flag)
Setzt das N-Flag im Statusregister. Äquivalent zu `BSET SREG_N`.
CLN (Clear Negative Flag)
Löscht das N-Flag im Statusregister. Äquivalent zu `BCLR SREG_N`.

Zero-Flag setzen bzw. löschen - SREG Z Bit

SEZ (Set Zero-Flag)
Setzt das Z-Flag im Statusregister. Äquivalent zu `BSET SREG_Z`.
CLZ (Clear Zero-Flag)
Löscht das Z-Flag im Statusregister. Äquivalent zu `BCLR SREG_Z`.

Setzen bzw. Löschen des globalen Unterbrechungs-Flags - SREG I Bit

SEI (Set Global Interrupt Enable Bit)
Setzt das I-Flag im Statusregister. Äquivalent zu `BSET SREG_I`.
CLI (Clear Global Interrupt Enable Bit)
Löscht das I-Flag im Statusregister. Äquivalent zu `BCLR SREG_I`.

Vorzeichenflag setzen bzw. löschen - SREG S Bit

SES (Set Sign Flag)
Setzt das S-Flag im Statusregister. Äquivalent zu `BSET SREG_S`.
CLS (Clear Sign Flag)
Löscht das S-Flag im Statusregister. Äquivalent zu `BCLR SREG_S`.

Two's Complement Overflow Flag setzen bzw. löschen - SREG V Bit

SEV (Set Overflow-Flag)
Setzt das V-Flag (Überlaufs-Flag) im Statusregister. Äquivalent zu `BSET SREG_V`.
CLV (Claer Overflow-Flag)
Löscht das V-Flag im Statusregister. Äquivalent zu `BCLR SREG_V`.

T-Bit im SREG setzen bzw. löschen - SREG T-Bit
SET (Set T-Bit)
Setzt das T-Flag im Statusregister. Äquivalent zu `BSET SREG_T`.
CLT (Clear T-Bit)
Löscht das T-Flag im Statusregister. Äquivalent zu `BCLR SREG_T`.

Setzen und Löschen des halben Übertragsflags - SREG H-Bit
SEH (Set Half Carry Flag)
Setzt das H-Flag im Statusregister. Äquivalent zu `BSET SREG_H`.
CLH (Clear Half Carry Flag)
Löscht das H-Flag im Statusregister. Äquivalent zu `BCLR SREG_H`.

11.2.4 Befehle zur Datenübertragung

11.2.4.1 Befehle zum Verschieben/Kopieren

MOV (Register kopieren)
MOV hat die Form `MOV Rd,Rr`, wobei Rd das Zielregister ist, in das der Inhalt des Quellregisters Rr kopiert wird. Rd und Rr können alle Register von R0 bis R31 sein. MOV wurde erstmals im Projekt wait_1s_asm aus Abschnitt 10.2.2 in Kapitel 10 verwendet, um ein Register so zu kopieren, dass sein Inhalt nicht überschrieben wird.

MOVW (Registerwort kopieren)
MOVW kopiert ein Registerpaar in ein anderes Registerpaar. Registerpaare sind nicht nur die genannten Register X, Y und Z. Alle Register von R0 bis R31 können als Paare verwendet werden. Der folgende Code veranschaulicht die Verwendung der Registerpaare und die verwendete Notation.

```
ldi     r17, 0x12
ldi     r16, 0x34
movw    r1:r0, r17:r16      ; Copy register pair r17:r16 to r1:r0
movw    r3:r2, r17:r16      ; Copy register pair r17:r16 to r3:r2


movw    r29:r28, r17:r16    ; Copy register pair r17:r16 to r29:r28
movw    r31:r30, r17:r16    ; Copy register pair r17:r16 to r31:r30
```

11.2.4.2 Unmittelbarer Ladebefehl

LDI (Load Immediate / Direktes Laden)
LDI wurde in diesem Buch schon oft verwendet und bedarf daher keiner weiteren Erklärung. Denken Sie daran, dass LDI nur auf die Register R16 bis R31 wirkt. Warum das so ist, wird in Kapitel 6, Abschnitt 6.8 erklärt, wo die Kodierung des LDI-Befehls gezeigt wird.

11.2.4.3 Indirekte Ladebefehle

Indirekte Lade-Befehle (LD) laden einen Wert aus dem Datenbereich in ein Register R0 bis R31, wobei entweder Register X, Y oder Z als Adresszeiger in den Datenbereich verwendet werden. Das bedeutet, dass es bei LD-Befehlen drei verschiedene Varianten gibt, da es drei verschieden benannte Registerpaare X, Y und Z gibt. Innerhalb jeder dieser drei Varianten gibt es drei Möglichkeiten: 1) das benannte Registerpaar zeigt einfach auf die Adresse im Datenspeicher, 2) das benannte Registerpaar zeigt auf die Adresse im Datenspeicher und wird nach dem Ladevorgang inkrementiert (post-increment), und 3) die Adresse im benannten Registerpaar wird vor der Ausführung des Ladevorgangs dekrementiert (pre-decrement). Die drei LD-Befehlsvarianten für jedes der drei benannten Registerpaare X, Y und Z sind nachstehend aufgeführt.

LD (Indirektes Laden aus dem Datenbereich in ein Arbeitsregister; Zeiger in X)

LD Rd, X	X zeigt auf die Adresse im Datenbereich, von der geladen werden soll
LD Rd, X+	X zeigt auf die Adresse im Datenbereich und wird danach inkrementiert
LD Rd, -X	X zeigt auf die Adresse im Datenbereich, wurde aber zuvor dekrementiert

LD (Indirektes Laden aus dem Datenbereich in ein Arbeitsregister; Zeiger in Y)

LD Rd, Y	Y zeigt auf die Adresse im Datenbereich, von der geladen werden soll
LD Rd, Y+	Y zeigt auf die Adresse im Datenbereich und wird danach inkrementiert
LD Rd, -Y	Y zeigt auf die Adresse im Datenbereich, wurde aber zuvor dekrementiert

Der LDD-Befehl, der das Y-Register verwendet, ist zusammen mit den oben genannten LD-Befehlen im *AVR Instruction Set Manual* enthalten. LDD wird in diesem Kapitel separat behandelt und folgt auf die ST-Befehle des nächsten Unterabschnitts.

LD (Indirektes Laden aus dem Datenbereich in ein Arbeitsregister; Zeiger in Z)

LD Rd, Z	Z zeigt auf die Adresse im Datenbereich, von der geladen werden soll
LD Rd, Z+	Z zeigt auf die Adresse im Datenbereich und wird danach inkrementiert
LD Rd, -Z	Z zeigt auf die Adresse im Datenbereich, wurde aber zuvor dekrementiert

Der LDD-Befehl, der das Z-Register verwendet, ist zusammen mit den oben genannten LD-Befehlen im *AVR Instruction Set Manual* enthalten. LDD wird in diesem Kapitel separat behandelt und folgt auf die ST-Befehle des nächsten Unterabschnitts.

11.2.4.4 Indirekte Speicherbefehle

Indirekte Speicherbefehle (ST) sind die Gegenstücke zu den LD-Befehlen. Während LD-Befehle SRAM-Daten, auf die ein bestimmtes Registerpaar zeigt, in jeweils eines der Register R0 bis R31 laden, speichern ST-Befehle Daten von einem Register ins SRAM, wobei ein bestimmtes Registerpaar als Zeiger auf die Adresse im Datenspeicher verwendet wird. Diese Befehle gibt es in den gleichen Varianten wie die LD-Versionen, und sie werden im Folgenden aufgeführt:

ST (Indirektes Speichern aus einem Arbeitsregister in den Datenbereich; Zeiger in X)

ST X, Rr	X zeigt auf die Adresse im Datenbereich, von der geladen werden soll
ST X+, Rr	X zeigt auf die Adresse im Datenbereich und wird danach inkrementiert
ST -X, Rr	X zeigt auf die Adresse im Datenbereich, wurde aber zuvor dekrementiert

ST (Indirektes Speichern aus einem Arbeitsregister in den Datenbereich; Zeiger in Y)
ST Y, Rr Y zeigt auf die Adresse im Datenbereich, von der geladen werden soll
ST Y+, Rr Y zeigt auf die Adresse im Datenbereich und wird danach inkrementiert
ST -Y, Rr Y zeigt auf die Adresse im Datenbereich, wurde aber zuvor dekrementiert

Der STD-Befehl, der das Y-Register verwendet, ist zusammen mit den oben genannten ST-Befehlen im *AVR Instruction Set Manual* enthalten. STD wird in diesem Kapitel separat behandelt und folgt den LDD-Befehlen des nächsten Unterabschnitts.

ST (Indirektes Speichern aus einem Arbeitsregister in den Datenbereich; Zeiger in Z)
ST Z, Rr Z zeigt auf die Adresse im Datenbereich, von der geladen werden soll
ST Z+, Rr Z zeigt auf die Adresse im Datenbereich und wird danach inkrementiert
ST -Z, Rr Z zeigt auf die Adresse im Datenbereich, wurde aber zuvor dekrementiert
Der STD-Befehl, der das Z-Register verwendet, ist zusammen mit den oben genannten ST-Befehlen im *AVR Instruction Set Manual* enthalten. STD wird in diesem Kapitel separat behandelt und folgt auf die LDD-Befehle des nächsten Unterabschnitts.

11.2.4.5 Indirektes Laden mit Adress-Verschiebung

Die beiden Varianten des LDD-Befehls laden Daten aus dem Datenbereich in ein Register R0 bis R31, indem sie die Adresse entweder im Y-Register oder im Z-Register plus einen Verschiebungswert verwenden, der zwischen 0 und 63 liegen kann. Die beiden Varianten sind im Folgenden aufgeführt, wobei q der Verschiebungswert ist, der zur Adresse im Y- oder Z-Register addiert wird.

LDD
LDD Rd,Y+q
LDD Rd, Z+q

11.2.4.6 Indirektes Speichern mit Verschiebung

STD-Befehle sind die Gegenstücke zu den LDD-Befehlen, die Daten an einer Stelle im Datenspeicher von einem Register R0 bis R31 speichern. Der Registerwert wird an der Adresse gespeichert, auf die entweder das Y- oder das Z-Register zeigt, plus dem Verschiebungswert q. Wie beim LDD-Befehl kann q im Bereich von 0 bis 63 liegen.

STD
STD Y+q, Rr
STD Z+q, Rr

11.2.4.7 Direktes Laden aus dem SRAM

LDS (Laden direkt aus dem Datenspeicher)
LDS hat die Form `LDS Rd,k` und lädt den Inhalt des Datenspeichers an Adresse k in das Zielregister Rd. k kann zwischen 0 und 65535 liegen, während Rd eines der Arbeitsregister R0 bis R31 sein kann. LDS wird in Abschnitt 5.4.1 von Kapitel 5 demonstriert.

11.2.4.8 Direktes Speichern im SRAM

STS (Direktes Speichern im Datenspeicher)

STS hat die Form `STS k,Rr` und speichert einen Wert aus einem Register an der Datenspeicheradresse k, wobei k zwischen 0 und 65535 liegen kann, während Rd eines der Arbeitsregister R0 bis R31 ist. STS wird in Abschnitt 5.4.1 in Kapitel 5 zusammen mit LDS demonstriert.

11.2.4.9 Befehle zum Laden des Programmspeichers

LPM (Load Program Memory)

LPM

LPM Rd, Z

LPM Rd, Z+

LPM hat drei Varianten, wie oben gezeigt, und lädt ein Byte aus dem Flash-Programmspeicher, auf den das Z-Register zeigt, in das Zielregister. Die erste Variante, die aus dem LPM-Befehl allein und ohne Operanden besteht, lädt ein Byte aus dem Flash-Programmspeicher, auf das das Z-Register zeigt, in das Register R0. Die Verwendung von LPM wird in Kapitel 9, Abschnitt 9.3.2.2 gezeigt und erläutert.

11.2.4.10 In den Programmspeicher schreiben

SPM (Programm-Speicher)

SPM wird verwendet, um den Flash-Programmspeicher zu löschen und zu beschreiben. Weitere Informationen zu SPM finden Sie im *AVR Instruction Set Manual* und im Abschnitt "*Self-Programming the Flash*" des Datenblatts des verwendeten Bauteils.

11.2.4.11 Port IN und OUT Befehle

IN (Laden eines I/O-Speicherplatzes in ein Arbeitsregister)

OUT (Arbeitsregister in I/O-Speicherplatz kopieren)

IN und OUT wurden im Text dieses Buchs schon oft verwendet. Denken Sie daran, dass IN und OUT Daten aus dem I/O-Bereich in ein Register bzw. aus einem Register in den I/O-Bereich verschieben. Beide Befehle sind auf die I/O-Registeradressen 0 bis 63 beschränkt, können aber auf die Mehrzweck-Arbeitsregister R0 bis R31 zugreifen. Informationen zur Verwendung von IN und OUT finden Sie in Abschnitt 8.1.1 in Kapitel 8.

11.2.4.12 PUSH- und POP-Befehle

PUSH (Arbeitsregister auf Stapel schieben)

POP (Stapelinhalt in Arbeitsregister zurückschieben)

Push wird verwendet, um den Inhalt eines beliebigen Registers zwischen R0 und R31 auf dem Stapel (Stack) abzulegen. POP wird verwendet, um ein Byte vom Stack zu holen und es in ein Register zwischen R0 und R31 zu legen. Der Stapel und der Stapel-Zeiger werden in Abschnitt 6.6 erklärt, und die Verwendung von PUSH und POP wird in Abschnitt 6.6.2 erläutert, beide aus Kapitel 6.

11.2.5 MCU-Steuerbefehle

NOP (No Operation)

NOP tut nichts, außer einen Taktzyklus zu verbrauchen. NOP wird in Kapitel 10, Abschnitt 10.1.2.1, erklärt und demonstriert.

SLEEP (Schlafen)
AVR-Mikrocontroller können in einen von mehreren Sleep-Modi versetzt werden, um Strom zu sparen. Die Schlafmodi werden im MCUCR-Register ausgewählt und dann durch Ausführen des SLEEP-Befehls eingeleitet. Weitere Informationen zu den Sleep-Modi finden Sie im Abschnitt *Power Management und Sleep-Modi des* Datenblatts des verwendeten AVR.

WDR (Watchdog Reset)
Wenn der Watchdog-Timer auf einem AVR-Mikrocontroller aktiviert ist, dann muss er regelmäßig zurückgesetzt werden. WDR muss ausgeführt werden, bevor der Watchdog-Timer abläuft, um zu verhindern, dass dieser den Mikrocontroller zurücksetzt. Die Idee bei der Verwendung des Watchdog-Timers ist, ihn zu starten und dann periodisch zurückzusetzen, damit er den Mikrocontroller nicht resettet. Wenn sich die auf dem Mikrocontroller laufende Software aufhängt oder den Mikrocontroller sperrt, kann sie den Watchdog-Timer nicht mehr zurücksetzen. Dies führt dazu, dass der Watchdog-Timer eine Zeitüberschreitung verursacht und einen Reset des Mikrocontrollers auslöst, so dass er aus dem Hängenbleiben oder der Blockierung herauskommt. Weitere Informationen über den Watchdog-Timer finden Sie im Abschnitt *System Control and Reset* im Datenblatt des verwendeten AVR.

BREAK (Pause)
Wenn mit Microchip Studio und einem Debugger wie dem Atmel-ICE ein Break-Point in ein Programm eingefügt wird, wird der Befehl, an dem der Break-Point gesetzt wurde, durch den Befehl BREAK ersetzt. Die durch den Break-Point ersetzte Anweisung wird gespeichert. BREAK wird nur vom Debugging-System verwendet und ist nicht für die Verwendung durch die Anwendungssoftware vorgesehen.

11.3 Der komplette AVR-Befehlssatz

Im vorhergehenden Abschnitt 11.2 wurden alle Befehle behandelt, die in den in diesem Buch verwendeten ATtiny-MCUs implementiert sind. Nicht alle AVR-Befehle sind in diesen Bausteinen implementiert. In diesem Abschnitt sehen wir uns die Gesamtzahl der AVR-Befehle an und listen die Befehle auf, die in den von uns verwendeten ATtiny-Bausteinen nicht implementiert sind.

11.3.1 Anzahl der AVR-Befehle

Die folgenden Unterabschnitte fassen die AVR-Befehle im gesamten Befehlssatz, die auf ATtinys implementierten Befehle und einige in der AVR-Dokumentation gefundene Diskrepanzen zusammen.

11.3.1.1 Gesamtzahl der AVR-Befehle

Wenn man alle Befehle im Abschnitt "*Instruction Set Summary*" des AVR-Befehlssatz-Handbuchs zusammenzählt, kommt man auf **142** Befehle.

11.3.1.2 Anzahl der ATtiny AVR-Befehle

Wenn man alle implementierten Befehle für alle ATtiny-Bausteine aus Tabelle 1.1 in Abschnitt 1.3 von Kapitel 1 zusammenzählt, kommt man auf insgesamt **123** Befehle, außer für den ATtiny26, der **119** Befehle implementiert. Diese implementierten Befehle sind in den Abschnitten mit der *Zusammenfassung des Befehlssatzes in den* Datenblättern für die verschiedenen ATtiny-Bausteine zu finden.

Beim ATtiny26 gibt es folgende Befehle nicht: BREAK, MOVW, LPM Rd, Z+ und SPM. Der ATtiny26 hat keine Debug-Fähigkeiten, weil er nicht über den BREAK-Befehl verfügt.

11.3.1.3 Unstimmigkeiten in der Dokumentation

Zählt man die Anzahl der implementierten Befehle für ATtiny-MCUs im Abschnitt *"Instruction Set Summary"* der Datenblätter, ergibt sich eine Gesamtzahl von 123, mit Ausnahme des ATtiny26, der 119 Befehle aufweist. In den meisten Datenblättern zum Zeitpunkt der Erstellung dieses Dokuments weichen diese Summen von der Anzahl der Befehle ab, die in der Liste der *Features* am Anfang des Datenblatts angegeben sind. Der ATtiny26 zum Beispiel gibt im Abschnitt über die Features 118 statt 119 Befehle an. In allen anderen Datenblättern, mit Ausnahme von zwei, werden 120 statt 123 Befehle angegeben. Nur in den Datenblättern für den ATtiny261/461/861 und ATtiny48/88 werden 123 Befehle angegeben.

11.3.2 Andere AVR-Befehle

Von den 142 möglichen AVR-Befehlen verfügen die in diesem Buch behandelten ATtiny-MCUs über bis zu 123 Befehle. Damit verbleiben 19 Befehle, die nicht implementiert sind. Diese verbleibenden Befehle werden in den folgenden Unterabschnitten zusammengefasst.

11.3.2.1 Arithmetische und logische Befehle

Der vollständige AVR-Befehlssatz enthält zusätzlich sechs Multiplikationsbefehle und einen Datenverschlüsselungsbefehl:

MUL (Multiplizieren ohne Vorzeichen) : 8-Bit mal 8-Bit Multiplikation ohne Vorzeichen mit einem 16-Bit Ergebnis.
MULS (Multiplizieren mit Vorzeichen) : 8-Bit mal 8-Bit vorzeichenbehaftete Multiplikation mit einem 16-Bit Ergebnis.
MULSU (Multiply Signed with Unsigned): Multiplikation von 8-Bit-Zahlen mit und ohne Vorzeichen.
FMUL (Fractional Multiply Unsigned): wie MUL, aber das Ergebnis wird um ein Bit nach links verschoben.
FMULS (Fractional Multiply Signed) : wie MULS, aber das Ergebnis wird um ein Bit nach links verschoben.
FMULSU (Fractional Multiply Signed with Unsigned) : MULSU mit Linksverschiebung um ein Bit.
DES (Data Encryption Standard): implementiert den DES-Algorithmus zur Datenverschlüsselung.
Von den oben genannten Befehlen ist DES nur in der AVRxm Version der AVR CPU implementiert (ATxmega). Die sechs Multiplikationsbefehle sind in den CPU-Versionen AVRe+,

AVRxm und AVRxt implementiert. Zur Erinnerung: die in diesem Buch verwendeten ATtiny-MCUs haben die AVRe-CPU.

11.3.2.2 Verzweigungsbefehle

Zwei zusätzliche Sprungbefehle und zwei zusätzliche Unterprogrammaufrufe sind im vollständigen AVR-Befehlssatz verfügbar.

JMP (Sprung) : Springt zu einer Adresse zwischen 0 und 4M Worten (22-Bit-Adresse).
EIJMP (Erweiterter Indirekter Sprung) : Indirekter Sprung zu einer Adresse zwischen 0 und 4M Worten (22-Bit-Adresse). Verwendet das Z-Register und das EIND-Register im I/O-Bereich als Adresszeiger.

Die in diesem Buch verwendeten ATtiny-MCUs verfügen aufgrund ihrer geringen Speichergröße nur über die relative Sprunganweisung RJMP und die indirekte Sprunganweisung IJMP. JMP und EIJMP sind auf AVR-Mikrocontrollern implementiert, die über größere Speicher verfügen.

CALL (Long Call to a Subroutine) : Ruft eine Subroutine innerhalb des gesamten Programmspeichers auf. Die Größe der Rücksprungadresse, die auf dem Stack abgelegt wird, und die Anzahl der Taktzyklen, die für die Ausführung dieses Befehls benötigt werden, hängen von der Größe des im AVR implementierten Speichers und somit von der Größe seines Programmzählers (PC) ab.

EICALL (Extended Indirect Call to Subroutine) : Indirekter Aufruf eines Unterprogramms an einer Adresse zwischen 0 und 4M Worten (22-Bit-Adresse). Verwendet das Z-Register und das EIND-Register im I/O-Bereich als Adresszeiger.

ATtiny-MCUs verwenden die RCALL- und ICALL-Befehle, um Unterprogramme innerhalb ihres kleinen Speicherbereichs aufzurufen. Die Befehle CALL und EICALL werden in AVRs verwendet, die einen größeren Speicher haben.

Obwohl sowohl JMP als auch CALL Teil des AVRe-CPU-Befehlssatzes sind, sind sie auf den ATtiny-Bausteinen, die wir verwendet haben, nicht implementiert. EIJMP und EICALL sind nur auf AVRe+, AVRxm und AVRxt AVR-Cores verfügbar.

11.3.2.3 Befehle zur Datenübertragung

ELPM (Erweiterter Ladeprogrammspeicher)
ELPM Rd, Z
ELPM Rd, Z+
Es gibt drei Varianten des ELPM-Befehls, wie oben gezeigt. Diese Befehle funktionieren auf die gleiche Weise wie die LPM-Befehle, erweitern aber den Adressierungsbereich, indem sie das Z-Register und das RAMPZ-Register aus dem I/O-Bereich als Zeiger in den Programmspeicher verwenden. Dieser Befehl und seine Varianten sind auf AVRe+, AVRxm und AVRxt CPU-Kernen verfügbar.

SPM Z+ (Im Programmspeicher speichern) : Obwohl ATtiny-MCUs den SPM-Befehl implementiert haben, verwendet diese Variante das Z-Register und RAMPZ mit Post-Inkrement. Dieser Befehl ist nur auf AVRxm und AVRxt CPU Versionen verfügbar.

XCH (Exchange) : Tauscht ein Byte zwischen den Registern R0 bis R31 und einem Byte aus dem Datenbereich aus, auf den das Z-Register zeigt. Nur in der AVRxm CPU vorhanden.

LAS (Load and Set) : Lädt ein Byte aus dem I/O-Bereich, auf den das Z-Register zeigt, in ein Register R0 bis R31 und setzt Bits in dem durch das Register angegebenen Datenbereich.
LAC (Load and Clear) : Lädt ein Byte aus dem I/O-Bereich, auf den das Z-Register zeigt, in ein Register R0 bis R31 und löscht Bits in dem durch das Register angegebenen Datenbereich.
LAT (Load and Toggle) : Lädt ein Byte aus dem I/O-Bereich, auf den das Z-Register zeigt, in ein Register R0 bis R31 und schaltet Bits in dem vom Register angegebenen Datenbereich um.
LAS, LAC und LAT sind nur in der AVRxm-Version der CPU implementiert.

11.3.3 Befehle näher betrachtet
Dieser Abschnitt vermittelt ein besseres Verständnis darüber, wo die verschiedenen AVR CPU-Versionen und Instruktionen in den verschiedenen AVR-Mikrocontroller-Serien verwendet werden.

11.3.3.1 Der vollständige AVR-Befehlssatz
Von den zusätzlichen 19 Befehlen, die im vorherigen Abschnitt behandelt wurden, sind fünf nur auf der AVRxm CPU implementiert. Diese sind DES, LAC, LAS, LAT, und XCH. Dies bedeutet, dass die AVRxm CPU die einzige CPU-Version ist, die über alle 142 Befehle verfügt. Wie bei anderen AVR-Mikrocontrollern auch, sind jedoch nicht bei allen Bausteinen, die die AVRxm CPU haben, alle in der AVRxm CPU verfügbaren Befehle vorhanden – nur bei einigen davon.

11.3.3.2 Die einfache AVR-CPU
In der ATtiny-Reihe haben einige der älteren Typen die einfache AVR-CPU und werden nicht mehr hergestellt oder für neue Designs nicht mehr empfohlen. Zum Beispiel wurden die 8-poligen ATtiny11, ATtiny12 und ATtiny15 durch den ATtiny13(A) und ATtiny25/45/85 ersetzt. Nur der 20-polige ATtiny26, der im *AVR Instruction Set Manual* mit dem einfachen AVR-Kern aufgeführt ist, wird zum Zeitpunkt der Erstellung dieses Artikels noch produziert.

11.3.3.3 Reduzierter AVRrc-Kern
Die einzigen AVR-Mikrocontroller, die die AVRrc-Version der CPU verwenden, gehören zur ATtiny-Reihe und sind nur in oberflächenmontierbaren Gehäusen erhältlich. ATtiny4/5/9/10 haben den AVRrc-Kern und sind in 6-Pin SOT-23 und 8-Pin UDFN Gehäusen erhältlich. ATtiny102/104, ATtiny20 und ATtiny40 sind die einzigen anderen AVR-Mikrocontroller, die zum Zeitpunkt der Erstellung dieses Artikels mit der AVRrc-CPU-Version erhältlich sind. AVRrc-CPU haben nur die Register R16 bis R31 implementiert und verfügen über weniger Befehle aus dem vollständigen AVR-Befehlssatz.

11.3.3.4 AVRe und AVRxt Kerne

Alle anderen, oben nicht erwähnten ATtiny-MCUs haben entweder die AVRe oder AVRxt-CPU. ATtiny-Bausteine, die mehr als 8K Bytes (oder 4K Worte) Programmspeicher haben, müssen eine CPU verwenden, die über Befehle verfügt, um den zusätzlichen Speicher zu adressieren. Diese Bausteine enthalten entweder die AVRe-CPU mit allen implementierten AVRe-Befehlen oder die AVRxt-CPU-Version, da beide CPU-Versionen Befehle wie JMP und CALL enthalten. Die AVRe-CPU, die in Bausteinen wie dem ATtiny13(A) und ATtiny25/45/85 implementiert ist, verfügt nicht über die Befehle JMP und CALL, obwohl diese Teil der AVRe-CPU-Spezifikation sind. Der Grund dafür ist, dass diese Bausteine einen kleinen Speicher haben und daher nur RJMP und RCALL benötigen. Nur sehr wenige Mitglieder der ATmega-Mikrocontroller-Reihe verwenden den AVRxt-Kern.

11.3.3.5 AVRe+ CPU

Neben den wenigen ATmega-Mikrocontrollern, die den AVRxt-Kern verwenden, nutzen alle anderen ATmegas den AVRe+-Kern. ATmega-Mikrocontroller auf den wahrscheinlich vielen Lesern bekannten Boards wie Arduino Uno und Arduino MEGA 2560 verwenden die AVRe+ CPU. Dabei handelt es sich um den ATmega328 (Arduino Uno) und den ATmega2560 (Arduino MEGA 2560). CPUs vom Typ AVRe+ verfügen über die folgenden Befehle, die in der AVRe-CPU nicht enthalten sind: EICALL, EIJMP, ELPM, FMUL, FMULS, FMULSU, MUL, MULS und MULSU.

Die Befehlssätze von AVRe+ und AVRxt sind identisch, mit der Ausnahme, dass der AVRxt-Befehlssatz den SPM-Befehl Z+ enthält.

11.3.3.6 AVRxm CPU

Die AVRxm CPU Version wird ausschließlich in ATxmegas und in der AVR DA Serie verwendet. Obwohl die AVRxm-CPU-Spezifikation alle verfügbaren AVR-Befehle enthält, ist nicht jeder Befehl in jedem Baustein implementiert, das die AVRxm-CPU hat.

Kapitel 12 • Software-Tools und Einstellungen

In diesem Kapitel werden die Einstellungen des AVRASM2-Assemblers sowie einige alternative Assembler betrachtet.

Nach einem kurzen Blick auf die GNU C-Tools, die in Microchip Studio C-Projekten verwendet werden, folgt ein Abschnitt, der sich mit dem in diesem Buch Erreichten befasst und mit der Frage, wie es nach Abschluss dieses Buchs weitergehen soll.

In diesem Kapitel

- Die Einstellungen des AVRASM2-Assemblers in Microchip Studio
- Assembler, die auf anderen Betriebssystemen laufen
- Ein kurzer Blick auf die Einstellungen der C-Toolchain in Microchip Studio
- Wie geht es jetzt weiter?

12.1 AVR-Assembler

Dieser Abschnitt befasst sich mit Assemblern für 8-Bit-AVR-Mikrocontroller und deren Einstellungen, beginnend mit dem AVRASM2 Assembler, dem Standard-Assembler bei der Erstellung eines AVR-Assemblerprogramms in Microchip Studio.

12.1.1 Der AVRASM2-Assembler

Kapitel 9 betrachtete den AVRASM2 Assembler aus der Sicht seiner Funktionen, die beim Schreiben von Programmen verwendet werden, wie Assembler Direktiven, Präprozessor und Ausdrücken. Dieser Abschnitt befasst sich mit den AVRASM2-Kommandozeilen-Optionen und der Ausgabe während des Build-Prozesses.

12.1.1.1 Erstellen eines Projekts mit AVRASM2

Wenn ein AVR Assembler Programm in Microchip Studio erstellt wird, wird das AVRASM2 Kommandozeilen-Programm von Microchip Studio aufgerufen und verschiedene Optionen oder Parameter übergeben. Diese Parameter können im Output-Fenster gesehen werden, das sich am unteren Rand von Microchip Studio während des Build-Prozesses öffnet. Der eigentliche Aufruf von AVRASM2 mit den verschiedenen übergebenen Optionen ist eine lange Zeile, die unten im Ausgabefenster angezeigt wird, wobei der Programmname und die Kommandozeilenoptionen fett hervorgehoben sind.

```
C:\Program Files\Atmel\Studio\7.0\toolchain\avr8\avrassembler\avrasm2.exe
-fI -o "test_asm.hex" -m "test_asm.map" -l "test_asm.lss" -S "test_asm.
tmp" -W+ie -I"C:/Program Files\Atmel\Studio\7.0\Packs\atmel\ATtiny_DFP\1.8.332\
avrasm\inc" -itn85def.inc -d "C:\Users\user\Documents\AVR_test_code\test_asm\
test_asm\Debug\test_asm.obj" "C:\Users\user\Documents\AVR_test_code\test_
asm\ test_asm\main.asm" -I "C:\Program Files\Atmel\Studio\7.0\toolchain\avr8\
avrassembler\Include"
```

Die verschiedenen Kommandozeilenoptionen oder Schalter und ihre Bedeutung können im *AVR Assembler* Dokument von Microchip nachgelesen werden. Die Optionen von oben sind unten mit Beschreibungen enthalten. Die obige Zeile stammt aus dem test_asm-Projekt, das für einen ATtiny85 erstellt wurde.

`avrasm2.exe` : Der Name des ausführbaren Programms von AVRASM2. In der obigen Auflistung wird ihm der vollständige Pfad zu seinem Speicherort auf dem Host-Computer vorangestellt. Optionen werden an dieses Programm übergeben, indem die Optionen, die jeweils mit einem Bindestrich beginnen, hinter avrasm2.exe platziert werden.

`-fI -o "test_asm.hex"` : Legt das Format der Ausgabedatei als Intel Hex fest und den Namen der Ausgabedatei als test_asm.hex. Diese Datei im Intel-Hex-Format wird zur Programmierung des AVR verwendet, da sie eine Darstellung des Maschinencodes des Programms enthält.

`-m "test_asm.map"` : Erzeugt eine Map-Datei mit dem Namen test_asm.map. Die Map-Datei enthält alle Namen mit ihren zugewiesenen Werten aus der enthaltenen .inc-Datei sowie Definitionen aus den Assemblerdateien eines Projekts, z.B. Labelnamen und Adressen.

`-l "test_asm.lss"` : Erzeugt eine Listendatei mit dem Namen test_asm.lss. Die Listendatei enthält das gesamte Assemblerprogramm, einschließlich des Inhalts aller Include-Dateien. Der Code des Programms ist zusammen mit der Adresse jedes Befehls und dem Maschinencode, in den jeder Befehl umgewandelt wurde, in hexadezimaler Form enthalten. Nach dem Code zeigt ein Abschnitt in der List-Datei eine Zusammenfassung der vom Programm verwendeten Ressourcen, wie z.B. verwendete Register, verwendete Befehle und verwendeter Speicher.

`-S "test_asm.tmp"` : Erzeugt eine Include/Label-Infodatei namens test_asm.tmp. Dies ist eine XML-Datei, die Assembler-Informationen enthält, wie z.B. der verwendete AVR, Pfade zum Arbeitsverzeichnis, Include-Dateien, Quellcode und andere Dateien des Projekts, sowie die im Projekt verwendeten Labels. Die meisten Elemente dieser Datei werden im Solution Explorer Fenster von Microchip Studio angezeigt, wenn das Projekt erfolgreich erstellt wurde.

`-W+ie` : Wenn ein Befehl verwendet wird, der vom gewählten AVR-Baustein nicht unterstützt wird, dann wird ein Fehler erzeugt.

`-I` : Hinzufügen eines Verzeichnisses zum Suchpfad für Include-Dateien. Die erste Verwendung des Schalters `-I` in der Auflistung auf der vorherigen Seite schließt den Pfad zu den .inc-Dateien für AVR-Mikrocontroller ein.

`-itn85def.inc` : Der Kleinbuchstaben-Schalter `-i` wird anstelle von #include oder .include verwendet, um die Datei tn85def.inc für den ATtiny85 in diesem Beispiel einzubinden. Aus diesem Grund mussten in keines der Microchip Studio Assembler-Projekte die Definitionsdateien am Anfang der Quellcodedateien eingebunden werden.

`-d` : Erzeugen einer Debug-Infodatei. In der Auflistung auf der vorherigen Seite folgt auf die Option `-d` der Pfad zur Debug-Datei mit dem Namen test_asm.obj. Diese Datei wird für die Fehlersuche in einem Programm in Microchip Studio verwendet.

`-I` : Hinzufügen eines Verzeichnisses zum Suchpfad für Include-Dateien. Diese Option wurde bereits früher verwendet und wird auch hier wieder verwendet, was durchaus akzeptabel ist. Es scheint, dass dieses zweite Include-Verzeichnis nicht existiert, da das Include-Verzeichnis am Ende des Pfades aus dem Listing nicht im avrassembler-Verzeichnis gefunden wird, wie bei dieser zweiten `-I` Option im Listing angegeben.

Nachdem das AVRASM2-Programm wie beschrieben mit den übergebenen Optionen ausgeführt wurde, wird seine Ausgabe im Ausgabefenster von Microchip Studio unterhalb der Zeile angezeigt, mit der es aufgerufen wurde. Die Ausgabe von AVRASM2 aus dem test_asm-Projekt, das für den ATtiny85 erstellt wurde, sieht wie folgt aus, wobei zwei der Dateipfade gekürzt wurden, so dass sie jeweils eine Zeile der Seite belegen:

```
AVRASM: AVR macro assembler 2.2.8 (build 80 Jan 14 2020 18:27:50)
Copyright (C) 1995-2020 ATMEL Corporation
[builtin](2): Including file 'C:/Program Files\ ... \avrasm\inc\tn85def.inc'
[builtin](2): Including file 'C:/Program Files\ ... \avrasm\inc\tn85def.inc'
"ATtiny85" memory use summary [bytes]:
Segment   Begin    End       Code   Data   Used    Size   Use%
---------------------------------------------------------------
[.cseg] 0x000000 0x00000e     14      0     14    8192   0.2%
[.dseg] 0x000060 0x000060      0      0      0     512   0.0%
[.eseg] 0x000000 0x000000      0      0      0     512   0.0%
Assembly complete, 0 errors. 0 warnings
```

Wie im obigen Listing zu sehen ist, gibt AVRASM2 den vom Programm verwendeten Speicher und die Anzahl der erzeugten Fehler und Warnungen aus. Die gleichen Informationen finden sich am Ende der Listendatei, die bei diesem Projekt test_asm.lss heißt. Die Listendatei kann in Microchip Studio durch Erweitern des Elements Output Files im Bereich Solution-Explorer geöffnet werden, und zwar durch Doppelklicken auf die Datei test_asm.lss. "OutPut Files" (Ausgabedateien) kann nur aufgeklappt werden, wenn das Projekt ohne Fehler erstellt wurde.

12.1.1.2 AVRASM2 auf der Kommandozeile

Wenn Microchip Studio auf einem Computer installiert wird, wird auch ein Element namens Microchip Studio Command Prompt installiert. Sie finden dieses Element, indem Sie das Windows-Hauptmenü durch Anklicken des Windows-Symbols "Start" unten links auf dem Desktop öffnen. Scrollen Sie in diesem Menü nach unten, um den Ordner Microchip Studio zu finden, den Sie durch Anklicken erweitern müssen. Nachdem Sie den Menüordner aufgeklappt haben, klicken Sie auf das Element Microchip Studio Command Promt. Dies öffnet ein Kommandozeilen-Fenster, das die Microchip Studio Tools in seinem Pfad enthält. AVRASM2 kann von diesem Kommandozeilenfenster aus aufgerufen werden. Wenn Sie nur den Namen von AVRASM2 eingeben, wie unten gezeigt, werden die Versions-, Build- und

Copyright-Informationen ausgegeben.

```
avrasm2
```

Wenn man AVRASM2 aufruft und ihm die Option `-h` übergibt, wie unten gezeigt, werden alle Befehlszeilenoptionen ausgedruckt.

```
avrasm2 -h
```

12.1.1.3 AVRASM2 Optionen in Microchip Studio

Einige der Kommandozeilenoptionen, die an AVRASM2 übergeben werden, können von Microchip Studio aus geändert werden, z.B. ob eine Listendatei erzeugt werden soll oder nicht. Diese Optionen finden Sie, indem Sie Project ▶ test_asm Properties... aus dem oberen Menü wählen, oder indem Sie die Tastenkombination Alt + F7 verwenden und dann auf das Element Toolchain links auf der sich öffnenden Seite klicken. Klicken Sie bei ausgewählter Toolchain auf General unter AVR Assembler, um die Optionen für den AVRASM2 anzuzeigen, wie in Abbildung 12.1 dargestellt.

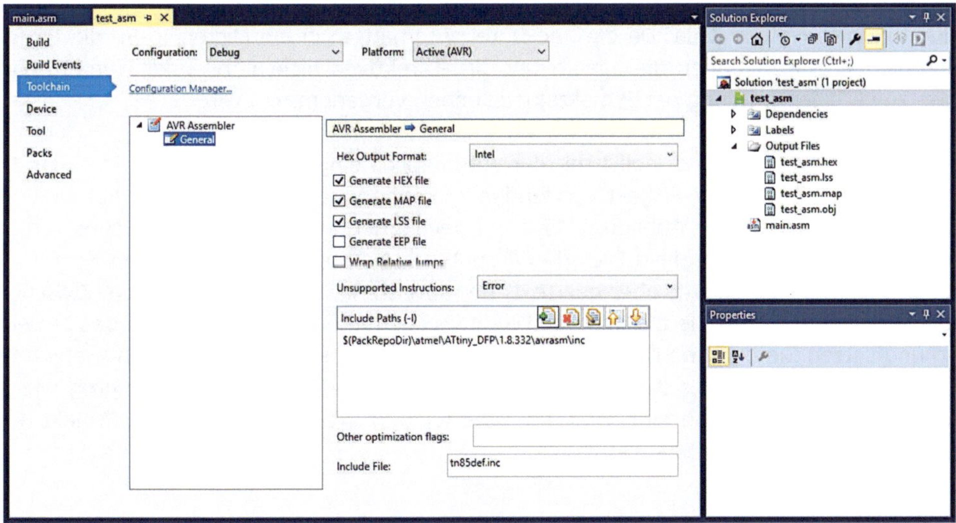

Abbildung 12.1: AVR Assembler Toolchain Optionen

Checkboxen, die standardmäßig aktiviert sind, wie in Abbildung 12.1 gezeigt, entsprechen den Optionen, die an AVRASM2 im Ausgabefenster übergeben werden. Wenn Sie z.B. Generate MAP file deaktivieren, wird der Schalter `-m` aus den an AVRASM2 übergebenen Optionen entfernt. Generate Hex file entspricht dem Schalter `-o`, der nach `-fI` kommt, und Generate LSS file entspricht dem Schalter `-l`. Wenn Sie eine dieser Optionen deaktivieren, werden sie aus den an AVRASM2 übergebenen Optionen entfernt, die wir in Abschnitt 12.1.1.1 betrachtet haben. Generate EEP file entspricht dem Schalter `-e`, und Wrap Relative Jumps entspricht dem Schalter `-w` (Kleinbuchstaben), die beide im *AVR Assembler* Dokument von Microchip zu finden sind. Die oberste Dropdown-Liste mit dem Namen Hex Output Format ändert die Option neben dem Schalter `-f`, je nachdem, welches Format ausgewählt wird. Die zweite Dropdown-Liste mit dem Namen Unsupported Instructions ändert die Option, die mit dem Großbuchstaben-Schalter `-W` verwendet wird, um nicht unterstützte Befehle entweder als Warnungen oder als Fehler zu kennzeichnen. Das Feld Other optimization flags wird verwendet, um andere Kommandozeilenoptionen an AVRASM2 zu übergeben, wenn es von Microchip Studio ausgeführt wird. Wenn Sie z.B. den Schalter `-v0` in dieses Feld setzen, wird AVRASM2 davon abgehalten, zusätzliche Informationen im Ausgabefenster zu drucken.

12.1.1.4 Dateioptionen auflisten

Die Listendatei, die von AVRASM2 generiert wird, kann während der Softwareentwicklung nützlich sein, da sie die endgültigen Instruktionen und den Maschinencode im Hexadezimalformat zeigt, in den die eingegebenen Assemblerdateien konvertiert wurden, sowie die Ressourcennutzung. Wenn die Listendatei erzeugt wird, wird an ihren Anfang der gesamte Inhalt der in Microchip Studio-Assemblerprojekte automatisch aufgenommenen .inc-Datei eingefügt. Dies macht es notwendig, durch den ersten langen Abschnitt der Listendatei zu blättern, um den Hauptprogrammcode zu finden. Wollen Sie verhindern, dass der Inhalt der .inc-Datei in die List-Datei mit aufgenommen wird, platzieren Sie die .nolist Assembler-Direktive vor die Stelle, die die .inc-Datei enthält und setzen Sie die .list Assembler-Direktive hinter diese Zeile. Da die .inc-Datei automatisch in ein Microchip Studio-Projekt eingebunden wird, können die .nolist- und .list-Direktiven nicht verwendet werden, ohne dass zuvor eine Änderung der Projekteinstellungen vorgenommen wird.

Um die Direktiven .list und .nolist mit der automatisch eingebundenen Datei in einem Microchip Studio Assembler-Projekt verwenden zu können, gehen Sie zunächst auf die Seite Toolchain General, wie in Abbildung 12.1 auf der vorherigen Seite gezeigt. Schneiden Sie den Dateinamen aus dem Feld Include File unten auf dieser Seite aus (Tasten Strg + X), so dass dieses Feld leer ist, aber der Text, der dort stand, sich in der Windows-Zwischenablage befindet. Fügen Sie die .include-Direktive oben in die Datei main.asm des Projekts ein und setzen Sie den .inc-Dateinamen zwischen spitzen Klammern daneben. Setzen Sie eine .nolist-Direktive über die .include-Direktive und eine .list-Direktive dahinter, wie im folgenden Code-Listing gezeigt. Die .inc-Datei für den ATtiny85, der für das Projekt ausgewählt wurde, heißt tn85def.inc.

```
.nolist
.include <tn85def.inc>
.list

start:
   sbi    DDRB, DDB4      ; Set pin PB4 as output
   sbi   PORTB, PORTB4    ; Set LED pin high
loop:
   rjmp    loop
```

Nach dem Speichern der Änderungen und dem Erstellen des Projekts wird der Inhalt der .inc-Datei nicht mehr in der Listendatei gefunden. Beachten Sie, dass wenn der AVR Typ im Projekt geändert wird, die neue .inc Datei für das neue Bauteil automatisch im Feld Include

File auf der Seite Toolchain General platziert wird. Sie muss aus diesem Feld wieder ausgeschnitten werden, um die vorherige .inc Datei neben der .include Direktive am Anfang der main.asm Datei zu ersetzen.

12.1.2 Der AVR-AS Assembler

In Abschnitt 10.3 von Kapitel 10 wurde ein Assembler-Unterprogramm von einem C-Programm aufgerufen. Dort wurde jedoch nicht erwähnt, dass zum Assemblieren der Assemblercodedatei nicht der AVRASM2 zum Einsatz kam, welcher in Microchip Studio Assemblerprojekten verwendet wird. Stattdessen wird der GNU avr-as Assembler verwendet, wenn Assemblerdateien in Microchip Studio C Projekten in ein C Programm eingebunden werden, das mit der AVR GNU Toolchain erstellt wurde.

Obwohl das Programm avr-as das GNU AVR Assemblerprogramm ist, werden Assembler-Code-Dateien mit der Endung .S zusammen mit anderen Optionen an das Programm avr-gcc.exe übergeben. Dieses avr-gcc Programm ruft automatisch avr-as auf, wenn es eine Assemblerdatei erhält. Zwischen avr-as und AVRASM2 gibt es einige Unterschiede, und es ist notwendig, die avr-as Dokumentation zu lesen, wenn man C und Assembler mit der AVR GNU Toolchain mischt. Die Code-Beispiele in Kapitel 10 waren jedoch so einfach, dass es nicht notwendig war, die avr-as-Dokumentation zu Rate zu ziehen.

12.1.3 Der AVRA-Assembler

Der Open-Source-Assembler AVRA ist nahezu kompatibel mit dem Microchip-Assembler für AVR-Mikrocontroller. Dieser Assembler ist besonders nützlich für Benutzer, die einen AVR-Assembler auf anderen Betriebssystemen - wie etwa Linux - verwenden möchten. Linux-Distributionen wie Linux Mint enthalten AVRA in ihren Repositories, so dass es leicht zu installieren ist. Der Quellcode für das AVRA-Projekt ist auf GitHub verfügbar unter:

github.com/Ro5bert/avra

12.2 Die GNU C Toolchain

Die Open-Source GNU C Toolchain ist die Standard-C-Toolchain, die mit Microchip Studio und den verschiedenen Vorgängerversionen von Atmel Studio verwendet wird. Wie bei einem Microchip Studio Assembler-Projekt gibt es auch bei einem GCC C-Projekt Toolchain-Einstellungen, die durch Auswahl von Project ▶ *project name*> Settings... aus dem oberen Menü oder durch Verwendung der Tastenkombination Alt + F7 und anschließendes Klicken auf das Element Toolchain links auf der sich öffnenden Seite gefunden werden können. Auf dieser Seite befinden sich Einstellungen für den AVR GNU C-Compiler, Linker und Assembler. Eine der wichtigsten Einstellungen, die den generierten Maschinencode verändert, ist die Optimization Einstellung, die unter AVR/GNU C-Compiler zu finden ist. Das Feld Optimization Level auf dieser Seite wird verwendet, um den Optimierungslevel des C-Codes und damit des generierten Assembler- und Maschinencodes zu ändern. Die Optimierung kann auf eine von mehreren Stufen eingestellt oder ganz abgeschaltet werden. Nach der Lektüre dieses Buchs sind Sie nun in der Lage, den vom C-Compiler erzeugten Code zu beurteilen, indem Sie den disassemblierten Code im Disassembly-Fenster eines zu debuggenden C-Code-Projekts untersuchen. Standardmäßig erzeugt ein Microchip Studio GNU C-Projekt auch eine Listing-Datei, die den Assembler-Code zeigt, der aus dem C-Code erzeugt wurde. Diese Datei befindet sich im Solution-Explorer durch Erweitern des Elements Output Files und hat die Dateierweiterung .lss. Doppelklicken Sie auf diese Datei, um sie in Microchip Studio zu öffnen.

Die GNU C Toolchain für AVR-Mikrocontroller ist für verschiedene Betriebssysteme verfügbar, was bedeutet, dass Code, der in AVR GNU C-Projekten mit Microchip Studio geschrieben wurde, auf anderen Betriebssystemen, wie z.B. Linux, mit "build" erstellt werden kann. Viele Linux-Distributionen haben die GNU C-Tools für AVR-Mikrocontroller in ihren Repositories verfügbar. Microchip liefert auch die gleiche Version der GNU C Toolchain für AVR-Mikrocontroller, die in Microchip Studio für verschiedene Betriebssysteme verwendet wird. Diese Toolchains können hier heruntergeladen werden:

> www.microchip.com/en-us/development-tools-tools-and-software/gcc-compilers-avr-and-arm

12.3 Wohin von hier aus?

Ich hoffe, Sie hatten Spaß bei der Erkundung des Innenlebens von 8-Bit-AVR-Mikrocontrollern mit ATtiny-Bausteinen von Microchip. In diesem Abschnitt schauen wir uns an, was wir erreicht haben, und überlegen uns, wie es weitergehen könnte.

12.3.1 Erreichte Ziele

Im Einführungskapitel wurde eine Reihe von Gründen für das Erlernen der Assemblersprache genannt. Der Hauptgrund, die Architektur eines Mikrocontrollers richtig zu verstehen, wurde in diesem Buch erreicht. Wir haben die internen Arbeitsregister, die Speicherstruktur, den Befehlssatz und spezielle Register wie das Statusregister sowie den Programmzähler, den Stack und den Stack-Pointer behandelt. Andere Teile der AVR-Architektur wie die Befehlskodierung, die Steuerung der On-Chip-Peripherie und das Interrupt-System wurden ebenfalls behandelt.

Mit dem Verständnis der Architektur von AVR-Mikrocontrollern und der Assemblersprache für deren Programmierung wurden zwei weitere Ziele erreicht. Es ist nun möglich, kleineren, effizienteren Code zu schreiben, als ein Compiler erzeugen kann (und optimierten Assembler-Code mit C-Code zu mischen), sowie kleine AVRs mit begrenzten Ressourcen zu programmieren.

C-Programmierer können jetzt optimierte C-Programme debuggen, indem sie beim Debuggen in Microchip Studio die Disassemblierung des Codes betrachten und verstehen. Codezeilen, die zuvor auf mysteriöse Weise verschwanden, wenn die C-Compiler-Optimierung aktiviert war, können nun verstanden werden, indem man sich den generierten Assembler-Code in der Listendatei und den Disassembler-Code während des Debuggens ansieht. Die Leser sind auch in der Lage, verschiedene C-Tools für AVR-Mikrocontroller zu bewerten, indem sie sich den von ihnen erzeugten Assembler-Code ansehen.

Diejenigen Leser, die in Schulen oder Universitäten Mikrocontroller-Architektur studieren, werden bereits von der Lektüre dieses Buchs profitieren, auch wenn eine andere Mikrocontroller-Architektur studiert wird. Durch das Studium einer Mikrocontroller-Architektur lernt man viele Grundlagen, die auch für andere Mikrocontroller gelten. Es ist viel weniger mühsam, eine zweite oder dritte Architektur zu lernen, nachdem man eine erlernt hat.

Jeder, der sich für das spezialisierte Gebiet der Entwicklung von Programmierwerkzeugen oder Simulatoren für AVR-Mikrocontroller interessiert, muss die Architektur des AVR verstehen und über alle notwendigen Kenntnisse verfügen, wie z.B. die in diesem Buch behandelte Befehlsabarbeitung und -kodierung, um mit der Entwicklung von Softwarewerkzeugen für AVR-Mikrocontroller beginnen zu können.

Der letzte Grund für das Erlernen der Assemblersprache war das Verstehen der Application Notes und anderer AVR-Dokumentation. Eine Reihe von Microchip/Atmel Application Notes und Datenblättern für AVRs enthalten Assembler-Beispiele. Werfen Sie einen Blick auf diese Dokumente und Sie werden erstaunt sein, wie viel Sie jetzt verstehen. Es sollte nun ein Leichtes sein, den Assembler-Code in diesen Dokumenten und auch jeden anderen AVR-Assembler-Code, der im Internet zu finden ist, zu verstehen. Jeden Befehl im Code, an den Sie sich nicht erinnern können, können Sie leicht im Handbuch zum AVR-Befehlssatz nachschlagen.

Zusätzlich zu all den Vorteilen, die das Erlernen der Assemblersprache für AVR-Mikrocontroller mit sich bringt, haben Sie nun ein besseres Verständnis von Microchip Studio. Die Verwendung des Disassembly-Fensters beim Debuggen ist ein Beispiel für eine Funktion von Microchip Studio, die für jemanden, der die AVR-Architektur und den Befehlssatz nicht studiert hat, keinen Sinn ergibt.

Schließlich können C-Programmierer die Assembler-Sprache weiter studieren, indem sie C-Programme schreiben und sich den resultierenden Assembler-Code ansehen. Wenn Sie wissen möchten, wie ein bestimmter C-Code funktioniert oder in welche Assemblersprache er umgewandelt wird, können Sie ihn im Disassembler-Fenster beim Debuggen oder in der beim Erstellen des Projekts erzeugten Listendatei betrachten.

12.3.2 Was nicht abgedeckt wurde

Dieses Buch konzentriert sich auf die AVR-Architektur hauptsächlich aus der Sicht des Programmierers. Ein Aspekt der Architektur, der nicht behandelt wurde, war die Implementierung des AVR in Hardware. Diese Informationen sind eigentlich Eigentum von Microchip. Zwar stellt der Hersteller die Architektur aus der Sicht eines Programmierers dar - wie der AVR-Kern in der Hardware im Detail implementiert ist, verrät er aber nicht. Selbst wenn dies der Fall wäre, würde das Studium der tatsächlichen Hardware-Implementierung ein weiteres ganzes Buch in Anspruch nehmen.

In diesem Buch wurden nicht alle On-Chip-Peripheriekomponenten und Funktionen der verwendeten ATtiny-MCUs behandelt. Es wurde als ausreichend erachtet, den Zugriff auf einige der Peripheriekomponenten mittels Assemblerbefehlen zu behandeln. Eine detaillierte Studie der AVR-On-Chip-Peripherie und anderer Funktionen ist das Thema eines anderen Buchs.

12.3.3 Andere AVR-Mikrocontroller

Obwohl wir uns in diesem Buch mit ATtiny AVR-Mikrocontrollern beschäftigt haben, ist der Kern anderer AVR-Mikrocontroller derselbe. Der Übergang zu anderen ATtiny-Bauteilen sowie zu Bauteilen aus der ATmega-Reihe ist einfach, nachdem die Grundlagen der AVR-Architektur behandelt worden sind. Wie wir gesehen haben, können andere AVR-Bausteine über zusätzliche oder weniger Befehle verfügen. Bei Bausteinen mit mehr On-Chip-Peripherie mit Steuerregistern, die außerhalb des Adressbereichs von Befehlen wie IN und OUT liegen, sind alternative Befehle erforderlich. Sie sind nun in der Lage, diese anderen Mikrocontroller auf eigene Faust zu studieren. Sehen Sie sich die Datenblätter anderer AVR-Mikrocontroller an und verwenden Sie den Debugger und den Simulator, um zusätzliche Funktionen wie Speicher und On-Chip-Peripherie zu analysieren.

12.3.4 Assembler-Ressourcen

Um die AVR-Assemblersprache weiter zu studieren, schauen Sie sich Application Notes und Datenblätter an, die Assemblersprache verwenden. Schauen Sie sich den Assemblercode an, den die C-Tools erzeugen. Schreiben Sie Ihre eigenen Programme und testen Sie sie mit dem Debugger. Natürlich ist das Internet eine weitere Quelle, um AVR-Assemblercode zu finden und zu studieren. Eine Seite, die man sich ansehen sollte, ist www.avrfreaks.net, ein Forum für AVR-Enthusiasten. Verwenden Sie das Suchfeld, um nach Themen zu suchen, die mit **[ASM]** beginnen, um Artikel und Diskussionen über verschiedene Aspekte der AVR-Assemblersprache zu finden.

Anhang A - Einrichtung des externen Programmiergeräts

Hobby-Programmiergeräte, wie zum Beispiel USBasp und USBtinyISP, können zur Programmierung einiger Mikrocontroller der ATtiny-Reihe verwendet werden. Diese Hobby-Programmiergeräte sind billigere Alternativen zum Atmel-ICE-Programmer/Debugger. Es gibt jedoch Einschränkungen bei den ATtiny-Bauteilen, die sie programmieren können, abhängig von der Programmierschnittstelle, über die der jeweilige ATtiny verfügt. USBasp und USBtinyISP sind beides "Nur-Programmier"-USB-Geräte, die keine Debugging-Funktionen haben. Diese beiden Programmiergeräte sind Open-Source-Designs und bei verschiedenen Anbietern erhältlich. Sie sind auch in leicht abweichenden Ausführungen erhältlich, wobei die Hersteller ihre eigenen Versionen anbieten können, die sich geringfügig von dem ursprünglich veröffentlichten Open-Source-Design unterscheiden.

Abbildung: A.1: Hobby-Programmiergeräte und Zubehör einschließlich eines Arduino Uno

Ein Arduino-Board, wie z.B. ein Arduino Uno, kann auch zum Programmieren von ATtiny-MCUs verwendet werden, indem einfach ein Beispielsketch geladen wird, der den Arduino in ein ISP-Programmiergerät verwandelt. Dieser Anhang zeigt, wie man einen USBasp, USBtinyISP und einen Arduino Uno, wie in Abbildung A.1 gezeigt, als AVR ISP-Programmiergerät in Microchip Studio einrichtet. Abbildung A.1 zeigt von links nach rechts: ein USBtinyISP-kompatibles Programmiergerät, eine weit verbreitete Version des USBasp, einen optionalen Adapter für den USBasp, ein optionales Kabel für den USBasp und einen Arduino Uno.

A.1 Features des Hobby-USB-Programmiergeräts

Vor der Verwendung eines Hobby-USB-Programmiergeräts ist es wichtig zu verstehen, wo die Unterschiede – und insbesondere die Einschränkungen – gegenüber dem Atmel-ICE liegen. In den folgenden Unterabschnitten werden diese Themen behandelt. Zusätzlich zu einem Programmiergerät benötigt man das richtige USB-Kabel und Verbindungsleitungen, wie z.B. Dupont-Drähte, um das Programmiergerät an eine Schaltung anzuschließen.

A.1.1 Unterschiede zwischen Hobby-Programmiergeräten und dem Atmel-ICE

Der Atmel-ICE ist der offizielle USB-Programmer/Debugger von Microchip für 8-Bit-AVR-Mikrocontroller. Er unterstützt auch 32-Bit-ARM-Mikrocontroller aus der Microchip Cortex-M SAM-Reihe, die ursprünglich von Atmel stammen, sowie 32-Bit-AVR-Mikrocontroller. Der Atmel-ICE kann nicht nur zum Programmieren von in-circuit programmierbaren ATtiny AVR-Mikrocontrollern verwendet werden, sondern auch zum Debuggen dieser Bausteine (und anderer unterstützter Mikrocontroller aus der Cortex-M-, AVR 32-Bit-, XMEGA- und megaAVR-Reihe).

Hobby-Programmiergeräte sind alle "program only"-Geräte über die ISP/SPI-Schnittstelle, die kein Debugging unterstützen und meist auch nur 8-Bit-AVR-Mikrocontroller. Die Hauptunterschiede zwischen dem Atmel-ICE und den Hobby-Programmern bestehen darin, dass 1) der Atmel-ICE viel mehr Programmierschnittstellen unterstützt (wird im nächsten Abschnitt besprochen), 2) der Atmel-ICE Debugging unterstützt und 3) der Atmel-ICE keine Spannung an eine Schaltung liefert, während die Hobby-Programmiergeräte dies normalerweise tun oder tun können.

Zur Stromversorgung von Hobby-Programmiergeräten ist Folgendes zu sagen Die meisten Hobby-Programmiergeräte versorgen eine Schaltung über den ISP-Header mit Strom. Dies ist normalerweise 5V, aber in einigen Fällen können 3,3V durch Umstecken eines Jumpers auf dem Programmiergerät gewählt werden. Die ISP-Schnittstelle auf einem Atmel-ICE hat einen VTG-Pin, der dazu dient, zu erkennen, mit welcher Spannung die Schaltung versorgt wird, anstatt die Schaltung über diesen Pin mit Spannung zu versorgen. Der Atmel-ICE muss daher immer verwendet werden, um einen AVR in einer Schaltung zu programmieren, die über eine externe Spannungsversorgung verfügt. Hobby-Programmiergeräte können sowohl zur Stromversorgung eines AVR-Schaltkreises als auch zur Programmierung verwendet werden, wobei die Stromversorgung über den USB-Anschluss des Host-Computers erfolgt. Schließlich ist der Atmel-ICE nach dem Einstecken in den USB-Port des Host-Computers bereit für die Verwendung mit Microchip Studio. Für Hobby-Programmiergeräte ist zunächst ein wenig zusätzliche Arbeit erforderlich, um sie in Microchip Studio einzurichten, die in diesem Anhang erläutert wird.

A.1.2 Programmierschnittstellen

Die meisten Hobby-Programmiergeräte unterstützen die ISP/SPI-Programmierschnittstelle, aber normalerweise nicht viele der anderen Schnittstellen, die auf neueren AVRs zu finden sind. ISP/SPI-Programmierung deckt alle ATtiny-MCUs ab, die in Tabelle 1.1 in Abschnitt 1.3 in Kapitel 1 aufgeführt sind. Die unterstützten Schnittstellen hängen sowohl von der Firmware in diesen Programmiergeräten als auch von der Programmiersoftware ab, die auf dem Host-Computer läuft. Möglicherweise sind Firmware- und Programmiersoftware-Updates verfügbar - oder werden in Zukunft verfügbar sein - die die Programmierung über andere Schnittstellen ermöglichen. In diesem Anhang werden drei weit verbreitete Hobby-Programmiergeräte vorgestellt. Es kann sein, dass es andere Programmiergeräte gibt, die andere AVR-Programmierschnittstellen unterstützen. Zum Zeitpunkt des Verfassens dieses Buchs gab es keine, die allgemein verfügbar waren.

Die Firmware der USBasp-Programmiergeräte kann zwar ausgetauscht werden, um die TPI-Schnittstelle für die Programmierung von ATtiny4/5/9/10-Mikrocontrollern zu unterstützen, aber diese Aktualisierung verhindert, dass die ISP/SPI-Schnittstelle auf dem in Abbildung A.1 gezeigten USBasp weiterhin funktioniert. Der USBasp muss dann mit einer älteren Version der Firmware programmiert werden, damit die ISP/SPI-Programmierung wieder funktioniert. Ein zweites Programmiergerät wird benötigt, um verschiedene Versionen der Firmware auf einen USBasp zu laden. Zum Zeitpunkt der Erstellung dieses Artikels gab es keine weit verbreiteten Hobby-Programmiergeräte, die die TPI-Schnittstelle und die UPDI-Schnittstelle modernerer AVR-Mikrocontroller unterstützen. Bei der Verwendung dieses Buchs stellt dies kein Problem dar, da keine dieser anderen Schnittstellen verwendet wird.

A.1.3 Verwendung von Hobby-USB-Programmiergeräten mit diesem Buch

Dieses Buch ist für die Verwendung von ATtiny-MCUs konzipiert, die über die ISP/SPI-Schnittstelle verfügen und in DIP-Gehäusen erhältlich sind. Auf diese Weise können die Leser alle Schaltungen in diesem Buch bauen und ein billiges Hobby-Programmiergerät zum Laden der Software verwenden. Nutzer der ATtiny4/5/9/10-Serie mit TPI-Schnittstelle benötigen eventuell ein zusätzliches Hobby-Programmiergerät oder einen Atmel-ICE mit TPI-Unterstützung. ATtiny4/5/9/10-Mikrocontroller sind oberflächenmontierbare Bauteile (SMD), die auf Breakout-Boards gelötet werden müssen, um in Breadboard-Schaltungen verwendet werden zu können. Moderne ATtiny-MCUs, die die UPDI-Schnittstelle verwenden, sind ebenfalls SMD-Teile und werden in diesem Buch nicht behandelt, so dass ein UPDI-Programmiergerät nicht benötigt wird.

A.2 Überblick über die Einrichtung des externen Programmiergeräts

Die folgende Liste enthält alle grundlegenden Schritte, die zum Einrichten eines externen USB-Hobby-Programmiergeräts in Microchip Studio erforderlich sind. Details zu einzelnen Schritten finden Sie im folgenden Abschnitt.

1) Installieren Sie einen Treiber für das Programmiergerät.

2) Laden Sie die Programmiersoftware herunter (ein Programm namens *avrdude*).

3) Bauen Sie eine AVR-Schaltung auf und schließen Sie das Programmiergerät zu Testzwecken an.

4) Ermitteln Sie die Argumente, die an avrdude für den jeweiligen Programmer und AVR-Mikrocontroller übergeben werden müssen.

5) Öffnen Sie Microchip Studio und richten Sie das externe Werkzeug (external tool) und einen Button dafür ein.

6) Testen Sie den Aufbau, indem Sie den Ziel-AVR-Mikrocontroller programmieren.

7) Beheben Sie eventuelle Programmierprobleme.

A.3 Externes Programmiergerät einrichten

Die Schritte in den folgenden Unterabschnitten decken alle Schritte aus der Liste im vorherigen Abschnitt zur Einrichtung eines USB-Hobby-Programmiergeräts in Microchip Studio ab.

A.3.1 Installieren eines Treibers

Für jedes Programmiergerät muss ein Treiber installiert werden, damit es auf einem Windows-Computer funktioniert. Für einen Arduino Uno muss kein Treiber installiert werden, aber es muss der ArduinoISP-Sketch geladen werden, um ihn in ein ISP-Programmiergerät zu verwandeln. Befolgen Sie das Verfahren zur Treiberinstallation unter der richtigen Überschrift für das von Ihnen verwendete Programmiergerät - entweder USBasp, USBtinyISP oder Arduino Uno.

A.3.1.1 USBasp-Treiber

Links zu Firmware, Treibern und anderen Informationen über den USBasp finden Sie auf der Webseite des Entwicklers dieses Geräts, Thomas Fischl, unter www.fischl.de/usbasp/.

Ein Treiberinstallationstool namens Zadig wird verwendet, um einen Treiber für den USBasp auf einem Windows-Computer zu installieren. Gehen Sie zu zadig.akeo.ie und laden Sie die ausführbare Datei Zadig herunter, indem Sie auf den Link unter der Überschrift Download auf der Webseite klicken. Zum Zeitpunkt der Erstellung dieses Dokuments war die neueste Version von Zadig die Version 2.5, und der Dateiname war *zadig-2.5.exe.*

Schließen Sie den USBasp an einen freien USB-Anschluss des Windows-Computers an. Windows wird versuchen, einen Treiber für den USBasp zu installieren, was jedoch fehlschlägt, auch wenn es meldet, dass der Baustein bereit ist. Um zu überprüfen, ob Windows den USBasp gefunden hat, aber die automatische Treiberinstallation fehlgeschlagen ist, klicken Sie mit der rechten Maustaste auf die Windows-Start-Schaltfläche und wählen Sie dann im sich öffnenden Menü den Geräte-Manager. Der USBasp sollte unter Andere Geräte im Geräte-Manager sichtbar sein. Er hat ein dreieckiges Symbol, das anzeigt, dass kein Treiber installiert wurde (siehe Abbildung A.2).

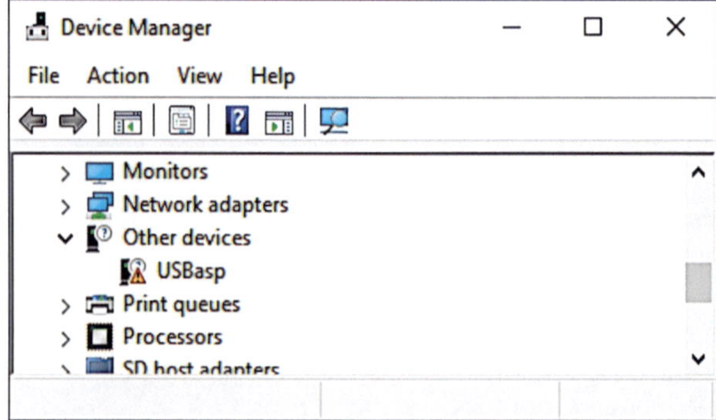

Abbildung A.2: Failed Driver Installation of a USBasp

Starten Sie das ausführbare Programm Zadig, indem Sie mit dem Windows Datei-Explorer dorthin navigieren und dann darauf doppelklicken. Windows öffnet ein Dialogfeld mit der Frage Möchten Sie dieser Anwendung erlauben, Änderungen an Ihrem Gerät vorzunehmen? Klicken Sie in diesem Dialogfeld auf Ja. Im Dialogfeld Zadig update policy können Sie optional auf No klicken, um zu verhindern, dass Zadig online nach Anwendungsupdates sucht, da dies nicht notwendig ist, wenn die neueste Version der Software heruntergeladen wurde. Wenn sich das Zadig-Anwendungsfenster öffnet, sollte der USBasp automatisch ausgewählt sein, wie in Abbildung A.3 gezeigt, vorausgesetzt, dass er an einen USB-Port des Computers angeschlossen ist. Klicken Sie auf den Pfeil nach unten neben der WinUSB-Box (Abbildung A.3), so dass libusb-win32 ausgewählt ist (Abbildung A.4).

Klicken Sie auf die Schaltfläche Install Driver, um den ausgewählten Treiber zu installieren. Zadig zeigt nun in einem Dialogfeld an, dass der Treiber gerade installiert wird. Nachdem die Installation des Treibers abgeschlossen ist, erscheint ein Dialogfeld, das anzeigt, dass der Treiber erfolgreich installiert wurde. Klicken Sie auf die Schaltfläche Close in diesem Dialogfeld. Schließen Sie das Zadig-Anwendungsfenster.

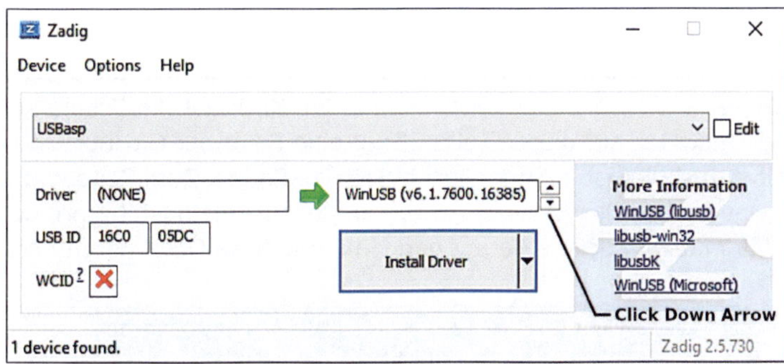

Abbildung A.3: Zadig Fenster nach dem Öffnen

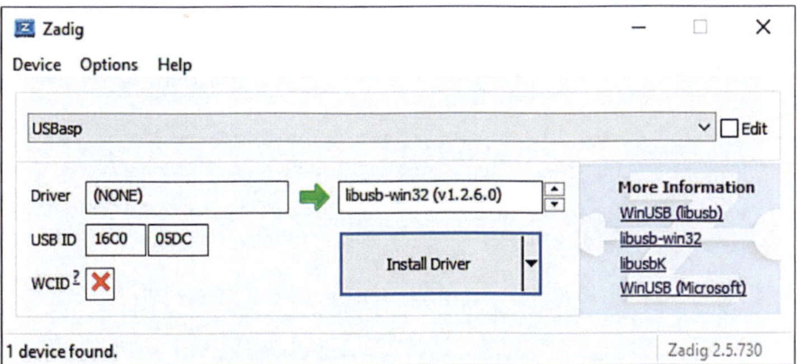

Abbildung A.4: Korrekter Treiber für USBasp ausgewählt in Zadig

Es wurde festgestellt, dass der USBasp nach der Installation des Treibers auf Computern, auf denen Microchip Studio bereits installiert war, unter Atmel USB-Geräte oder unter Microchip Tools im Dialogfeld Geräte-Manager erscheint. Auf Computern, auf denen Microchip Studio nicht installiert war, erschien der USBasp unter libusb-win32-Geräte im Dialogfeld Gerätemanager. Beachten Sie, dass der USBasp in einen USB-Anschluss eingesteckt sein muss, damit er im Dialogfeld "Geräte-Manager" angezeigt wird. Sobald er entfernt wird, verschwindet er aus dem Gerätemanager. **Trennen Sie den USBasp vom USB-Anschluss, bevor Sie ihn an einen Schaltkreis anschließen.**

Wenn der USBasp in diesem Stadium ohne Warnsymbole im Gerätemanager gefunden werden kann, ist der Treiber erfolgreich installiert und der USBasp ist einsatzbereit. Gehen Sie zu Abschnitt A.3.2, um die avrdude Programmiersoftware herunterzuladen und zu installieren.

A.3.1.2 USBtinyISP-Treiber

Der USBtinyISP basiert auf der USBtiny-Softwareimplementierung des USB-Lowspeed-Protokolls. Der USBtinyISP wurde von Adafruit entwickelt, wo auch die Dokumentation und weitere Informationen über das Programmiergerät unter learn.adafruit.com/usbtinyisp zu finden sind. Adafruit stellt alle Informationen zur Verfügung, damit jeder sein eigenes USBtinyISP-Programmiergerät bauen kann und liefert auch einen Bausatz dazu. Es gibt verschiedene Varianten des USBtinyISP, wie die links in Abbildung A.1 am Anfang dieses Kapitels gezeigte.

Einen Link zum Adafruit-Treiber für den USBtinyISP finden Sie auf der USBtinyISP-Treiberseite unter learn.adafruit.com/usbtinyisp/drivers. Ein Klick auf die Schaltfläche Download Adafruit Driver Installer auf dieser Seite öffnet eine Seite auf GitHub. Ein Link zum ausführbaren Treiber-Installer ist auf der GitHub-Seite zu finden. Zum Zeitpunkt der Erstellung dieses Textes war die Installer Version 2.5.0.0 aktuell und die ausführbare Datei hieß *adafruit_drivers_2.5.0.0.exe.* Klicken Sie auf den Link, um diese Datei herunterzuladen.

Abbildung A.5: Microsoft Defender SmartScreen Dialog Box

Nachdem Sie die ausführbare Datei der Adafruit-Treiber heruntergeladen haben, navigieren Sie mit dem Windows-Dateiexplorer zu ihr und doppelklicken Sie auf die Datei, um sie auszuführen. Da das Treiber-Installationsprogramm und die Treiber nicht mehr signiert sind, öffnet Windows ein Microsoft Defender SmartScreen-Dialogfeld, wie in Abbildung A.5 auf der vorherigen Seite dargestellt. Klicken Sie in diesem Dialogfeld auf den Link More Info, wie in Abbildung A.5 dargestellt. Daraufhin öffnet sich ein Dialogfeld mit der Schaltfläche Run Anyway (siehe Abbildung A.6). Klicken Sie auf die Schaltfläche Run Anyway, um das Treiberinstallationsprogramm zu starten. Klicken Sie auf die Schaltfläche Ja in dem Dialogfeld, in dem Windows Sie fragt, ob Sie der Anwendung erlauben wollen, Änderungen vorzunehmen.

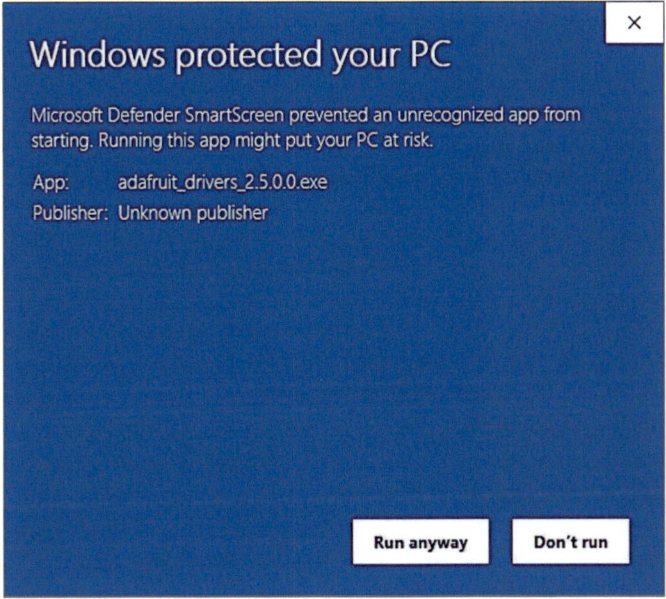

Abbildung A.6: Running Adafruit Drivers Application

Wenn die Adafruit-Treiber-Anwendung startet, müssen Sie den Lizenzbedingungen zustimmen, indem Sie auf die Schaltfläche I Agree klicken. Im nächsten Dialogfeld können verschiedene Treiber mit Hilfe von Kontrollkästchen ausgewählt werden. In diesem Dialogfeld muss nur der Eintrag mit USBtinyISP am Ende angekreuzt werden, wie in Abbildung A.7 auf der nächsten Seite gezeigt. Dieser Punkt ist mit Trinket / Pro Trinket / Gemma (USBtinyISP) bezeichnet, wie in der Abbildung zu sehen ist. Klicken Sie auf die Schaltfläche Install, nachdem Sie den richtigen Treiber ausgewählt haben.

Während der Installation wird ein Dialogfeld angezeigt, in dem Sie gefragt werden, ob Sie die Gerätesoftware für den USBtiny-Baustein installieren möchten. Klicken Sie auf die Schaltfläche Install, um fortzufahren. Nachdem die Treiberinstallation abgeschlossen ist, klicken Sie im Fenster des Adafruit-Treiberinstallationsprogramms auf die Schaltfläche Close.

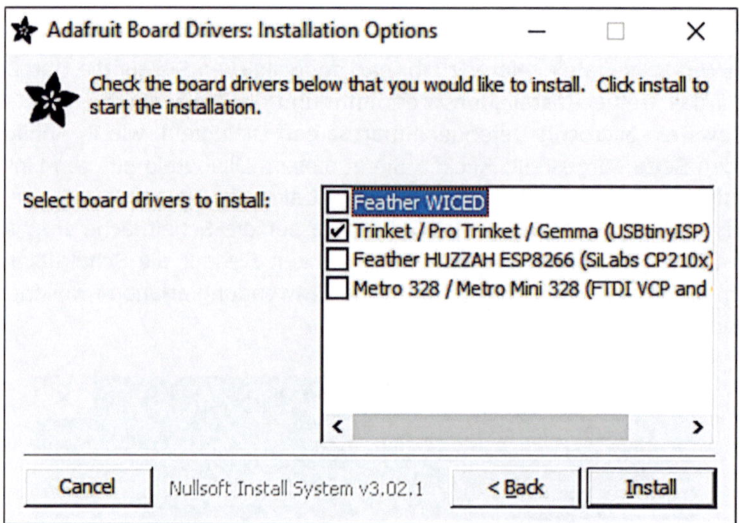

Abbildung A.7: USBtinyISP Treiber auswählen

Um die Treiberinstallation zu testen, schließen Sie den USBtinyISP an einen USB-Anschluss des Host-Computers an. Klicken Sie mit der rechten Maustaste auf die Windows-Start-Schaltfläche, und klicken Sie dann in dem sich öffnenden Menü auf Geräte-Manager. Erweitern Sie den Eintrag Atmel USB-Geräte im Dialogfeld Geräte-Manager, indem Sie auf den Pfeil neben diesem Eintrag klicken. Der USBtiny sollte unter Atmel USB-Geräte zu sehen sein. Wenn der USBtinyISP vom USB-Anschluss getrennt wird, verschwindet er aus dem Gerätemanager. Wenn er wieder in den USB-Anschluss eingesteckt wird, erscheint er wieder im Gerätemanager. **Trennen Sie den USBtinyISP vom USB-Anschluss, bevor Sie ihn an einen Schaltkreis anschließen.**

Zu diesem Zeitpunkt ist der USBtinyISP-Treiber installiert und das USBtinyISP-Programmiergerät ist einsatzbereit. Gehen Sie zu Abschnitt A.3.2, um die avrdude Programmiersoftware herunterzuladen und zu installieren.

A.3.1.3 Arduino Uno Sketch

Zur Verwendung eines Arduino Uno als Programmiergerät muss ein Sketch in den Arduino geladen werden. Obwohl neben dem Arduino Uno auch andere Arduino-Boards verwendet werden können, wird in diesem Buch nur der Uno behandelt, da er das beliebteste Arduino-Modell ist. Diese Anleitung wurde auf einem originalen Arduino Uno R3-Board von www.arduino.cc getestet. Laden Sie die Arduino IDE von www.arduino.cc/en/software herunter und installieren Sie sie auf dem Host-Computer. Eine Installationsanleitung für die IDE finden Sie unter www.arduino.cc/en/Guide. Nach der Installation der Arduino IDE, starten Sie die Arduino IDE-Anwendung und schließen Sie den Arduino Uno an einen USB-Anschluss des Host-Computers an. Windows 10-Computer installieren automatisch einen Treiber für einen echten Arduino Uno R3.

Öffnen Sie in der Arduino IDE den ArduinoISP-Beispielsketch, indem Sie im Top-Menü File ▶ Examples ▶ 11.ArduinoISP ▶ ArduinoISP wählen. Wählen Sie den Arduino Uno als Zielplatine, indem Sie im Top-Menü der IDE Tools ▶ Board ▶ Arduino AVR Boards ▶ Arduino Uno auswählen. Wählen Sie den richtigen Anschluss für den Arduino Uno unter Tools ▶ Port im Top-Menü. Der Arduino Uno muss über USB angeschlossen sein, damit er im Anschlussmenü erscheint. Sobald der ArduinoISP-Sketch ausgewählt ist, klicken Sie auf die Schaltfläche Upload, oder wählen Sie im Top-Menü Sketch ▶ Upload. Die Arduino IDE kompiliert den Sketch und lädt ihn auf den Arduino Uno hoch, wodurch dieser zu einem ISP-Programmiergerät wird. Schließen Sie die Arduino IDE-Anwendung. **Trennen Sie den Arduino vom USB-Anschluss, bevor Sie ihn mit einem Schaltkreis verbinden.**

In diesem Stadium ist der Arduino Uno bereit, als ISP/SPI-Programmer verwendet zu werden. Im folgenden Abschnitt A.3.2 wird die avrdude-Programmiersoftware installiert.

A.3.2 Herunterladen und Installieren von avrdude

Die Programmiersoftware *avrdude* muss heruntergeladen, entpackt und manuell installiert werden. Dazu kopieren Sie die Software und die zugehörige Konfigurationsdatei einfach in einen Ordner auf dem Host-Computer.

Besuchen Sie download.savannah.gnu.org/releases/avrdude/ und scrollen Sie auf der Seite nach unten, um die neueste Version von avrdude zu finden. Zum Zeitpunkt der Buch-Erstellung war die avrdude Version 6.3 aktuell. Klicken Sie auf den Link avrdude-6.3-mingw32.zip, um die gezippte Datei mit demselben Namen herunterzuladen.

Wenn Sie 7-Zip (von www.7-zip.org) auf Ihrem Computer installiert haben, klicken Sie einfach mit der rechten Maustaste auf die heruntergeladene Datei und wählen Sie dann in dem sich öffnenden Menü 7-Zip ▶ Extract to "avrdude-6.3-mingw32\". Dadurch wird ein Ordner mit dem Namen "avrdude-6.3-mingw32" erstellt, in den die beiden Dateien aus der Zip-Datei extrahiert werden.

Wenn Sie nicht 7-Zip verwenden, müssen Sie manuell einen Ordner mit dem Namen avrdude-6.3-mingw32 in einer Instanz des Windows Datei-Explorers erstellen und dann in einer anderen Instanz des Datei-Explorers auf die Zip-Datei avrdude-6.3-mingw32.zip doppelklicken. Ziehen Sie die beiden Dateien aus der geöffneten Zip-Datei in den neu erstellten Ordner.

Verschieben Sie einfach den neu erstellten Ordner mit avrdude in das Stammverzeichnis des Laufwerks C: und installieren Sie auf diese Weise avrdude. Er muss nicht unbedingt dorthin verschoben werden, aber so ist es viel einfacher, ihn zu finden, und der Pfad ist viel kürzer. Öffnen Sie eine zweite Instanz des Windows Datei-Explorers und navigieren Sie direkt zu Lokaler Datenträger (C:) oder über Dieser PC ▶ Lokaler Datenträger (C:). Ziehen Sie nun den Ordner avrdude-6.3-mingw32 per Drag & Drop an diese Stelle. Abbildung A.8 zeigt den Ordner, der auf das Laufwerk C: kopiert wurde. Er sollte zwei Dateien enthalten, die aus der Zip-Datei extrahiert wurden, nämlich avrdude.conf und avrdude.exe.

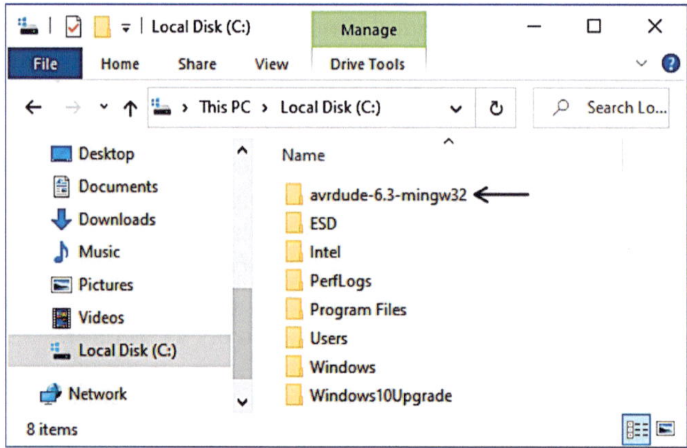

Abbildung A.8: Location des Ordners mit avrdude Files

Damit ist die Installation des Programms avrdude abgeschlossen. Es besteht keine Notwendigkeit, es zum Windows-Pfad hinzuzufügen oder andere Änderungen vorzunehmen. Wir werden es im Installationsordner von Microchip Studio aufrufen. Im nächsten Abschnitt bauen wir eine ATtiny-Schaltung zum Testen des Programmiergeräts und der Programmiersoftware.

A.3.3 Eine AVR-Schaltung aufbauen und einen Programmer anschließen

In Anhang B finden Sie Schaltungen, die ATtiny-MCUs im PDIP-Gehäuse verwenden und die Anschlüsse an die verschiedenen USB-Hobby-Programmiergeräte-Header zeigen. Wählen Sie eine zu Ihrem ATtiny passende Schaltung und Ihr Programmiergerät aus. Bauen Sie die Schaltung auf und schließen Sie Ihr Programmiergerät wie gezeigt an.

Die folgenden Unterabschnitte enthalten Hinweise und weitere Einzelheiten zum Anschluss eines Programmiergeräts an einen ATtiny-Mikrocontroller im 8-Pin-PDIP-Gehäuse, wie in Abbildung B.1 in Anhang B dargestellt. Wenn Sie eine der Schaltungen mit anderen ATtiny-Mikrocontrollern verwenden, wird der Aufbau der Schaltung sehr ähnlich sein, nur die Pin-Nummern für die Stromversorgung und die Programmierung ändern sich.

A.3.3.1 Anschließen einer USBasp

Die 10-polige Stiftleiste des USBasp ist in allen Schaltungen des Anhangs B enthalten und hat die Referenzbezeichnung J2. Dies ist eigentlich ein älterer AVR-Programmierstecker, der durch den jetzt üblichen 6-poligen ISP/SPI-Stecker ersetzt wurde, der in jeder der Schaltungen in den Abbildungen von Anhang B die Referenzbezeichnung J1 hat. Die eigentliche 10-polige Stiftleiste hat GND-Anschlüsse, wo der USBasp in den Abbildungen n.c. hat, was auf nicht angeschlossene Pins hinweist. Im Original-USBasp-Design von Thomas Fischl sind die Pins 4 und 6 der 10-poligen Stiftleiste mit den Pins des Mikrocontrollers am USBasp verbunden. Bei der in Abbildung A.1. am Anfang dieses Kapitels gezeigten Version des USBasp sind diese Pins nicht angeschlossen, wie in den Abbildungen in Anhang B zu sehen ist.

Bevor ein USBasp an einen AVR-Mikrocontroller angeschlossen wird, muss entschieden werden, ob die AVR-Schaltung über den USBasp mit Strom versorgt werden soll oder ob eine externe Stromversorgung verwendet wird. Wenn die Schaltung über den USBasp mit Strom versorgt werden soll, dann verbinden Sie den +5V-Pin des USBasp-Steckers mit +5V der Schaltung, die mit dem VCC-Pin des AVR verbunden ist. Wenn die AVR-Schaltung von einer externen Stromversorgung gespeist werden soll, dann schließen Sie den +5V-Pin des USBasp nicht an den Schaltkreis an - lassen Sie ihn unverbunden.

Es gibt drei verschiedene Möglichkeiten, einen USBasp an einen ATtiny-Mikrocontroller anzuschließen, nämlich 1) direkt über die 10-polige Stiftleiste auf der Platine, 2) über eine 10-polige Buchse am Ende eines Flachbandkabels, das in die Stiftleiste des USBasp eingesteckt wird, und 3) über einen 10-zu-6-Pol-Adapter, der über ein Flachbandkabel mit dem USBasp verbunden ist. Diese Verbindungen werden jeweils unter den folgenden Überschriften beschrieben.

10-polige Stiftleiste

Dupont-Drähte mit einer Buchse an einem und einem Stecker am anderen Ende können verwendet werden, um eine direkte Verbindung zwischen der 10-poligen Stiftleiste des USBasp und einem ATtiny-Mikrocontroller auf einem Breadboard herzustellen. Wenn Sie diese Methode verwenden, müssen die in den Abbildungen in Anhang B gezeigten Anschlüsse am USBasp-Stecker, J2, verwendet werden. J2 ist eine Draufsicht auf die 10-polige Stiftleiste des USBasp.

10-polige Buchse am Flachbandkabel

Wenn Sie ein Flachbandkabel mit einer 10-poligen Buchse an jedem Ende in den Stecker des USBasp einstecken, können Sie mittels Dupont-Kabeln mit einem Stecker an jedem Ende oder einadrigen Kabeln die Buchse mit dem Breadboard verbinden. Wenn Sie diese Verbindungsmethode verwenden, benutzen Sie die Abbildung mit der 10-poligen Buchse, die Sie neben J2 in jeder der Abbildungen in Anhang B finden, um die Verbindungen vom USBasp zur Breadboard-Schaltung herzustellen. Dieses Bild hat die gleiche Pinbelegung wie J2, ist aber umgedreht und zeigt auf die Löcher der Buchse am Ende des Flachbandkabels. Die Verwendung dieses Bildes erleichtert den Anschluss des USBasp an die AVR-Schaltung, da das Bild die Anschlussbelegung der Buchse zeigt.

6-poliger Adapter (ISP/SPI)

Wenn Sie einen 10-auf-6-Pol-Adapter mit dem USBasp verwenden, benutzen Sie das eingefügte Bild über dem SPI-Header J1 in jeder der Abbildungen in Anhang B, um den USBasp mit dem Schaltkreis zu verbinden. Verwenden Sie entweder Dupont-Kabel mit einem Stecker an jedem Ende oder Einzellitzen, um die 6-polige Buchse des USBasp-Adapters mit der AVR-Schaltung zu verbinden. Das eingefügte Bild hat die gleiche Pinbelegung wie J1, außer dass es umgedreht ist und auf die Löcher der 6-poligen Buchse des Adapters zeigt. Verwenden Sie dieses Bild als Plan für den Anschluss des USBasp an die AVR-Schaltung.

A.3.3.2 Anschließen eines USBtinyISP

USBtinyISP-Programmiergeräte und Varianten des ursprünglichen USBtinyISP-Designs haben normalerweise einen 6-poligen ISP/SPI-Anschluss. Dieser kann in Form einer Stiftleiste und/oder einer 6-poligen Buchse am Ende eines Flachbandkabels ausgeführt sein. In den folgenden Abschnitten werden die Anschlüsse an eine Stiftleiste und eine Flachbandkabelbuchse beschrieben.

6-polige Stiftleiste

Verbindungen können direkt von einer 6-poligen Stiftleiste auf einem USBtinyISP zu einem AVR-Schaltkreis hergestellt werden, indem Dupont-Kabel mit einer Buchse an einem Ende und einem Stecker am anderen Ende verwendet werden. Wenn Sie diese Verbindung herstellen, verwenden Sie den Anschluss J1, die SPI-Stiftleiste, aus den Schaltungen in Anhang B, um die Verbindungen zur AVR-Schaltung herzustellen.

6-polige Buchse am Flachbandkabel

Verwenden Sie entweder Dupont-Kabel mit einem Stift an jedem Ende oder Einzelleitungen, um die 6-polige Buchse des USBtinyISP mit dem AVR-Schaltkreis zu verbinden. Wenn Sie diese Verbindung herstellen, verwenden Sie die Abbildung der 6-poligen Buchse über J1 in den Schaltkreisen in Anhang B. Das Bild ist eine Ansicht mit Blick auf die Löcher der Buchse.

A.3.3.3 Anschließen eines Arduino Uno ArduinoISP

Jede Schaltung in Anhang B zeigt die Anschlüsse zur Verbindung eines Arduino Uno mit einem ATtiny, wenn Sie den Arduino als ISP-Programmiergerät verwenden. Der Sketch namens ArduinoISP muss auf den Arduino geladen werden, wie bereits in diesem Anhang beschrieben.

In der Abbildung jeder Schaltung in Anhang B, die die Arduino-Uno-Anschlüsse enthält, sind nur die Anschlüsse eines der Arduino-Uno-Randstecker und der zugehörige ICSP-Header dargestellt. Diese Anschlüsse gelten für einen Arduino Uno, bei dem die Oberseite der Platine nach oben zeigt und der USB-Anschluss sich auf der linken Seite befindet. Alle Programmieranschlüsse können von der oberen linken Arduino-Steckleiste am Rand der Platine abgezogen werden, die alle ISP/SPI-Pins zur Verfügung stellt - GND, SCK, MISO, MOSI und RESET. Wenn Sie diesen Anschluss für die Verbindung mit dem AVR-Schaltkreis verwenden, können Sie entweder Dupont-Stecker mit einem Stift an jedem Ende oder einadrige Kabel verwenden, um die Verbindungen herzustellen. Um die Schaltung über den Arduino Uno mit Strom zu versorgen, verwenden Sie die 5V-Verbindung vom POWER-Anschluss des Arduino auf der gegenüberliegenden Seite der Platine oder 5V vom Arduino Uno ICSP-Header.

Alternativ zur Verwendung des Randsteckers zum Anschluss an den AVR-Zielschaltkreis können Kabel vom ICSP-Header zum AVR-Schaltkreis angeschlossen werden. In diesem Fall können Dupont-Kabel mit einer Buchse an einem Ende und einem Stecker am anderen Ende verwendet werden. Beachten Sie, dass RESET weiterhin von Pin 10 des Randsteckers und nicht vom ICSP-Header abgegriffen werden muss. RESET auf dem ICSP-Header ist ein Reset-Eingang für den Arduino.

A.3.4 Programmierparameter

Die Programmierparameter oder Kommandozeilenoptionen (auch Argumente genannt), die an avrdude übergeben werden sollen, müssen für jede Kombination von ATtiny und verwendetem Programmiergerät ausgearbeitet werden. Diese Parameter werden in Microchip Studio eingestellt, das sie bei Aufruf von avrdude an dieses Programm übergibt.

A.3.4.1 Dokumentation für avrdude

Die Dokumentation für jede Version von avrdude in Form von PDF-Dateien mit weiteren Informationen zur Verwendung von avrdude finden Sie unter download.savannah.gnu.org/releases/avrdude/. Die Datei avrdude-doc-6.3.pdf ist die Dokumentation für Version 6.3 von avrdude, die zum Zeitpunkt der Erstellung dieses Textes die aktuelle Version war. Dies ist die offizielle avrdude-Dokumentation, die für Informationen über avrdude herangezogen werden kann. Sie enthält Programmierparameter, die avrdude versteht.

A.3.4.2 Erläuterung der Parameter für avrdude

Die Parameter, die an avrdude für verschiedene Programmiergeräte übergeben werden müssen, werden hier erklärt. Dieser Abschnitt ist nur ein Überblick, um ein besseres Verständnis für die Funktionsweise von avrdude zu bekommen. Es folgen spezifische Parameter für die drei in diesem Buch behandelten Hobby-Programmiergeräte. Als erstes Beispiel sehen Sie sich das Folgende an.

```
avrdude -p t85 -c usbasp -P usb -U flash:w: "file.hex"
```

Die obige Codezeile zeigt, wie avrdude von der Kommandozeile aufgerufen wird, um ein Programm aus einer Datei in den Flash-Speicher eines AVR-Mikrocontrollers zu laden. Obwohl wir avrdude nicht direkt von der Kommandozeile aus aufrufen werden, ist avrdude ein Kommandozeilenprogramm, und wir müssen verstehen, wie man es benutzt, wenn wir es in Microchip Studio einrichten.

Das erste Element in der obigen Zeile ist avrdude, das das ausführbare Programm avrdude aufruft - mit anderen Worten, es ruft das heruntergeladene Programm avrdude mit dem Namen avrdude.exe auf bzw. führt es aus. Die Elemente nach dem Aufruf von avrdude sind Befehlszeilenoptionen, die an avrdude von der Befehlszeile aus übergeben werden, indem sie einfach nach avrdude eingegeben werden.

Die erste Option ist der Schalter -p, der angibt, welches Bauteil programmiert werden soll, gefolgt von dem Code für das spezifische Bauteil. In diesem Beispiel folgt auf -p der Code t85 für den ATtiny85. Die Bauteilcodes für ATtiny-MCUs im PDIP-Gehäuse aus Tabelle 1.1 in Abschnitt 1.3 von Kapitel 1 sind in Tabelle A.1 aufgeführt. Tabelle A.1 enthält nur eine kleine Anzahl von AVRs, die avrdude programmieren kann. Die vielen anderen unterstützten Bauteile können im avrdude PDF-Dokument gefunden werden.

8-Pin PDIP		**20-Pin PDIP**	
ATtiny13	t13	ATtiny26	t26
ATtiny13A	t13	ATtiny261A	t261
		ATtiny461	t461
ATtiny25	t25	ATtiny461A	t461
ATtiny45	t45	ATtiny861	t861
ATtiny85	t85	ATtiny861A	t861
14-Pin PDIP			
		ATtiny2313	t2313
ATtiny24	t24	ATtiny2313A	t2313
ATtiny24A	t24	ATtiny4313	t4313
ATtiny44	t44	**28-Pin PDIP**	
ATtiny44A	t44		
ATtiny84	t84	ATtiny48	t48 *
ATtiny84A	t84	ATtiny88	t88

Tabelle A.1: Codierung der ATtiny Mikrocontroller in avrdude

In Tabelle A.1 ist der ATtiny48 mit einem Sternchen gekennzeichnet, da er nicht in der Liste der unterstützten Bausteine in der avrdude-Dokumentation enthalten ist und von avrdude Version 6.3 nicht unterstützt wird. Die Unterstützung für den ATtiny48 kann durch Ändern der Datei avrdude.conf, die mit avrdude geliefert wurde, hinzugefügt werden. Diese Textdatei kann mit einem beliebigen Text- oder Code-Editor bearbeitet werden, um den Eintrag aus

lists.nongnu.org/archive/html/avrdude-dev/2009-08/msg00005.html

hinzuzufügen. Es genügt, diese Datei in einem Texteditor zu öffnen und nach "ATtiny88" zu suchen, um den Eintrag aus dem obigen Link über ATtiny88 zu platzieren. Wenn Sie sich die Bearbeitung der Datei nicht zutrauen oder eine schnelle Lösung suchen, finden Sie die modifizierte Datei avrdude.conf in den Begleitdateien zu diesem Buch. Kopieren Sie einfach die geänderte Datei und ersetzen Sie die aktuell existierende, die sich in dem Ordner befindet, in den wir avrdude installiert haben. Das ist C:\avrdude-6.3-mingw32, wenn Sie den Anweisungen in diesem Anhang gefolgt sind.

Zurück zum Beispiel mit den avrdude-Befehlszeilenparametern und zum Schalter -c, gefolgt von einem Programmer-Namen, wie unten fett gedruckt zu sehen ist.

```
avrdude -p t85 -c usbasp -P usb -U flash:w:"file.hex"
```

Dem Schalter -c muss eine Programmiergeräte-ID folgen. Im obigen Beispiel ist das der USBasp. Tabelle A.2 zeigt die drei Programmiergeräte, die in diesem Anhang behandelt werden, mit ihren avrdude-Programmer-IDs.

Programmer	**ID**
USBasp	usbasp
USBasp Clone	usbasp-clone
USBtinyISP	usbtiny
ArduinoISP	avrisp

Tabelle A.2: avrdude Programmer IDs

Bei dem in diesem Buch abgebildeten USBasp funktioniert die usbasp-ID. Wenn Sie Probleme beim Programmieren mit Ihrem USBasp haben, können Sie stattdessen usbasp-clone versuchen. Wie in Tabelle A.2 zu sehen ist, lautet die Programmer-ID für einen USBtinyISP usbtiny. Wenn ein Arduino Uno mit dem ArduinoISP-Sketch geladen wurde, ist er effektiv ein ISP-Programmer geworden, so dass die ID avrisp mit ihm verwendet werden muss. Viele weitere Programmer werden von avrdude unterstützt, aber wie bereits erwähnt, werden in diesem Anhang nur drei Programmer behandelt.

Bei der Übergabe von Parametern an avrdude wird zwischen Groß- und Kleinschreibung unterschieden. Wir haben gesehen, dass der Schalter -p in Kleinbuchstaben verwendet wird, um das Teil anzugeben. Mit dem Schalter -P in Großbuchstaben wird der vom Programmer verwendete Anschluss angegeben - in unserem Beispiel ein USB-Anschluss, wie unten in Fettdruck zu sehen ist.

```
avrdude -p t85 -c usbasp -P usb -U flash:w:"file.hex"
```

Sowohl dem USBasp als auch dem USBtinyISP muss usb nach -P übergeben werden. Für den ArduinoISP, der als virtueller COM-Port erscheint, muss die COM-Port-Nummer nach -P angegeben werden, z.B. COM3, wenn dies die Port-Nummer ist, die dem Arduino beim Anschließen zugewiesen wird. Nur für den ArduinoISP muss eine Baudrate mit -b angegeben werden, die nach dem Schalter -P und dem Porttyp platziert werden kann. Dies muss -b 19200 sein.

Schließlich kommen wir zum Schalter -U, der angibt, dass eine Speicheroperation durchgeführt werden soll. Beachten Sie, dass es sich hierbei um ein großes U handelt. Nach dem Schalter -U folgen der Speichertyp, die auszuführende Operation und der Dateiname, alle durch Doppelpunkte getrennt. In unserem Beispiel ist der Speichertyp Flash-Programmspeicher und die Operation ist eine Schreiboperation. Es wird eine Beispieldatei namens file.hex gezeigt. Diese Optionen werden an avrdude nach dem Schalter -U als flash:w: "file.hex" übergeben, wobei flash den Flash-Speicher angibt, w eine Schreiboperation und file.hex der Name der Datei ist, die das zu ladende Programm enthält. Der Dateiname muss nicht in Anführungszeichen gesetzt werden, aber wenn ein Pfad zur Datei angegeben wird, der ein oder mehrere Leerzeichen enthält, sind die Anführungszeichen erforderlich. Die Datei wird in Microchip Studio als Teil des Build-Prozesses generiert und liegt im hexadezimalen Format vor.

Nachdem wir nun verstanden haben, was an avrdude übergeben werden muss, um den zu programmierenden Ziel-AVR, das verwendete Programmiergerät und die auszuführende Operation zu spezifizieren, können wir uns die Parameter für die spezifischen Programmiergeräte ansehen, die in diesem Anhang behandelt werden. Die drei folgenden Abschnitte zeigen die Kommandozeilenparameter bzw. Argumente, die avrdude für einen USBasp, USBtinyISP und einen Arduino Uno mit geladenem ArduinoISP Sketch benötigt. Diese Parameter werden dann im folgenden Abschnitt A.3.5 verwendet, um die externen Programmer in Microchip Studio einzurichten.

A.3.4.3 Parameter für einen USBasp

Die Parameter, die an avrdude für einen USBasp übergeben werden, sind die gleichen wie im Beispiel des vorherigen Abschnitts und werden im Folgenden nochmals gezeigt.

```
avrdude -p t85 -c usbasp -P usb -U flash:w:"file.hex"
```

Denken Sie daran, den AVR-Typ in denjenigen abzuändern, den Sie programmieren wollen. Verwenden Sie Tabelle A.1, um den richtigen Teilecode zu finden. Denken Sie auch daran, dass Sie bei Problemen mit Ihrem USBasp möglicherweise die Option -c mit usbasp-clone anstelle von usbasp verwenden müssen.

A.3.4.4 Parameter für einen USBtinyISP

Für einen USBtinyISP verwenden Sie die folgenden Parameter:

```
avrdude -p t85 -c usbtiny -P usb -U flash:w:"file.hex"
```

Denken Sie daran, den AVR-Typ, den Sie programmieren wollen, aus Tabelle A.1 auszuwählen und ihn hinter den Schalter -p zu setzen.

A.3.4.5 Parameter für einen ArduinoISP

Für einen Arduino Uno, der mit dem ArduinoISP-Sketch geladen ist, verwenden Sie folgende Parameter:

```
avrdude -p t85 -c avrisp -P COM3 -b 19200 -U flash:w:"file.hex"
```

Ändern Sie den Teil nach dem Schalter -p auf den verwendeten ATtiny, wie in Tabelle A.1 angegeben. Suchen Sie den richtigen COM-Port nach dem Schalter -P und geben Sie ihn an. Dieser kann entweder über den Gerätemanager in Windows oder über die Arduino IDE gefunden werden.

Im nächsten Abschnitt werden die avrdude-Parameter, die wir gerade für jedes Programmiergerät erarbeitet haben, zur Einrichtung der Programmiergeräte in Microchip Studio verwendet.

A.3.5 Microchip Studio Externes Tool einrichten

Microchip Studio verfügt über eine Option zum Einrichten externer Programmiertools, mit denen avrdude von Microchip Studio aus ausgeführt werden kann. Die Befehlszeilenoptionen für avrdude sind Teil des Setups, so dass Microchip Studio diese Optionen an avrdude weitergeben kann, wenn dieses aufgerufen wird. Die richtige Programmdatei wird ebenfalls automatisch an avrdude übergeben, so dass sie in den Flash-Programmspeicher des Ziel-AVRs geladen wird.

An dieser Stelle wird davon ausgegangen, dass Sie jeden Teil dieses Anhangs von Anfang an befolgt haben und eine AVR-Schaltung auf einem Breadboard aufgebaut und einen der unterstützten Hobby-Programmer korrekt angeschlossen haben. Um einen der Hobby-Programmer als externes Programmierwerkzeug in Microchip Studio einzurichten, führen Sie jeden Schritt in den folgenden Unterabschnitten aus.

A.3.5.1 Öffnen eines Assembler- oder C-Projekts

Starten Sie Microchip Studio und öffnen Sie entweder das Projekt led_blink_asm oder led_blink_c, die in Kapitel 2 in Abschnitt 2.3.2 bzw. Abschnitt 2.4.2 erstellt wurden. Wenn Sie eine der alternativen Schaltungen aus Anhang B verwenden, bei der die LED und der Vorwiderstand an Pin PB0 angeschlossen sind, dann verwenden Sie eines der alternativen Programme aus Abschnitt B.5 in Anhang B.

A.3.5.2 Hinzufügen eines externen Tools in Microchip Studio

Wählen Sie in Microchip Studio im Top-Menü Tools ► External Tools... aus. Dadurch wird das Dialogfeld External Tools geöffnet. Wenn noch keine anderen Tools in diesem Dialogfeld eingerichtet wurden, können Sie mit der Eingabe von Informationen in die verschiedenen Felder beginnen, um ein externes Tool einzurichten. Wenn bereits ein oder mehrere externe Tools eingerichtet sind, müssen Sie zuerst auf die Schaltfläche Add klicken. Abbildung A.9 zeigt das Dialogfeld External Tools. Füllen Sie die Felder wie folgt aus:

Title: USBasp ATtiny85

Dies kann ein beliebiger Text sein. Eine gute Idee ist es, den Namen des Programmers und den verwendete MCU-Typ einzuschließen, zum Beispiel: USBasp ATtiny85

Command: C:\avrdude-6.3-mingw32\avrdude.exe

Angenommen, Sie haben avrdude in einem Ordner namens avrdude-6.3-mingw32 im Stammverzeichnis des Laufwerks C: installiert, dann muss das Befehlsfeld den oben gezeigten Text enthalten. Um diese Zeile nicht manuell eingeben zu müssen, klicken Sie auf die Schaltfläche ... am Ende des Feldes Command, um das Dialogfeld Open File zu öffnen. Verwenden Sie dieses Dialogfeld, um zu dem Ordner zu navigieren, der avrdude enthält. Klicken Sie im Ordner auf die Datei avrdude.exe, um sie auszuwählen, und klicken Sie dann auf die Schaltfläche Open im Dialogfeld.

Arguments: Programmer- und teilespezifisch, siehe unten.

Die Programmierparameter für avrdude, die wir uns in Abschnitt A.3.4 angesehen haben, müssen in das Feld Arguments eingetragen werden. Dies sind die Befehlszeilenoptionen, die an avrdude übergeben werden müssen. Da wir die ausführbare Datei von avrdude bereits im Feld Command angegeben haben, müssen wir sie am Anfang der avrdude-Parameter weglassen.

Wir müssen auch Makros zu den Parametern hinzufügen, damit der Pfad zu der Hexadezimaldatei, die den in den Flash-Speicher zu ladenden Maschinencode enthält, an avrdude übergeben wird. Die Parameter, die in das Feld "Arguments" eingegeben werden müssen, lauten für die drei Hobby-Programmer wie folgt:

USBasp

```
-p t85 -c usbasp -P usb -U flash:w:"$(OutDir)Debug\$(TargetName).hex"
```

USBtinyISP

```
-p t85 -c usbtiny -P usb -U flash:w:"$(OutDir)Debug\$(TargetName).hex"
```

ArduinoISP (Arduino Uno with ArduinoISP sketch loaded)

```
-p t85 -c avrisp -P COM3 -b 19200 -U flash:w:"$(OutDir)Debug\$(TargetName).hex"
```

Das Bausteinkürzel nach dem Schalter -p muss in jeder der obigen Zeilen auf den richtigen Code für den verwendeten ATtiny geändert werden. Schauen Sie in Tabelle A.1 in Abschnitt A.3.4.2 in diesem Anhang nach, um die Codes für ATtiny-Bauteile zu finden. Ändern Sie den COM-Port des ArduinoISP auf die richtige Nummer. Kopieren Sie die Zeile in das Feld Arguments des Dialogfelds External Tools.

In den obigen Zeilen werden zwei Makros verwendet: eines, um den Pfad zur Hex-Datei zu finden, und das andere, um den Namen der Hex-Datei zu ermitteln. Das Makro $(OutDir) löst den Pfad zum aktuellen Projekt auf. Danach folgt Debug, um den Debug-Ordner an das Ende des Pfades anzuhängen. Die Hex-Datei befindet sich im Debug-Ordner des Microchip Studio-Projekts. Das Makro $(TargetName) löst den Namen des aktuellen Projekts auf, der auch der Name der Hex-Datei ist. In den obigen Zeilen folgt .hex, weil die Hex-Datei mit einer .hex-Dateierweiterung endet.

Initial Directory: $(ProjectDir)

Wenn Sie das Makro $(ProjectDir) in dieses Feld eingeben, findet Microchip Studio automatisch den Pfad zum aktuellen Projektordner und startet avrdude in diesem Ordner.

Use Output window

Dieses Feld ist ein Kontrollkästchen. Klicken Sie auf das Kästchen, so dass ein Häkchen darin erscheint.

Abbildung A.9 zeigt das Dialogfeld "External Tools", nachdem es für das USBasp-Programmiergerät ausgefüllt worden ist. In der Abbildung wurde das Bausteinkürzel in t45 für einen ATtiny45 geändert, und das Feld Title wurde geändert, um anzuzeigen, dass das Programmiergerät für einen ATtiny45 eingerichtet ist. Das Feld Arguments in Abbildung A.9 ist unkenntlich gemacht, enthält aber die folgende Zeile:

```
-p t45 -c usbasp -P usb -U flash:w:"$(OutDir)Debug\$(TargetName).hex"
```

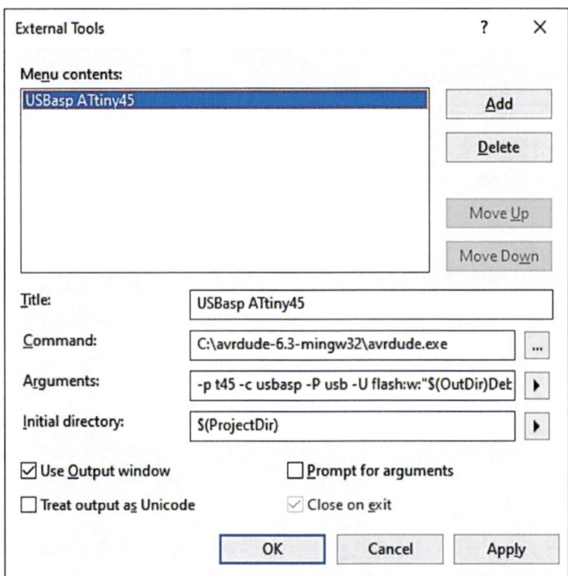

Abbildung A.9: External Tools Dialog Box in Microchip Studio

Nach dem Ausfüllen der Felder des Dialogfelds External Tools klicken Sie auf die Schaltfläche OK, um die Änderungen zu speichern und das Dialogfeld zu schließen. Das Programmiergerät, das über das Dialogfeld "External Tools" eingerichtet wurde, befindet sich nun im Top-Menü "Tools" in Microchip Studio, oberhalb der Option "External Tools...".

A.3.5.3 Hinzufügen einer Symbolleistenschaltfläche für das externe Werkzeug

Es ist viel einfacher, auf eine Schaltfläche in der Symbolleiste zu klicken, um ein Programm in den Ziel-AVR zu laden, als das externe Programmiergerät über das obere Menü Tools auswählen zu müssen. Wir richten nun eine Symbolleisten-Schaltfläche für das externe Tool ein, das wir gerade zu Microchip Studio hinzugefügt haben.

Wählen Sie in Microchip Studio im Top-Menü Tools ► Customize.... Klicken Sie im Dialogfeld Customize auf die Registerkarte Commands. Klicken Sie nun auf das Optionsfeld Toolbar. Wählen Sie in der Dropdown-Liste neben der Optionsschaltfläche Toolbar die Option Device and Debugger (Baustein und Debugger) - damit wird eine Symbolleiste namens *Device and Debugger (Baustein und Debugger)* ausgewählt, der wir unsere Programmierschaltfläche hinzufügen werden. Klicken Sie auf die Schaltfläche Add Command.... Klicken Sie im linken Fensterbereich des Dialogfelds Add Command auf Tools. Scrollen Sie im rechten Bereich des Dialogfelds Add Command nach unten, um External Command 1 zu finden, und klicken Sie auf ihn, um ihn auszuwählen. Klicken Sie im Dialogfeld "Add Command" auf die Schaltfläche OK. Das Dialogfeld Customize sollte nun wie in Abbildung A.10 aussehen. Klicken Sie auf die Schaltfläche Close in der Dialogbox Customize. Eine Schaltfläche mit demselben Namen, der dem externen Werkzeug im Feld Title des Dialogfelds External Tools gegeben wurde, wird in einer der Symbolleisten in Microchip Studio angezeigt - neben der Bausteinbezeichnung für das aktuell geöffnete Projekt.

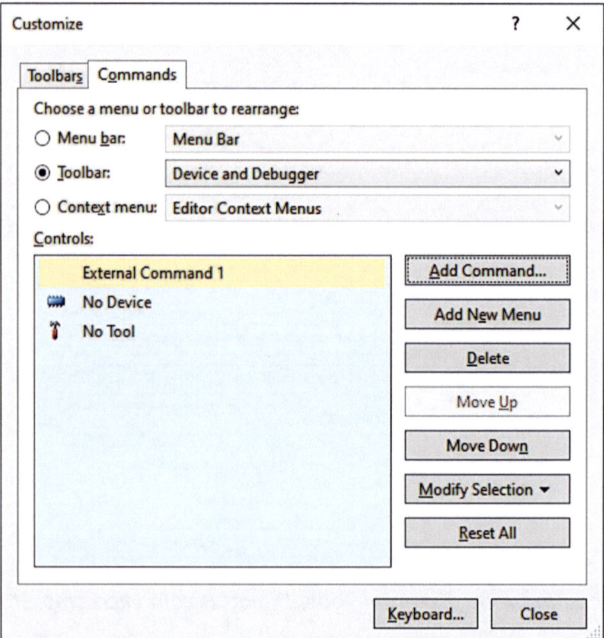

Abbildung A.10: Toolbar Button hinzufügen (Customize Dialog Box)

In dem oben beschriebenen Verfahren entspricht External Command 1 dem ersten hinzugefügten externen Werkzeug. Wenn weitere externe Tools hinzugefügt werden, entsprechen sie dem External Command 2 und so weiter. Auf diese Weise kann für jedes externe Werkzeug eine Schaltfläche hinzugefügt werden.

A.3.6 Testen des Programmers

Nachdem wir einen Hobby-Programmer als externes Tool in Microchip Studio eingerichtet haben, sind wir nun bereit, den Programmer zu testen. In diesem Stadium sollte das Programmiergerät mit einer AVR-Schaltung auf einem Breadboard verbunden werden, wie bereits in diesem Anhang beschrieben. Überprüfen Sie, ob das Programmiergerät korrekt mit der Schaltung verdrahtet ist. Wenn das Programmiergerät für die Stromversorgung der Schaltung verwendet werden soll, stellen Sie sicher, dass 5V vom Programmiergerät an die Schaltung angeschlossen sind. Wenn die Schaltung von einer externen Stromversorgung gespeist werden soll, trennen Sie die 5V- oder VCC-Verbindung vom Programmiergerät. Schließen Sie das Programmiergerät an einen USB-Anschluss des Host-Computers an. Wenn Sie eine externe Stromversorgung verwenden, schalten Sie diese ein.

Wenn der ATtiny-Schaltkreis an das Programmiergerät angeschlossen und eingeschaltet ist und eines der LED-Blinkprojekte in Microchip Studio geöffnet ist, stellen Sie sicher, dass das Projekt erstellt ist, indem Sie auf die Schaltfläche Build in der Symbolleiste klicken. Klicken Sie auf die Programmschaltfläche, die wir im vorherigen Schritt eingerichtet haben, um das Programm in den ATtiny zu laden. Alternativ können Sie im Top-Menü auf Tools und dann im sich öffnenden Menü auf den Programmer klicken, um das Programm in den Ziel-ATtiny zu laden.

Wenn während der Programmierung alles gut läuft, beginnt die mit dem Ziel-ATtiny verbundene LED zu blinken. Ausgabemeldungen von avrdude erscheinen am unteren Rand von Microchip Studio und zeigen den Erfolg mit einer Meldung an, die ähnlich wie die folgende aussehen sollte.

```
avrdude.exe: verifying ...
avrdude.exe: 26 bytes of flash verified
```

A.3.7 Programmierprobleme und Lösungen

Wenn es Probleme bei der Programmierung des Ziel-AVR-Mikrocontrollers gab, sehen Sie sich zuerst die Ausgabe von avrdude an, die am unteren Rand von Microchip Studio angezeigt wird. Scrollen Sie durch diesen Text und versuchen Sie herauszufinden, was falsch ist. Wenn die Stromversorgung nicht angeschlossen war oder der falsche Bauteilcode an avrdude übergeben wurde, kann dies normalerweise im avrdude-Ausgabetext gefunden werden.

Überprüfen Sie das Offensichtliche, z.B. ob der Programmer korrekt an den Ziel-AVR angeschlossen ist und ob der Programmer im Gerätemanager von Windows gefunden werden kann. Wenn der Programmer über ein USB-Kabel mit dem Host-Computer verbunden ist, prüfen Sie, ob das USB-Kabel defekt ist. Einige USB-Kabel dienen nur zum Aufladen und sind mit Strom-, aber nicht mit Daten-Leitungen versehen. Programmiergeräte verfügen in der Regel über eine Betriebs-LED, die aufleuchtet, wenn sie an einen USB-Anschluss angeschlossen sind - überprüfen Sie, ob die LED leuchtet.

Gehen Sie zurück und überprüfen Sie, ob die an avrdude übergebenen Parameter korrekt sind und ob alles in den Feldern der Dialogbox External Tools für den verwendeten Programmer und den Ziel-AVR korrekt ist.

Wenn das Programm in den Ziel-ATtiny geladen wird, aber die LED nicht blinkt, dann überprüfen Sie, ob die LED und der Vorwiderstand richtig verdrahtet sind und ob der LED-Blink-Programmcode genau so ist, wie in diesem Buch beschrieben.

Anhang B • Alternative Schaltungen und Programme

Dieser Anhang enthält Schaltungen für alle ATtiny-MCUs im PDIP-Gehäuse aus Tabelle 1.1 in Kapitel 1. Er enthält auch Anschlüsse für USB-Programmiergeräte, die ISP verwenden, die 10-polige USBasp-Stiftleiste und den Arduino Uno, der als ISP-Programmiergerät verwendet wird, wie in Anhang A beschrieben.

Die Schaltungen in diesem Anhang nach Abbildung B.1 verwenden andere ATtiny-PDIP-Mikrocontroller als die Schaltung in Abbildung 2.1 in Abschnitt 2.2 von Kapitel 2. Diese Schaltungen sind für Leser gedacht, die andere ATtiny-Bausteine verwenden möchten, und für Leser, die nur die ISP/SPI-Programmierschnittstelle (ohne debugWIRE) verwenden - durch die Verwendung von ATtiny-Bausteinen mit höherer Pinanzahl bleiben mehr Pins frei, wenn die ISP-Programmierung verwendet wird.

Wenn die LED in einer Schaltung an einen anderen I/O-Pin als in Abbildung 2.1 angeschlossen ist, ist ein äquivalentes Programm zu dem Programm led_blink_asm aus Abschnitt 2.3.2 und dem Programm led_blink_c aus Abschnitt 2.4.2, beide aus Kapitel 2, enthalten.

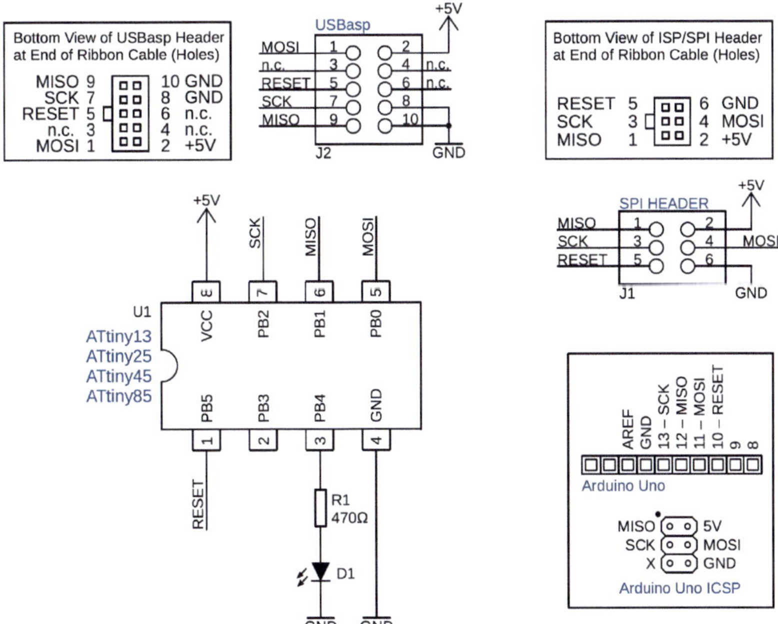

Abbildung B.1: 8-Pin ATtiny13/25/45/85 Beschaltung und Programmer-Verbindungen

Um die Verbindungen zu einem Programmiergerät herzustellen, stimmen Sie die Beschriftungen auf der Stiftleiste des verwendeten Programmiergeräts mit den gleichen Beschriftungen auf den ATtiny-Pins ab. Wenn Sie einen 10-auf-6-Pol-Adapter mit dem USBasp verwenden, verdrahten Sie ihn entsprechend der ISP/SPI-Verbindung. Wenn Sie ein USBtinyISP-Programmiergerät benutzen, verwenden Sie die ISP/SPI-Verdrahtung.

Bei der Verwendung eines Arduino Uno als ISP-Programmer muss der Reset vom digitalen Pin 10 verwendet werden, aber die anderen Anschlüsse können von der Buchsenleiste am Rand der Platine oder vom ICSP-Header des Arduino Uno abgenommen werden. Nehmen Sie den Reset nicht vom ICSP-Header, der mit einem X gekennzeichnet ist. Die Ausrichtung der Arduino-Uno-Header in der Schaltung ist "mit dem USB-Anschluss des Arduino Uno auf der linken Seite". Verwenden Sie die Programme led_blink_asm und led_blink_c aus Kapitel 2 mit dieser Schaltung.

B.2 14-Pin PDIP ATtiny24/44/84

Abbildung B.2 zeigt den Anschluss eines Programmiergeräts an einen 14-Pin PDIP ATtiny der Reihe ATtiny24/44/84. Es umfasst Verbindungen zu einem 10-poligen USBasp-Anschluss, einem ISP/SPI-Anschluss und einem als ISP-Programmer eingerichteten Arduino Uno.

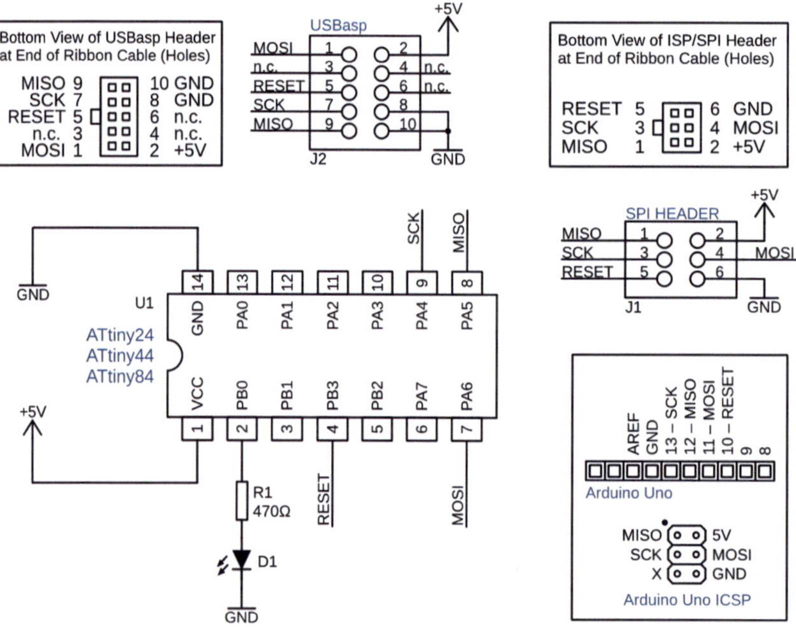

Abbildung B.2: 14-Pin ATtiny24/44/84 Beschaltung und Programmer-Verbindungen

Bei dieser Reihe von Mikrocontrollern gibt es keinen Pin PB4, so dass die LED stattdessen an PB0 angeschlossen ist. Das bedeutet, dass die led_blink_asm und led_blink_c Programme aus Kapitel 2 geändert werden müssen, um Pin PB0 statt Pin PB4 zu verwenden. Siehe Abschnitt B.5 dieses Anhangs für Alternativen zu den Assembler- und C-Programmen, die die an Pin PB0 angeschlossene LED blinken lassen.

Wenn Sie einen 10-auf-6-Pol-Adapter mit dem USBasp verwenden, verdrahten Sie ihn entsprechend dem ISP/SPI-Anschluss. Wenn Sie ein USBtinyISP-Programmiergerät benutzen, verwenden Sie die ISP/SPI-Verkabelung. Bei Verwendung eines Arduino Uno als ISP-Programmiergerät muss der Reset von Digital-Pin 10 benutzt werden, aber die anderen Anschlüsse können von der Buchsenleiste am Rand der Platine oder vom ICSP-Header des Arduino Uno abgenommen werden. Nehmen Sie den Reset nicht vom Arduino Uno ICSP-Header, der mit einem X gekennzeichnet ist. Die Ausrichtung der Arduino Uno-Header in der Schaltung ist "mit dem USB-Anschluss des Arduino Uno auf der linken Seite".

B.3 20-Pin-PDIP ATtiny26/261/461/861 und ATtiny2313/4313

Die beiden Baureihen der 20-poligen ATtiny-MCUs im PDIP-Gehäuse sind der ATtiny26/261/461/861 und der ATtiny2313/4313. Obwohl beide Baureihen in 20-Pin-PDIP-Gehäusen erhältlich sind, unterscheiden sich ihre Pinbelegungen.

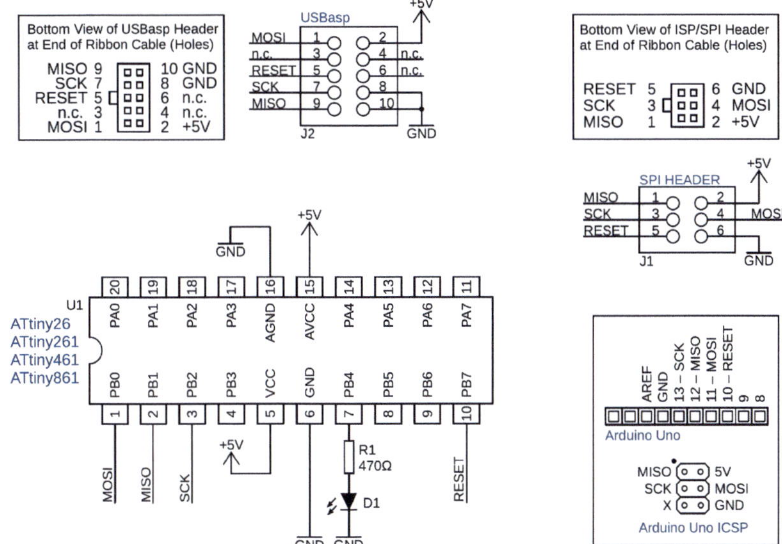

Abbildung B.3: 20-Pin ATtiny26/261/461/861 Beschaltung und Programmer-Verbindungen

Abbildung B.3 zeigt eine ATtiny26/261/461/861-Schaltung und die Pinbelegung für verschiedene Programmiergeräte, die in Anhang A eingerichtet wurden. Abbildung B.4 zeigt eine Schaltung für die Mikrocontroller der Reihe ATtiny2313/4313 mit den Pinbelegungen für die in Anhang A eingerichteten Programmiergeräte.

Bei beiden Schaltungen aus Abbildung B.3 und Abbildung B.4 sind die LED und der Vorwiderstand an Pin PB4 angeschlossen, genau wie in Abbildung 2.1 aus Kapitel 2. Das bedeutet, dass die Programme led_blink_asm und led_blink_c aus Kapitel 2 mit diesen beiden Schaltungen verwendet werden können.

Wenn Sie einen 10-auf-6-Pol-Adapter mit dem USBasp verwenden, verdrahten Sie ihn entsprechend dem ISP/SPI-Anschluss. Wenn Sie ein USBtinyISP-Programmiergerät verwenden, verwenden Sie die ISP/SPI-Verkabelung. Bei Verwendung eines Arduino Uno als ISP-Programmiergerät muss der Reset von Digital-Pin 10 verwendet werden, aber die anderen Anschlüsse können von der Buchsenleiste am Rand der Platine oder vom ICSP-Header des Arduino Uno abgenommen werden. Nehmen Sie den Reset nicht vom Arduino Uno ICSP-Header, der mit einem X gekennzeichnet ist. Die Ausrichtung der Arduino Uno-Header in der Schaltung ist "mit dem USB-Anschluss des Arduino Uno auf der linken Seite".

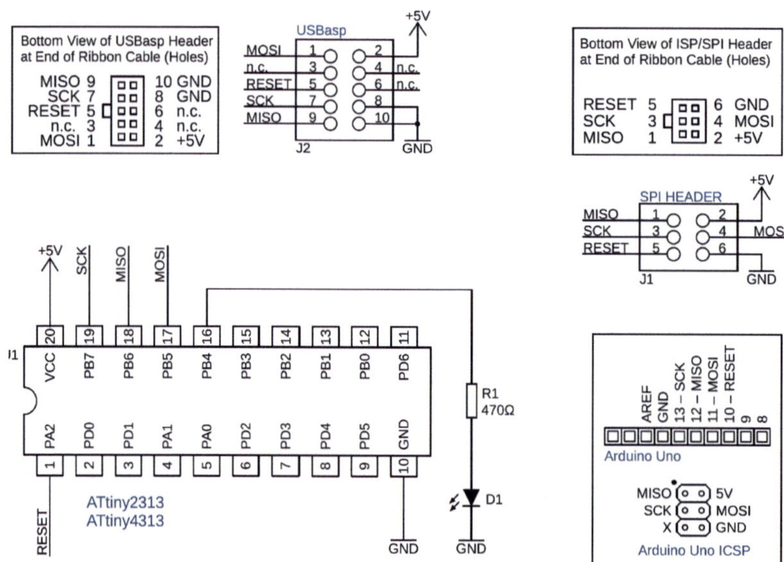

Abbildung B.4: 20-Pin ATtiny2313/4313 Beschaltung und Programmer-Verbindungen

B.4 28-Pin PDIP ATtiny48/88

Abbildung B.5 zeigt eine Schaltung, die die 28-poligen ATtiny-MCUs der Reihe ATtiny48/88 verwendet und Verbindungen zu den verschiedenen Programmiergeräten in Anhang A enthält.

Der ATtiny48/88 in Abbildung B.5 hat zwar einen PB4-Pin, aber dieser wird als MISO-Pin für die Programmierung benötigt. An Pin PB0 sind eine LED und ein Vorwiderstand angeschlossen, was bedeutet, dass die Programme led_blink_asm und led_blink_c so geändert werden müssen, dass sie diesen Pin anstelle von PB4 benutzen. Verwenden Sie die geänderten Programme aus dem nächsten Abschnitt B.5 mit dieser Schaltung.

Wenn Sie einen 10-auf-6-Pol-Adapter mit dem USBasp verwenden, verdrahten Sie ihn entsprechend dem ISP/SPI-Anschluss. Wenn Sie ein USBtinyISP-Programmiergerät benutzen, verwenden Sie die ISP/SPI-Verkabelung. Bei Verwendung eines Arduino Uno als ISP-Programmiergerät muss der Reset von Digital-Pin 10 verwendet werden, aber die anderen Anschlüsse können von der Buchsenleiste am Rand der Platine oder vom ICSP-Header des Arduino Uno abgenommen werden. Nehmen Sie den Reset nicht vom Arduino Uno ICSP-Header, der mit einem X gekennzeichnet ist. Die Ausrichtung der Arduino Uno-Header in der Schaltung ist "mit dem USB-Anschluss des Arduino Uno auf der linken Seite".

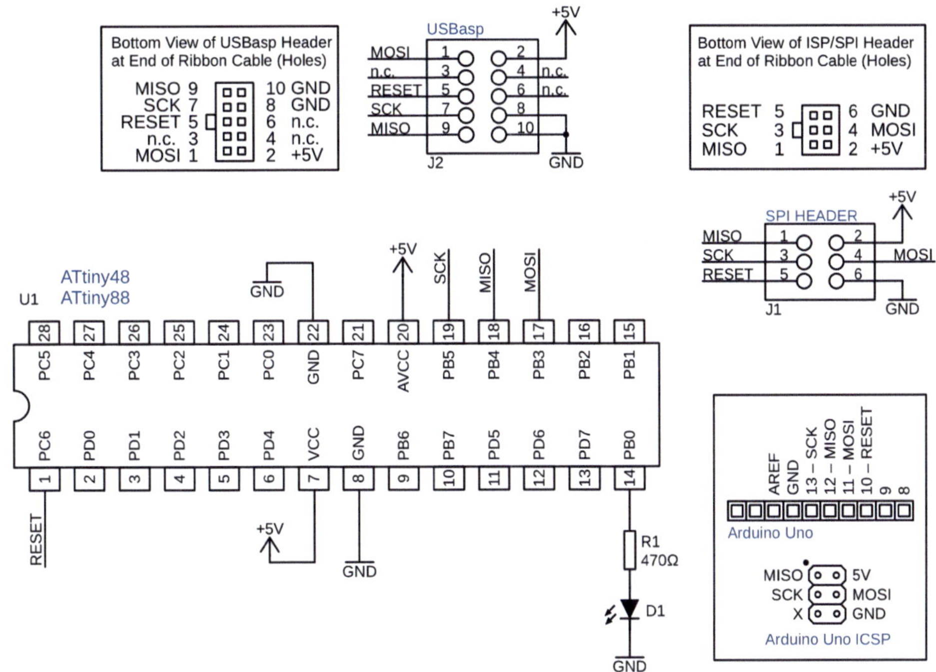

Abbildung B.5: 28-Pin ATtiny48/88 Beschaltung und Programmer-Verbindungen

B.5 Alternative Programme

Es folgen zwei alternative Programme, die äquivalent zu den Programmen led_blink_asm und led_blink_c aus Kapitel 2, Abschnitt 2.3.2 bzw. Abschnitt 2.4.2 sind. Während die Programme aus Kapitel 2 eine an Pin PB4 eines ATtiny angeschlossene LED blinken lassen, ist es bei den Programmen in diesem Abschnitt eine an Pin PB0 angeschlossene LED.

In diesem Anhang haben alle Schaltungen eine LED an Pin PB4 eines ATtiny, mit Ausnahme der 14-poligen ATtiny24/44/84-Serie in Abschnitt B.2 und der 28-poligen ATtiny48/88-Serie in Abschnitt B.4, die eine LED an Pin PB0 haben. Alle Schaltungen können daher mit den Assembler- und C-LED-Blinkprogrammen aus Kapitel 2 programmiert werden, mit Ausnahme der ATtiny24/44/84- und ATtiny48/88-Reihe, die mit den beiden folgenden alternativen LED-Blinkprogrammen programmiert werden müssen.

B.5.1 Alternatives LED-Blink-Assemblerprogramm

Das folgende Assemblerprogramm lässt eine LED an Pin PB0 eines ATtiny-Mikrocontrollers blinken, anstatt an Pin PB4, wie es das led_blink_asm-Programm in Kapitel 2 tut (Abschnitt 2.3.2).

```
led_blink_asm_alt : main.asm
start:
    sbi     DDRB, DDB0                  ; Set pin PB0 as output

loop:
    sbi     PORTB, PORTB0               ; Set LED pin high
    rcall   delay                       ; LED on delay
    cbi     PORTB, PORTB0               ; Clear LED pin low
    rcall   delay                       ; LED off delay
    rjmp    loop

; Delay subroutine delay:
    ldi     r16, 0xff
delloop1:
    ldi     r17, 0xff
delloop2:
    dec     r17                         ; Delay by decrementing
    brbc    SREG_Z, delloop2
    dec     r16                         ; Delay by decrementing
    brbc    SREG_Z, delloop1
    ret
```

B.5.2 Alternatives LED-Blink-C-Programm

Das folgende C-Programm lässt eine LED an Pin PB0 eines ATtiny-Mikrocontrollers blinken, anstatt an Pin PB4, wie es das led_blink_c-Programm in Kapitel 2 tut (Abschnitt 2.4.2).

```
led_blink_c_alt : main.c
#define F_CPU   1000000UL               // 1MHz default clock
#include <avr/io.h>

#include <util/delay.h>
int main(void)
{
    DDRB |= (1 << DDB0);                // Set up pin PB0 as an output
    while (1) {
        PORTB |= (1 << PORTB0);         // Set pin high (LED on)
        _delay_ms(1000);
        PORTB &= ~(1 << PORTB0);        // Set pin low (LED off)
        _delay_ms(1000);
    }
}
```

Anhang C • Die ASCII-Tabelle

C.1 Druckbare Zeichen

Die Die folgende ASCII-Tabelle besteht aus 128 Einträgen von 0 bis 127. Die ASCII-Zeichen von 0 bis 31 sind nicht druckbare Steuercodes. Die Zeichen von 32 bis 126 sind druckbar und das Zeichen 127 ist nicht druckbar.

C.2 ASCII-Tabelle

DEC	HEX	CHAR	DEC	HEX	CHAR	DEC	HEX	CHAR	DEC	HEX	CHAR
0	0	NULL	32	20	space	64	40	@	96	60	`
1	1	SOH	33	21	!	65	41	A	97	61	a
2	2	STX	34	22	"	66	42	B	98	62	b
3	3	ETX	35	23	#	67	43	C	99	63	c
4	4	EOT	36	24	$	68	44	D	100	64	d
5	5	ENQ	37	25	%	69	45	E	101	65	e
6	6	ACK	38	26	&	70	46	F	102	66	f
7	7	BEL	39	27	'	71	47	G	103	67	g
8	8	BS	40	28	(	72	48	H	104	68	h
9	9	HT	41	29	)	73	49	I	105	69	i
10	0A	LF	42	2A	*	74	4A	J	106	6A	j
11	0B	VT	43	2B	+	75	4B	K	107	6B	k
12	0C	FF	44	2C	,	76	4C	L	108	6C	l
13	0D	CR	45	2D	-	77	4D	M	109	6D	m
14	0E	SO	46	2E	.	78	4E	N	110	6E	n
15	0F	SI	47	2F	/	79	4F	O	111	6F	o
16	10	DLE	48	30	0	80	50	P	112	70	p
17	11	DC1	49	31	1	81	51	Q	113	71	q
18	12	DC2	50	32	2	82	52	R	114	72	r
19	13	DC3	51	33	3	83	53	S	115	73	s
20	14	DC4	52	34	4	84	54	T	116	74	t
21	15	NAK	53	35	5	85	55	U	117	75	u
22	16	SYN	54	36	6	86	56	V	118	76	v
23	17	ETB	55	37	7	87	57	W	119	77	w
24	18	CAN	56	38	8	88	58	X	120	78	x
25	19	EM	57	39	9	89	59	Y	121	79	y
26	1A	SUB	58	3A	:	90	5A	Z	122	7A	z
27	1B	ESC	59	3B	;	91	5B	[	123	7B	{
28	1C	FS	60	3C	<	92	5C	\	124	7C	|
29	1D	GS	61	3D	=	93	5D	]	125	7D	}
30	1E	RS	62	3E	>	94	5E	^	126	7E	~
31	1F	US	63	3F	?	95	5F	_	127	7F	delete

Index